全国高等职业教育“十三五”规划教材
全国高等院校“+互联网”系列精品教材

# 新时代应用数学

刘清华　主　编
王少强　付　巍　副主编

電子工業出版社
Publishing House of Electronics Industry
北京 · BEIJING

## 内容简介

本书是根据教育部最新的职业教育教学改革要求，结合本课程已取得的教学改革成果，在对多所高职院校专业教学及企业用人情况充分调研的基础上，本着学以致用、立足于服务专业课的原则编写而成的。本书主要内容有函数与极限、导数及其应用、一元函数微积分、常微分方程初步、线性代数初步、概率论初步、无穷级数初步等。本书每部分的数学知识均采用任务驱动法开展教学，还配有相应的数学实验，以培养学生的学习兴趣和运用数学知识解决实际问题的能力。

本书为高等职业本专科院校高等数学课程的教材，也可作为开放大学、成人教育、自学考试、中职学校、培训班的教材，以及自学者与工程技术人员的参考书。

本书配有免费的电子教学课件、学习任务书、训练题答案、实验源程序等资源，详见前言。



**图书在版编目（CIP）数据**

新时代应用数学/刘清华主编. —北京：电子工业出版社，2019.8（2024.9重印）
高等院校“+互联网”系列精品教材
ISBN 978-7-121-37019-9

Ⅰ. ①新…　Ⅱ. ①刘…　Ⅲ. ①应用数学－高等学校－教材　Ⅳ. ①O29

中国版本图书馆 CIP 数据核字（2019）第 138049 号

责任编辑：陈健德（E-mail:chenjd@phei.com.cn）
印　　刷：北京七彩京通数码快印有限公司
装　　订：北京七彩京通数码快印有限公司
出版发行：电子工业出版社
　　　　　北京市海淀区万寿路 173 信箱　邮编 100036
开　　本：787×1 092　1/16　印张：16.25　字数：416 千字
版　　次：2019 年 8 月第 1 版
印　　次：2024 年 9 月第 7 次印刷
定　　价：52.00 元

凡所购买电子工业出版社图书有缺损问题，请向购买书店调换。若书店售缺，请与本社发行部联系，联系及邮购电话：（010）88254888，88258888。

质量投诉请发邮件至 zlts@phei.com.cn，盗版侵权举报请发邮件至 dbqq@phei.com.cn。

本书咨询联系方式：chenjd@phei.com.cn。

为深化高等职业教育课程改革，不断推进现代学徒制项目建设，我校对本课程不断进行教学改革，并已取得较好成果。在对多所高职院校专业教学及企业用人情况充分调研的基础上，我们本着学以致用、立足于服务专业课的原则编写了本书。本书以企业职业素养要求为中心，以学生实际应用能力的培养为教学目标，兼顾对学生数学思维能力的训练，突出能力本位的教学理念；从以知识体系为中心转向以任务驱动为核心，充分将数学课程的应用价值发挥出来，以服务于后续的专业学习。本书具有以下特点：

(1) 在内容选择和结构安排上，以模块化方式采取“保证基础，灵活选择”的策略。“保证基础”是指模块 1 函数与极限、模块 2 导数及其应用、模块 3 一元函数微积分都是高等数学的基础内容，让学生理解微积分所蕴含的数学思想和方法；“灵活选择”是指模块 4 常微分方程初步、模块 5 线性代数初步、模块 6 概率论初步、模块 7 无穷级数初步都是适应学生学习相关专业需求的选修模块，可根据不同专业教学需要进行选择，强调数学在专业问题中的应用。

(2) 改变传统数学的教学模式，每一部分的数学知识均采用任务驱动法，通过研究实际生活中的具体实例来学习相应的数学知识，减少数学的抽象性，以便于学生对数学的理解。

(3) 每一模块之后配有相应的数学实验，数学软件的引入使数值计算、图形分析更加简单、方便，可激发学生的学习兴趣，使学生能够熟练运用数学知识和数学软件解决具体的数学问题或实际问题。

本课程的内容安排及参考学时分配如下（各院校可结合专业情况进行调整）：

| 序 号 | 学 习 内 容 | 学习任务与实验 | 参考学时 |
|---|---|---|---|
| 模块 1 | 函数与极限 | 学习任务 1.1　销售奖励 | 4 |
| | | 学习任务 1.2　银行存款连续复利 | 4 |
| | | 学习任务 1.3　机场收费 | 2 |
| | | 数学实验 1　MATLAB 函数作图与极限运算 | 4 |
| 模块 2 | 导数及其应用 | 学习任务 2.1　汽车刹车性能测试 | 2 |
| | | 学习任务 2.2　计算电流强度 | 4 |
| | | 学习任务 2.3　河上架电话线方案的确定 | 4 |
| | | 数学实验 2　MATLAB 导数的计算与应用 | 2 |
| 模块 3 | 一元函数微积分 | 学习任务 3.1　铜球镀膜计算 | 2 |
| | | 学习任务 3.2　求产品总收入 | 6 |
| | | 学习任务 3.3　求碗形曲面的“积”问题 | 6 |
| | | 数学实验 3　MATLAB 积分的计算与应用 | 2 |
| 模块 4 | 常微分方程初步 | 学习任务 4.1　计算列车制动的时间和路程 | 2 |
| | | 学习任务 4.2　求跳伞运动员的速度与时间关系 | 4 |
| | | 学习任务 4.3　求电容充电电压的变化规律 | 4 |

续表

| 序　号 | 学 习 内 容 | 学习任务与实验 | 参考学时 |
|---|---|---|---|
| 模块 4 | 常微分方程初步 | 学习任务 4.4　求弹簧物体的运动规律 | 2 |
| | | 数学实验 4　MATLAB 在常微分方程中的应用 | 2 |
| 模块 5 | 线性代数初步 | 学习任务 5.1　计算订购机床的总利润 | 4 |
| | | 学习任务 5.2　破译军事通信密码 | 4 |
| | | 学习任务 5.3　计算商店销售 T 恤衫的数量 | 4 |
| | | 数学实验 5　MATLAB 在线性代数中的应用 | 2 |
| 模块 6 | 概率论初步 | 学习任务 6.1　投掷骰子出现的点数 | 4 |
| | | 学习任务 6.2　考生答选择题的概率 | 4 |
| | | 学习任务 6.3　射击运动员训练的概率 | 4 |
| | | 数学实验 6　MATLAB 在概率论中的应用 | 2 |
| 模块 7 | 无穷级数初步 | 学习任务 7.1　计算小球跳跃的总距离 | 6 |
| | | 学习任务 7.2　分析脉冲信号的叠加波 | 4 |
| | | 数学实验 7　MATLAB 在无穷级数中的应用 | 2 |

本书由北京信息职业技术学院刘清华担任主编并承担规划、统稿等工作，由王少强、付巍担任副主编。具体编写分工如下：刘清华负责模块 1～模块 3 的编写，王少强负责模块 4 和模块 7 的编写，付巍负责模块 5 和模块 6 的编写。由于编者水平有限，加之编写时间仓促，本书难免存在不足之处，恳切期望广大读者批评指正，以便今后进一步修改和提高。

为了方便教师教学，本书还配有免费的电子教学课件、学习任务书、训练题答案、实验源程序等，请有此需要的教师登录华信教育资源网（http://www.hxedu.com.cn）免费注册后再进行下载，也可扫一扫书中的二维码阅览或直接下载教学资源，在有问题时请在网站留言或与电子工业出版社联系（E-mail:hxedu@phei.com.cn）。

编　者

# 目录

# 模块 1 函数与极限

纵观 300 年来函数概念的发展，数学家们不断赋予函数概念以新的思想，从而推动了整个数学的发展，微积分就是从研究函数开始的. 极限是高等数学中重要的概念之一，是研究微积分学的重要工具，它是研究当自变量无限接近于某个常数或某个目标时，函数无限趋近的问题. 微积分学中的许多概念，如连续、导数、定积分等都是通过极限来定义的. 本模块将在已有函数知识的基础上，通过销售奖励、银行存款连续复利、机场收费三个学习任务进一步理解函数、复合函数及初等函数的概念与性质，并研究函数的极限、极限的性质与运算，以及用极限方法刻画函数的连续性.

## 1.1 函数

扫一扫看函数教学课件

扫一扫下载学习任务书 1.1

### 学习任务 1.1 销售奖励

某公司为了实现 1 000 万元利润的目标，准备制订一个激励销售部门的奖励方案：在销售利润达到 10 万元时，按销售利润进行奖励，且奖金 $y$（单位：万元）随销售利润 $x$（单位：万元）的增加而增加. 但奖金总数不超过 5 万元. 现有三个奖励模型：$y=\sqrt[3]{x}$，$y=1.002^x$，$y=\log_5 x$，其中哪个模型能符合公司的要求？

这三个奖励模型是什么函数？它们的图像和性质是什么？不难发现，它们分别是幂函数、指数函数和对数函数. 我们虽然之前学习过此三类函数，但为了后续数学知识的学习，有必要先来复习一下函数的相关知识及常用的基本初等函数，进而学习复合函数、初等函数的概念.

#### 1.1.1 函数

**1. 函数的概念**

一个变量的值常常取决于另一个变量的值. 例如，你的存款额在一年中的增长取决于银行的利率，即利息的多少 $I$ 取决于利率 $r$. 我们称 $I$ 为因变量，因为它是由它所依赖的变量 $r$ 的值所决定的. 变量 $r$ 为自变量.

**【定义 1】** 设 $x$ 和 $y$ 是某个变化过程中的两个变量，$D$ 是一个给定的非空数集. 如果对于 $D$ 中的每一个变量 $x$，变量 $y$ 按照某种对应法则总有唯一确定的数值和它对应，则称 $y$ 是定义在数集 $D$ 上的 $x$ 的**函数**，记为 $y=f(x)$ . $X$ 称为**自变量**，$y$ 称为**因变量**. 这种记号使我们能通过改变所用的字母给不同的函数以不同的名称. 例如，利息是利率的函数，可以记为 $I=f(r)$ .

数集 $D$ 称为**函数的定义域**, 当 $x$ 取遍 $D$ 中的一切值时, 与它对应的函数值的集合称为**函数的值域**. 当 $x=x_0\in D$ 时，对应的函数值记为 $f(x_0)$ .

由定义可知：①确定函数有两个要素：定义域和对应法则；②函数 $y=f(x)$ 中表示对应关系的记号 $f$ 也可改用其他字母，如函数 $y=\varphi(x)$ 、 $y=\psi(x)$ 、 $y=F(x)$ 等.

**注意**：*判定两个函数是否相同时，要看定义域和对应法则是否完全一致. 只有当它们完全一致时，这两个函数才算相同.*

一般地，函数定义域的确定有两种不同的类型：

（1）要考虑所讨论问题的实际意义，则函数的定义域应由具体情况来确定. 例如，自由落体公式 $H=\frac{1}{2}gt^2$ 中的 $t$ 就应该满足 $[0,T]$ ，$T$ 为物体从开始到落地所经历的时间.

（2）不考虑所讨论问题的实际意义，则求函数的定义域就是要让函数表达式 $y=f(x)$ 有意义，常有以下几种情况：

① 若 $f(x)$ 是整式，则函数的定义域是实数集 $\mathbf{R}$;

② 若 $f(x)$ 含有分式，则函数的定义域是使得分母不等于零的实数的集合；

③ 若 $f(x)$ 含有偶次根式，则函数的定义域是使得根号内的式子不小于 0 的实数的集合；

④ 若 $f(x)$ 含有对数式，则函数的定义域是真数大于 0 的实数的集合；

⑤ 若 $f(x)$ 是由几个数学式子构成的，则函数的定义域是使得各个式子都有意义的实数的集合.

**例 1.1** 判断下列函数是否相同，为什么？

（1） $f(x)=\frac{x^2}{x}$, $g(x)=x$ ；　　（2） $f(x)=x$, $g(x)=\sqrt{x^2}$ ；

（3） $f(x)=x$, $g(x)=\sqrt[3]{x^3}$ .

**解** （1）不相同，因为定义域不同.

（2）不相同，因为对应法则不同.

（3）相同，因为定义域、对应法则相同.

**例 1.2** 求下列函数的定义域.

（1） $f(x)=\frac{x+1}{x^2+5x+6}$ ；　（2） $f(x)=\lg(2-x)+\sqrt{16-x^2}$ ；　（3） $f(x)=-\frac{1}{1+3x^2}$ .

**解** （1）要使 $\frac{x+1}{x^2+5x+6}$ 有意义，必须使分母 $x^2+5x+6\neq0$ ，解得 $x\neq-2$ 且 $x\neq-3$ ，所以函数的定义域是 $(-\infty,-3)\cup(-3,-2)\cup(-2,+\infty)$ .

（2）要使 $\lg(2-x)+\sqrt{16-x^2}$ 有意义，必须使 $2-x>0$ 和 $16-x^2\geqslant0$ 同时成立，即 $\begin{cases}2-x>0\\16-x^2\geqslant0\end{cases}$ ，$\begin{cases}x<2\\-4\leqslant x\leqslant4\end{cases}$ ，所以函数的定义域是 $[-4,2)$ .

（3）要使 $-\dfrac{1}{1+3x^2}$ 有意义，必须使 $1+3x^2 \neq 0$ 成立，解得 $x \in \mathbf{R}$，所以函数的定义域是 $\mathbf{R}$.

**2．函数的表示法**

函数的表示方法常用的有解析法、图像法、列表法三种.

1）解析法

解析法就是把两个变量之间的函数关系用一个等式来表示，这个等式称为函数的解析表达式，简称解析式.

例如，在牛顿力学中，质量为 $m$ 的物体以速率 $v$ 运动时具有动能，其动能公式 $E=\dfrac{1}{2}mv^2$ 就是用解析式表示函数关系. 再如，我们学过的二次函数、正比例函数、反比例函数都是用解析式表示函数关系.

2）图像法

图像法就是用函数图像表示两个变量之间的关系.

例如，图 1.1 的心电图显示了两位患者的心律模式，一位正常，一位不正常. 尽管人们也能构造一个心电图函数的近似公式，但很少这样做. 这种重复出现的图形正是医生需要了解的，从图像上看这些重复图形远比从公式上看要容易得多，而且每个心电图都把心电的活动表示成时间的函数.

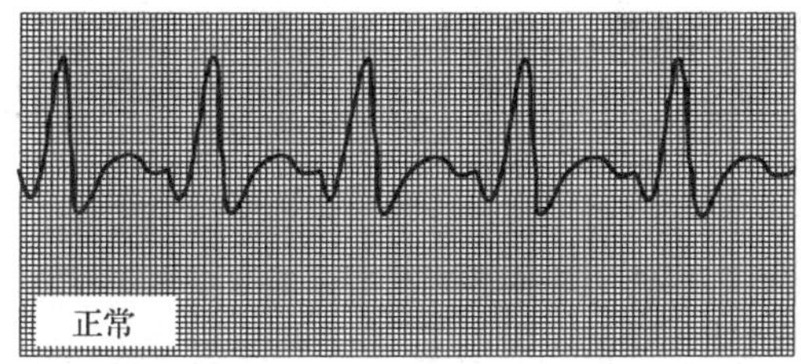

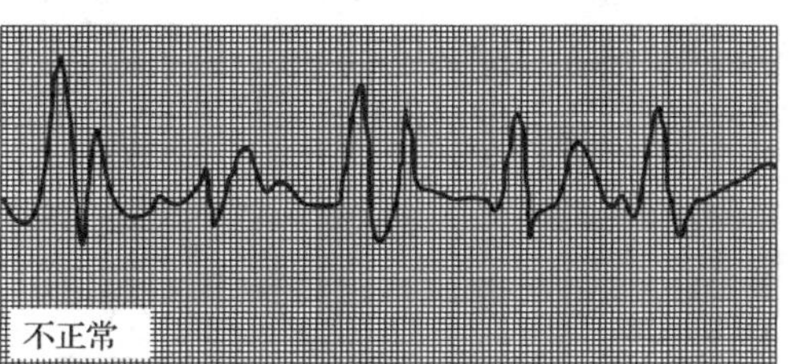


图 1.1

3）列表法

列表法就是列出表格来表示两个变量之间的函数关系.

表 1.1 给出了北京市区 2017 年 7 月 1 日至 7 月 10 日每天的最高气温.

表 1.1

| 日期 | 1 | 2 | 3 | 4 | 5 | 6 | 7 | 8 | 9 | 10 |
|---|---|---|---|---|---|---|---|---|---|---|
| 气温/℃ | 34 | 35 | 34 | 36 | 37 | 38 | 33 | 31 | 30 | 34 |

这里温度是日期的函数，因为每一天都有一个唯一的最高气温，虽然不存在任何计算温度的公式，然而确实满足函数的定义：对每个日期 $t$，都有一个与 $t$ 相对应的最高气温 $H$.

**3．函数的性质**

1）函数的单调性

**【定义 2】** 如果对于属于定义域 $D$ 内某个区间 $I$ 上的任意两个自变量的值 $x_1, x_2$，

（1）当 $x_1 < x_2$ 时，总有 $f(x_1) < f(x_2)$，那么就说 $y = f(x)$ 在区间 $I$ 上是增函数，如图 1.2（a）所示；

（2）当 $x_1 < x_2$ 时，总有 $f(x_1) > f(x_2)$，那么就说 $y = f(x)$ 在区间 $I$ 上是减函数，如图 1.2（b）所示.

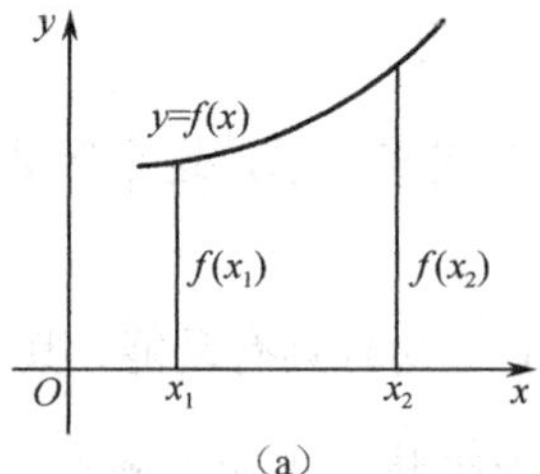

（a）

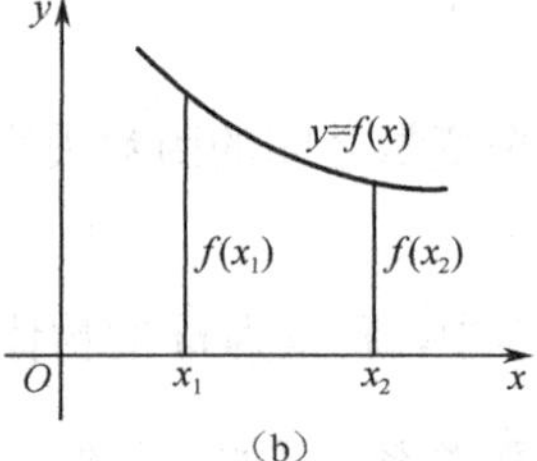

（b）

图 1.2

如果函数 $y = f(x)$ 在某个区间是增函数或减函数，那么就说函数 $y = f(x)$ 在这一区间具有（严格的）单调性，这一区间称为函数 $y = f(x)$ 的单调区间. 在单调区间上增函数的图像是从左到右上升的，减函数的图像是从左到右下降的.

2）函数的奇偶性

【定义 3】 如果对于函数 $y = f(x)$ 的定义域内任意一个 $x$：

（1）都有 $f(-x) = -f(x)$，那么函数 $f(x)$ 就称为**奇函数**，如图 1.3（a）所示；

（2）都有 $f(-x) = f(x)$，那么函数 $f(x)$ 就称为**偶函数**，如图 1.3（b）所示；

（3）既有 $f(-x) \neq f(x)$，又有 $f(-x) \neq -f(x)$ 成立，那么函数 $f(x)$ 称为**非奇非偶函数**.

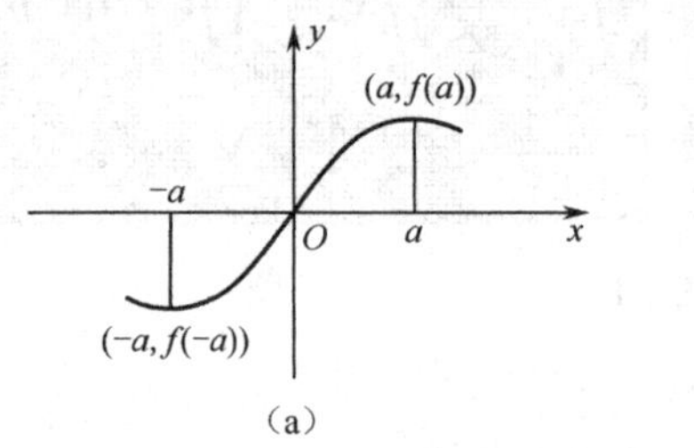

（a）

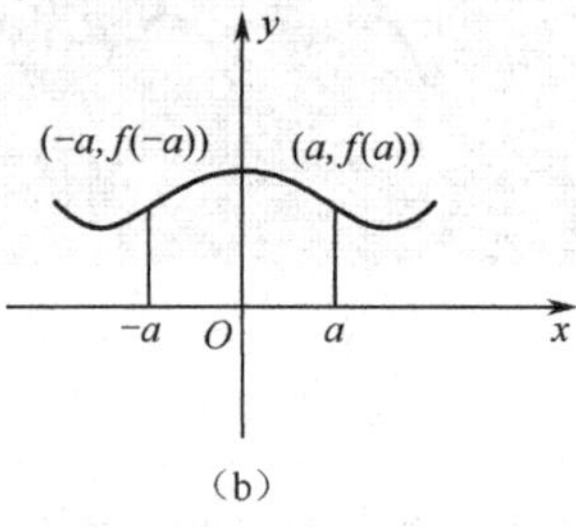

（b）

图 1.3

如图 1.3（a）所示，奇函数的图像关于原点对称，反过来，如果一个函数的图像关于原点对称，那么这个函数是奇函数；如图 1.3（b）所示，偶函数的图像关于 $y$ 轴对称，反过来，如果一个函数的图像关于 $y$ 轴对称，那么这个函数是偶函数.

3）函数的周期性

【定义 4】 如果存在一个非零常数 $T$，使得当 $x$ 取定义域内的每一个值时，都有 $f(x+T) = f(x)$，那么函数 $f(x)$ 就称为周期函数. 非零常数 $T$ 称为这个函数的周期. 所有周期中最小的正数称为最小正周期，通常我们说周期函数的周期是指它的最小正周期.

常见的周期函数：

（1）$y = \sin x$，$y = \cos x$ 是以 $T = 2\pi$ 为周期的周期函数；

（2）$y = \tan x$ 是以 $T = \pi$ 为周期的周期函数.

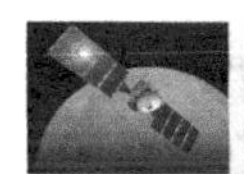

4）函数的有界性

**【定义 5】** 若存在正数 $M$，使得在区间 $I$ 上恒有 $|f(x)|\leqslant M$，则称 $f(x)$ 在 $I$ 上**有界**，否则称 $f(x)$ 在 $I$ 上**无界**，如图 1.4 所示.

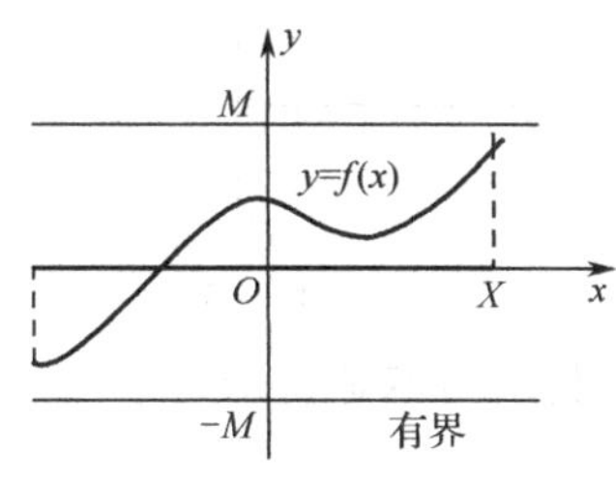


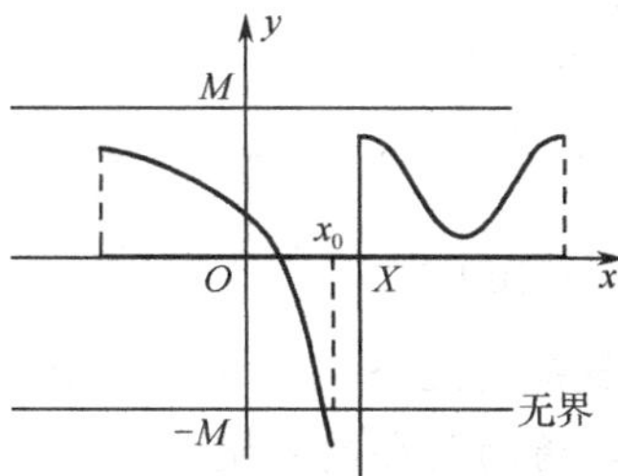


图 1.4

常见的有界函数：

① $y=\sin x$，因为 $|\sin x|\leqslant 1$，$x\in\mathbf{R}$；

② $y=\cos x$，因为 $|\cos x|\leqslant 1$，$x\in\mathbf{R}$.

### 4. 反函数

**【定义 6】** 对于函数 $y=f(x)$，设定义域为 $D$，值域为 $A$. 如果对于 $A$ 中的任意一个值 $y$，在 $D$ 中总有唯一确定的 $x$ 值与它对应，则称这样得到的 $x$ 关于 $y$ 的函数为函数 $y=f(x)$ 的**反函数**，记作 $x=f^{-1}(y)$，$y\in A$. 习惯上我们记作 $y=f^{-1}(x)$，$x\in A$.

**反函数的性质：**

（1）互为反函数的两个函数的图像关于直线 $y=x$ 对称；

（2）一个函数与它的反函数在相应区间上单调性一致.

**例 1.3** 求下列函数的反函数.

（1）$y=\dfrac{3x-5}{2x+1}$，$x\neq-\dfrac{1}{2}$；　　（2）$y=x^2-2x+3$，$x\leqslant 0$.

**解** (1)由 $y=\dfrac{3x-5}{2x+1}$、$x\neq-\dfrac{1}{2}$ 得 $(2y-3)x=-y-5$，则 $x=-\dfrac{y+5}{2y-3}$、$y\neq\dfrac{3}{2}$. 所以 $y=\dfrac{3x-5}{2x+1}$ 的反函数为 $y=-\dfrac{x+5}{2x-3}$、$x\neq\dfrac{3}{2}$.

（2）因为 $y=(x-1)^2+2$、$x\leqslant 0$、$y\geqslant 3$，所以 $x-1=-\sqrt{y-2}$，即 $x=-\sqrt{y-2}+1$. 所以 $y=x^2-2x+3$ 的反函数为 $y=-\sqrt{x-2}+1$、$x\geqslant 3$.

### 5. 分段函数

**【定义 7】** 两个变量之间的函数关系要用两个或多于两个的数学式子来表示，即在函数定义域的不同部分用不同的数学式子来表达函数关系，这样的函数称为**分段函数**.

**例 1.4** 函数 $y=|x|=\begin{cases}x & x\geqslant 0\\ -x & x<0\end{cases}$ 和 $y=\operatorname{sgn}x=\begin{cases}1 & x>0\\ 0 & x=0\\ -1 & x<0\end{cases}$ 都是定义域为 $D=(-\infty,+\infty)$ 的分段函数，其图形分别如图 1.5 和图 1.6 所示.

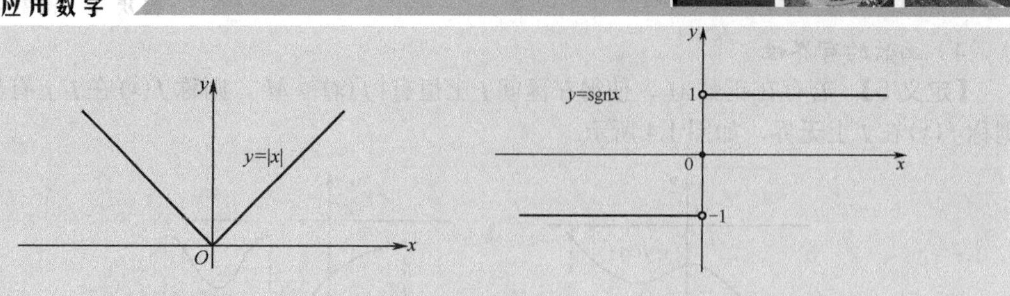


图 1.5　　　　图 1.6

**注意**：分段函数是用几个式子共同表示一个函数，而不是表示几个函数. 分段函数的定义域是各段自变量取值的集合的并集.

**例 1.5**　设函数 $f(x)=\begin{cases} x+2 & x\leqslant -\frac{1}{2} \\ x^2 & -\frac{1}{2}<x\leqslant 2 \\ 0 & x>2 \end{cases}$，求 $f\left(-\frac{1}{2}\right)$、$f(\sqrt{2})$、$f(\pi)$ 及函数的定义域，并画函数的草图.

**解**　（1）因为 $-\frac{1}{2}\in\left(-\infty,-\frac{1}{2}\right]$，所以相应的函数表达式为

$f(x)=x+2$，所以 $f\left(\frac{1}{2}\right)=-\frac{1}{2}+2=\frac{3}{2}$.

同理，可得 $f(\sqrt{2})=(\sqrt{2})^2=2$，$f(\pi)=0$.

（2）函数的定义域为 $\mathbf{R}$.

（3）草图如图 1.7 所示.

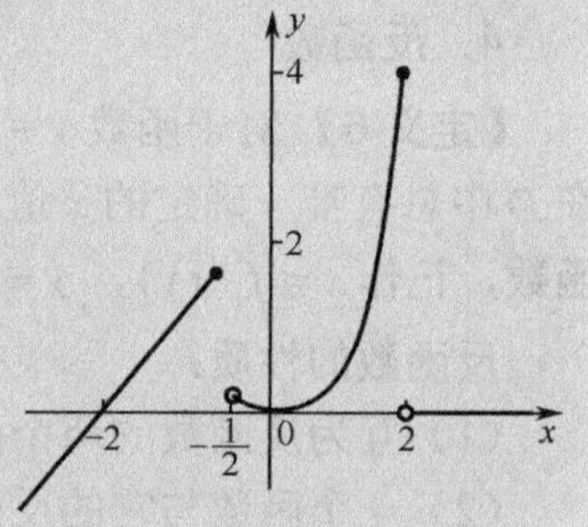


图 1.7

**例 1.6**　某公共汽车路线全长为 20 km，票价规定如下：乘坐 5 km 以下（包括 5 km）者收 1 元；超过 5 km 但在 15 km 以下（包括 15 km）者收费 2 元；其余收费 2 元 5 角. 试将票价 $y$ 表示为路程 $x$ 的函数，并作出函数的图形.

**解**　$y=\begin{cases} 1, & 0<x\leqslant 5 \\ 2, & 5<x\leqslant 15 \\ 2.5, & 15<x\leqslant 20 \end{cases}$，草图如图 1.8 所示.

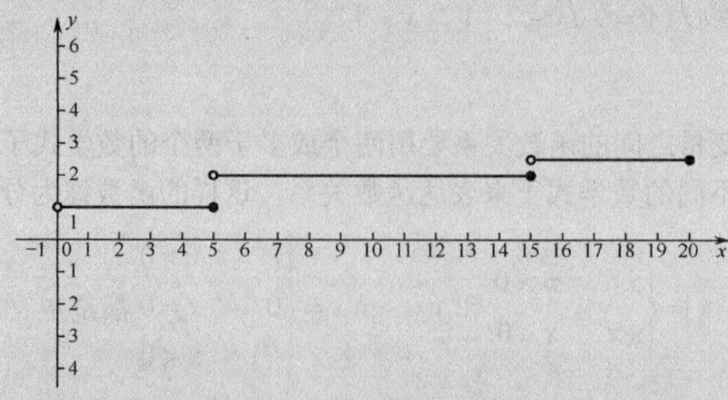


图 1.8

**例 1.7**　某市农村合作医疗住院报销的办法如表 1.2 所示.

表 1.2

（单位：元）

| 住　院　费 | 报 销 比 例 | 备　　注 |
|---|---|---|
| 0～500 | 0 | 含 500 |
| 500～10 000 | 70% | 不含 500，含 10 000 |
| 10 000～30 000 | 80% | 不含 10 000，含 30 000 |

（1）一个农民的住院费为 3 000 元，能够报销多少元？

（2）一个农民的住院费为 $x$ 元（$500<x\leqslant 10\,000$），报销的金额为 $y$ 元，求 $y$ 与 $x$ 的函数关系式.

（3）如果一个农民的住院费为 $x$ 元（$10\,000<x\leqslant 30\,000$），报销的金额为 $y$ 元，求 $y$ 与 $x$ 的函数关系式.

**解**　（1）$(3\,000-500)\times 70\%=1\,750$ (元).

（2）和（1）相比，只不过是用字母表示数，算式仍然一样：

$(x-500)\times 70\%=y$，即 $y=(x-500)\times 70\%=0.7x-350$.

（3）住院费为 $x$ 元，$10\,000<x\leqslant 30\,000$，报销的金额为 $y$ 元，则

$y=(10\,000-500)\times 70\%+(x-10\,000)\times 80\%=0.8x-1\,350$.

综上所述，$y=\begin{cases}0, & 0<x\leqslant 500\\ 0.7x-350, & 500<x\leqslant 10\,000\\ 0.8x-1\,350, & 10\,000<x\leqslant 30\,000\end{cases}$.

## 1.1.2　基本初等函数

我们将已学过的幂函数、指数函数、对数函数、三角函数和反三角函数统称为**基本初等函数**.

（1）幂函数：函数 $y=x^{\alpha}$ $(\alpha\in\mathbf{R})$ 称为**幂函数**. 幂函数的定义域要根据 $\alpha$ 的取值来确定，图像及性质如表 1.3 所示.

（2）指数函数：形如 $y=a^{x}(a>0$ 且 $a\neq 1)$ 的函数称为**指数函数**. 指数函数的定义域为 $\mathbf{R}$，值域为 $\mathbf{R}^{+}$，图像及性质如表 1.3 所示.

（3）对数函数：形如 $y=\log_{a}x$ $(a>0,\ a\neq 1)$ 的函数称为**对数函数**. 对数函数的定义域为 $\mathbf{R}^{+}$，值域为 $\mathbf{R}$，图像及性质如表 1.3 所示.

（4）三角函数：如图 1.9 所示，若任意角 $\alpha$ 终边上任意一点 $P(x,y)$，点 $P$ 到原点 $O$ 的距离 $|OP|=\sqrt{x^2+y^2}=r>0$，则有

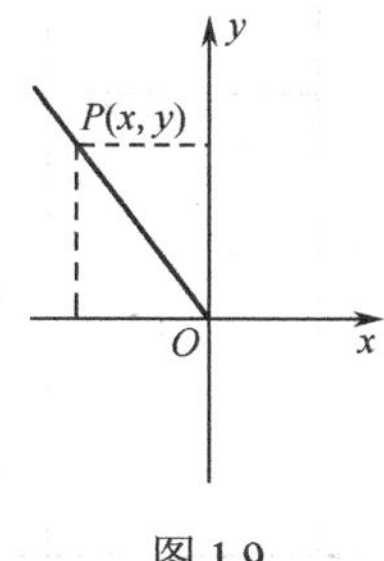

图 1.9

$\sin\alpha=\dfrac{y}{r}$，　$\cos\alpha=\dfrac{x}{r}$，　$\tan\alpha=\dfrac{y}{x}$，

$\csc\alpha=\dfrac{r}{y}$，　$\sec\alpha=\dfrac{r}{x}$，　$\cot\alpha=\dfrac{x}{y}$.

称 $y=\sin x$、$y=\cos x$、$y=\tan x$、$y=\cot x$、$y=\sec x$、$y=\csc x$ 为**三角函数**，图像及性质如表 1.3 所示.

（5）反三角函数：

① 反正弦函数：正弦函数 $y=\sin x$，$x\in\left[-\dfrac{\pi}{2},\dfrac{\pi}{2}\right]$ 的反函数是反正弦函数，记作 $y=\arcsin x$，$x\in[-1,1]$，$y\in\left[-\dfrac{\pi}{2},\dfrac{\pi}{2}\right]$，图像及性质如表 1.3 所示.

② 反余弦函数：余弦函数 $y=\cos x$，$x\in[0,\pi]$ 的反函数是反余弦函数，记作 $y=\arccos x$，$x\in[-1,1]$，$y\in[0,\pi]$，图像及性质如表 1.3 所示.

③ 反正切函数：正切函数 $y=\tan x$，$x\in\left(-\dfrac{\pi}{2},\dfrac{\pi}{2}\right)$ 的反函数是反正切函数，记作 $y=\arctan x$，$x\in\mathbf{R}$，$y\in\left(-\dfrac{\pi}{2},\dfrac{\pi}{2}\right)$，图像及性质如表 1.3 所示.

④ 反余切函数：余切函数 $y=\cot x$，$x\in(0,\pi)$ 的反函数是反余切函数，记作 $y=\operatorname{arccot} x$，$x\in\mathbf{R}$，$y\in(0,\pi)$，图像及性质如表 1.3 所示.

表 1.3

| | 函　数 | 定义域与值域 | 图　像 | 特　性 |
|---|---|---|---|---|
| 幂函数 | $y=x$ | $x\in(-\infty,+\infty)$<br>$y\in(-\infty,+\infty)$ | $y=x$；(1, 1) | 奇函数<br>单调增加 |
| | $y=x^2$ | $x\in(-\infty,+\infty)$<br>$y\in[0,+\infty)$ | $y=x^2$；(1, 1) | 偶函数<br>在 $(-\infty,0)$ 内单调减少<br>在 $(0,+\infty)$ 内单调增加 |
| | $y=x^3$ | $x\in(-\infty,+\infty)$<br>$y\in(-\infty,+\infty)$ | $y=x^3$；(1, 1) | 奇函数<br>单调增加 |
| | $y=x^{-1}$ | $x\in(-\infty,0)\cup(0,+\infty)$<br>$y\in(-\infty,0)\cup(0,+\infty)$ | $y=\frac{1}{x}$；(1, 1) | 奇函数<br>在 $(-\infty,0)$ 内单调减少<br>在 $(0,+\infty)$ 内单调减少 |

续表

| | 函数 | 定义域与值域 | 图像 | 特性 |
|---|---|---|---|---|
| 幂函数 | $y=x^{\frac{1}{2}}$ | $x\in[0,+\infty)$<br>$y\in[0,+\infty)$ | 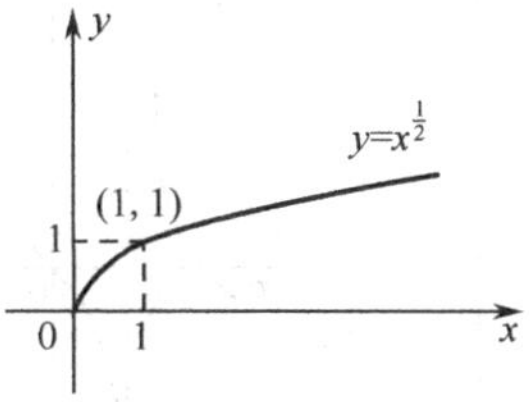 $y=x^{\frac{1}{2}}$，(1, 1) | 单调增加 |
| 指数函数 | $y=a^x$<br>$(a>1)$ | $x\in(-\infty,+\infty)$<br>$y\in(0,+\infty)$ | 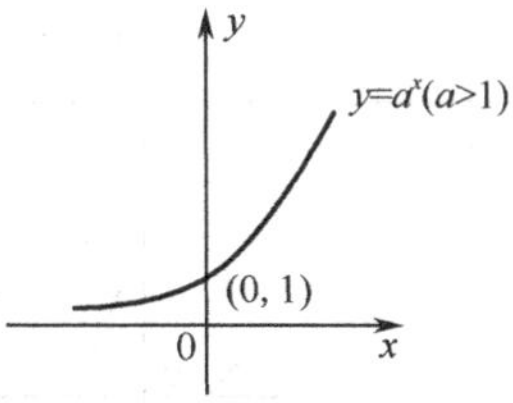 $y=a^x(a>1)$，(0, 1) | 单调增加 |
| | $y=a^x$<br>$(0<a<1)$ | $x\in(-\infty,+\infty)$<br>$y\in(0,+\infty)$ | 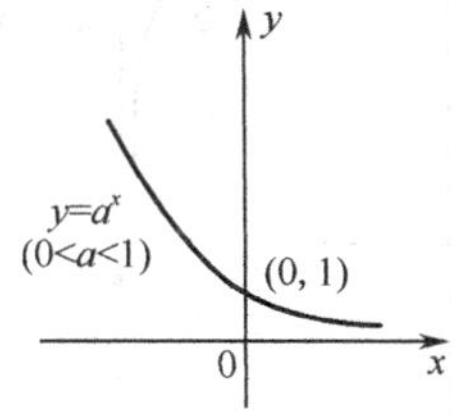 $y=a^x$ $(0<a<1)$，(0, 1) | 单调减少 |
| 对数函数 | $y=\log_a x$<br>$(a>1)$ | $x\in(0,+\infty)$<br>$y\in(-\infty,+\infty)$ | 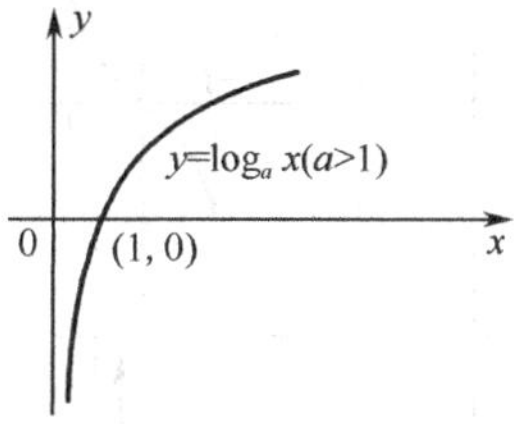 $y=\log_a x(a>1)$，(1, 0) | 单调增加 |
| | $y=\log_a x$<br>$(0<a<1)$ | $x\in(0,+\infty)$<br>$y\in(-\infty,+\infty)$ | 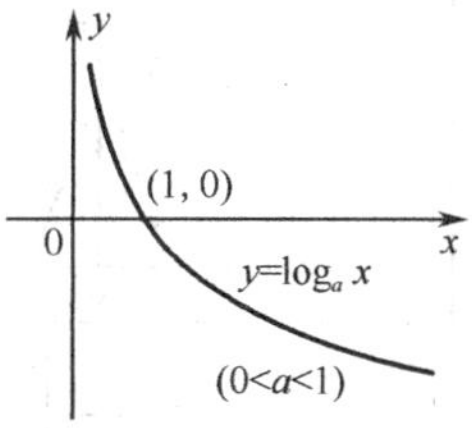 $y=\log_a x$ $(0<a<1)$，(1, 0) | 单调减少 |
| 三角函数 | $y=\sin x$ | $x\in(-\infty,+\infty)$<br>$y\in[-1,1]$ | 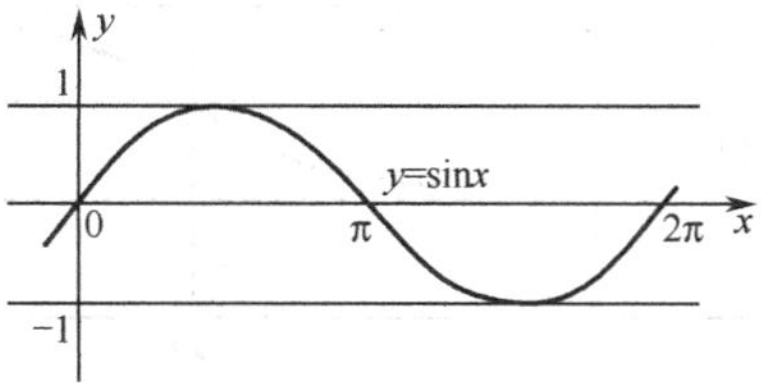 $y=\sin x$ | 奇函数，周期为$2\pi$，有界，在$\left(2k\pi-\frac{\pi}{2},\ 2k\pi+\frac{\pi}{2}\right)$内单调增加，在$\left(2k\pi+\frac{\pi}{2},\ 2k\pi+\frac{3\pi}{2}\right)$内单调减少 |
| | $y=\cos x$ | $x\in(-\infty,+\infty)$<br>$y\in[-1,1]$ | 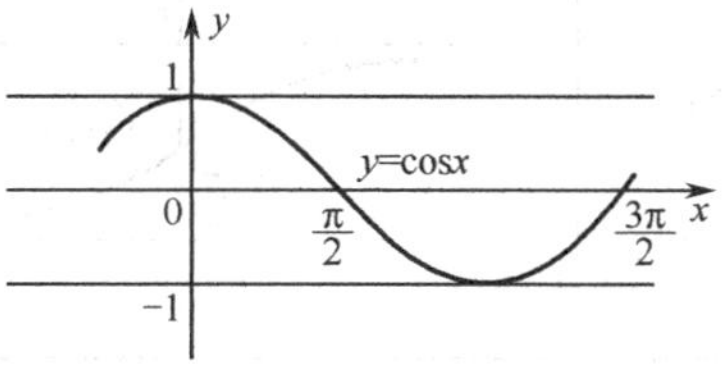 $y=\cos x$ | 偶函数，周期为$2\pi$，有界，在$(2k\pi,\ 2k\pi+\pi)$内单调减少，在$(2k\pi+\pi,\ 2k\pi+2\pi)$内单调增加 |

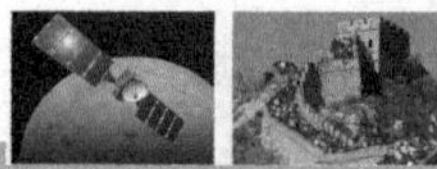

续表

| | 函　数 | 定义域与值域 | 图　像 | 特　性 |
|---|---|---|---|---|
| 三角函数 | $y=\tan x$ | $x\neq k\pi+\frac{\pi}{2}(k\in\mathbf{Z})$<br>$y\in(-\infty,+\infty)$ |  | 奇函数，周期为π，在$\left(k\pi-\frac{\pi}{2},\ k\pi+\frac{\pi}{2}\right)$内单调增加 |
| | $y=\cot x$ | $x\neq k\pi(k\in\mathbf{Z})$<br>$y\in(-\infty,+\infty)$ |  | 奇函数，周期为π，在$(k\pi,\ k\pi+\pi)$内单调减少 |
| 反三角函数 | $y=\arcsin x$ | $x\in[-1,1]$<br>$y\in\left[-\frac{\pi}{2},\frac{\pi}{2}\right]$ |  | 奇函数，单调增加，有界 |
| | $y=\arccos x$ | $x\in[-1,1]$<br>$y\in[0,\pi]$ |  | 单调减少，有界 |
| | $y=\arctan x$ | $x\in[-\infty,+\infty]$<br>$y\in\left[-\frac{\pi}{2},\frac{\pi}{2}\right]$ |  | 奇函数，单调增加，有界 |
| | $y=\text{arccot}\,x$ | $x\in[-\infty,+\infty]$<br>$y\in(0,\pi)$ |  | 单调减少，有界 |

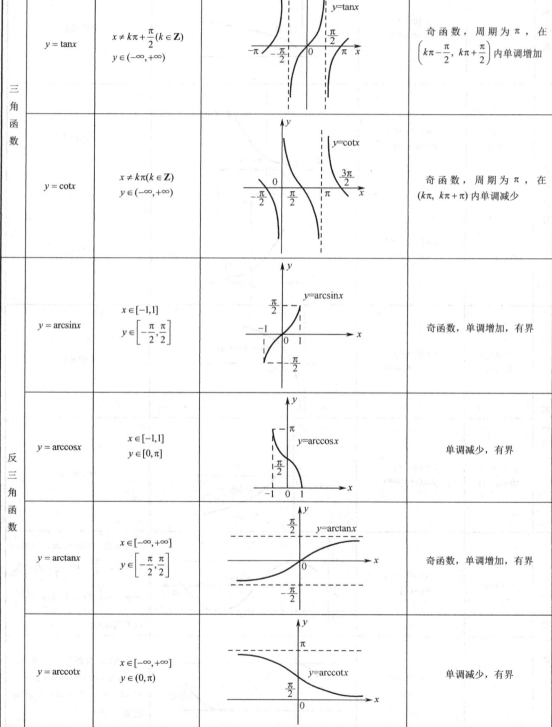

### 1.1.3 复合函数与初等函数

#### 1. 复合函数

**【定义 8】** 设 $y=f(u)$，$u=\varphi(x)$，当 $x$ 在 $u=\varphi(x)$ 的定义域 $D_\varphi$ 中变化时，$u=\varphi(x)$ 的值在 $y=f(u)$ 的定义域 $D_f$ 内变化，因此变量 $x$ 与 $y$ 之间通过变量 $u$ 形成的一种函数关系，记为 $y=f(u)=f[\varphi(x)]$，称为**复合函数**，其中 $x$ 称为自变量，$u$ 称为中间变量，$y$ 称为因变量（即函数）.

例如，函数 $y=\sin u$，$u=x^2$ 可以复合成函数 $y=\sin x^2$.

有时，一个复合函数可能由三个或更多的函数复合而成. 例如，由函数 $y=2^u$，$u=\sin v$，$v=x^2+1$ 可以复合成函数 $y=2^{\sin(x^2+1)}$，其中 $u$ 和 $v$ 都是中间变量.

**注意：** 不是任何两个函数都可以复合成一个复合函数. 函数 $\varphi(x)$ 的值域取在函数 $y=f(u)$ 的定义域内时，两个函数才能复合.

例如，函数 $y=\arcsin u$，$u=x^2+2$ 就不可以复合.

**例 1.8** 指出下列复合函数的结构.

（1）$y=(2x+1)^9$；（2）$y=\sqrt{\log_a(\cos x+4^x)}$；（3）$y=10^{\sin\frac{1}{x}}$.

**解** （1）$y=u^9$，$u=2x+1$；

（2）$y=\sqrt{u}$，$u=\log_a v$，$v=\cos x+4^x$；

（3）$y=10^u$，$u=\sin v$，$v=\dfrac{1}{x}$.

**例 1.9** 分解下列复合函数.

（1）$y=\sqrt{2x+1}$； （2）$y=\arcsin x^2$； （3）$y=\ln\sin(x^2+1)$；

（4）$y=\cos^3(\ln x)$； （5）$y=\ln\sqrt{\sin x}$； （6）$y=\arctan\ln 2x$.

**解** （1）$y=\sqrt{2x+1}$ 分解为 $y=\sqrt{u}$，$u=2x+1$；

（2）$y=\arcsin x^2$ 分解为 $y=\arcsin u$，$u=x^2$；

（3）$y=\ln\sin(x^2+1)$ 分解为 $y=\ln u$，$u=\sin v$，$v=x^2+1$；

（4）$y=\cos^3(\ln x)$ 分解为 $y=u^3$，$u=\cos v$，$v=\ln x$；

（5）$y=\ln\sqrt{\sin x}$ 分解为 $y=\ln u$，$u=\sqrt{v}$，$v=\sin x$；

（6）$y=\arctan\ln 2x$ 分解为 $y=\arctan u$，$u=\ln v$，$v=2x$.

#### 2. 初等函数

**【定义 9】** 由基本初等函数和常数经过有限次四则运算和有限次复合步骤所构成的，且能用一个式子表示的函数，称为**初等函数**.

例如，$y=\sqrt{1+x^2}$、$y=\sin^3 x$、$y=\sqrt{\log_a 3^x}$ 等都是初等函数.

**注意：** 分段函数一般不是初等函数.

### 任务解答 1.1

根据任务 1.1 给出的三个奖励模型，来判断哪个模型能符合公司的要求。

可以利用作图工具或软件画出三个函数的图像，如图 1.10 所示，任务要求在销售利润达到 10 万元以上时进行奖励，且奖金 $y$ 随着销售利润 $x$ 的增加而增加. 这三个函数都是增函数，符合要求，但任务还要求奖金总数不超过 5 万元. 观察图像，在区间[10,1 000]上，模型 $y=\sqrt[3]{x}$ 、 $y=1.002^x$ 的图像都有一部分在直线 $y=5$ 的上方，只有模型 $y=\log_5 x$ 的图像始终在 $y=5$ 的下方，这说明只有按模型 $y=\log_5 x$ 进行奖励时才符合公司的要求.

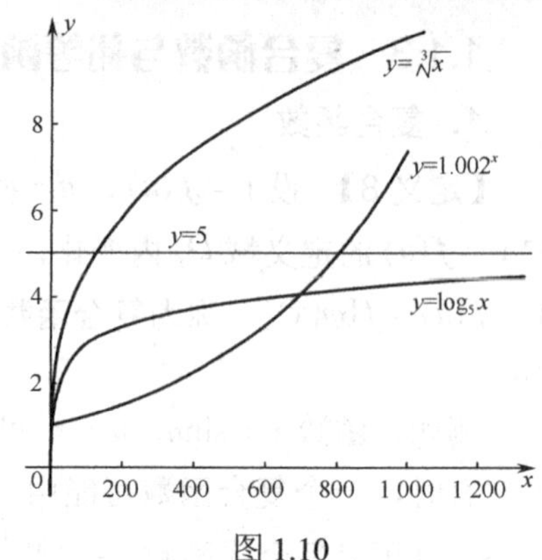

图 1.10

> **思考问题** 若奖励函数是 $y=\log_5(x+200)$ 这个复合函数，是不是更符合公司的要求？还有更好的函数选择吗？

### 基础训练 1.1

1．求下列函数的定义域.

（1） $y=\sqrt{x+2}+\lg(x^2-1)$；　　（2） $y=\dfrac{x-2}{x^2-4}$；

（3） $y=\dfrac{\sqrt{x^2-1}+\sqrt{1-x^2}}{x-1}$；　　（4） $f(x)=\dfrac{x}{x\ln(x+2)}$.

2．函数 $f(x)=\begin{cases} x & -\infty < x \leqslant 1 \\ x^2 & 1 < x \leqslant 4 \\ 2^x & 4 < x < +\infty \end{cases}$ ，求定义域 $f(1)$、$f(4)$、$f(-2)$、$f(0)$并画出函数的草图.

3．分解下列复合函数.

（1） $y=\sin(2x+1)$；　　（2） $y=\arccos(5x+3)$；

（3） $y=\mathrm{e}^{\ln 3x}$；　　（4） $y=\ln^2(3x+1)$；

（5） $y=\cos\sqrt{3x-1}$；　　（6） $y=\ln\arctan(3x+1)$.

## 1.2 极限

### 学习任务 1.2 银行存款连续复利

若银行一年活期年利率为 $r$，那么储户存 10 万元的人民币，一年到期后结算额为 $10\times(1+r)$ 万元。如果银行许可储户在一年内可任意次结算，在不计利息税的情况下，若储户等间隔地结算 $n$ 次，每次结算后将本息全部存入银行，那么，一年后该储户的本息和是多少？随着结算次数的无限增加，一年后该储户是否会成为百万富翁？

若每三个月结算一次，由于复利，储户存的 10 万元一年后可得 $10\times\left(1+\dfrac{r}{4}\right)^4$ 万元，显然这比一年结算一次要多，因为多次结算增加了复利. 结算越频繁，获利越大. 如果一个储户

连续不断地存款、取款，结算本息的频率趋于无穷大，每次结算后将本息全部存入银行，这意味着银行要不断地向储户支付利息，称为连续复利问题. 连续复利会造成总结算额无限增大吗？这是关于极限的问题.

学习极限须从数列的极限入手，进而学习函数的极限，以及学习极限运算法则、两个重要极限和无穷小的比较.

### 1.2.1　数列的极限

**数列**就是由数组成的序列，一般写成 $x_1, x_2, x_3, x_4, \cdots, x_n, \cdots$，记作 $\{x_n\}$.

极限是微积分的重要工具，极限思想实际上是无限逼近的思想方法. 我们用下面的例子描述极限.

已知数列

$$\frac{5}{2}, \frac{9}{4}, \frac{13}{6}, \frac{17}{8}, \cdots, \frac{4n+1}{2n}, \cdots.$$

这里每个数都比 2 大一点，比 2 多的部分是 $\frac{1}{2}, \frac{1}{4}, \frac{1}{6}, \frac{1}{8}, \cdots, \frac{1}{2n}, \cdots$，其中 $n$ 越大，所多的部分就越小. 如果 $n$ 无止境地加大下去，$\frac{1}{2n}$ 就不停地变小（单调下降），$\frac{1}{2n}$ 将越来越趋近 0，$2+\frac{1}{2n}$ 将越来越趋近于 2.即当 $n$ 无限增大时，$2+\frac{1}{2n}$ 无限趋近于一个确定的常数 2.

**【定义 1】** 设有数列 $\{x_n\}$，当 $n$ 无限增大时，$x_n$ 无限趋近于一个确定的常数 $A$，则称**常数 $A$ 是数列 $\{x_n\}$ 的极限**，记作 $\lim\limits_{n\to\infty} x_n = A$ 或 $x_n \to A$（$n \to \infty$）.

**注意：**①$n\to\infty$ 表示 $n$ 无限增大. ②$A$ 是唯一确定的常数. ③ $x_n \to A$ 表示无限接近于 $A$. ④若数列 $\{x_n\}$ 极限存在，则称这个数列收敛；若数列 $\{x_n\}$ 极限不存在，则称这个数列发散.

观察数列 $\left\{\frac{1}{n}\right\}$ 的极限. 数列 $\left\{\frac{1}{n}\right\}$ 可写为1，$\frac{1}{2}$，$\frac{1}{3}$，$\frac{1}{4}$，$\frac{1}{5}$，…. 观察发现：$n$ 越来越大时，$x_n=\frac{1}{n}$ 的数值越来越小，无限接近于 0，记为 $\lim\limits_{n\to\infty}\frac{1}{n}=0$.

**例 1.10**　求下列数列的极限.

（1）$\lim\limits_{n\to\infty}\left(1+\frac{1}{n}\right)$；　（2）$\lim\limits_{n\to\infty}(-1)^n$；　（3）$\lim\limits_{n\to\infty}\mathrm{n}^2$；　（4）$\lim\limits_{n\to\infty}\frac{1}{2^n}$.

**解**　观察得到（1）$\lim\limits_{n\to\infty}\left(1+\frac{1}{n}\right)=1$；（2）$\lim\limits_{n\to\infty}(-1)^n$ 不存在；（3）$\lim\limits_{n\to\infty}\mathrm{n}^2=+\infty$ 不是一个确定的数，$n$ 无限增大时，$n^2$ 的极限不存在.（4）$\lim\limits_{n\to\infty}\frac{1}{2^n}=0$.

### 1.2.2　函数的极限

数列是一种比较特殊的函数. 因此，数列的极限只是这种特殊函数的极限，它研究的是自变量 $n$ 取正整数且无限增大时，函数 $a_n=f(n)$ 的变化趋势.

事实上，对于一般函数 $f(x)$ 来说，自变量 $x$ 的变化趋势分为以下两种情况：①自变量 $x$

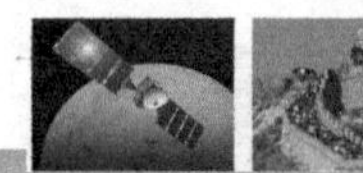

的绝对值无限增大（记为$x\to\infty$）；②自变量$x$无限趋近于一个确定的常数$x_0$，但可以不等于$x_0$（记为$x\to x_0$）. 我们将从这两种情况分析函数$y=f(x)$的极限.

### 1. 当$x\to\infty$时，函数$f(x)$的极限

如图 1.11 所示，$|x|$无限增大时，观察$\frac{1}{x}$的变化趋势，发现有$\frac{1}{x}\to 0$，记作$\lim\limits_{x\to\infty}\frac{1}{x}=0$.

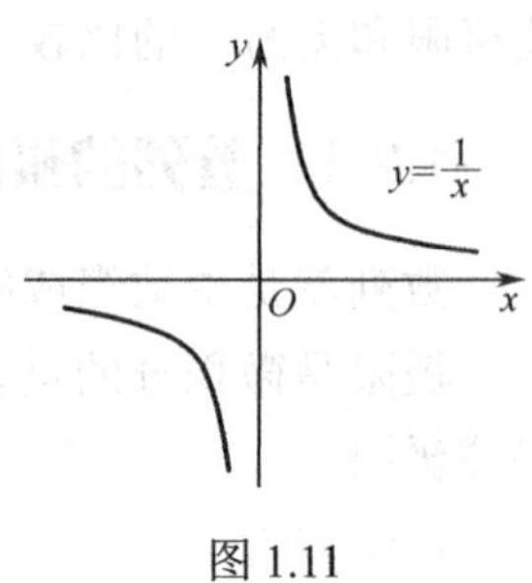


图 1.11

**注意：**$x\to-\infty$时$\frac{1}{x}\to 0$与$x\to+\infty$时$\frac{1}{x}\to 0$同时成立.

**【定义 2】** 设函数$f(x)$当$|x|$充分大时有定义. 如果当$x\to\infty$时，函数$f(x)$无限趋近于一个确定的常数$A$，那么$A$就称为函数$f(x)$的极限，记作$\lim\limits_{x\to\infty}f(x)=A$或$f(x)\to A\,(x\to\infty)$.

在定义中：①当自变量$x\to+\infty$时，若函数$y=\frac{1}{x}$无限趋近于一个确定的常数$A$，则记作$\lim\limits_{x\to+\infty}f(x)=A$或$f(x)\to A\,(x\to+\infty)$. ②当自变量$x\to-\infty$时，若函数$f(x)$无限趋近于一个确定的常数$A$，则记作$\lim\limits_{x\to-\infty}f(x)=A$或$f(x)\to A\,(x\to-\infty)$.

**结论：**$\lim\limits_{x\to\infty}f(x)=A\Leftrightarrow\lim\limits_{x\to-\infty}f(x)=\lim\limits_{x\to+\infty}f(x)=A$.

例如，因为$\lim\limits_{x\to+\infty}\arctan x=\frac{\pi}{2}$，$\lim\limits_{x\to-\infty}\arctan x=-\frac{\pi}{2}$，所以$\lim\limits_{x\to\infty}\arctan x$不存在.

**例 1.11** 观察下列函数的极限.

（1）$\lim\limits_{x\to+\infty}\left(\frac{1}{2}\right)^x$；（2）$\lim\limits_{x\to-\infty}10^x$；（3）$\lim\limits_{x\to\infty}\frac{1}{x^2}$；

（4）$\lim\limits_{x\to\infty}4$；（5）$\lim\limits_{x\to\infty}\frac{x^2+1}{x-2}$；（6）$\lim\limits_{x\to+\infty}\ln x$.

**解** （1）$\lim\limits_{x\to+\infty}\left(\frac{1}{2}\right)^x=0$.（2）$\lim\limits_{x\to-\infty}10^x=0$.

（3）$\lim\limits_{x\to\infty}\frac{1}{x^2}=0$.（4）$\lim\limits_{x\to\infty}4=4$.

（5）$\lim\limits_{x\to\infty}\frac{x^2+1}{x-2}=\infty$.（6）$\lim\limits_{x\to+\infty}\ln x=+\infty$.

### 2. 当$x\to x_0$时，函数$f(x)$的极限

例如，观察$x\to 4$时，$f(x)=\sqrt{x}$无限趋近于 2，记作$\lim\limits_{x\to 4}\sqrt{x}=2$.

**注意：**$x\to 4$是$x$从左、右两侧无限接近于 4 时，$\sqrt{x}$越来越接近 2.

**【定义 3】** 设函数$f(x)$在点$x_0$的左、右近旁有定义（点$x_0$可以除外）. 如果当$x\to x_0$时，函数$f(x)$无限趋近于某一个确定的常数$A$，那么$A$就称为函数$f(x)$当$x\to x_0$时的极限，记为$\lim\limits_{x\to x_0}f(x)=A$或$f(x)\to A\,(x\to x_0)$.

注意：$\lim\limits_{x\to x_0}f(x)$可能不存在，如$\lim\limits_{x\to\frac{\pi}{2}}\tan x=+\infty$.

**例 1.12**　求下列函数的极限.

（1）$\lim\limits_{x\to 0}\left(\frac{1}{2}\right)^x$；　（2）$\lim\limits_{x\to -1}10^x$；　（3）$\lim\limits_{x\to 2}\frac{1}{x^2}$；

（4）$\lim\limits_{x\to 1}\lg x$；　（5）$\lim\limits_{x\to -1}\frac{x^2+1}{x+2}$；　（6）$\lim\limits_{x\to 1}\ln x$.

**解**　（1）$\lim\limits_{x\to 0}\left(\frac{1}{2}\right)^x=\left(\frac{1}{2}\right)^0=1$.　（2）$\lim\limits_{x\to -1}10^x=10^{-1}$.

（3）$\lim\limits_{x\to 2}\frac{1}{x^2}=\frac{1}{2^2}=\frac{1}{4}$.　（4）$\lim\limits_{x\to 1}\lg x=0$.

（5）$\lim\limits_{x\to -1}\frac{x^2+1}{x+2}=\frac{(-1)^2+1}{-1+2}=2$.　（6）$\lim\limits_{x\to 1}\ln x=\ln 1=0$.

**3．当 $x\to x_0$ 时，函数 $f(x)$ 的左、右极限**

讨论$\lim\limits_{x\to 4}\sqrt{x}=2$时，是表示$x$从左、右两侧靠近 4 时，$f(x)=\sqrt{x}$无限趋近于确定的值 2. 如果$x$从两侧无限趋近 4 时，$f(x)$都趋近于同一个值，则称该值为$x$无限趋近 4 时$f(x)$的极限. 这时“左”极限和“右”极限是相等的. 如果它们不相等，则称极限不存在.

**【定义 4】**　如果当$x$从点$x_0$左侧（即$x<x_0$）无限趋近于$x_0$时，函数$f(x)$无限趋近于常数$A$，则称$A$是函数$f(x)$的左极限，记作$\lim\limits_{x\to x_0^-}f(x)=A$.

**【定义 5】**　如果当$x$从点$x_0$右侧（即$x>x_0$）无限趋近于$x_0$时，函数$f(x)$无限趋近于常数$A$，则称$A$是函数$f(x)$的右极限，记作$\lim\limits_{x\to x_0^+}f(x)=A$.

注意：$x\to x_0$时函数$f(x)$的极限为$A$的充要条件为

$$\lim_{x\to x_0}f(x)=A\ \Leftrightarrow\ \lim_{x\to x_0^+}f(x)=\lim_{x\to x_0^-}f(x)=A.$$

**例 1.13**　函数$f(x)=\begin{cases}x-1, & x<0\\ 0, & x=0\\ x+1, & x>0\end{cases}$，求$\lim\limits_{x\to 0}f(x)$.

**解**：先求$x\to 0$时的左极限，$\lim\limits_{x\to 0^-}f(x)=\lim\limits_{x\to 0^-}(x-1)=-1$.

再求$x\to 0$时的右极限，$\lim\limits_{x\to 0^+}f(x)=\lim\limits_{x\to 0^+}(x+1)=1$.

因为$\lim\limits_{x\to 0^-}f(x)\neq\lim\limits_{x\to 0^+}f(x)$，所以$\lim\limits_{x\to 0}f(x)$不存在.

注意：求分段函数分点处的极限，需要分别求左极限和右极限.

函数极限不存在的两种情况：

（1）左极限与右极限至少有一个不存在；

（2）左极限和右极限均存在，但不相等.

**例 1.14**　函数$f(x)=\begin{cases}x^2+2, & x\leqslant -1\\ x+4, & x>-1\end{cases}$，求$\lim\limits_{x\to -1}f(x)$.

**解** 先求 $x \to -1$ 时的左极限，$\lim\limits_{x \to -1^-} f(x) = \lim\limits_{x \to -1^-} (x^2 + 2) = 3$.

再求 $x \to -1$ 时的右极限，$\lim\limits_{x \to -1^+} f(x) = \lim\limits_{x \to -1^+} (x + 4) = 3$.

因为 $\lim\limits_{x \to -1^-} f(x) = \lim\limits_{x \to -1^+} f(x)$，所以 $\lim\limits_{x \to 0} f(x) = 3$.

### 1.2.3 极限的运算

利用极限的运算法则和两个重要极限可以方便地计算极限，但在应用上一定要注意方法的使用，有些问题需要应用一些技巧来解决.

**1. 极限的运算法则**

如果 $\lim\limits_{x \to x_0} f(x) = A$、$\lim\limits_{x \to x_0} g(x) = B$，当 $x \to x_0$ 时 $f(x) \pm g(x)$、$f(x)g(x)$、$\dfrac{f(x)}{g(x)}$ 的极限存在，则：

（1）$\lim\limits_{x \to x_0}[f(x) \pm g(x)] = \lim\limits_{x \to x_0} f(x) \pm \lim\limits_{x \to x_0} g(x) = A \pm B$；

（2）$\lim\limits_{x \to x_0}[f(x) \cdot g(x)] = \lim\limits_{x \to x_0} f(x) \lim\limits_{x \to x_0} g(x) = A \cdot B$；

（3）$\lim\limits_{x \to x_0} \dfrac{f(x)}{g(x)} = \dfrac{\lim\limits_{x \to x_0} f(x)}{\lim\limits_{x \to x_0} g(x)} = \dfrac{A}{B} \quad (B \neq 0)$；

（4）当 $C$ 是常数，$n$ 是正整数时，有 $\lim\limits_{x \to x_0} [C f(x)] = C \lim\limits_{x \to x_0} f(x)$，$\lim\limits_{x \to x_0} [f(x)]^n = [\lim\limits_{x \to x_0} f(x)]^n$.

这些法则对于 $x \to \infty$ 的情况仍然适用，其他情况也适用.

**例 1.15** 求下列极限.

（1）$\lim\limits_{x \to 1}(4x^2 - 6x - 3)$；　　（2）$\lim\limits_{x \to 0} \dfrac{2x^2 - 1}{3x^2 - 6x + 5}$；

（3）$\lim\limits_{x \to 1} \dfrac{x - 1}{\sqrt{x} - 1}$；　　（4）$\lim\limits_{x \to \infty} \dfrac{2x^2 + x - 4}{3x^3 - x^2 + 1}$；

（5）$\lim\limits_{x \to \infty} \dfrac{x^2 - 1}{2x^2 - x - 1}$；　　（6）$\lim\limits_{x \to \infty} \dfrac{x^2 + 1}{x + 1}$.

**解** （1）
$$\lim_{x \to 1}(4x^2 - 6x - 3) = \lim_{x \to 1} 4x^2 - \lim_{x \to 1} 6x - \lim_{x \to 1} 3.$$
$$= 4 \times 1^2 - 6 \times 1 - 3 = -5$$

（2）
$$\lim_{x \to 0} \frac{2x^2 - 1}{3x^2 - 6x + 5} = \frac{\lim\limits_{x \to 0}(2x^2 - 1)}{\lim\limits_{x \to 0}(3x^2 - 6x + 5)} = \frac{-1}{5} = -\frac{1}{5}.$$

（3）
$$\lim_{x \to 1} \frac{x - 1}{\sqrt{x} - 1} = \lim_{x \to 1} \frac{(\sqrt{x})^2 - 1}{\sqrt{x} - 1} = \lim_{x \to 1} \frac{(\sqrt{x} - 1)(\sqrt{x} + 1)}{\sqrt{x} - 1}.$$
$$= \lim_{x \to 1}(\sqrt{x} + 1) = 1 + 1 = 2$$

（4）
$$\lim_{x \to \infty} \frac{2x^2 + x - 4}{3x^3 - x^2 + 1} = \lim_{x \to \infty} \frac{\dfrac{2x^2 + x - 4}{x^3}}{\dfrac{3x^3 - x^2 + 1}{x^3}} = \lim_{x \to \infty} \frac{\dfrac{2}{x} + \dfrac{1}{x^2} - \dfrac{4}{x^3}}{3 - \dfrac{1}{x} + \dfrac{1}{x^3}} = \frac{0}{3} = 0.$$

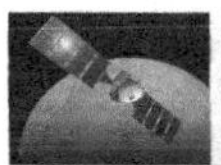

（5）$\lim\limits_{x\to\infty}\dfrac{x^2-1}{2x^2-x-1}=\lim\limits_{x\to\infty}\dfrac{\dfrac{x^2-1}{x^2}}{\dfrac{2x^2-x-1}{x^2}}=\dfrac{1}{2}$.

（6）由于 $\lim\limits_{x\to\infty}\dfrac{x+1}{x^2+1}=0$，所以 $\lim\limits_{x\to\infty}\dfrac{x^2+1}{x+1}=\infty$.

**结论**：$\lim\limits_{x\to\infty}\dfrac{a_m x^m+a_{m-1}x^{m-1}+\cdots+a_2x^2+a_1x+a_0}{b_n x^n+b_{n-1}x^{n-1}+\cdots+b_2x^2+b_1x+b_0}=\begin{cases}\dfrac{a_m}{b_n}, & m=n\\ 0, & m<n\\ \infty, & m>n\end{cases}$.

**例 1.16** 求下列极限.

（1）$\lim\limits_{x\to1}\dfrac{x^2-1}{x-1}$；（2）$\lim\limits_{x\to3}\dfrac{x^2+2x-15}{x^2-4x+3}$；

（3）$\lim\limits_{x\to\infty}\dfrac{x^2+1}{2x^2+x}$；（4）$\lim\limits_{x\to9}\dfrac{\sqrt{x}-3}{x-9}$.

**解**（1）$\lim\limits_{x\to1}\dfrac{x^2-1}{x-1}=\lim\limits_{x\to1}\dfrac{(x+1)(x-1)}{x-1}=\lim\limits_{x\to1}(x+1)=2$.

（2）$\lim\limits_{x\to3}\dfrac{x^2+2x-15}{x^2-4x+3}=\lim\limits_{x\to3}\dfrac{(x-3)(x+5)}{(x-3)(x-1)}=\lim\limits_{x\to3}\dfrac{x+5}{x-1}=4$.

（3）$\lim\limits_{x\to\infty}\dfrac{x^2+1}{2x^2+x}=\dfrac{1}{2}$.

（4）$\lim\limits_{x\to9}\dfrac{\sqrt{x}-3}{x-9}=\lim\limits_{x\to9}\dfrac{\sqrt{x}-3}{(\sqrt{x}-3)(\sqrt{x}+3)}=\lim\limits_{x\to9}\dfrac{1}{\sqrt{x}+3}=\dfrac{1}{6}$.

**例 1.17** 已知 $\lim\limits_{x\to-2}\dfrac{x^2+mx+2}{x+2}=n$，求 $m$、$n$.

**解** 由 $\lim\limits_{x\to-2}\dfrac{x^2+mx+2}{x+2}=n$ 可知 $x^2+mx+2$ 含有因式（$x+2$），所以 $x=-2$ 是方程 $x^2+mx+2=0$ 的根，所以 $m=3$，代入求得 $n=-1$.

**例 1.18** 设 $f(x)=\begin{cases}5x+2k, & x\leqslant0\\ \mathrm{e}^x, & x>0\end{cases}$，则常数 $k$ 为何值时，有 $\lim\limits_{x\to0}f(x)$ 存在？

**解** 因为 $\lim\limits_{x\to0^+}f(x)=\lim\limits_{x\to0^+}\mathrm{e}^x=1$，$\lim\limits_{x\to0^-}f(x)=\lim\limits_{x\to0^-}(5x+2k)=2k$，要使 $\lim\limits_{x\to0}f(x)$ 存在，只需 $\lim\limits_{x\to0^-}f(x)=\lim\limits_{x\to0^+}f(x)$，所以 $2k=1$，故 $k=\dfrac{1}{2}$ 时，$\lim\limits_{x\to0}f(x)$ 存在.

### 2. 两个重要极限

在微积分的众多常用极限中 $\lim\limits_{x\to0}\dfrac{\sin x}{x}=1$，$\lim\limits_{x\to\infty}\left(1+\dfrac{1}{x}\right)^x=\mathrm{e}$ 这两个极限称为重要极限，因为在由导数概念建立初等函数的求导公式这一过程中和求函数极限的运算过程中，这两个极限起着必不可少的纽带作用.

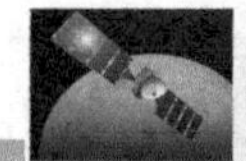

1）重要极限一

$$\lim_{x \to 0}\frac{\sin x}{x}=1.$$

**注意：**（1）是$\frac{0}{0}$型的未定式；

（2）应用$\lim\limits_{\square \to 0}\frac{\sin\square}{\square}=1$解题时变量“□”必须统一.

**例 1.19** 求下列极限.

（1）$\lim\limits_{x \to 0}\frac{\sin 2x}{x}$； （2）$\lim\limits_{x \to 0}\frac{\tan x}{x}$； （3）$\lim\limits_{x \to 0}\frac{\sin 5x}{\sin 3x}$；

（4）$\lim\limits_{x \to 1}\frac{\sin(x-1)}{x^2-1}$； （5）$\lim\limits_{x \to 0}\frac{\sin 2x}{\tan 3x}$； （6）$\lim\limits_{x \to 0}\frac{x}{\tan 2x}$.

**解** （1）$\lim\limits_{x \to 0}\frac{\sin 2x}{x}=\lim\limits_{x \to 0}\frac{2\sin 2x}{2x}=2$.

（2）$\lim\limits_{x \to 0}\frac{\tan x}{x}=\lim\limits_{x \to 0}\frac{\frac{\sin x}{\cos x}}{x}=\lim\limits_{x \to 0}\frac{\sin x}{x}\lim\limits_{x \to 0}\frac{1}{\cos x}=1$.

（3）$\lim\limits_{x \to 0}\frac{\sin 5x}{\sin 3x}=\lim\limits_{x \to 0}\frac{\frac{5(\sin 5x)}{5x}}{\frac{3(\sin 3x)}{3x}}=\frac{5}{3}$.

（4）$\lim\limits_{x \to 1}\frac{\sin(x-1)}{x^2-1}=\lim\limits_{x \to 1}\frac{\sin(x-1)}{(x-1)(x+1)}=\lim\limits_{x \to 1}\frac{\sin(x-1)}{x-1}\lim\limits_{x \to 1}\frac{1}{x+1}=\frac{1}{2}$.

（5）$\lim\limits_{x \to 0}\frac{\sin 2x}{\tan 3x}=\lim\limits_{x \to 0}\frac{\frac{2(\sin 2x)}{2x}}{\frac{3(\tan 3x)}{3x}}=\frac{2}{3}$.

（6）$\lim\limits_{x \to 0}\frac{x}{\tan 2x}=\lim\limits_{x \to 0}\frac{2x}{2\tan 2x}=\frac{1}{2}\lim\limits_{x \to 0}\frac{2x}{\tan 2x}=\frac{1}{2}$.

**注意：**（1）$\lim\limits_{x \to \infty}\frac{\sin ax}{ax}=0$，$a$为常数； （2）$\lim\limits_{x \to 0}\frac{\sin ax}{ax}=1$；

（3）$\lim\limits_{x \to 0}\frac{x}{\sin x}=1$； （4）$\lim\limits_{x \to 0}\frac{\tan x}{x}=1$.

2）重要极限二

$$\lim_{x \to \infty}\left(1+\frac{1}{x}\right)^x=\mathrm{e}$$

**注意：**（1）是$1^\infty$型的未定式；

（2）应用$\lim\limits_{\square \to \infty}\left(1+\frac{1}{\square}\right)^{\square}=\mathrm{e}$解题时变量“□”必须统一；

（3）括号内除去“1+”之外部分与指数互为倒数.

在上式中，若设 $z=\frac{1}{x}$，则当 $x\to\infty$ 时，$z\to 0$，于是上式又可写为 $\lim\limits_{z\to 0}(1+z)^{\frac{1}{z}}=\mathrm{e}$.

注意：第二个重要极限有 $\lim\limits_{x\to\infty}\left(1+\frac{1}{x}\right)^{x}=\mathrm{e}$ 或 $\lim\limits_{z\to 0}(1+z)^{\frac{1}{z}}=\mathrm{e}$ 两种形式.

**例 1.20**　求下列极限.

（1）$\lim\limits_{x\to\infty}\left(1+\frac{2}{x}\right)^{x}$；　（2）$\lim\limits_{x\to 0}(1-x^2)^{\frac{1}{x^2}}$；　（3）$\lim\limits_{x\to\infty}\left(\frac{3x+2}{3x-1}\right)^{3x-1}$；

（4）$\lim\limits_{x\to 0}\frac{\ln(1+6x)}{x}$；　（5）$\lim\limits_{x\to 0}(1+2x)^{\frac{1}{x}}$；　（6）$\lim\limits_{x\to\infty}\left(1-\frac{2}{x}\right)^{-x}$；

（7）$\lim\limits_{x\to\infty}\left(\frac{x}{1+x}\right)^{x}$；　（8）$\lim\limits_{x\to\infty}\left(1+\frac{2}{3x}\right)^{2x-5}$.

**解**　（1）$\lim\limits_{x\to\infty}\left(1+\frac{2}{x}\right)^{x}=\lim\limits_{x\to\infty}\left[\left(1+\frac{2}{x}\right)^{\frac{x}{2}}\right]^{2}=\mathrm{e}^2$.

（2）$\lim\limits_{x\to 0}(1-x^2)^{\frac{1}{x^2}}=\lim\limits_{x\to 0}\left[(1-x^2)^{\frac{1}{-x^2}}\right]^{-1}=\mathrm{e}^{-1}$.

（3）$\lim\limits_{x\to\infty}\left(\frac{3x+2}{3x-1}\right)^{3x-1}=\lim\limits_{x\to\infty}\left[\frac{\left(1+\frac{2}{3x}\right)^{3x}}{\left(1-\frac{1}{3x}\right)^{3x}}\cdot\left(\frac{3x+2}{3x-1}\right)^{-1}\right]=\frac{\mathrm{e}^2}{\mathrm{e}^{-1}}=\mathrm{e}^3$.

（4）$\lim\limits_{x\to 0}\frac{\ln(1+6x)}{x}=\lim\limits_{x\to 0}\frac{1}{x}\ln(1+6x)=\lim\limits_{x\to 0}[\ln(1+6x)]^{\frac{1}{x}}=\lim\limits_{x\to 0}[\ln(1+6x)]^{\frac{1}{6x}\cdot 6}=\ln\mathrm{e}^6=6$.

（5）$\lim\limits_{x\to 0}(1+2x)^{\frac{1}{x}}=\lim\limits_{x\to 0}\left[(1+2x)^{\frac{1}{2x}}\right]^{2}=\mathrm{e}^2$.

（6）$\lim\limits_{x\to\infty}\left(1-\frac{2}{x}\right)^{-x}=\lim\limits_{x\to\infty}\left[\left(1+\frac{-2}{x}\right)^{\frac{x}{-2}}\right]^{2}=\mathrm{e}^2$.

（7）$\lim\limits_{x\to\infty}\left(\frac{x}{1+x}\right)^{x}=\lim\limits_{x\to\infty}\left(\frac{1}{\frac{1}{x}+1}\right)^{x}=\lim\limits_{x\to\infty}\frac{1}{\left(1+\frac{1}{x}\right)^{x}}=\frac{1}{\mathrm{e}}=\mathrm{e}^{-1}$.

（8）$\lim\limits_{x\to\infty}\left(1+\frac{2}{3x}\right)^{2x-5}=\lim\limits_{x\to\infty}\left[\left(1+\frac{2}{3x}\right)^{2x}\left(1+\frac{2}{3x}\right)^{-5}\right]$

$$=\lim_{x\to\infty}\left[\left[\left(1+\frac{2}{3x}\right)^{\frac{3}{2}x}\right]^{\frac{4}{3}}\left(1+\frac{2}{3x}\right)^{-5}\right]=\mathrm{e}^{\frac{4}{3}}\cdot 1=\mathrm{e}^{\frac{4}{3}}$$

### 1.2.4 无穷小的比较

1．无穷小

1）无穷小的定义

**【定义 6】** 若$x \to x_0$（或$x \to \infty$）时，$f(x)$以零为极限，则称$f(x)$是$x \to x_0$（或$x \to \infty$）时的**无穷小量**，简称**无穷小**，记作$\lim\limits_{x \to x_0} f(x)=0$（或$\lim\limits_{x \to \infty} f(x)=0$）.

例如，函数$f(x)=x-2$是$x \to 2$时的无穷小，而函数$f(x)=\dfrac{1}{x}$是$x \to \infty$时的无穷小.

**注意：**

（1）无穷小是变量，不能与很小的数混淆；

（2）在常量中只有零是无穷小.

2）无穷小的性质

**【性质 1】** 有限个无穷小的代数和是无穷小.

**【性质 2】** 有限个无穷小的乘积是无穷小.

**【性质 3】** 有界函数与无穷小的乘积是无穷小.

**推论：**常数与无穷小的乘积是无穷小.

2．无穷大

**【定义 7】** 若$x \to x_0$(或$x \to \infty$)时，$|f(x)|$无限增大，则称$f(x)$为当$x \to x_0$(或$x \to \infty$)时的**无穷大量**，简称**无穷大**，记作$\lim\limits_{x \to x_0} f(x)=\infty$(或$\lim\limits_{x \to \infty} f(x)=\infty$).

**特殊情形：**正无穷大$\lim\limits_{x \to x_0} f(x)=+\infty$，负无穷大$\lim\limits_{x \to x_0} f(x)=-\infty$.

**注意：**

（1）无穷大是变量，不能与很大的数混淆；

（2）一定不要将$\lim\limits_{x \to x_0} f(x)=\infty$认为极限存在.

**例 1.21** 在自变量的变化过程中，判断下列函数是无穷小、还是无穷大.

（1）当$x \to \infty$时，$y=\dfrac{1}{x-1}$；　　（2）当$x \to 2$时，$y=2x-4$；

（3）当$x \to 1$时，$y=\dfrac{1}{x-1}$；　　（4）当$x \to \infty$时，$y=2x-4$.

**解**

（1）因为$\lim\limits_{x \to \infty} \dfrac{1}{x-1}=0$，所以当$x \to \infty$时，$\dfrac{1}{x-1}$为无穷小.

（2）因为$\lim\limits_{x \to 2}(2x-4)=0$，所以当$x \to 2$时，$2x-4$为无穷小.

（3）因为$\lim\limits_{x \to 1} \dfrac{1}{x-1}=\infty$，所以当$x \to 1$时$\dfrac{1}{x-1}$为无穷大.

（4）因为$\lim\limits_{x \to \infty}(2x-4)=\infty$，所以当$x \to \infty$时，$2x-4$为无穷大.

### 3．无穷大与无穷小的关系

**【定理 1】** 在自变量的同一变化过程中，如果 $f(x)$ 为无穷大，则 $\dfrac{1}{f(x)}$ 为无穷小；反之，如果 $f(x)$ 为无穷小，且 $f(x)\neq 0$，则 $\dfrac{1}{f(x)}$ 为无穷大.

**例 1.22** 求下列各极限.

（1）$\lim\limits_{x\to 1}\dfrac{2x-3}{x^2-5x+4}$；　（2）$\lim\limits_{x\to\infty}\dfrac{\sin x}{x}$；　（3）$\lim\limits_{x\to\infty}\dfrac{2x+1}{x^2+x}\cos 5x$.

**解** （1）由 $\lim\limits_{x\to 1}\dfrac{x^2-5x+4}{2x-3}=0$，可知 $\lim\limits_{x\to 1}\dfrac{2x-3}{x^2-5x+4}=\infty$.

（2）当 $x\to\infty$ 时，$|\sin x|\leqslant 1$，$\sin x$ 是有界函数，又因为 $\lim\limits_{x\to\infty}\dfrac{1}{x}=0$，所以 $\lim\limits_{x\to\infty}\dfrac{\sin x}{x}=0$.

（3）因为 $\lim\limits_{x\to\infty}\dfrac{2x+1}{x^2+x}=0$，$|\cos 5x|\leqslant 1$，所以 $\lim\limits_{x\to\infty}\dfrac{2x+1}{x^2+x}\cos 5x=0$.

### 4．无穷小的比较

例如，当 $x\to 0$ 时，$x$、$x^2$、$\sin x$、$x^2\sin\dfrac{1}{x}$ 都是无穷小量.

观察下面的极限：

（1）$\lim\limits_{x\to 0}\dfrac{x^2}{3x}=0$，$x^2$ 比 $3x$ 趋于 0 要快得多；

（2）$\lim\limits_{x\to 0}\dfrac{\sin x}{x}=1$，$\sin x$ 与 $x$ 趋于 0 大致相同；

（3）$\lim\limits_{x\to 0}\dfrac{x^2\sin\frac{1}{x}}{x^2}=\lim\limits_{x\to 0}\sin\dfrac{1}{x}$ 不存在，$x^2\sin\dfrac{1}{x}$ 与 $x^2$ 不可比.

极限不同，反映了趋向于零的“快慢”程度不同.

**【定义 8】** 设 $\alpha,\beta$ 是同一过程中的两个无穷小，且 $\beta\neq 0$.

（1）如果 $\lim\dfrac{\beta}{\alpha}=0$，则 $\beta$ 是比 $\alpha$ 较**高阶无穷小**；

（2）如果 $\lim\dfrac{\beta}{\alpha}=\infty$，则 $\beta$ 是比 $\alpha$ 较**低阶无穷小**；

（3）如果 $\lim\dfrac{\beta}{\alpha}=c(c\neq 0)$，则称 $\beta$ 与 $\alpha$ 为**同阶无穷小**.

特殊地，如果 $\lim\dfrac{\beta}{\alpha}=1$，则称 $\beta$ 与 $\alpha$ 为**等价无穷小**，记作 $\alpha\sim\beta$.

例如，$\sin x\sim x$，$\arcsin x\sim x$，$\tan x\sim x$，$\arctan x\sim x$.

**例 1.23** 比较两个无穷小量的关系.

（1）$x\to 0$ 时，$2x-x^2$ 与 $x$；　（2）$x\to 0^+$ 时，$x\sin\sqrt{x}$ 与 $x^{\frac{3}{2}}$.

解 (1) 因为$\lim\limits_{x\to 0}\dfrac{2x-x^2}{x}=2$，所以$x\to 0$时$2x-x^2$与$x$同阶无穷小.

(2) 因为$\lim\limits_{x\to 0^+}\dfrac{x\sin\sqrt{x}}{x^{\frac{3}{2}}}=\lim\limits_{x\to 0^+}\dfrac{\sin\sqrt{x}}{\sqrt{x}}=1$，所以$x\to 0^+$时，$x\sin\sqrt{x}\sim x^{\frac{3}{2}}$.

## 任务解答 1.2

根据任务 1.2，求储户存 10 万元的人民币多次结算时一年后该储户的本息和.

设储户第$k$次结算本息的结算额为$a_k$，那么可以得到方程

$$a_k=\left(1+\frac{r}{n}\right)a_{k-1},\ a_0=100\,000.$$

对上述方程化简，得

$$a_n=100\,000\left(1+\frac{r}{n}\right)^n.$$

随着结算次数的无限增加，即在上式中$n\to\infty$，一年后本息共计为

$$\lim_{n\to\infty}100\,000\left(1+\frac{r}{n}\right)^n=100\,000\mathrm{e}^r.$$

若一年结算无限次，总结算额有一个上限，即$100\,000\,\mathrm{e}^r$元. 它表明在$n\to\infty$时，结果将稳定于这个值. 若$r$=2.9%，则随着结算次数的无限增加，一年后本息总和将稳定于 102 940 元，储户并不能通过该方式成为百万富翁.

把连续活期存款利率作为连续复利率，$r_0$=2.9%，设一年定期的年利率为$r$，那么应有

$$1+r=\mathrm{e}^{r_0},$$

从而有

$$r=\mathrm{e}^{r_0}-1\approx 2.94\%.$$

同理，三年定期的年利率为

$$r=(\mathrm{e}^{3r_0}-1)/3\approx 3.03\%.$$

相应地，十年定期的年利率为

$$r=(\mathrm{e}^{10r_0}-1)/10\approx 3.36\%.$$

一般情况下，银行的定期利率要更高，以鼓励长期定期存款.

**思考问题** 假设有这样一种传染病. 任何人得病后，在传染期内不会死亡，且最初设有$a$人患病，年平均传染率为$k$，治愈率为$i$，若一年内等时间间隔检测$n$次，则一年后患病人数为多少？若检测次数无限增加，则一年后传染病人数会无限增加吗？

## 基础训练 1.2

1．观察下列数列当$n\to\infty$时的变化趋势，并写出它们的极限.

(1) $x_n=(-1)^n\dfrac{1}{n^2}$；　　(2) $x_n=\dfrac{2n-1}{2n}$；

（3）$x_n = \dfrac{n-1}{n+1}$；　　（4）$x_n = 2 + \dfrac{1}{n^2}$；

（5）$x_n = (-1)^{n+1}$；　　（6）$x_n = \dfrac{2n^2-1}{n}$.

2．观察下列函数的极限.

（1）$\lim\limits_{x\to\infty}\dfrac{1}{x^2}$；　　（2）$\lim\limits_{x\to+\infty}\left(\dfrac{1}{2}\right)^x$；

（3）$\lim\limits_{x\to+\infty}(1+\arctan x)$；　　（4）$\lim\limits_{x\to-\infty}(1+\arctan x)$；

（5）$\lim\limits_{x\to\infty}\dfrac{2x}{x}$；　　（6）$\lim\limits_{x\to-\infty}\mathrm{e}^x$.

3．求下列分段函数在分段点处的极限.

（1）函数 $f(x)=\begin{cases}x^2, & x\leqslant -1\\ x+4, & x>-1\end{cases}$，求 $\lim\limits_{x\to-1}f(x)$；

（2）函数 $f(x)=\begin{cases}x-2, & x\leqslant 0\\ -x^2-2, & x>0\end{cases}$，求 $\lim\limits_{x\to 0}f(x)$；

（3）函数 $f(x)=\begin{cases}x, & x\leqslant 1\\ x^2+1, & x>1\end{cases}$，求 $\lim\limits_{x\to 1}f(x)$.

4．求下列极限.

（1）$\lim\limits_{x\to-1}\dfrac{x^2-1}{x+1}$；　　（2）$\lim\limits_{x\to 2}\dfrac{x}{x+2}$；

（3）$\lim\limits_{x\to-1}\dfrac{x^2-x-2}{x+1}$；　　（4）$\lim\limits_{x\to 4}\dfrac{x-4}{\sqrt{x}-2}$；

（5）$\lim\limits_{x\to\infty}\dfrac{3x^2+x-4}{7x^3-x^2+1}$；　　（6）$\lim\limits_{x\to\infty}\dfrac{6x^2-1}{2x^2-x-1}$；

（7）$\lim\limits_{x\to 0}\dfrac{\sin 5x}{x}$；　　（8）$\lim\limits_{x\to 0}\dfrac{\sin 3x}{\tan 7x}$；

（9）$\lim\limits_{x\to 2}\dfrac{\sin(x-2)}{x^2-4}$；　　（10）$\lim\limits_{x\to\infty}x\sin\dfrac{1}{2x}$；

（11）$\lim\limits_{x\to\infty}\left(1+\dfrac{2}{x}\right)^{x-5}$；　　（12）$\lim\limits_{x\to\infty}\left(1-\dfrac{2}{3x}\right)^{-x}$；

（13）$\lim\limits_{x\to 0}(1+5x)^{\frac{1}{x}}$；　　（14）$\lim\limits_{x\to 0}(1-3x)^{\frac{1}{x}}$；

（15）$\lim\limits_{x\to\infty}\dfrac{2x^3+1}{x^2+x}$；　　（16）$\lim\limits_{x\to\infty}\dfrac{\sin\frac{1}{x}}{x^3+x}$.

5．比较下列两个无穷小量的关系.

（1）$x\to 0$ 时，$x-x^2$ 与 $x$；

（2）$x\to 0$ 时 $\sin x$ 与 $\tan 2x$.

# 1.3 函数的连续性

扫一扫看函数的连续性教学课件

扫一扫下载学习任务书 1.3

## 学习任务 1.3 机场收费

北京首都机场 T2 航站楼停车场为 2 号停车楼，它对于小型车辆停车的收费标准为停车不超过 30 min 的收费为 0 元，超过 30 min 不超过 60 min 的收费为 6 元，超过 60 min 以后每 30 min 的收费为 5 元，停车不足半小时按半小时计价，请思考：

（1）考虑停车两个小时之内的费用，写出费用随时间的函数关系式.

（2）画出函数图像，判断停车 50 min 与停车 90 min 时，费用的函数是否连续.

费用函数是一个分段函数，根据所给条件很容易列出其函数关系式. 在充分理解函数增量、函数的连续性的基础上，判断分段函数在分段点处的连续性及闭区间上连续函数的性质是本节的主要内容.

### 1.3.1 函数的增量

#### 1. 自变量增量

**【定义 1】** 设自变量 $x$ 从它的初值 $x_0$ 变到终值 $x_1$，终值 $x_1$ 与初值 $x_0$ 的差称为**自变量的增量**，记为 $\Delta x$，即 $\Delta x = x_1 - x_0$.

#### 2. 函数的增量

**【定义 2】** 假设函数 $y = f(x)$ 在点 $x_0$ 及其左、右近旁有定义，当自变量 $x$ 在邻域内从 $x_0$ 变到 $x_0 + \Delta x$ 时，函数 $f(x)$ 相应地从 $f(x_0)$ 变到 $f(x_0 + \Delta x)$，我们将差值

$$\Delta y = f(x_0 + \Delta x) - f(x_0),$$

称为**函数 $y = f(x)$ 在点 $x_0$ 处的增量.**

**注意：**

（1）增量可正、可负，也可为零；

（2）增量应视为一个整体记号.

**例 1.24** 函数 $f(x) = x^2 - x$.

（1）已知 $x = 1$ 增加到 $x = 1.01$；

（2）已知自变量由 $x = 1$ 增加了 $\Delta x$.

分别求函数的增量.

**解** （1）$\Delta y = f(1.01) - f(1) = (1.01^2 - 1.01) - (1^2 - 1) = 0.010\,1$.

（2）$\Delta y = f(1 + \Delta x) - f(1) = [(1 + \Delta x)^2 - (1 + \Delta x)] - (1^2 - 1) = \Delta x + (\Delta x)^2$.

### 1.3.2 函数的连续与间断点

如图 1.12 所示，假设 $f(x)$ 在 $x_0$ 点处连续（未间断），若 $x$ 无限趋近 $x_0$，则 $f(x)$ 就无限趋近 $f(x_0)$. 事实上，$x$ 越靠近 $x_0$，$f(x)$ 就越接近 $f(x_0)$. 所以，当 $x \to x_0$ 时，$f(x)$ 的极限必为 $f(x_0)$，因此得到连续的定义.

### 1．函数 $f(x)$ 在点 $x=x_0$ 连续的定义

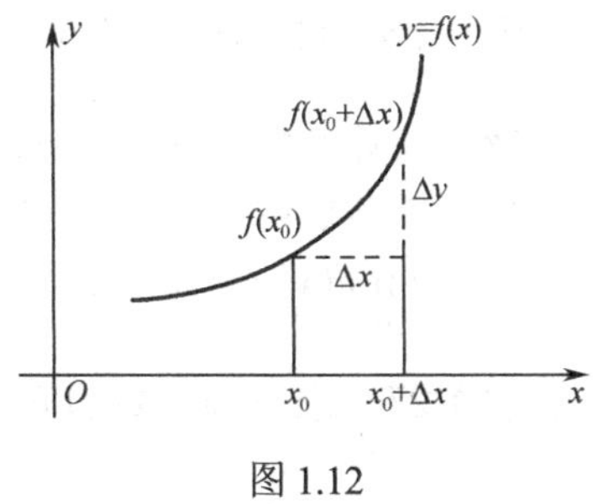


图 1.12

**【定义 3】** 设 $f(x)$ 在点 $x_0$ 的及其左、右近旁有定义，如果当自变量增量 $\Delta x=x-x_0$ 趋向于零时，对应的函数增量 $\Delta y=f(x_0+\Delta x)-f(x_0)$ 也趋向于零，即 $\lim\limits_{\Delta x\to 0}\Delta y=0$，则称函数 $f(x)$ 在点 $x=x_0$ **处连续**.

由定义 1 知 $\Delta x=x-x_0$ 趋向于零，$\Delta y=f(x_0+\Delta x)-f(x_0)=f(x)-f(x_0)$ 也趋向于零，可见 $x\to x_0$，有 $f(x)\to f(x_0)$. 所以函数 $f(x)$ 在点 $x=x_0$ 连续的定义又可叙述为下面的定义.

**【定义 4】** 如果函数 $f(x)$ 在点 $x_0$ 及其左、右近旁有定义，且 $\lim\limits_{x\to x_0}f(x)=f(x_0)$，则称函数 $f(x)$ 在 $x=x_0$ **连续**.

### 2．函数 $f(x)$ 在某一区间连续

**【定义 5】** 如果函数 $f(x)$ 在某一开区间 $(a,b)$ 内每一点处连续，则称函数 $f(x)$ 在开区间 $(a,b)$ 内连续，或 $f(x)$ **是开区间 $(a,b)$ 内的连续函数**.

**【定义 6】** $f(x)$ 在 $a$ 点的右极限存在并且等于 $f(a)$，则称函数 $f(x)$ 在点 $a$ **右连续**；函数 $f(x)$ 在 $b$ 点处左极限存在且等于 $f(b)$，则称函数 $f(x)$ 在点 $b$ **左连续**.

**【定义 7】** 如果 $f(x)$ 在开区间 $(a,b)$ 内连续，在左端点 $x=a$ 右连续，在右端点 $x=b$ 左连续，则称函数 $f(x)$ 在闭区间 $[a,b]$ 上连续，或 $f(x)$ **是闭区间 $[a,b]$ 上的连续函数**.

**基本初等函数在其定义区间上是连续函数.**

### 3．函数的间断点

**函数 $f(x)$ 在点 $x=x_0$ 处连续必须满足下面三个条件.**

（1）函数 $f(x)$ 在点 $x=x_0$ 处有定义；

（2）$\lim\limits_{x\to x_0}f(x)$ 存在；

（3）$\lim\limits_{x\to x_0}f(x)=f(x_0)$，即函数 $f(x)$ 在点 $x_0$ 处的极限值等于该点处的函数值.

**【定义 8】** 上述三个条件至少有一个不成立，则称点 $x=x_0$ 是函数的**间断点**.

**注意：**

（1）函数无定义的点必是间断点；

（2）分段函数的分界点可能是间断点.

**例 1.25** 讨论函数 $f(x)=\begin{cases}x^2+2, & x\leqslant -1\\ x+4, & x>-1\end{cases}$ 在点 $x=-1$ 处的连续性.

**解** 因为

$$\lim_{x\to -1^-}f(x)=\lim_{x\to -1^-}(x^2+2)=3,\quad \lim_{x\to -1^+}f(x)=\lim_{x\to -1^+}(x+4)=3,\quad f(-1)=3,$$

所以 $\lim\limits_{x\to -1}f(x)=3=f(-1)$，因此函数 $f(x)$ 在 $x=-1$ 处连续.

**例 1.26** 讨论函数 $f(x)=\begin{cases}x, & x\neq 1\\ 0, & x=1\end{cases}$ 的连续性.

**解** 函数的定义域为(-∞，+∞)，由初等函数的连续性知，在非分界点处函数是连续的，所以只讨论函数在 $x=1$ 处的连续性.

因为 $\lim\limits_{x\to 1}f(x)=\lim\limits_{x\to 1}x=1$、$f(1)=0$，所以 $\lim\limits_{x\to 1}f(x)=1\neq f(1)$，则函数 $f(x)$ 在 $x=1$ 处不连续.

**例 1.27** 求下列函数的间断点.

（1）$y=\dfrac{1+x}{1-x^2}$；（2）$f(x)=\begin{cases}\dfrac{x^2-1}{x-1}, & x\neq 1\\ 0, & x=1\end{cases}$.

**解** （1）函数在 $x=\pm 1$ 处无定义，所以 $x=\pm 1$ 是它的间断点.

（2）函数在 $x=1$ 处有定义，因为

$$\lim_{x\to 1}f(x)=\lim_{x\to 1}\frac{x^2-1}{x-1}=\lim_{x\to 1}\frac{(x-1)(x+1)}{x-1}=2,\quad f(1)=0$$

所以 $x=1$ 是它的间断点.

**例 1.28** 已知函数

$$f(x)=\begin{cases}\mathrm{e}^{ax}+b, & x<0\\ 1, & x=0\\ \dfrac{a\sin x}{x}-b, & x>0\end{cases}\quad (a、b\text{ 为常数})$$

求 $a$、$b$ 为何值时，$f(x)$ 在 $x=0$ 处连续.

**解** 因为 $\lim\limits_{x\to 0^-}(\mathrm{e}^{ax}+b)=1+b$ 且 $\lim\limits_{x\to 0^+}\left(\dfrac{a\sin x}{x}-b\right)=a-b$，$f(x)$ 在点 $x=0$ 连续，所以 $\lim\limits_{x\to 0^-}f(x)=\lim\limits_{x\to 0^+}f(x)=f(0)$，所以 $\begin{cases}a-b=1\\ 1+b=1\end{cases}$，所以 $a=1$、$b=0$.

### 1.3.3 闭区间上连续函数的性质

**【定理 1】**（最大值、最小值定理） 如果 $f(x)$ 是闭区间 $[a,b]$ 上的连续函数，则 $f(x)$ 在闭区间 $[a,b]$ 上有最大值和最小值.

**注意：** 函数 $f(x)$ 在 $x=x_0$ 处连续与函数 $f(x)$ 在 $x=x_0$ 处有极限的区别是“连续必有极限，有极限不一定连续”.

**【零点定理】** 若函数 $f(x)$ 在闭区间 $[a,b]$ 连续，且 $f(a)f(b)<0$（即 $f(a)$ 与 $f(b)$ 异号），则在开区间 $(a,b)$ 内至少存在一点 $c$，使得 $f(c)=0$.

**例 1.29** 证明：方程 $2x^3-5x+1=0$ 在 $(-3,0)$ 至少存在一个实数根.

**解** 设 $f(x)=2x^3-5x+1$，则 $f(x)$ 在 $\mathbf{R}$ 上连续，又 $f(0)=1, f(-3)=-38<0$，因此在 $(-3,0)$ 内必存在点 $x_0$ 使得 $f(x_0)=0$，所以 $x_0$ 是方程 $2x^3-5x+1=0$ 的一个实数根，因此方程 $2x^3-5x+1=0$ 有实根.

## 任务解答 1.3

根据任务 1.3 的要求，考虑停车两个小时之内的费用，写出费用随时间的函数关系式；再画出函数图像，判断停车 50 min 与停车 90 min 时，费用的函数是否连续.

费用随时间的分段函数可表示为

$$f(x)=\begin{cases}0, & 0\leqslant x\leqslant 30\\ 6, & 30<x\leqslant 60\\ 11, & 60<x\leqslant 90\\ 16, & 90<x\leqslant 120\end{cases}.$$

函数图像如图 1.13 所示. 可见停车 50 min 时费用函数连续，停车 90 min 时费用函数不连续.

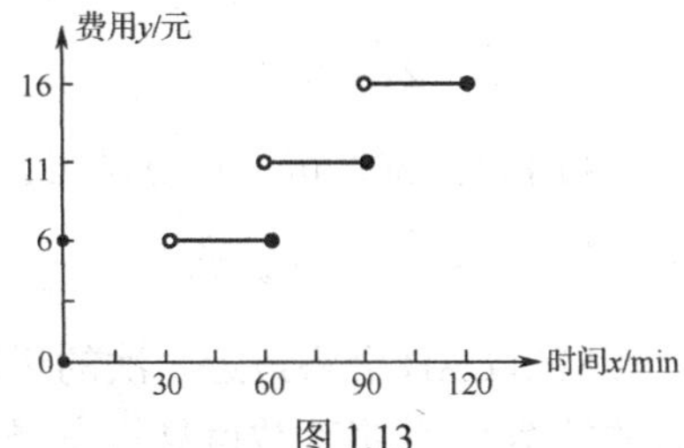


图 1.13

若不画图像，可以利用函数连续性的定义直接判断：

（1）停车 50 min，即 $x=50$，因为 $f(50)=6$，$\lim\limits_{x\to 50}f(x)=6$，$\lim\limits_{x\to 50}f(x)=f(50)$，所以函数在 $x=50$ 处连续.

（2）停车 90 min，即 $x=90$，因为 $\lim\limits_{x\to 90^-}f(x)=11$，$\lim\limits_{x\to 90^+}f(x)=16$，所以 $\lim\limits_{x\to 90}f(x)$ 不存在，所以函数在 $x=90$ 处不连续.

> **思考问题**　在一块起伏不平的地面上，能否找到一个适当的位置让一个方桌的四脚同时着地？

## 基础训练 1.3

1．函数 $f(x)=x^2+x+1$.

（1）已知 $x=0$ 增加到 $x=0.01$；

（2）已知自变量由 $x=1$ 增加了 $\Delta x$.

分别求函数的增量.

2．讨论函数 $f(x)=\begin{cases}x+2, & x\leqslant -1\\ x+4, & x>-1\end{cases}$ 在 $x=-1$ 处的连续性.

3．讨论函数 $f(x)=\begin{cases}2x+1, & x\leqslant 1\\ x^2+2, & x>1\end{cases}$ 在 $x=1$ 处的连续性.

4．讨论函数 $f(x)=\begin{cases}x+1, & x\neq 2\\ 1, & x=2\end{cases}$ 在 $x=2$ 处的连续性.

5．判断下列函数是否有间断点.

（1）$y=\dfrac{3+x}{9-x^2}$；　　（2）$y=\dfrac{x+2}{x^2+x-2}$.

6．设函数 $f(x)=\begin{cases}\dfrac{x^2+ax+b}{1-x}, & x>1\\ x^2+1, & x\leqslant 1\end{cases}$ 在点 $x=1$ 处连续，求 $a$、$b$ 的值.

7．证明：方程 $x^3-x+1=0$ 在 $(-2,0)$ 内至少存在一个实数根.

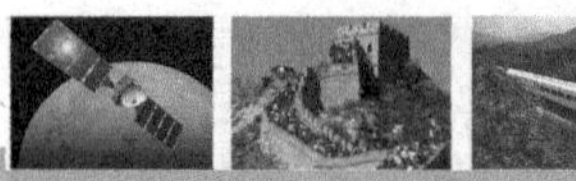

# 数学实验 1　MATLAB 函数作图与极限运算

## 1. MATLAB 基本操作

运行 MATLAB 的可执行文件，进入 MATLAB 工作窗口，在提示符“>>”后输入算术表达式，按 Enter 键即可得到该表达式的值，就像在计算器中运算一样. 加、减、乘、除、乘方的算符依次为+、−、*、/、^.

**例 1.30**　计算 $2+3\times5^9$ 的值.

**解**　在 MATLAB 工作区输入命令：

```
>> 2+3*5^9
```

按 Enter 键，可得计算结果：

```
ans = 5859377
```

MATLAB 会将最近一次的运算结果直接存入一个变量 ans（变量 ans 代表 MATLAB 运算后的答案），并将其数值显示在屏幕上. 也可以将计算结果赋值给一个自定义的变量，自定义变量应遵循以下命名规则：

（1）MATLAB 对变量名的大小写是敏感的.

（2）变量的第一个字符必须为英文字母，而且不能超过 31 个字符.

（3）变量名可以包含下画线、数字，但不能为空格符、标点.

**例 1.31**　计算 $11.3\times1.9^{0.23}+\sin1$ 的值，并将其赋值给变量 $a$.

**解**　输入命令：

```
>> a=11.3*1.9^0.23+sin(1)
```

运行结果：

```
a = 13.9391
```

如果在上述的例子结尾加上”;”，则计算结果不会显示在指令视窗上，要得知计算值只须输入该变量名即可.

MATLAB 可以将计算结果以不同精确度的数字格式显示，我们可以在命令窗口的“File”菜单下单击“Preferences”子菜单，在随之打开的“Preferences”对话框中，选择“Command Window”选项，设置“Numerical Format”参数，或者直接在 MATLAB 工作区输入 format short（这是默认的）、format long 等指令.

MATLAB 常用数学函数如表 1.4 所示

表 1.4

| 命　令 | 含　义 | 命　令 | 含　义 |
|---|---|---|---|
| x^a | 幂函数 $x^a$ | sin(x) | 正弦函数 $\sin x$ |
| sqrt(x) | 开平方 $\sqrt{x}$ | cos(x) | 余弦函数 $\cos x$ |

续表

| 命　令 | 含　义 | 命　令 | 含　义 |
|---|---|---|---|
| a^x | 指数函数 $a^x$ | tan(x) | 正切函数 tan$x$ |
| exp(x) | 指数函数 $e^x$ | abs(x) | 绝对值函数 |
| log2(x) | 对数函数 $\log_2 x$ | sum(x) | 求和函数 $\lvert x\rvert$ |
| log(x) | 自然对数 ln$x$ | max(x) | 最大值函数 |
| log10(x) | 常用对数 lg$x$ | min(x) | 最小值函数 |
| pi | 圆周率 π | Inf | 无穷大 ∞ |

## 2. 函数作图常用命令

1）作函数的图像

调用格式：

plot(x)：$\boldsymbol{x}$ 为长度为 $n$ 的数值向量，坐标的纵坐标是向量 $\boldsymbol{x}$，横坐标为 MATLAB 系统根据 $\boldsymbol{x}$ 向量的元素序号自动生成的从 1 开始的向量；

plot(x,y)：$\boldsymbol{x}$ 是横坐标，$\boldsymbol{y}$ 是纵坐标，$\boldsymbol{x}$、$\boldsymbol{y}$ 向量的数目必须相等；

plot(x,y,S)：通过参数 $S$ 指定曲线的属性，它包括线型、点标记和颜色，基本线型、点标记和颜色取值如表 1.5 所示；

plot(x1,y1,S1,x2,y2,S2,⋯,xn,yn,Sn)：将多条曲线画在一起.

**表 1.5　基本线型和颜色**

| 线　型 | | 点　标　记 | | 颜　色 | |
|---|---|---|---|---|---|
| - | 实线 | . | 点 | y | 黄色 |
| : | 虚线 | o | 小圆圈 | m | 洋红 |
| -. | 点画线 | X | 叉子符 | c | 青色 |
| -- | 间断线 | + | 加号 | r | 红色 |
| | | * | 星号 | g | 绿色 |
| | | s | 方格 | b | 蓝色 |
| | | d | 菱形 | w | 白色 |
| | | ^ | 朝上三角 | k | 黑色 |
| | | v | 朝下三角 | | |
| | | > | 朝右三角 | | |
| | | < | 朝左三角 | | |
| | | p | 五角星 | | |
| | | h | 六角星 | | |

2）图形保持

调用格式：

hold：在图形保持功能保持和关闭状态之间切换；

hold on：启动图形保持功能，在原图的基础上，再次绘制的图形将全部添加到图形窗口中，并自动调整坐标轴范围；

hold off：关闭图形保持功能.

3）图形标注与坐标控制

有关图形标注函数的调用格式：

title：图形名称；

xlabel：$x$ 轴说明；

ylabel：$y$ 轴说明；

text：$x$,$y$ 图形说明；

legend：图例 1，图例 2，….

4）控制坐标性质的 axis 函数的多种调用格式

axis(xmin, xmax, ymin, ymax)：指定二维图形 $x$ 轴和 $y$ 轴的刻度范围；

axis auto：设置坐标轴为自动刻度（默认值）；

axis manual（或 axis(axis)）：保持刻度不随数据的大小而变化；

axis tight：以数据的大小为坐标轴的范围；

axis ij：设置坐标轴的原点在左上角，$i$ 为纵坐标，$j$ 为横坐标；

axis xy：使坐标轴回到直角坐标系；

axis equal：使坐标轴刻度增量相同；

axis square：使各坐标轴长度相同，但刻度增量未必相同；

axis normal：自动调节坐标轴与数据的外表比例，使其他设置失效；

axis off：使坐标轴消隐；

axis on：显现坐标轴.

### 3. 绘制函数图像举例

MATLAB 作图是通过描点、连线实现的，故画一个曲线图像之前，必须先取得图像上一系列点的坐标（即横坐标和纵坐标），然后将该点集的坐标传给 MATLAB 作图.

**例 1.32** 画出 $y=\sin x$ 的图像.

**解** 首先建立点的坐标，然后用 plot 命令将这些点绘出并用直线连接起来，采用五点作图法，选取五点 $(0,0)$、$\left(\dfrac{\pi}{2},1\right)$、$(\pi,0)$、$\left(\dfrac{3\pi}{2},-1\right)$、$(2\pi,0)$.

扫一扫下载 MATLAB 源程序

输入命令：

```
>> x=[0, pi/2, pi, 3*pi/2, 2*pi];
>> y=sin(x);
>> plot(x, y)
```

从图 1.14 上看，这是一条折线，与我们熟知的正弦曲线误差较大，这是由于选取点太少的缘故. 可以想象，随着点数的增加，图形越来越接近 $y=\sin x$ 的图像，如图 1.15 所示.例如，在 0 到 $2\pi$ 之间多选取一些数据点，则绘出的图形就与 $y=\sin x$ 的图像非常接近了.

输入命令：

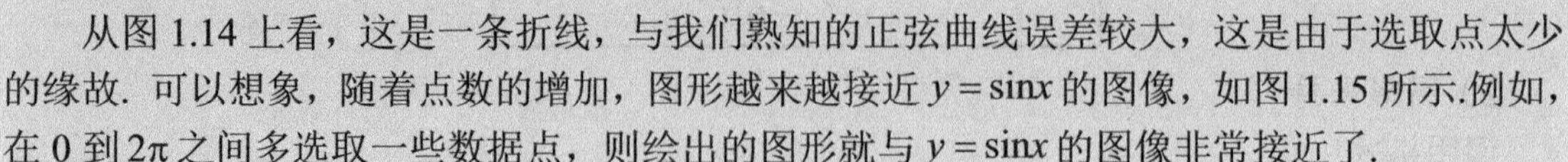

```
>> x=0: 0.1: 2*pi;
>> y=sin(x);
>> plot(x, y)
```

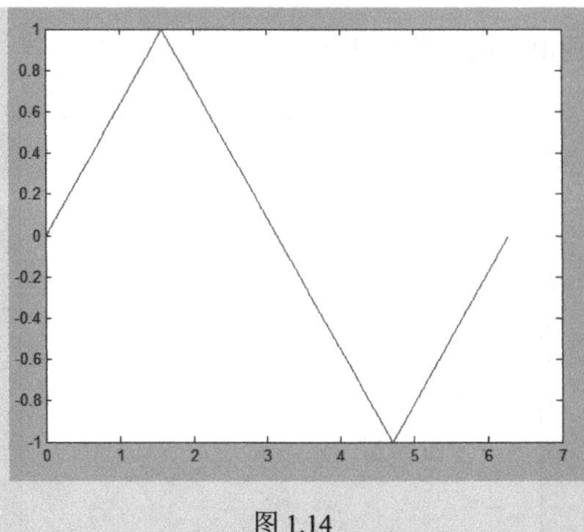

图 1.14

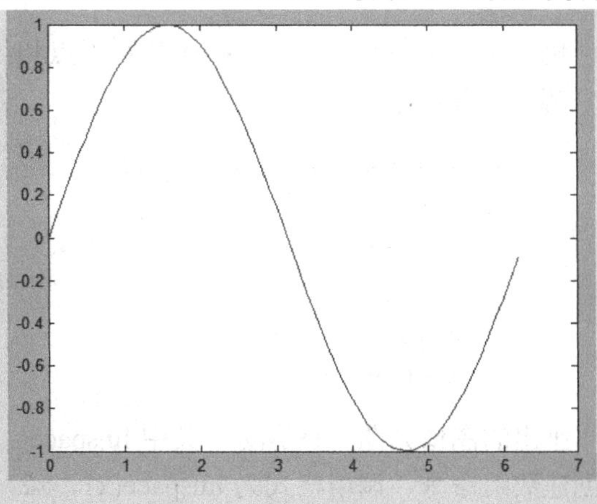

图 1.15

还可以给图形加标记及栅格线，如图 1.16 所示。

输入命令：

```
>> x=0: 0.1: 2*pi;
>> y=sin(x);
>> plot(x, y, 'r: ')
>> title('正弦曲线')
>> xlabel('自变量 x')
>> ylabel('函数 y=sinx')
>> text(2.7, 0.6, 'y=sinx')
>> grid
```

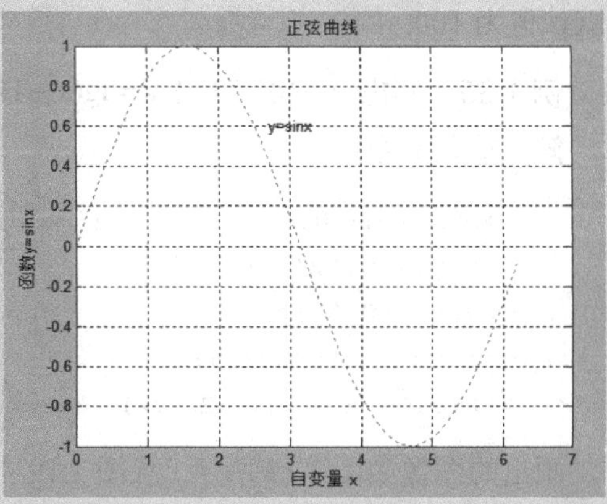


图 1.16

上述命令第三行选择了红色虚线，第四行给图加了标题“正弦曲线”，第五行给 $x$ 轴加了标题“自变量 x”，第六行给 $y$ 轴加了标题“函数 $\mathrm{y}=\sin \mathrm{x}$ ”，第七行在点(2.7,0.6)处放置了文本“ $\mathrm{y}=\sin \mathrm{x}$ ”，第八行给图形加了栅格线.

**例 1.33**　画出 $y=3^x$ 和 $y=(1/3)^x$ 的图像.

**解**　输入命令：

```
>> x=-4: 0.1: 4;
>> y1=3.^x;
>> y2=(1/3).^x;
>> plot(x, y1, x, y2);
>> axis([-4, 4, 0, 8])
```

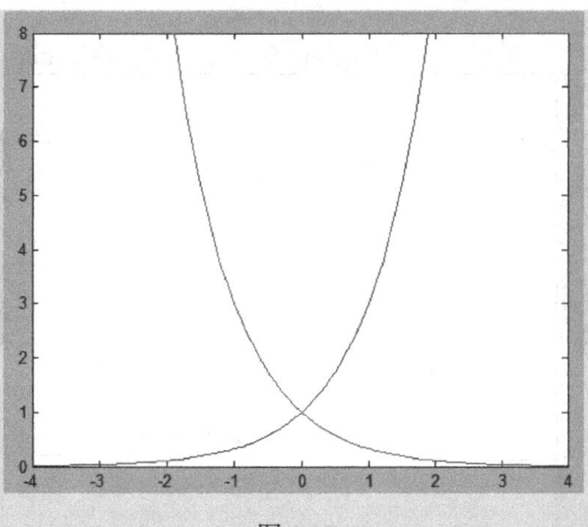

图 1.17

画出的图像如图 1.17 所示. MATLAB 允许在一个图形中画多条曲线，MATLAB 会自动给这些曲线以不同颜色.

扫一扫下载 MATLAB 源程序

**例 1.34** 将 $y=\sin x$、$y=\cos x$ 分别用点和线画出在同一屏幕上.

**解** 输入命令：

```
>> x=linspace(0, 2*pi, 30);
>> y=sin(x);
>> z=cos(x);
>> plot(x, z,:)
>> hold on
>> plot(x, y)
```

画出的图像如图 1.18 所示. 其中 linspace 是创建数组命令，调用格式为 linspace(x1，x2，n)，用于产生 $x_1$、$x_2$ 之间的 $n$ 点行向量，其中 $x_1$、$x_2$、$n$ 分别表示起始值、终止值、元素个数. $n$ 默认值为 100.

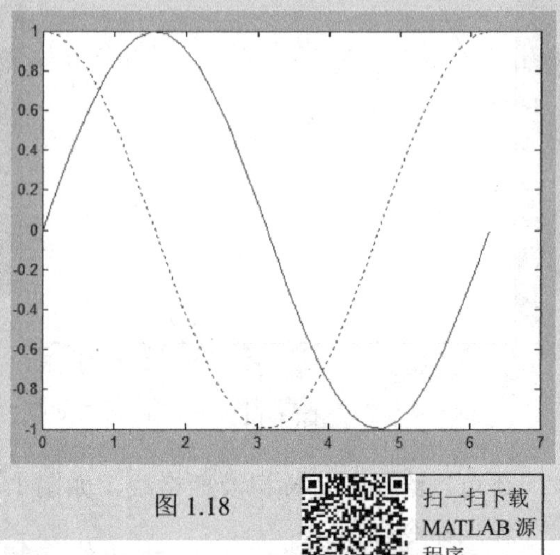


图 1.18

扫一扫下载 MATLAB 源程序

**例 1.35** 画出 $y=10^x-1$ 及 $y=\lg(x+1)$ 的图像.

**解** 输入命令：

```
>> x1=-1: 0.1: 2;
>> y1=10.^x1-1;
>> x2=-0.99: 0.1: 2;
>> y2=log10(x2+1);
>> plot(x1, y1, x2, y2)
```

画出的图像如图 1.19 所示. 从图 1.19 上看，这两条曲线与我们所知的图像相差很远，这是因为坐标轴长度单位不一样的缘故. $y=10^x-1$ 与 $y=\lg(x+1)$ 互为反函数，图像关于 $y=x$ 对称，为了更清楚地看出这一点，我们再继续输入下列命令，画出 $y=x$ 的图像，如图 1.20 所示.

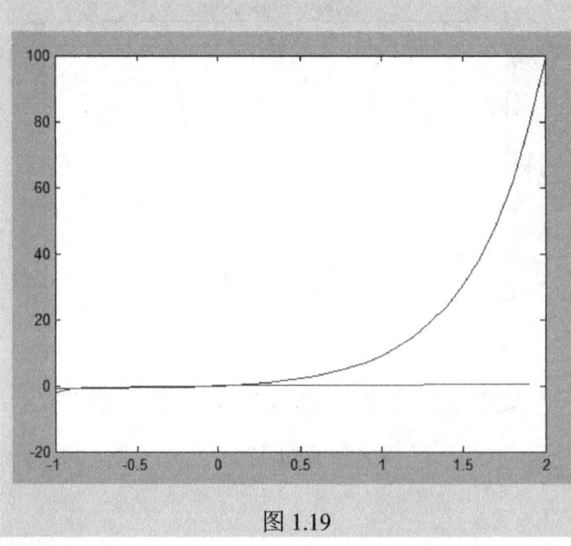


图 1.19

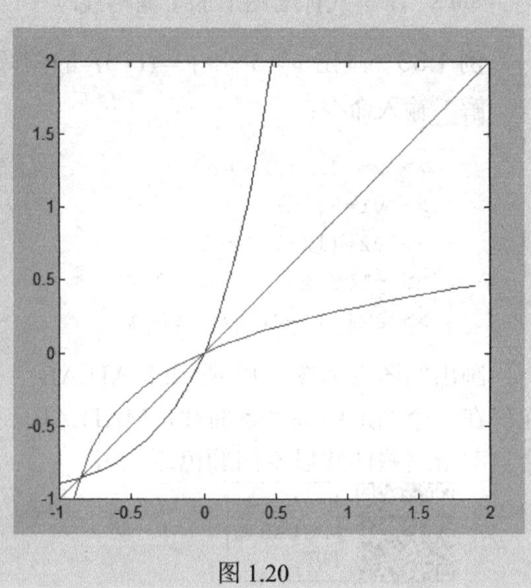


图 1.20

```
>> hold on
>> x=-1: 0.01: 2;
>> y=x;
>> plot(x, y, 'r')
>> axis([-1, 2, -1, 2])
>> axis square;
>> hold off
```

其中，plot 语句用于清除当前图形并绘出新图形，hold on 语句用于保持当前图形.

**4．求函数极限与符号运算的命令**

MATLAB 求极限命令 limit 调用格式：

（1）limit(f)：求极限 $\lim\limits_{x\to 0} f(x)$，$x$ 为默认变量；

（2）limit(f,x,a)或 limit(f,a)：求极限 $\lim\limits_{x\to a} f(x)$；

（3）limit(f,x,a,'left')：求左极限 $\lim\limits_{x\to a-} f(x)$；

（4）limit(f,x,a,'right')：求右极限 $\lim\limits_{x\to a+} f(x)$.

MATLAB 可以进行符号运算，符号变量要先定义，后引用. 可以用 sym 函数、syms 函数将运算量定义为符号型数据.

（1）sym 函数调用格式：

sym('变量')：创建符号变量；

sym('表达式')：创建符号表达式.

（2）syms 函数调用格式：

syms arg1 arg2 …argN：用于将 arg1、arg2、…、arg$N$ 等符号创建为符号型数据，syms 函数可以在一个语句中同时定义多个符号变量.

**例 1.36**　将符号变量 $x$ 赋值给变量 $a$，将符号表达式赋值给变量 $b$，并计算变量 $a$ 与 $b$ 的和.

**解**　输入命令：

```
>> a=sym('x')          %将符号变量 x 赋值给变量 a
>> syms x y            %定义符号变量 x 和 y
>> b=(x+y)^2-4*x*y     %将符号表达式赋值给变量 b
>> a+b                 %求变量 a 与 b 的和
```

扫一扫下载 MATLAB 源程序

运行结果：

```
a = x
b = (x+y)^2-4*x*y
ans = x+(x+y)^2-4*x*y
```

**5．极限运算举例**

数列 $\{x_n\}$ 收敛或有极限是指当 $n$ 无限增大时，$x_n$ 与某常数无限接近或 $x_n$ 趋向于某一定值，就图像而言，也就是其点列以某一平行于 $y$ 轴的直线为渐近线.

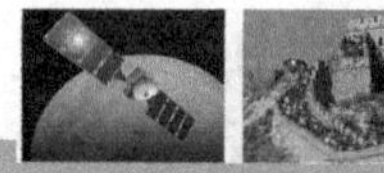

**例 1.37** 观察数列$\left\{\dfrac{n}{n+1}\right\}$当$n\to\infty$时的变化趋势.

**解** 输入命令:

```
>> n=1: 100;
>> xn=n. /(n+1)
```

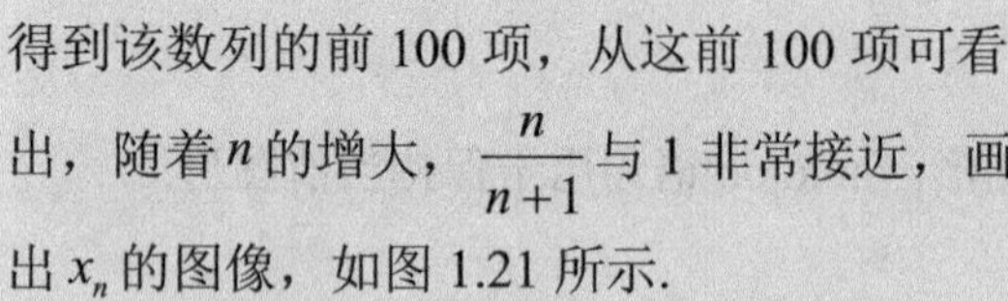

得到该数列的前 100 项，从这前 100 项可看出，随着$n$的增大，$\dfrac{n}{n+1}$与 1 非常接近，画出$x_n$的图像，如图 1.21 所示.

```
>> stem(n, xn)
```

由图 1.21 可看出，随着$n$的增大，点列与直线$y=1$无限接近，因此可得结论

$$\lim_{n\to\infty}\frac{n}{n+1}=1.$$

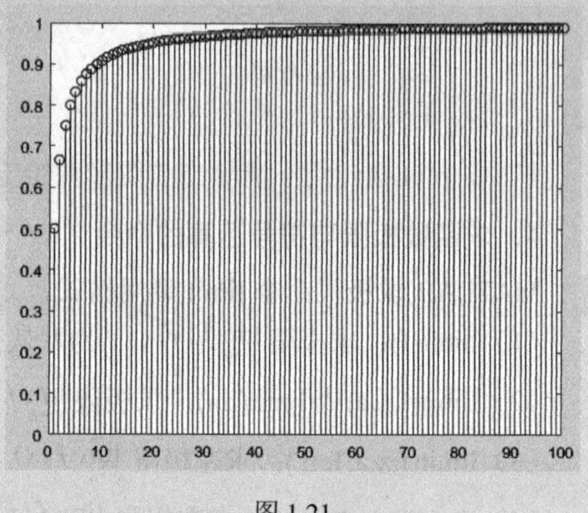


图 1.21

对于函数极限的概念，也可用上述方法理解.

**例 1.38** 分析函数$f(x)=x\sin\dfrac{1}{x}$当$x\to 0$时的变化趋势.

扫一扫下载 MATLAB 源程序

**解** 画出函数$f(x)$在$[-1,1]$上的图像，如图 1.22 所示.

```
>> x=-1: 0.01: 1;
>> y=x. *sin(1./x);
>> plot(x, y)
```

从图 1.22 上看，$x\sin\dfrac{1}{x}$随着$|x|$的减小，振幅越来越小趋近于 0，频率越来越高，做无限次振荡. 画出$y=\pm x$的图像，如图 1.23 所示.

```
>> hold on;
>> plot(x, x, x, -x)
```

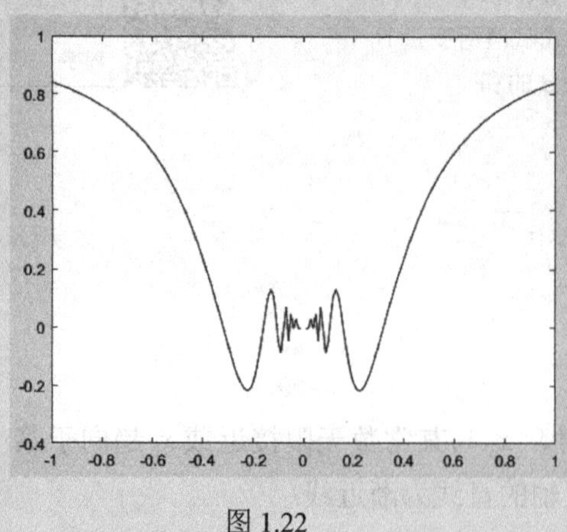


图 1.22

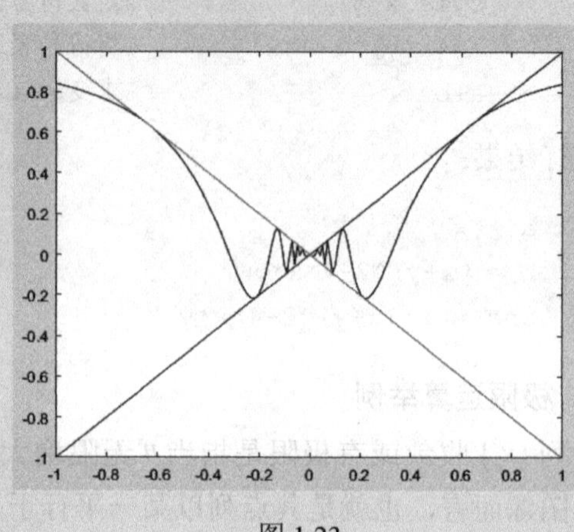


图 1.23

**例 1.39**　分析函数 $f(x)=\sin\frac{1}{x}$ 当 $x\to 0$ 时的变化趋势.

扫一扫下载 MATLAB 源程序

**解**　输入命令：

```
>> x=-1: 0.01: 1;
>> y=sin(1./x);
>> plot(x, y)
```

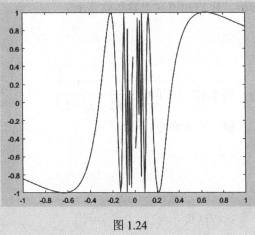

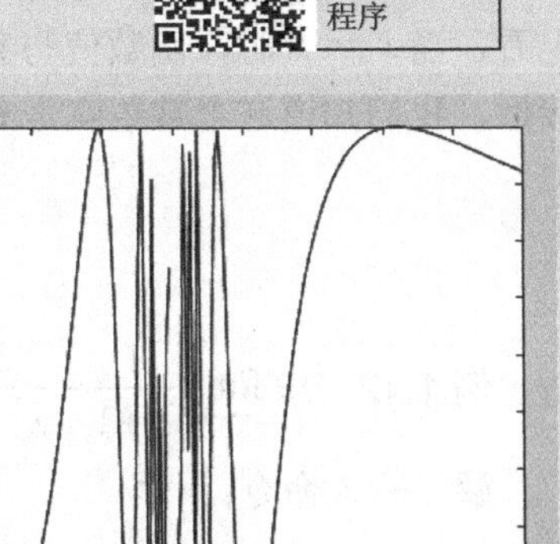

图 1.24

画出的图像如图 1.24 所示. 从图 1.24 上看，当 $x\to 0$ 时，$\sin\frac{1}{x}$ 在$-1$和 1 之间无限次振荡，极限不存在. 仔细观察该图像，发现图像的某些峰值不是 1 和$-1$，而我们知道正弦曲线的峰值是 1 和$-1$，这是由于自变量的数据点选取未必使 $\sin\frac{1}{x}$ 取到 1 和$-1$ 的缘故，读者可试着增加数据点，比较它们的结果.

**例 1.40**　考察函数 $f(x)=\frac{\sin x}{x}$ 当 $x\to 0$ 时的变化趋势.

扫一扫下载 MATLAB 源程序

**解**　输入命令：

```
>> x=linspace(-2*pi, 2*pi, 100);
>> y=sin(x). /x;
>> plot(x, y)
```

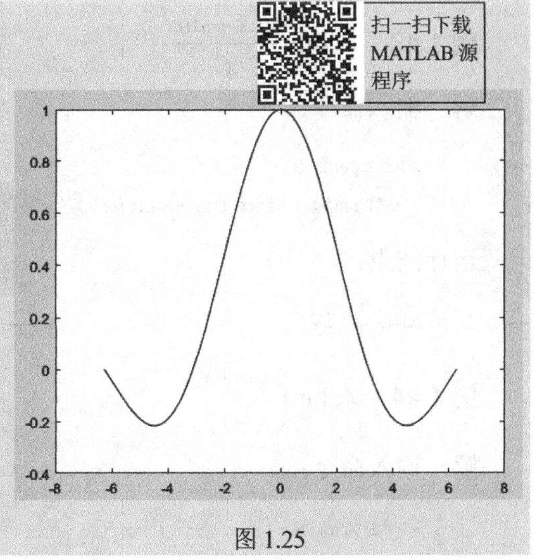

图 1.25

画出的图像如图 1.25 所示. 从图 1.25 上看，$\frac{\sin x}{x}$ 在 $x=0$ 附近连续变化，其值与 1 无限接近，可见

$$\lim_{x\to 0}\frac{\sin x}{x}=1.$$

**例 1.41**　考察 $f(x)=\left(1+\frac{1}{x}\right)^x$ 当 $x\to\infty$ 时的变化趋势.

扫一扫下载 MATLAB 源程序

**解**　输入命令：

```
>> x=1: 20: 1000;
>> y=(1+1./x).^x;
>> plot(x, y)
```

画出的图像如图 1.26 所示. 从图 1.26 上看，当 $x\to\infty$ 时，函数值与某常数无限接近，我们知道这个常数就是 e.

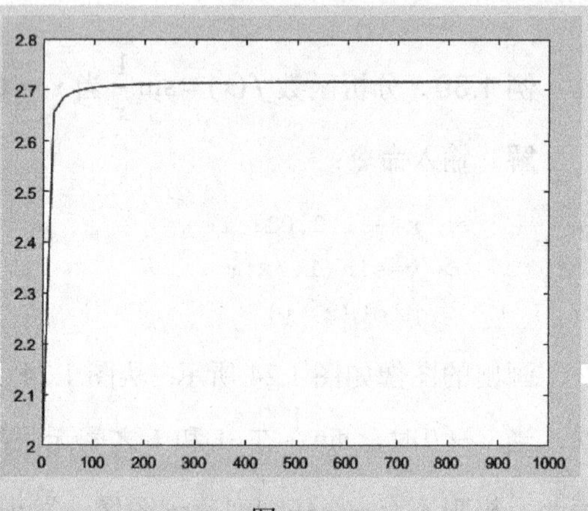


图 1.26

**例 1.42** 求 $\lim\limits_{x\to -1}\left(\dfrac{1}{x+1}-\dfrac{3}{x^3+1}\right)$.

**解** 输入命令：

扫一扫下载 MATLAB 源程序

```
>> syms x;
>> f=1/(x+1)-3/(x^3+1);
>> limit(f, x, -1)
```

运行结果：

```
ans = -1
```

**例 1.43** 求 $\lim\limits_{x\to 0}\dfrac{\tan x-\sin x}{x^3}$.

**解** 输入命令：

扫一扫下载 MATLAB 源程序

```
>> syms x
>> limit((tan(x)-sin(x))/x^3)
```

运行结果：

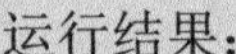

```
ans = 1/2
```

**例 1.44** 求 $\lim\limits_{x\to\infty}\left(\dfrac{x+1}{x-1}\right)^x$.

**解** 输入命令：

扫一扫下载 MATLAB 源程序

```
>> syms x
>> limit(((x+1)/(x-1))^x, inf)
```

运行结果：

```
ans = exp(2)
```

**例 1.45** 求 $\lim\limits_{x\to 0+}x^x$.

**解** 输入命令：

扫一扫下载 MATLAB 源程序

```
>> syms x
>> limit(x^x, x, 0, 'right')
```

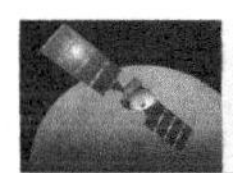

运行结果：

```
    ans =1
```

### 实验训练 1

1．用 MATLAB 软件求下列算式的值.

（1）$4\sqrt{5}+|43-765|+6^2$；　　（2）$\dfrac{e^{34}}{1+\ln 6}$；

（3）$2^{2.5}+\sqrt{1859}-3e^2-3^5$；　　（4）$\dfrac{2\sin\left(\dfrac{3\pi}{4}\right)}{\cos\left(\dfrac{9\pi}{5}\right)\tan\dfrac{\pi}{12}}$.

2．用 MATLAB 软件在 $[0,2\pi]$ 范围内用红线画出 $\sin x$ 的图像，用绿圈画出 $\cos x$ 的图像，并将两个函数的图像画在同一坐标系内.

3．用 MATLAB 软件在同一坐标系中画出 $y=\cos 2x$、$y=\sin x\sin 6x$ 两个函数的图像，自变量范围为 $0\leqslant x\leqslant\pi$，函数 $y=\cos 2x$ 用红色星号，函数 $y=\sin x\sin 6x$ 用蓝色实线，并加图名、坐标轴、图例标注.

4．用 MATLAB 软件在同一坐标系中画出 $y=\sqrt{x}$、$y=x^2$、$y=\sqrt[3]{x}$、$y=x^3$、$y=x$ 的图像.

5．用 MATLAB 软件计算下列函数的极限.

（1）$\lim\limits_{x\to\frac{\pi}{4}}\dfrac{1+\sin 2x}{1-\cos 4x}$；　　（2）$\lim\limits_{x\to\frac{\pi}{2}}(1+\cos x)^{3\sec x}$；

（3）$\lim\limits_{x\to\frac{\pi}{2}}\dfrac{\ln\sin x}{(\pi-2x)^2}$；　　（4）$\lim\limits_{x\to 0}x^2 e^{\frac{1}{x^2}}$.

## 综合训练 1

扫一扫看综合训练 1 参考答案

### 一、填空题

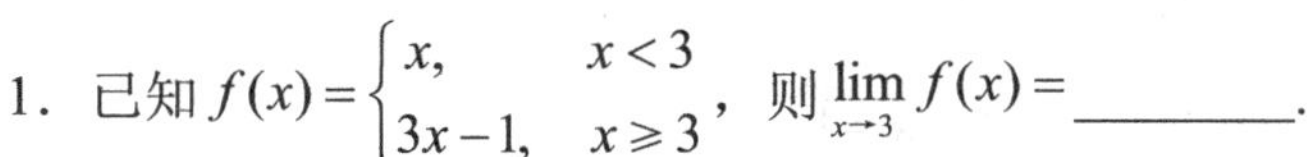

1．已知 $f(x)=\begin{cases}x, & x<3\\ 3x-1, & x\geqslant 3\end{cases}$，则 $\lim\limits_{x\to 3}f(x)=$________.

2．已知 $f(x)=\dfrac{x+2}{x-2}$，则 $\lim\limits_{x\to 3}f(x)=$________.

3．已知 $\lim\limits_{x\to\infty}\dfrac{ax^2-1}{2x^2-x-1}=0$，则 $a=$________.

4．已知 $f(x)=\dfrac{\sqrt{x^2+1}}{x}$，则 $\lim\limits_{x\to\infty}f(x)=$________.

5．已知 $f(x)=\dfrac{\sqrt{x}-2}{x-4}$，则 $\lim\limits_{x\to 4}f(x)=$________.

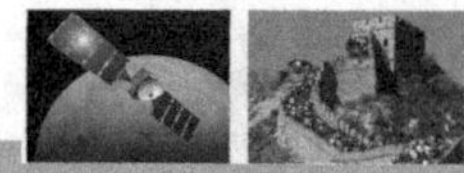

6. 已知 $f(x)=\begin{cases}\dfrac{x^2-1}{x+1}, & x\neq -1\\ a, & x=-1\end{cases}$ 在 $x=-1$ 处极限存在，则 $a=$________.

7. 当 $x\to$________时，$e^x$ 为无穷小量.

8. 当 $x\to$________时，$\dfrac{1}{x+3}$ 为无穷大量.

9. $1-\cos x$ 与 $x^2$ 当 $x\to 0$ 时为________无穷小量.

10. 已知 $f(x)=\dfrac{\sin 5x}{x+1}$，则 $\lim\limits_{x\to\infty}f(x)=$________.

**二、选择题**

1. 函数 $f(x)$ 在点 $x=2$ 处的极限存在，$\lim\limits_{x\to 2^+}f(x)=3$，则 $\lim\limits_{x\to 2}xf(x)$ 等于（　　）.

A. 2　　B. 3　　C. 6　　D. 4

2. $\lim\limits_{x\to 0}x\sin\dfrac{1}{x}$ 的极限是（　　）.

A. 1　　B. $\infty$　　C. 8　　D. 0

3. 已知 $f(x)=\dfrac{x^2-16}{x-4}$，则 $\lim\limits_{x\to 4}f(x)$ 等于（　　）.

A. 1　　B. 8　　C. $\infty$　　D. 0

4. $\lim\limits_{x\to 0}(1+2x)^{\frac{1}{x}}$ 的极限是（　　）.

A. e　　B. $e^2$　　C. 8　　D. 0.

5. 当 $x\to 0$ 时，$\sin x$ 与 $x$ 是（　　）无穷小量.

A. 低阶无穷小　　B. 等价无穷小

C. 高阶无穷小　　D. 同阶但不等价无穷小

6. $f(x)$ 在 $x=x_0$ 处连续是 $f(x)$ 在 $x=x_0$ 处有定义的（　　）条件.

A. 充分不必要　　B. 必要不充分

C. 充要　　D. 既不充分又不必要

7. 函数 $y=\dfrac{x-1}{x^2+x-2}$ 的不连续点为（　　）.

A. $x=-2$　　B. $x=1$

C. $x=-2$，$x=1$　　D. 无

8. 设函数：① $f(x)=\dfrac{1}{x}$；② $g(x)=\sin x$；③ $f(x)=|x|$；④ $f(x)=ax^3+bx^2+cx+d$. 其中，在 $x$=0 处连续的函数是（　　　　）（多选题）.

A. ②③④　　B. ②③　　C. ①②③④　　D. ①③④

9. 函数 $f(x)$ 在点 $x=2$ 处连续，$\lim\limits_{x\to 2}xf(x)=6$，则 $f(2)$ 等于（　　）.

A. 2　　B. 3　　C. 6　　D. 4

10. 函数 $f(x)$ 在点 $x=1$ 处连续，$f(1)=3$，则 $\lim\limits_{x\to 1}\dfrac{x^2-1}{x-1}f(x)$ 等于（　　）.

A. 3　　B. 2　　C. 4　　D. 6

## 三、解答题

1．函数 $f(x)=\begin{cases} x^2+1, & x>0 \\ -x, & x<0 \end{cases}$，求 $f(0)$、$f(2)$、$f(-1)$ 并画出函数的图像.

2．函数 $f(x)=\begin{cases} -2, & x<-1 \\ x^2+2x+1, & -1\leqslant x<1 \\ 2, & x\geqslant 1 \end{cases}$，求 $f(1)$、$f(0)$、$f(-1)$ 并画出函数的图像.

3．分解下列复合函数：

（1）$y=\mathrm{e}^{\sin 3x}$；　　（2）$y=\ln\tan(3x+1)$；

（3）$y=\cos^2\sqrt{3x-1}$；　　（4）$y=\arcsin\ln x$；

（5）$y=\sin^3(2x-1)$；　　（6）$y=\lg\sin^3 5x$.

4．求下列各极限：

（1）$\lim\limits_{x\to 7}\dfrac{x-7}{x^2-49}$；　　（2）$\lim\limits_{x\to 1}\dfrac{2x-3}{x^2-x}$；

（3）$\lim\limits_{x\to 3}\dfrac{x^2-2x-3}{x^2-5x+6}$；　　（4）$\lim\limits_{x\to 1}\left(\dfrac{1}{x-1}-\dfrac{2}{x^2-1}\right)$；

（5）$\lim\limits_{x\to\infty}\dfrac{x^2+x-1}{3x^2-x+1}$；　　（6）$\lim\limits_{x\to\infty}\dfrac{x^3-1}{x^2-x+1}$；

（7）$\lim\limits_{x\to\infty}\dfrac{\sin 3x}{x}$；　　（8）$\lim\limits_{x\to\infty}\dfrac{\tan 5x}{3x}$；

（9）$\lim\limits_{x\to\infty}\left(1+\dfrac{1}{x}\right)^{x+5}$；　　（10）$\lim\limits_{x\to\infty}\left(1-\dfrac{2}{x}\right)^{2x+3}$.

5．设 $a$、$b$ 为常数，如果 $\lim\limits_{x\to\infty}\dfrac{ax^2+bx+5}{3x+2}=5$，求 $a$、$b$ 的值.

6．如果 $\lim\limits_{x\to 1}f(x)$ 存在，且 $f(x)=x^3+2x+4\lim\limits_{x\to 1}f(x)$，求 $f(x)$.

7．当 $a$ 为何值时，函数 $f(x)=\begin{cases} 1+\mathrm{e}^x, & x<0 \\ x+2a, & x\geqslant 0 \end{cases}$ 为连续函数？

8．讨论下列函数在给定点处的连续性：

（1）$f(x)=\dfrac{x^2-4}{x-2}$，点 $x=2$；　　（2）$f(x)=\begin{cases} x-1, & 0<x\leqslant 1 \\ 2-x, & 1<x\leqslant 3 \end{cases}$，点 $x=1$.

9．确定 $a$、$b$ 的值，使函数

$$f(x)=\begin{cases} x+2, & x\leqslant 0 \\ x^2+a, & 0<x<1 \\ bx, & x\geqslant 1 \end{cases}$$

在其定义域内连续.

10．设函数

$$f(x)=\begin{cases}2x+1, & x>0\\ a, & x=0\\ \dfrac{b}{x}(\sqrt{1+x}-1), & x<0\end{cases}$$

在 $x=0$ 处连续，求 $a$、$b$ 的值.

11．按复利计算利息的一种储蓄，本金为 $a$ 元，每期利率为 $r$，设本利和为 $y$，存期为 $x$，写出本利和 $y$ 随存期 $x$ 变化的函数式. 如果存入本金 1 000 元，每期利率为 2.25%，试计算 5 期后的本利和是多少.

12．京客隆超市近日推出如下促销广告："本超市因大米到货集中，进行多购优惠活动，优惠办法如下：不超过 10 kg，按原价每千克 4 元销售，超过 10 kg，但不超过 30 kg，超过 10 kg 的部分按每千克 3 元销售，超过 30 kg 部分按每千克 2 元销售，每位顾客限购 100 kg，欢迎选购."

（1）试求付费 $y$ 元与购物量 $x$ kg 之间的函数关系式.

（2）当购进大米 20 kg 和 50 kg 时，应分别付费多少？

# 模块2 导数及其应用

在自然科学的许多领域中，当研究运动的各种形式时，都需要从数量上研究函数相对于自变量变化的快慢程度，如物体运动的速度、电流强度、化学反应速度等，而当物体沿曲线运动时还需要考虑速度的方向，即曲线的切线问题. 所有这些在数量关系上都归结为函数的变化率，即导数. 本模块通过汽车刹车性能测试、计算电流强度、河上架电话线方案的确定三个学习任务来理解导数的概念，学习导数的计算，并用导数来研究函数的性质.

## 2.1 导数的概念

扫一扫看导数的概念教学课件

### 学习任务 2.1 汽车刹车性能测试

在测试一汽车的刹车性能时发现，刹车后汽车行驶的距离 $s$（单位：m）与时间 $t$（单位：s）存在函数关系 $s=19.2t-0.4t^3$ 假设汽车做直线运动，请思考，怎样求汽车在某一瞬间（如 $t=2$ s 时）的速度？

若物体做匀速直线运动，以 $t$ 表示经历的时间，$s$ 表示所走的路程，则运动的速度为

$$v=\frac{\text{所走路程}}{\text{经历时间}}=\frac{s}{t}.$$

但当物体做变速直线运动时，以上公式就失效了. 因为在变速直线运动过程中，物体没有“统一”的速度. 怎样定义并求出变速运动的物体在某一瞬间的速度（瞬时速度）呢？

本节内容旨在通过“变速直线运动的瞬时速度、曲线的切线斜率”这两个实例引出导数的概念，进而学习导数的几何意义及物理意义.

### 2.1.1 两个实例

扫一扫下载学习任务书 2.1

#### 1. 变速直线运动的瞬时速度

以自由落体运动为例给出求物体瞬时速度的方法.

已知自由落体运动 $s=\frac{1}{2}gt^2$，求物体在 $t_0$ 时的速度.

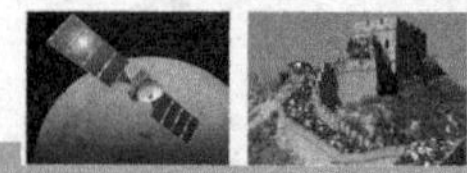

如图 2.1 所示，设物体在$t_0$时刻的路程为$s_0=\frac{1}{2}gt_0^2$，时间由$t_0$变到$t_0+\Delta t$（即经过一段时间$\Delta t$）时，在时刻$t_0+\Delta t$物体所经路程为$s(t_0+\Delta t)=\frac{1}{2}g(t_0+\Delta t)^2$，则在$\Delta t$这段时间内物体所走的路程为

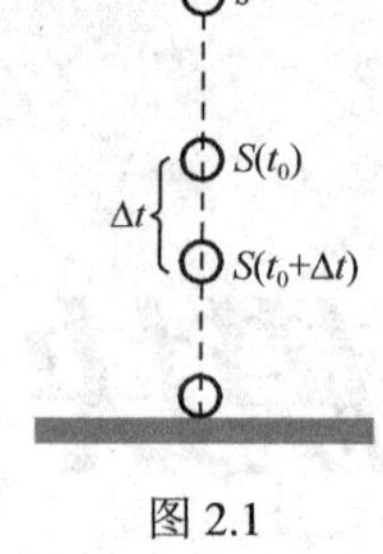

图 2.1

$$\Delta s=\frac{1}{2}g(t_0+\Delta t)^2-\frac{1}{2}gt_0^2=gt_0\cdot\Delta t+\frac{1}{2}g(\Delta t)^2,$$

平均速度为

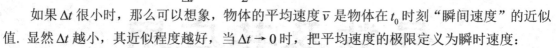

$$\bar{v}=\frac{\Delta s}{\Delta t}=gt_0+\frac{1}{2}g\Delta t.$$

如果$\Delta t$很小时，那么可以想象，物体的平均速度$\bar{v}$是物体在$t_0$时刻“瞬间速度”的近似值. 显然$\Delta t$越小，其近似程度越好，当$\Delta t\to 0$时，把平均速度的极限定义为瞬时速度：

$$v(t_0)=\lim_{\Delta t\to o}\bar{v}=\lim_{\Delta t\to 0}\frac{\Delta s}{\Delta t}=\lim_{\Delta t\to 0}\left(gt_0+\frac{1}{2}g\Delta t\right)=gt_0.$$

一般地，设变速直线运动物体的运动方程为$s=s(t)$则在$t_0$时刻的速度为

$$v(t_0)=\lim_{\Delta t\to 0}\bar{v}=\lim_{\Delta t\to 0}\frac{\Delta s}{\Delta t}=\lim_{\Delta t\to 0}\frac{S(t_0+\Delta t)-S(t_0)}{\Delta t}.$$

**2. 曲线的切线斜率**

如图 2.2 所示，如果割线$MM_0$绕点$M_0$旋转而趋向极限位置$M_0T$，则直线$M_0T$称为曲线$L$在点$M_0$处的切线.

现在的问题是：已知曲线方程$y=f(x)$，要确定过曲线上点$M_0(x_0,y_0)$处的切线斜率.

如图 2.3 所示，设$M_0(x_0,y_0)$、$M(x_0+\Delta x,y_0+\Delta y)$，则割线$MM_0$的斜率为

$$\tan\varphi=\frac{\Delta y}{\Delta x}=\frac{f(x_0+\Delta x)-f(x_0)}{\Delta x}.$$

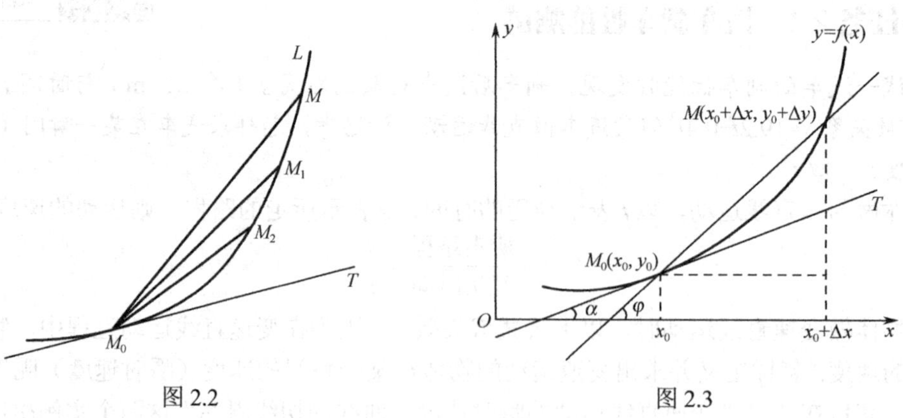

图 2.2　　图 2.3

点$M$沿曲线$L$慢慢地趋向于点$M_0$，即$\Delta x$越来越小，那么可以用割线$MM_0$的斜率表示切线斜率的近似值. 显然$\Delta x$越小，即点$M$沿曲线越接近于点$M_0$，其近似程度越好. 当$\Delta x\to 0$时，把割线$MM_0$斜率的极限定义为切线$M_0T$的斜率，即

$$k=\tan\alpha=\lim_{\Delta x\to 0}\frac{f(x_0+\Delta x)-f(x_0)}{\Delta x}.$$

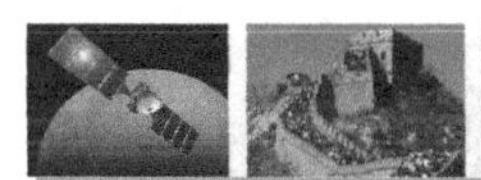

变速直线运动的瞬时速度和曲线的切线斜率这两个实际问题都是计算同一类型的极限：当自变量的改变量趋于零时，函数的改变量与自变量的改变量之比的极限. 即对函数 $y=f(x)$，要计算极限 $\lim\limits_{\Delta x\to 0}\dfrac{\Delta y}{\Delta x}=\lim\limits_{\Delta x\to 0}\dfrac{f(x_0+\Delta x)-f(x_0)}{\Delta x}$.

因此，若上述极限存在，则这个极限是函数在点 $x_0$ 处的变化率，它描述了函数 $f(x)$ 在点 $x_0$ 处变化的快慢程度.

在实际问题中，凡是考察一个变量随着另一个变量变化的变化率问题，都归结为计算上述类型的极限. 正因为如此，上述极限表述了自然科学、工程技术、经济科学中很多不同质的现象在量方面的共性，正是这种共性的抽象引出了函数的导数概念.

### 2.1.2 导数的概念

#### 1. 导数的定义

**【定义 1】** 设函数 $y=f(x)$ 在点 $x_0$ 的某邻域内有定义，当自变量在 $x_0$ 处有增量 $\Delta x$ 时，相应地函数 $y$ 取得增量 $\Delta y=f(x_0+\Delta x)-f(x_0)$；如果比值 $\dfrac{\Delta y}{\Delta x}$ 在 $\Delta x\to 0$ 时的极限存在，那么这个极限值就称为**函数 $y=f(x)$ 在点 $x_0$ 处的导数**，记为 $y'|_{x=x_0}$，即

$$y'|_{x=x_0}=\lim_{\Delta x\to 0}\frac{\Delta y}{\Delta x}=\lim_{\Delta x\to 0}\frac{f(x_0+\Delta x)-f(x_0)}{\Delta x}.$$

**注意：**$\Delta y$ 与 $\Delta x$ 是相对应的，比如已知 $f'(x_0)=4$，则

$$\lim_{\Delta x\to 0}\frac{f(x_0+2\Delta x)-f(x_0)}{\Delta x}=\lim_{\Delta x\to 0}\frac{2[f(x_0+2\Delta x)-f(x_0)]}{2\Delta x}=8.$$

**说明：**

（1）函数 $y=f(x)$ 在点 $x_0$ 处的导数也可记为 $f'(x_0)$、$\left.\dfrac{\mathrm{d}y}{\mathrm{d}x}\right|_{x=x_0}$、$\left.\dfrac{\mathrm{d}}{\mathrm{d}x}f(x)\right|_{x=x_0}$；

（2）函数 $y=f(x)$ 在点 $x_0$ 处有导数，称为函数 $f(x)$ 在 $x_0$ 处可导；

（3）如果函数 $f(x)$ 在区间 $(a,b)$ 内每一点处都可导，则称函数 $f(x)$ 在区间 $(a,b)$ 内可导；

（4）$f(x)$ 在区间 $(a,b)$ 内每一点 $x$ 处对应一个导数值 $f'(x)$，这就建立了一个函数关系，我们称其为导函数（简称导数）.

$y=f(x)$ 的导函数记为 $y'$、$f'(x)$、$\dfrac{\mathrm{d}y}{\mathrm{d}x}$、$\dfrac{\mathrm{d}}{\mathrm{d}x}f(x)$.

计算导数的公式为 $y'=\lim\limits_{\Delta x\to 0}\dfrac{f(x+\Delta x)-f(x)}{\Delta x}$，显然 $f'(x_0)=f'(x)|_{x=x_0}$.

有了导数的定义后，前面所讨论的两个实例可以叙述如下：

（1）变速直线运动的速度 $v(t)$ 是路程 $s(t)$ 对时间 $t$ 的导数，即

$$v(t)=s'(t)=\frac{\mathrm{d}s}{\mathrm{d}t}.$$

（2）曲线 $y=f(x)$ 在点 $P(x,y)$ 处的切线斜率是函数 $y=f(x)$ 在 $x$ 处的导数，即

$$k=f'(x)=\frac{\mathrm{d}y}{\mathrm{d}x}.$$

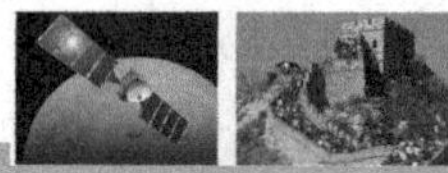

**2．求导数的步骤**

由导数定义可知求函数 $y=f(x)$ 的导数的三个步骤：

（1）求增量：$\Delta y=f(x_0+\Delta x)-f(x_0)$；

（2）算比值：$\dfrac{\Delta y}{\Delta x}=\dfrac{f(x_0+\Delta x)-f(x_0)}{\Delta x}$；

（3）求极限：$y'=\lim\limits_{\Delta x\to 0}\dfrac{\Delta y}{\Delta x}=\lim\limits_{\Delta x\to 0}\dfrac{f(x_0+\Delta x)-f(x_0)}{\Delta x}$.

**例 2.1**　求下列函数的导数，并求在 $x=1$ 处的导数值.

（1）$y=x^2$；　　　　（2）$y=x^3$.

**解**　（1）求增量：$\Delta y=(x+\Delta x)^2-x^2=2x\Delta x+(\Delta x)^2$.

算比值：$\dfrac{\Delta y}{\Delta x}=2x+\Delta x$.

求极限：$y'=\lim\limits_{\Delta x\to 0}\dfrac{\Delta y}{\Delta x}=\lim\limits_{\Delta x\to 0}(2x+\Delta x)=2x$，所以 $y'|_{x=1}=2\times 1=2$.

**结论**：幂函数 $y=x^\alpha$ 的导数公式为 $(x^\alpha)'=\alpha\cdot x^{\alpha-1}$.

（2）由 $(x^\alpha)'=\alpha\cdot x^{\alpha-1}$ 得 $y'=3x^2$，所以 $y'|_{x=1}=3\times 1=3$.

**3．可导与连续的关系**

函数 $f(x)$ 在点 $x_0$ 处可导，由导数的定义，有 $f'(x_0)=\lim\limits_{\Delta x\to 0}\dfrac{\Delta y}{\Delta x}$. 而$\Delta y=\dfrac{\Delta y}{\Delta x}\cdot\Delta x$，因此 $\lim\limits_{\Delta x\to 0}\Delta y=\lim\limits_{\Delta x\to 0}\dfrac{\Delta y}{\Delta x}\cdot\Delta x=\lim\limits_{\Delta x\to 0}\dfrac{\Delta y}{\Delta x}\cdot\lim\limits_{\Delta x\to 0}\Delta x=f'(x_0)\cdot 0=0$，即函数 $f(x)$ 在点 $x_0$ 处连续. 综上所述，有下述结论.

**【定理 1】** 若函数 $f(x)$ 在点 $x_0$ 处可导，则它在点 $x_0$ 处必连续. 但函数 $f(x)$ 在点 $x_0$ 处连续，却不一定在点 $x_0$ 处可导.

例如，函数 $y=\sqrt[3]{x}$ 在 $x=0$ 处连续，但在点 $x=0$ 处不可导.

## 2.1.3　导数的物理意义及几何意义

**1．导数的物理意义**

**导数的物理意义**就是函数 $f(x)$ 在点 $x_0$ 的变化率，它反映了因变量 $y$ 随着自变量 $x$ 在点 $x_0$ 处的变化而变化的快慢程度.

例如，对于变速直线运动，路程对时间的导数为物体的瞬时速度 $v(t)=\lim\limits_{\Delta t\to 0}\dfrac{\Delta s}{\Delta t}=\dfrac{\mathrm{d}s}{\mathrm{d}t}$；对于交流电路，电量对时间的导数为电流强度 $i(t)=\lim\limits_{\Delta t\to 0}\dfrac{\Delta q}{\Delta t}=\dfrac{\mathrm{d}q}{\mathrm{d}t}$；对于非均匀的物体，质量对长度（面积、体积）的导数为物体的线（面、体）密度.

**2．导数的几何意义**

函数 $f(x)$ 在点 $x_0$ 处的**导数的几何意义**：如图 2.4 所示，$f'(x_0)$ 表示曲线 $y=f(x)$ 在点 $(x_{0,}f(x_0))$ 处的切线斜率.

**说明**：由导数的几何意义和解析几何中直线的点斜式方程可知，曲线 $y=f(x)$ 在点 $M(x_0,y_0)$ 处的**切线方程**为

$$y-y_0=f'(x_0)(x-x_0).$$

过切点 $M$ 并垂直于切线的直线称为曲线在点 $M$ 处的**法线**．曲线 $y=f(x)$ 在点 $M(x_0,y_0)$ 处的**法线方程**为 $y-y_0=-\frac{1}{f'(x_0)}(x-x_0)$（若 $f'(x_0)\neq 0$）．

特别地，当 $f'(x_0)=0$ 时，切线方程与法线方程分别为 $y=y_0$ 与 $x=x_0$．

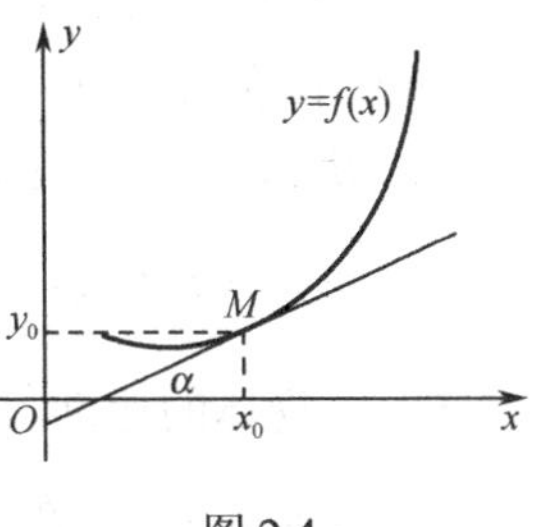


图 2.4

**例 2.2**　求等边双曲线 $y=\frac{1}{x}$ 在点 $\left(\frac{1}{2},2\right)$ 处的切线方程和法线方程．

**解**　由导数的几何意义，得切线斜率为 $k=y'\Big|_{x=\frac{1}{2}}=\left(\frac{1}{x}\right)'\Big|_{x=\frac{1}{2}}=-\frac{1}{x^2}\Big|_{x=\frac{1}{2}}=-4$；

切线方程为 $y-2=-4\left(x-\frac{1}{2}\right)$，即 $4x+y-4=0$；

法线方程为 $y-2=\frac{1}{4}\left(x-\frac{1}{2}\right)$，即 $2x-8y+15=0$．

## 任务解答 2.1

根据任务 2.1，求做直线运动的汽车在 $t=2\,\text{s}$ 时的速度．

先计算时间 $t\,(t=2\,\text{s})$ 到 $t+\Delta t$ 间隔的平均速度，即

$$\begin{aligned}\bar{v}&=\frac{\Delta s}{\Delta t}=\frac{s(2+\Delta t)-s(2)}{\Delta t}\\&=\frac{[19.2(2+\Delta t)-0.4(2+\Delta t)^3]-[19.2\times 2-0.4\times 2^3]}{\Delta t}\\&=14.4-2.4\Delta t-0.4(\Delta t)^2\end{aligned}$$

当 $\Delta t$ 趋于 0 时，平均速度趋于一个确定的值 0，即 $t=2\,\text{s}$ 时的瞬时速度为

$$v(2)=\lim_{\Delta t\to 0}\frac{s(2+\Delta t)-s(2)}{\Delta t}=\lim_{\Delta t\to 0}(14.4-2.4\Delta t-0.4(\Delta t)^2)=14.4.$$

思考问题　什么情况下函数在一点处没有导数？

## 基础训练 2.1

1．当物体的温度高于周围介质的温度时，物体就不断冷却．若物体的温度 $T$ 与时间 $t$ 的函数关系为 $T=T(t)$，应怎样确定物体在时刻 $t$ 的冷却速度？

2．判断题．

（1）函数 $f(x)$ 在点 $x_0$ 处的瞬间变化率就是函数在这点的导数．　　（　　）

（2）若函数 $f(x)$ 在点 $x_0$ 处可导，则在点 $x_0$ 处切线存在．　　（　　）

（3）函数 $f(x)$ 在点 $x_0$ 处不连续，则一定不可导. （ ）

（4）函数 $f(x)$ 在点 $x_0$ 的导数记为 $[f(x_0)]'$. （ ）

3．设 $f(x)=ax+b$，用定义求 $f'(x)$ 和 $f'(2)$ 的值.

4．如果函数极限 $\lim\limits_{\Delta x\to 0}\dfrac{f(x_0+2\Delta x)-f(x_0)}{\Delta x}=\dfrac{1}{2}$，求 $f'(x_0)$ 的值.

5．一物体的运动方程为 $s=t^3$，求此物体在 $t=2$ 时的速度.

6．求曲线 $y=\dfrac{2}{x}$ 在点 $(2,3)$ 处的切线方程和法线方程.

## 2.2 导数的运算

扫一扫看导数的运算教学课件

扫一扫下载学习任务书 2.2

### 学习任务 2.2 计算电流强度

设有一随时间变化的电流，在时间间隔 $[0,t]$ s 内通过导线横截面的电量为 $Q$=5sin2$t$，求当 $t=\dfrac{\pi}{3}$ s 时的电流强度.

对于恒定电流，单位时间内通过导线横截面的电量称为电流强度（简称电流），即 $I=\dfrac{Q}{t}$；但若遇到非恒定的电流，设从 0 到 $t$ 这段时间内通过导线横截面的电量为 $Q=Q(t)$，则时刻 $t$ 的电流强度就是电量 $Q$ 关于时间 $t$ 的瞬时变化率，即电量 $Q$ 对时间 $t$ 的导数.

本节内容旨在让学生学会求导数的方法，掌握导数公式与运算法则、复合函数的导数、高阶导数的概念与计算、二阶导数的应用及其隐函数、对数求导法等内容.

### 2.2.1 导数的基本运算

#### 1．基本初等函数的导数公式

由导数的定义可得到以下**基本初等函数的导数公式**，为了便于使用，把公式列在下面.

（1）$(C)'=0$（$C$ 为任意常数）；

（2）$(x^\alpha)'=\alpha x^{\alpha-1}$（$\alpha$为任意实数）；特别地，$\left(\dfrac{1}{x}\right)'=-\dfrac{1}{x^2}$、$(\sqrt{x})'=\dfrac{1}{2\sqrt{x}}$；

（3）$(a^x)'=a^x\ln a(a>0,a\neq 1)$；

（4）$(\mathrm{e}^x)'=\mathrm{e}^x$；

（5）$(\log_a x)'=\dfrac{1}{x}\log_a \mathrm{e}=\dfrac{1}{x\ln a}(a>0,a\neq 1)$；

（6）$(\ln x)'=\dfrac{1}{x}$；

（7）$(\sin x)'=\cos x$；

（8）$(\cos x)'=-\sin x$；

（9）$(\tan x)'=\sec^2 x=\dfrac{1}{\cos^2 x}$；

（10）$(\cot x)'=-\csc^2 x=-\dfrac{1}{\sin^2 x}$；

（11）$(\sec x)'=\sec x\tan x$；

（12）$(\csc x)'=-\csc x\cot x$；

（13）$(\arcsin x)'=\dfrac{1}{\sqrt{1-x^2}}$；

（14）$(\arccos x)'=-\dfrac{1}{\sqrt{1-x^2}}$；

（15）$(\arctan x)'=\dfrac{1}{1+x^2}$；

（16）$(\text{arccot}\, x)'=-\dfrac{1}{1+x^2}$.

2．导数的运算法则

设函数 $u=u(x)$ 与 $v=v(x)$ 在点 $x$ 处可导，则函数 $u(x)\pm v(x)$、$u(x)\cdot v(x)$、$\dfrac{u(x)}{v(x)}(v(x)\neq 0)$ 也在点 $x$ 处可导，且有以下函数的和、差、积、商的求导法则：

【法则1】 $[u(x)\pm v(x)]'=u'(x)\pm v'(x)$.

和、差求导法则可以推广到有限个函数的情形. 例如，对三个函数的和、差，有

$$[u(x)\pm v(x)\pm w(x)]'=u'(x)\pm v'(x)\pm w'(x).$$

【法则2】 $[u(x)v(x)]'=u'(x)v(x)+u(x)v'(x)$.

**特别地**，$[Cu(x)]'=Cu'(x)$（$C$ 为常数).

乘积求导法则可以推广到有限个函数的情形. 例如，对三个函数的乘积，有

$$[u(x)\cdot v(x)\cdot w(x)]'=u'(x)\cdot v(x)\cdot w(x)+u(x)\cdot v'(x)\cdot w(x)+u(x)\cdot v(x)\cdot w'(x).$$

【法则3】 $\left[\dfrac{u(x)}{v(x)}\right]'=\dfrac{u'(x)v(x)-u(x)v'(x)}{v^2(x)}\quad (v(x)\neq 0)$.

**例2.3** 求下列函数的导数.

（1）$y=\left(\dfrac{2}{3}\right)^x+x^{\frac{2}{3}}$；　（2）$y=\dfrac{\ln x}{\sin x}$；

（3）$y=\sqrt{x}\cos x+4\ln x+\sin\dfrac{\pi}{7}$；　（4）$y=\tan x$.

**解** （1）$y'=\left[\left(\dfrac{2}{3}\right)^x\right]'+\left(x^{\frac{2}{3}}\right)'=\left(\dfrac{2}{3}\right)^x\ln\dfrac{2}{3}+\dfrac{2}{3}x^{-\frac{1}{3}}$.

（2）$y'=\dfrac{\dfrac{\sin x}{x}-\cos x\ln x}{\sin^2 x}=\dfrac{\sin x-x\cos x\ln x}{x\sin^2 x}$.

（3）$y'=(\sqrt{x}\cos x)'+(4\ln x)'+\left(\sin\dfrac{\pi}{7}\right)=(\sqrt{x})'\cos x+\sqrt{x}(\cos x)'+4(\ln x)'=\dfrac{\cos x}{2\sqrt{x}}-\sqrt{x}\sin x+\dfrac{4}{x}$.

（4）$y'=(\tan x)'=\left(\dfrac{\sin x}{\cos x}\right)'=\dfrac{(\sin x)'\cos x-\sin x(\cos x)'}{\cos^2 x}=\dfrac{\cos^2 x+\sin^2 x}{\cos^2 x}=\dfrac{1}{\cos^2 x}=\sec^2 x$.

即 $(\tan x)'=\sec^2 x$. 用类似的方法可得 $(\cot x)'=-\csc^2 x$.

## 2.2.2　复合函数的导数

**复合函数的求导法则**　如果函数 $u=\varphi(x)$ 在点 $x$ 处可导，而函数 $y=f(u)$ 在对应的点 $u$ 处可导，那么复合函数 $y=f[\varphi(x)]$ 也在点 $x$ 处可导，且有 $y'_x=y'_u\cdot u'_x$，也可记作 $\dfrac{\mathrm{d}y}{\mathrm{d}x}=\dfrac{\mathrm{d}y}{\mathrm{d}u}\cdot\dfrac{\mathrm{d}u}{\mathrm{d}x}$ 或 $\{f[\varphi(x)]\}'=f'(u)\varphi'(x)$.

**说明**：复合函数的导数等于已知函数对中间变量的导数乘以中间变量对自变量的导数.

**注意**：求复合函数的导数，关键是分析清楚复合函数的构造，经过一定数量的练习之后，要达到一步就能写出复合函数的导数. 尤其是当需要同时运用函数的和、差、积、商的求导法则和复合函数的求导法则时，这种能力更为重要.

**例 2.4** 求下列函数的导数.

(1) $y=\sin\sqrt{x}$； (2) $y=\sqrt{1-x^2}$.

**解** (1) 函数 $y=\sin\sqrt{x}$ 可以看作由函数 $y=\sin u$ 与 $u=\sqrt{x}$ 复合而成，因此

$$y'=(\sin u)'(\sqrt{x})'=\cos u\frac{1}{2\sqrt{x}}=\frac{\cos\sqrt{x}}{2\sqrt{x}}.$$

(2) 函数 $y=\sqrt{1-x^2}$ 可看作由函数 $y=\sqrt{u}$ 与 $u=1-x^2$ 复合而成，因此

$$\frac{\mathrm{d}y}{\mathrm{d}x}=\frac{\mathrm{d}y}{\mathrm{d}u}\frac{\mathrm{d}u}{\mathrm{d}x}=(\sqrt{u})'\quad(1-x^2)'=\frac{1}{2\sqrt{u}}(-2x)=-\frac{x}{\sqrt{1-x^2}}.$$

**说明**：最初做题，可设出中间变量，把复合函数分解. 做题较熟练时，可不写出中间变量，按复合函数的构成层次，由外向内逐层求导. “逐层求导”指的是每次只对一个中间变量进行求导. 具体写法见下面例题.

**例 2.5** 求下列函数的导数.

(1) $y=(1-x)^5$； (2) $y=\ln\tan\frac{x}{2}$.

**解** (1) 由 $y'_x=y'_u\cdot u'_x$ 得 $y'=5(1-x)^4(1-x)'=-5(1-x)^4$.

(2) $y=\ln\tan\frac{x}{2}$ 是由 $y=\ln u$，$u=\tan v$，$v=\frac{x}{2}$ 复合而成的，则

$$y'=\frac{1}{\tan\frac{x}{2}}\left(\tan\frac{x}{2}\right)'=\frac{1}{\tan\frac{x}{2}}\frac{1}{\cos^2\frac{x}{2}}\left(\frac{x}{2}\right)'=\frac{\cos\frac{x}{2}}{\sin\frac{x}{2}}\frac{1}{2\cos^2\frac{x}{2}}=\frac{1}{\sin x}$$

**注意**：(1) 求复合函数的导数时，要对函数的中间变量求导数，所以计算式中会出现中间变量，最后必须将中间变量以自变量的函数代换.

(2) 复合函数求导法则可推广到有限个可导函数所合成的复合函数.

例如，设 $y=f(u)$、$u=\varphi(v)$、$v=\psi(x)$ 都可导，则 $\frac{\mathrm{d}y}{\mathrm{d}x}=\frac{\mathrm{d}y}{\mathrm{d}u}\frac{\mathrm{d}u}{\mathrm{d}v}\frac{\mathrm{d}v}{\mathrm{d}x}$，或记 $y'_x=y'_u\cdot u'_v\cdot v'_x$.

**例 2.6** 求下列函数的导数.

(1) $y=\mathrm{e}^{\sin\frac{1}{x}}$； (2) $y=x\sqrt{1-x}$.

**解** (1) $y'=\mathrm{e}^{\sin\frac{1}{x}}\left(\sin\frac{1}{x}\right)'=\mathrm{e}^{\sin\frac{1}{x}}\cdot\cos\frac{1}{x}\cdot\left(\frac{1}{x}\right)'=-\frac{1}{x^2}\mathrm{e}^{\sin\frac{1}{x}}\cdot\cos\frac{1}{x}$.

(2) $y'=\sqrt{1-x}+x\cdot\frac{1}{2\sqrt{1-x}}\cdot(-1)=\sqrt{1-x}-\frac{x}{2\sqrt{1-x}}=\frac{2-3x}{2\sqrt{1-x}}$.

### 2.2.3 高阶导数

#### 1. 高阶导数的概念

**【定义 1】** 如果函数 $y=f(x)$ 的导数 $y'=f'(x)$ 仍是 $x$ 的可导函数，就称 $y'=f'(x)$ 的导数

为函数 $y=f(x)$ 的**二阶导数**，记作 $y''$ 、 $f''(x)$ 或 $\frac{\mathrm{d}^2y}{\mathrm{d}x^2}$ 、 $\frac{\mathrm{d}^2f(x)}{\mathrm{d}x^2}$ ，即

$$y''=(y')'=f''(x)\text{ 或 }\frac{\mathrm{d}^2y}{\mathrm{d}x^2}=\frac{\mathrm{d}}{\mathrm{d}x}\left(\frac{\mathrm{d}y}{\mathrm{d}x}\right).$$

相应地，把函数 $y=f(x)$ 的导数 $y'=f'(x)$ 称为 $y=f(x)$ 的**一阶导数**.

类似地，二阶导数的导数称为**三阶导数**，三阶导数的导数称为**四阶导数**……一般地，函数 $f(x)$ 的 $n-1$ 阶导数的导数称为 **$n$ 阶导数**，分别记作 $y'''$、$y^{(4)}$、…、$y^{(n)}$ 或 $f'''(x)$、…、$f^{(4)}(x)$、…、$f^{(n)}(x)$ 或 $\frac{\mathrm{d}^3y}{\mathrm{d}x^3}$、$\frac{\mathrm{d}^4y}{\mathrm{d}x^4}$、…、$\frac{\mathrm{d}^ny}{\mathrm{d}x^n}$，且有 $y^{(n)}=[y^{(n-1)}]'$.

二阶以上的导数统称为**高阶导数**.

### 2. 高阶导数的计算

求高阶导数并不需要更新的方法，只要逐阶求导，直到所要求的阶数即可，所以仍可用前面学过的求导方法来计算高阶导数.

**例 2.7**　求下列函数的二阶导数.

（1） $y=6x^3+4x^2+2x$；　　（2） $y=\ln(1+x^2)$.

**解**　（1）因为 $y'=18x^2+8x+2$ ，所以 $y''=36x+8$ .

（2）因为 $y'=[\ln(1+x^2)]'=\frac{1}{1+x^2}\cdot 2x=\frac{2x}{1+x^2}$ ，所以

$$y''=\left(\frac{2x}{1+x^2}\right)'=\frac{(2x)'(1+x^2)-2x(1+x^2)'}{(1+x^2)^2}=\frac{2-2x^2}{(1+x^2)^2}.$$

**例 2.8**　求函数 $y=\mathrm{e}^{-x}\cos x$ 的二阶导数及三阶导数.

**解**　$y'=-\mathrm{e}^{-x}(\cos x)+\mathrm{e}^{-x}(-\sin x)=-\mathrm{e}^{-x}(\cos x+\sin x)$；

$y''=\mathrm{e}^{-x}(\cos x+\sin x)-\mathrm{e}^{-x}(-\sin x+\cos x)=2\mathrm{e}^{-x}\sin x$；

$y'''=-2\mathrm{e}^{-x}\sin x+2\mathrm{e}^{-x}\cos x=2\mathrm{e}^{-x}(\cos x-\sin x)$.

**注意**：常用的高阶导数有

（1） $y=\mathrm{e}^x$，$y^{(n)}=\mathrm{e}^x$;

（2） $y=a^x$，$y^{(n)}=a^x\ln^n a$;

（3） $y=x^n$，$y^{(n)}=n!$，$y^{(n+1)}=0$.

**例 2.9**　求函数 $y=\mathrm{e}^{2x}$ 的 $n$ 阶导数.

**解**　因为 $y'=\mathrm{e}^{2x}\cdot 2=2\mathrm{e}^{2x}$ ，$y''=2\mathrm{e}^{2x}\cdot 2=2^2\mathrm{e}^{2x}$ ，$y'''=2^2\mathrm{e}^{2x}\cdot 2=2^3\mathrm{e}^{2x}$ ，…，所以 $y^{(n)}=2^n\mathrm{e}^{2x}$ .

### 3. 二阶导数的应用

设物体做变速直线运动，其运动方程为 $s=s(t)$ ，则物体运动的速度是路程 $s$ 对时间 $t$ 的导数，即 $v=s'(t)=\frac{\mathrm{d}s}{\mathrm{d}t}$ . 此时，若速度 $v$ 仍是时间 $t$ 的函数，我们可以求速度 $v$ 对时间 $t$ 的导数，

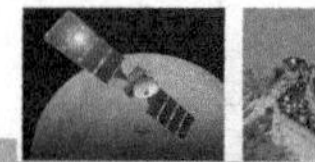

用 $a$ 表示，即

$$a = v'(t) = s''(t) = \frac{\mathrm{d}^2 s}{\mathrm{d}t^2}.$$

在力学中，把速度 $v$ 对时间 $t$ 的变化率称为物体运动的加速度. 也就是说，物体运动的加速度就是路程对时间的二阶导数，这就是二阶导数的物理意义.

**例 2.10** 已知物体的运动方程为 $s = A\cos(\omega x + \varphi)$（$A,\omega,\varphi$ 是常数），求物体运动的加速度.

**解** 由二阶导数的物理意义和因为 $s = A\cos(\omega t + \varphi)$，所以 $v = s' = -A\omega\sin(\omega t + \varphi)$，即 $a = s'' = -A\omega^2\cos(\omega t + \varphi)$.

## 2.2.4 隐函数求导及对数求导法

如果函数中的变量 $y$ 与 $x$ 之间的关系可以表示成 $y = f(x)$ 形式，则这种形式的函数称为**显函数**，如 $y = 2x + 1$，$y = \sin 3x$ 等.

### 1. 隐函数求导法

**【定义 2】** 如果 $y$ 与 $x$ 的依赖关系是由一个含 $x$ 与 $y$ 的二元方程 $F(x, y) = 0$ 所确定的，则这种函数称为**隐函数**，如 $2x - y = 3$，$x - y - \frac{1}{2}\sin y = 0$ 等.

**说明：**（1）有些隐函数可化为显函数;

（2）初等函数和分段函数都是显函数.

隐函数的求导方法如下：

（1）若隐函数可化为显函数，则可用前述求导法则和导数公式求导;

（2）若隐函数不能化为显函数，则通过以下例题讲述直接由隐函数求导数的方法.

**例 2.11** 求隐函数 $\sin xy + xy^3 = 3$ 的导数.

**解** 两边对 $x$ 求导数，得

$$[\cos xy][y + xy'] + y^3 + 3xy^2 y' = 0.$$

合并同类项，得

$$y'[x\cos xy + 3xy^2] = -y\cos xy - y^3.$$

解得

$$y' = -\frac{y\cos xy + y^3}{x\cos xy + 3xy^2}.$$

**说明：**隐函数的导数结果中含有 $y$ 是正常的.

**例 2.12** 求隐函数 $y^2 - 2axy + b = x$ 的导数.

**解** 两边对 $x$ 求导数，得

$$2y \cdot y' - 2a(y + xy') = 1.$$

合并同类项，得

$$y'(2y - 2ax) = 1 + 2ay.$$

解得

$$y'=\frac{1+2ay}{2y-2ax}.$$

**例 2.13**　设曲线 $C$ 的方程为 $x^3+y^3=3xy$，求过曲线 $C$ 上点 $\left(\frac{3}{2},\frac{3}{2}\right)$ 的切线方程，并证明曲线 $C$ 在该点的法线通过原点.

**解**　方程两边对 $x$ 求导，得 $3x^2+3y^2y'=3y+3xy'$，解得 $y'=\frac{y-x^2}{y^2-x}$，则切线的斜率为

$$k=y'\Big|_{\left(\frac{3}{2},\frac{3}{2}\right)}=\frac{y-x^2}{y^2-x}\Big|_{\left(\frac{3}{2},\frac{3}{2}\right)}=-1.$$

所求切线方程为 $y-\frac{3}{2}=-\left(x-\frac{3}{2}\right)$，即 $y=-x+3$.

法线方程为 $y-\frac{3}{2}=x-\frac{3}{2}$，即 $y=x$，显然法线通过原点.

**例 2.14**　求椭圆 $\frac{x^2}{9}+\frac{y^2}{4}=1$ 上在点 $P\left(1,\frac{4\sqrt{2}}{3}\right)$ 处的切线方程.

**解**　将所给方程两端同时对自变量 $x$ 求导，得

$$\frac{2x}{9}+\frac{2y\cdot y'}{4}=0,\quad 即\ y'=-\frac{4x}{9y},$$

将点 $P$ 的坐标 $x=1$，$y=\frac{4\sqrt{2}}{3}$ 代入，得

$$k=y'\Big|_{\substack{x=1\\ y=\frac{4\sqrt{2}}{3}}}=-\frac{\sqrt{2}}{6}.$$

所以切线的方程为 $y-\frac{4\sqrt{2}}{3}=-\frac{\sqrt{2}}{6}(x-1)$，即 $x+3\sqrt{2}y-9=0$.

## 2. 对数求导法

对数求导法主要解决两类函数的求导问题：

（1）幂指函数 $y=[f(x)]^{g(x)}$；

（2）函数 $y=f(x)$ 由多个因子通过乘、除、乘方、开方所构成的比较复杂的函数.

**对数求导法：**先通过方程两边取对数将函数表达式中的乘方. 开方运算转化为对数乘除运算，表达式中的乘除运算转化为加减运算，即将原来的函数转化为隐函数；然后利用隐函数的求导方法求出导数.

**例 2.15**　求下列函数的导数.

（1）$y=x^{\ln x}$；　　（2）$y=x^{\sin x}$；　　（3）$y=\sqrt{\frac{(1-x)(2-x^2)}{(3-x^3)(4-x^4)}}$.

**解**　（1）两边求以 e 为底的自然对数：$\ln y=\ln x^{\ln x}$，即 $\ln y=(\ln x)^2$.

两边对 $x$ 求导数，得

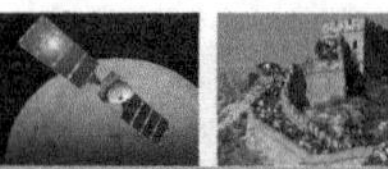

$$\frac{1}{y}y' = 2(\ln x)\cdot\frac{1}{x},$$

解得

$$y' = y\cdot 2(\ln x)\cdot\frac{1}{x} = x^{\ln x}\frac{2\ln x}{x} = 2x^{\ln x-1}\ln x.$$

（2）两边求以 e 为底的对数 $\ln y = \sin x\ln x$ .

两边对 $x$ 求导数，得

$$\frac{1}{y}\cdot y' = \cos x\ln x + \frac{\sin x}{x},$$

解得

$$y' = y\left(\cos x\ln x + \frac{\sin x}{x}\right) = x^{\sin x}\left(\cos x\ln x + \frac{\sin x}{x}\right).$$

（3）两边求以 e 为底的对数：

$$\ln y = \frac{1}{2}[\ln(1-x) + \ln(2-x^2) - \ln(3-x^3) - \ln(4-x^4)]$$

两边对 $x$ 求导数，得

$$\frac{1}{y}y' = \frac{1}{2}\left(\frac{-1}{1-x} + \frac{-2x}{2-x^2} - \frac{-3x^2}{3-x^3} - \frac{-4x^3}{4-x^4}\right)$$

$$= \frac{1}{2}\left(\frac{1}{x-1} + \frac{2x}{x^2-2} - \frac{3x^2}{x^3-3} - \frac{4x^3}{x^4-4}\right)$$

求得

$$y' = \frac{1}{2}\sqrt{\frac{(1-x)(2-x^2)}{(3-x^3)(4-x^3)}}\left(\frac{1}{x-1} + \frac{2x}{x^2-2} - \frac{3x^2}{x^3-3} - \frac{4x^3}{x^4-4}\right).$$

## 任务解答 2.2

根据任务 2.2，电流强度是电量的导数，则 $i(t)=Q'=10\cos 2t$.

当 $t=\frac{\pi}{3}$ s 时的电流强度为 $i\left(\frac{\pi}{3}\right) = 10\cos\left(2\times\frac{\pi}{3}\right) = -5$ .

**思考问题** 从水箱开始放水 $t$ min 后，水箱中有多少 ml 的水由 $Q(t)=200(30-t)^2$ 表示，10 min 刚过时水流出有多快？在开始后 10 min 里水流出的平均流出率为多少？

## 基础训练 2.2

1．求下列函数的导数.

（1） $y = 3x^2 + 3^x + \log_3 x + 3^3$；

（2） $y = e^x\cos x$；

（3） $y = x\ln x$；

（4） $y = (x^2+1)\ln x$；

（5） $y = \frac{\sin x}{1+\cos x}$；

（6） $y = \frac{\sin x}{2x^2}$.

2．求下列复合函数的导数.

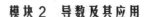

（1）$y=(2-3x)^4$；（2）$y=\sin(3x-2)$；

（3）$y=\sin x^2+\cos^2 x$；（4）$y=3e^{-2x^2}-e^3$；

（5）$y=\sin\ln 2x$；（6）$y=e^{\sqrt{3x}}$.

3．求下列函数的二阶导数.

（1）$y=3x^3+4x^2-5x$；（2）$y=(x^3+2)^2$；

（3）$y=x\ln x$；（4）$y=\sin^2 3x$.

4．求下列函数在指定点处的导数.

（1）$y=xe^x$，$y'|_{x=0}$；（2）$y=\dfrac{1+\ln x}{x}$，$y'|_{x=e}$；

（3）$y=(2-3x)^2$，$y'|_{x=1}$；（4）$y=\ln\ln x$，$y''|_{x=e}$.

5．有一物体沿直线运动，其运动方程为 $s=9\sin\dfrac{\pi t}{3}+2t$，试求在第一秒末的加速度（$s$ 以米为单位，$t$ 以秒为单位）.

6．求曲线 $y=-x^2+1$ 在点 $(1,0)$ 处的切线方程和法线方程.

7．在曲线 $y=x^3+x-2$ 上求一点，使得过该点处的切线与直线 $y=4x-1$ 平行.

8．一物体沿直线运动，由始点起经过时间 $t$ 后的距离 $S$ 为 $S=\dfrac{1}{4}t^4-4t^3+16t^2$，则它的速度何时为零？

9．由下列方程确定 $y$ 为 $x$ 的函数，求 $\dfrac{dy}{dx}$.

（1）$y^3-3y+2ax=0$；（2）$y=1+x\sin y$；

（3）$xy=e^{x+y}$；（4）$e^y+xy-3=0$.

10．求曲线 $3y^2=x^2(x+1)$ 在点(2,2)处的切线方程.

11．求下列函数的导数.

（1）$y=x^x$；（2）$y=(\sin x)^x$；

（3）$y=\left[\dfrac{(x+1)(x+2)}{(x+3)(x+4)}\right]^{\frac{2}{5}}$；（4）$y=\dfrac{(x-1)^2}{\sqrt{x}}$.

## 2.3 导数的应用

扫一扫看导数的应用教学课件

扫一扫下载学习任务书 2.3

### 学习任务 2.3 河上架电话线方案的确定

计划在宽 100 m 的河两边 $A$ 与 $B$ 之间架一条电话线，$C$ 点为 $A$ 点在河另一边的相对点，$B$ 到 $C$ 的距离为 500 m，水下架线成本是陆地架线成本的 3 倍. 请思考：如何确定架线方案，从而使费用最小？

架线方案有很多种，比如全部在水下架线或者部分陆地架线、部分水下架线，哪种架线方案的费用最小呢？可以列出费用的函数关系式，利用导数求解函数的最小值.

本节内容旨在让学生学会应用导数解决实际问题的方法，在解决实际问题的过程中充分

理解与掌握函数的单调性与极值、曲线的凹凸性与拐点、函数的最值及其应用等知识.

### 2.3.1　函数的单调性与极值

#### 1. 函数的单调性

由图 2.5（a）可以看出，如果函数 $y=f(x)$ 在区间$[a,b]$上单调增加，那么它的图像是一条沿 $x$ 轴正向上升的曲线，这时曲线上各点切线的倾斜角都是锐角，因此它们的斜率 $f'(x)$ 都是正的，即 $f'(x)>0$. 同样，由图 2.5（b）可以看出，如果函数 $y=f(x)$ 在区间$[a,b]$上单调减少，那么它的图像是一条沿 $x$ 轴正向下降的曲线，这时曲线上各点切线的倾斜角都是钝角，因此它们的斜率 $f'(x)$ 都是负的，即 $f'(x)<0$.

由此可见，函数的单调性与导数的符号有关. 已知一个函数 $y=f(x)$，可以利用下面的定理来判定函数的单调性呢.

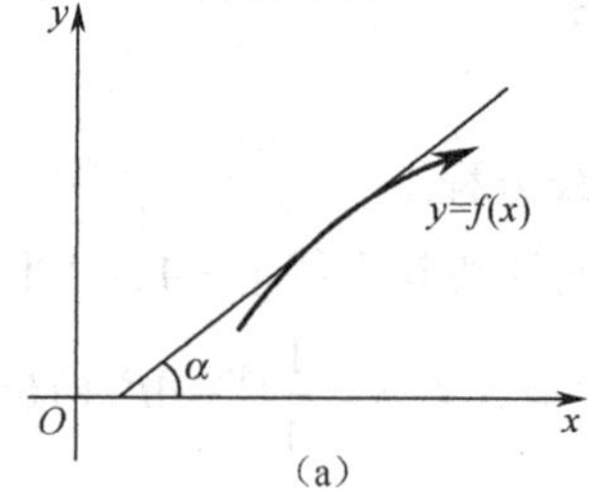


（a）

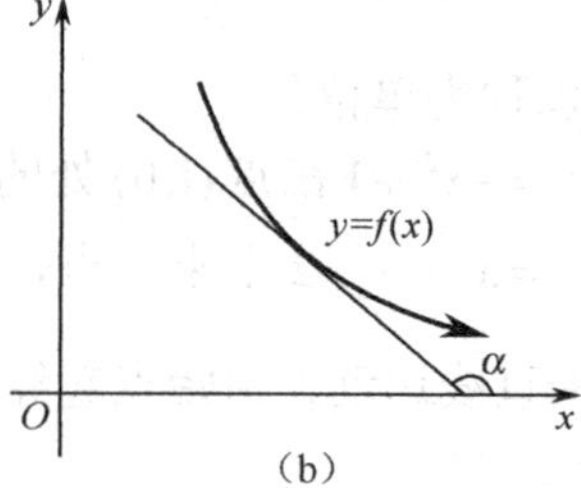


（b）

图 2.5

**【定理 1】（函数单调性判定定理）** 设函数 $y=f(x)$ 在 $(a,b)$ 内可导.

（1）如果在 $(a,b)$ 内有 $f'(x)>0$，那么函数在 $(a,b)$ 内单调增加；

（2）如果在 $(a,b)$ 内有 $f'(x)<0$，那么函数在 $(a,b)$ 内单调减少.

**说明：**（1）上述定理中，若将区间改为闭区间$[a,b]$或无限区间，结论同样成立；

（2）函数的单调性是一个区间上的性质，要用导数在这一区间上的符号来判定，而不能用一点处的导数符号来判别一个区间上的单调性；

（3）若 $f'(x_0)=0$，则称点 $x_0$ 为函数 $f(x)$ 的驻点.

**例 2.16** 讨论函数 $f(x)=x-\sin x$ 在区间$(-\infty,+\infty)$内的单调性.

**解** 因为导数 $f'(x)=1-\cos x\geqslant 0$，所以函数 $f(x)=x-\sin x$ 在区间$(-\infty,+\infty)$内是单调增加函数.

有些函数在它的定义域区间不是单调的，但是利用 $f'(x)=0$ 和 $f'(x)$ 不存在的点，对定义域区间进行划分，使得每个部分区间内导数的符号不变，因而函数在每个部分区间内具有单调性.

**求解函数单调性的步骤如下：**

（1）确定函数的定义域（即初等函数的连续区间）；

（2）求出 $f(x)$ 单调区间所有可能的分界点，即使 $f'(x)=0$ 和 $f'(x)$ 不存在的点，并根据分界点把定义域分成相应的区间；

（3）确定 $f'(x)$ 在各区间内的符号，从而判断出函数的单调性. 可列表讨论在某区间内：若 $f'(x)>0$，则函数在该区间内单调增加；若 $f'(x)<0$，则函数在该区间内单调减少.

**例 2.17**　确定函数 $f(x)=2x^3-9x^2+12x-3$ 的单调区间.

**解**　函数的定义域为$(-\infty,+\infty)$，$f'(x)=6x^2-18x+12=6(x-1)(x-2)$. 令 $f'(x)=0$ 得 $x_1=1$、$x_2=2$.

驻点 $x_1=1$、$x_2=2$ 将函数的连续区间分成三个部分区间：$(-\infty,1)$、$(1,2)$和$(2,+\infty)$；考察导数 $f'(x)$ 在各个部分区间内的符号.

当$-\infty<x<1$ 时，$f'(x)>0$，所以在$(-\infty, 1)$上单调增加；

当 $1<x<2$ 时，$f'(x)<0$，所以在$(1, 2)$上单调减少；

当 $2<x<+\infty$时，$f'(x)>0$，所以在$(2, +\infty)$上单调增加；

由定理可知，函数 $f(x)$ 在区间$(1,2)$单调减少，在区间$(-\infty, 1)$与$(2, +\infty)$单调增加.

为了更直观地给出函数的单调区间. 通常，我们列表讨论函数的单调性，如表 2.1 所示. 表中↗表示函数单调增加，↘表示函数单调减少.

表 2.1

| $b$ | $(-\infty, 1)$ | 1 | $(1, 2)$ | 2 | $(2, +\infty)$ |
|---|---|---|---|---|---|
| $f'(x)$ | + | 0 | − | 0 | + |
| $f(x)$ | ↗ | | ↘ | | ↗ |

**例 2.18**　确定函数 $f(x)=(x-2)^{\frac{2}{3}}$ 的单调区间.

**解**　函数的定义域为$(-\infty, +\infty)$，$f'(x)=\dfrac{2}{3\sqrt[3]{x-2}}$，使 $f'(x)$ 不存在的点 $x=2$.

$x=2$ 将函数的连续区间分成两个部分区间. 列表 2.2 讨论.

表 2.2

| $x$ | $(-\infty, 2)$ | 2 | $(2, +\infty)$ |
|---|---|---|---|
| $f'(x)$ | − | 不存在 | + |
| $f(x)$ | ↘ | | ↗ |

由上表可知，$f(x)$ 在$(-\infty, 2)$上单调减少，在$(2, +\infty)$上单调增加.

**2．函数的极值**

观察图 2.6，函数 $y=f(x)$ 在点 $x_0$ 和 $x_2$ 处的函数值比它们附近各点的函数值都大；而点 $x_1$ 和 $x_3$ 处的函数值比它们附近各点的函数值都小. 对于具有这样性质的点和对应的函数值，给出如下的定义.

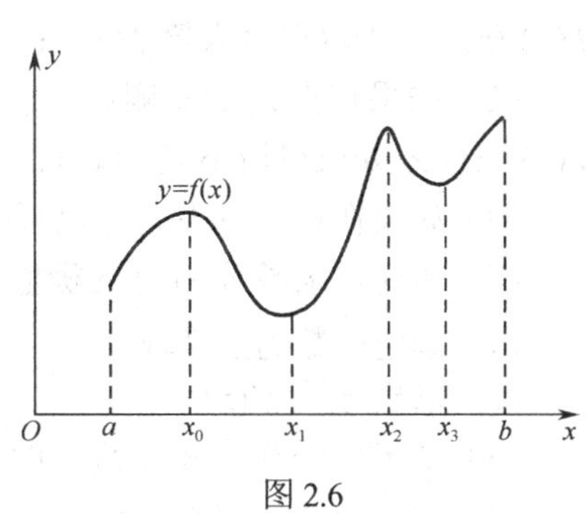


图 2.6

**【定义 1】**　设函数 $y=f(x)$ 在点 $x_0$ 的某个邻域中有定义. 如果对该邻域的任意一点 $x\ (x\neq x_0)$，均有

（1）$f(x)<f(x_0)$，则称 $f(x_0)$ 是函数 $f(x)$ 的一个极大值，点 $x_0$ 称为 $f(x)$ 的一个极大值点；

（2）$f(x)>f(x_0)$，则称 $f(x_0)$ 是函数 $f(x)$ 的一个

极小值，点 $x_0$ 称为 $f(x)$ 的一个极小值点.

显然，图 2.6 中，$f(x_0)$ 和 $f(x_2)$ 是极大值，$x_0$ 和 $x_2$ 是极大值点；$f(x_1)$ 和 $f(x_3)$ 是极小值，$x_1$ 和 $x_3$ 是极小值点.

极大值点与极小值点统称为**极值点**；极大值与极小值统称为**极值**.

**说明：**

（1）极值是函数值，而极值点是自变量的取值，两者不应混淆；

（2）函数的极值概念是局部性的；

（3）函数的极大值不一定比极小值大；

（4）函数的极值点一定出现在定义区间内部，区间端点处不能取得极值.

**函数极值的判定及其求法：**

**【定理 2】（极值的必要条件）** 设函数 $f(x)$ 在点 $x_0$ 处可导，如果点 $x_0$ 是函数 $f(x)$ 的极值点，则点 $x_0$ 必为驻点，即 $f'(x)=0$.

**注意：**（1）可导函数的极值点必是驻点；反之，函数驻点不一定是极值点.

例如，函数 $f(x)=x^3$，$x=0$ 是它的驻点，然而 $f'(x)\geqslant 0$，即函数 $f(x)=x^3$ 在整个定义域$(-\infty,+\infty)$内都是单调增加的，因而，驻点 $x=0$ 并不是极值点，如图 2.7 所示.

（2）有些不可导函数的极值点可以不是驻点. 例如，函数 $f(x)=(x-2)^{\frac{2}{3}}$ 在 $x=2$ 处不可导，但 $x=2$ 却是极小值点，如图 2.8 所示. 即函数的不可导点也可能是函数的极值点.

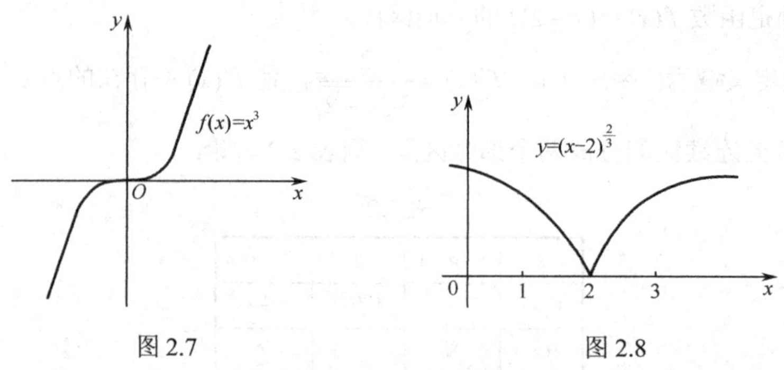


图 2.7　　图 2.8

**【定理 3】（极值存在的第一充分条件）** 设函数 $f(x)$ 在点 $x_0$ 处连续，且在 $x_0$ 的左、右近旁可导，则

（1）如果在点 $x_0$ 的左侧近旁 $f'(x)$ 恒为正，在点 $x_0$ 的右侧近旁 $f'(x)$ 恒为负，那么函数 $f(x)$ 在点 $x_0$ 处取得极大值 $f(x_0)$；

（2）如果在点 $x_0$ 的左侧近旁 $f'(x)$ 恒为负，在点 $x_0$ 的右侧近旁 $f'(x)$ 恒为正，那么函数 $f(x)$ 在点 $x_0$ 处取得极小值 $f(x_0)$；

（3）如果在点 $x_0$ 的左、右侧近旁 $f'(x)$ 不变号，那么点 $x_0$ 不是极值点.

综上所述，**求函数 $f(x)$ 的极值点和极值的步骤如下：**

（1）确定函数的定义域；

（2）求出导数 $f'(x)$；

（3）令 $f'(x)=0$，求出 $f(x)$ 的全部驻点，并求出导数不存在的点；

（4）用驻点和导数不存在的点把定义域划分为部分区间，考察每个部分区间内 $f'(x)$ 的

符号，利用定理 3（极值存在的第一充分条件）确定每一个点是否是极值点，如果是极值点，确定是极大值点还是极小值点；

（5）求出各极值点处的函数值，即得函数 $f(x)$ 的全部极值.

**例 2.19**　求函数 $f(x)=\frac{1}{3}x^3-x^2-3x+3$ 的极值点和极值.

**解**

（1）函数的定义域为$(-\infty,+\infty)$.

（2）$f'(x)=x^2-2x-3=(x+1)(x-3)$.

（3）令 $f'(x)=0$，得驻点 $x_1=-1$，$x_2=3$.

（4）列表 2.3 讨论.

表 2.3

| $x$ | $(-\infty,-1)$ | $-1$ | $(-1,3)$ | 3 | $(3,+\infty)$ |
|---|---|---|---|---|---|
| $f'(x)$ | + | 0 | − | 0 | + |
| $f(x)$ | ↗ | 极大值 | ↘ | 极小值 | ↗ |

（5）由表 2.3 知，函数的极大值点为 $x=-1$；极小值点为 $x=3$；函数的极大值为 $f(-1)=\frac{14}{3}$；极小值为 $f(3)=-6$.

若函数 $f(x)$ 在驻点处的二阶导数存在且不为零时，也可以用下面的定理判定函数在驻点处是否取得极值.

**【定理 4】（极值存在的第二充分条件）**　设函数 $f(x)$ 在 $x_0$ 处存在二阶导数，且 $f'(x_0)=0$，$f''(x_0)\neq 0$，则

（1）当 $f''(x_0)<0$ 时，函数 $f(x)$ 在点 $x_0$ 处取得极大值；

（2）当 $f''(x_0)>0$ 时，函数 $f(x)$ 在点 $x_0$ 处取得极小值.

**例 2.20**　求出函数 $f(x)=x^3+3x^2-24x-20$ 的极值.

**解**　$f'(x)=3x^2+6x-24=3(x+4)(x-2)$. 令 $f'(x)=0$，得驻点 $x_1=-4$，$x_2=2$. 因为 $f''(x)=6x+6$，所以 $f''(-4)=-18<0$，故极大值 $f(-4)=60$；$f''(2)=18>0$，故极小值 $f(2)=-48$.

**例 2.21**　求函数 $f(x)=x^3-6x^2+9x$ 的极值.

**解法一**　因为 $f(x)=x^3-6x^2+9x$ 的定义域为$(-\infty,+\infty)$，且

$$f'(x)=3x^2-12x+9=3(x-1)(x-3).$$

令 $f'(x)=0$，得驻点 $x_1=1$，$x_2=3$，在$(-\infty,1)$内，$f'(x)>0$；在$(1,3)$内，$f'(x)<0$；在$(3,+\infty)$内 $f'(x)>0$.故由定理 3（极值存在的第一充分条件）知，$f(1)=4$ 为函数 $f(x)$ 的极大值，$f(3)=0$ 为函数 $f(x)$ 的极小值.

**解法二**　因为 $f(x)=x^3-6x^2+9x$ 的定义域为$(-\infty,+\infty)$，且

$$f'(x)=3x^2-12x+9,\quad f''(x)=6x-12.$$

令 $f'(x)=0$，得驻点 $x_1=1$，$x_2=3$. 又因为 $f''(1)=-6<0$，$f''(3)=6>0$，故由定理 4（极值存在的第二充分条件）知，$f(1)=4$ 为极大值，$f(3)=0$ 为极小值.

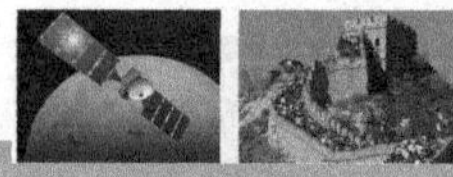

**例 2.22** 求出函数 $f(x)=1-(x-2)^{\frac{2}{3}}$ 的极值.

**解** $f'(x)=-\dfrac{2}{3}(x-2)^{-\frac{1}{3}} \quad (x\neq 2)$.

当 $x<2$ 时，$f'(x)>0$；

当 $x=2$ 时，$f'(x)$ 不存在；

当 $x>2$ 时，$f'(x)<0$.

所以 $f(2)=1$ 为 $f(x)$ 的极大值.

**说明**：判定极值存在的充分条件的两个定理，应用时又有区别. 前者对驻点和导数不存在的点均适用；而后者用起来较方便，但对下列两种情况不适用：

（1）导数不存在的点；

（2）当 $f'(x_0)=0$，且 $f''(x_0)=0$ 时，就得不出结果. 这时，$x_0$ 可能不是极值点，也可能是极值点.

例如，函数 $f(x)=x^3$，当 $x=0$ 时 $f'(0)=0$，且 $f''(0)=0$，但 $x=0$ 不是极值点；又如，$f(x)=x^4$，当 $x=0$ 时 $f'(0)=0$，且 $f''(0)=0$，而 $x=0$ 是极值点.

### 2.3.2 曲线的凹凸性与拐点

我们已经看到，利用一阶导数的正负，可以判断函数的单调区间和极值，从而获得函数变化的大概情况. 但是对于同样上升或者下降的曲线，它们的弯曲方向也是不同的，例如，图 2.9 中，(a) 与 (b) 都是上升的曲线，两者弯曲方向不同，(c) 与 (d) 都是下降的曲线，两者弯曲方向也不同. 本节将利用导数来讲究曲线的弯曲方向及经过哪些点时改变了弯曲方向.

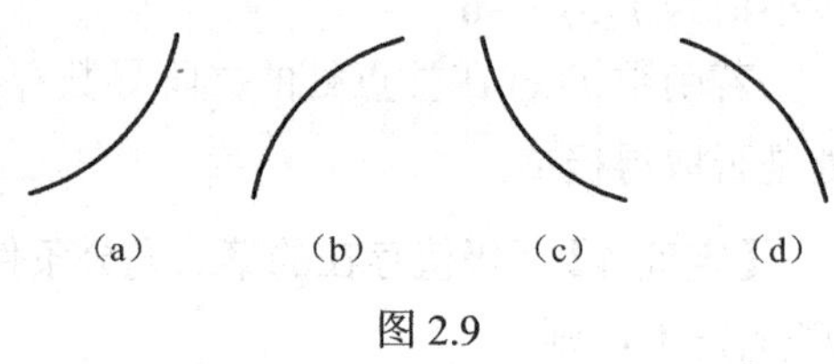

图 2.9

#### 1. 曲线的凹凸性

**【定义 2】** 若在某区间 $(a,b)$ 内曲线段总位于其上任意一点处切线的上方，则称曲线段在 $(a,b)$ 内是**凹的**（也称向上凹的，简称上凹）；若曲线段总位于其上任一点处切线的下方，则称该曲线段在 $(a,b)$ 内是**凸的**（也称向下凹的，简称下凹）.

从图 2.10 可以看出曲线段 $AB$ 是凹的；曲线段 $CD$ 是凸的.

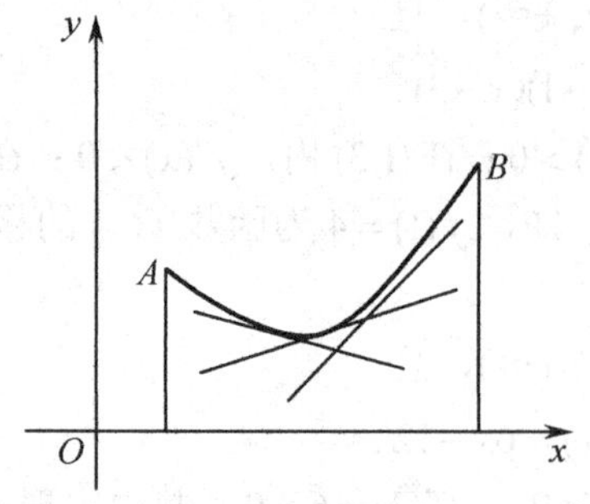

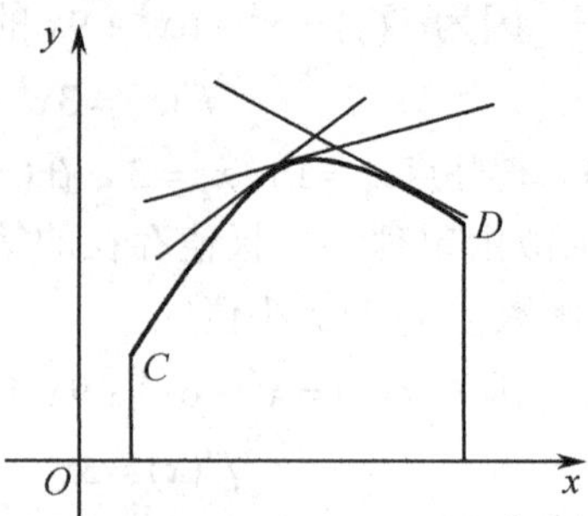

图 2.10

**曲线凹凸性的判定法：**

**【定理 5】** 设函数 $y=f(x)$ 在开区间 $(a,b)$ 内具有二阶导数.

（1）若在 $(a,b)$ 内 $f''(x)>0$，则曲线 $y=f(x)$ 在 $(a,b)$ 内是凹的；

（2）若在 $(a,b)$ 内 $f''(x)<0$，则曲线 $y=f(x)$ 在 $(a,b)$ 内是凸的.

若将上述定理中的区间改为无穷区间，结论仍然成立.

**例 2.23**　判断曲线 $y=x^3$ 的凹凸性.

**解**　此函数定义域是$(-\infty,+\infty)$，如图 2.11 所示，$y'=3x^2$，$y''=6x$.

当$x<0$时，$y''<0$，曲线在$(-\infty,0)$为凸的；

当$x>0$时，$y''>0$，曲线在$(0,+\infty)$为凹的.

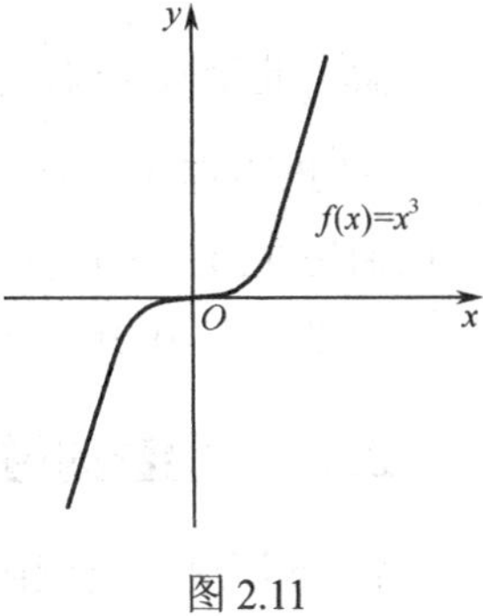


图 2.11

**例 2.24**　判定曲线 $y=\ln x$ 的凹凸性.

**解**　函数 $y=\ln x$ 的定义域为$(0,+\infty)$，$y'=\dfrac{1}{x}$，$y''=\dfrac{1}{-x^2}$，当 $x>0$ 时，$y''<0$，故曲线 $y=\ln x$ 在$(0,+\infty)$内是凸的.

**2. 曲线的拐点及其求法**

**【定义 3】** 连续曲线上凹凸的分界点称为曲线的**拐点**.

**拐点的求法：** 设函数 $f(x)$ 在 $x_0$ 的邻域内二阶可导，且 $f''(x_0)=0$.

（1）若 $x_0$两近旁$f''(x)$变号，则点$(x_0,f(x_0))$即为拐点；

（2）若 $x_0$两近旁$f''(x)$不变号，则点$(x_0,f(x_0))$不是拐点.

**一般地，判断曲线凹凸与拐点的步骤如下：**

（1）求出函数 $f(x)$ 的定义域；

（2）求出函数的二阶导数 $f''(x)$；

（3）以 $f''(x)$ 为零的点和 $f''(x)$ 不存在的点把定义域分成小的区间；确定 $f''(x)$ 在各小区间上的符号，从而判断出函数的凹凸性和拐点.

**例 2.25**　求曲线 $y=3x^4-4x^3+1$ 的拐点及凹凸区间.

**解**

此函数定义域是$(-\infty,+\infty)$.

$$y'=12x^3-12x^2,\qquad y''=36x\left(x-\frac{2}{3}\right).$$

令 $y''=0$，得 $x_1=0, x_2=\dfrac{2}{3}$，列表 2.4.

表 2.4

| $x$ | $(-\infty,0)$ | 0 | $\left(0,\frac{2}{3}\right)$ | $\frac{2}{3}$ | $\left(\frac{2}{3},+\infty\right)$ |
|---|---|---|---|---|---|
| $f''(x)$ | + | 0 | − | 0 | + |
| $f(x)$ | 凹的 | 拐点 $(0,1)$ | 凸的 | 拐点$\left(\frac{2}{3},\frac{11}{27}\right)$ | 凹的 |

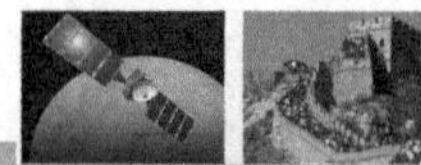

由表 2.4 可看出，此函数的凹区间为$(-\infty, 0)$，$\left(\frac{2}{3},+\infty\right)$，凸区间为$\left(0,\frac{2}{3}\right)$. 拐点为$(0,1)$和$\left(\frac{2}{3},\frac{11}{27}\right)$.

**注意**：若 $f''(x_0)$ 不存在，点 $(x_0,f(x_0))$ 也可能是连续曲线 $y=f(x)$ 的拐点.

**例 2.26** 求曲线 $y=\sqrt[3]{x}$ 的拐点.

**解** 此函数定义域是$(-\infty,+\infty)$.当 $x\neq 0$ 时，$y'=\frac{1}{3}x^{-\frac{2}{3}}$，$y''=-\frac{2}{9}x^{-\frac{5}{3}}$；$x=0$ 是不可导点，$y'$，$y''$ 均不存在，但在$(-\infty,0)$内 $y''>0$，所以曲线在$(-\infty,0)$上是凹的；在$(0,+\infty)$内 $y''<0$，所以曲线在$(0,+\infty)$上是凸的.

所以，点$(0,0)$是曲线 $y=\sqrt[3]{x}$ 的拐点.

### 2.3.3 函数的最值及其应用

#### 1．闭区间上连续函数的最值

由闭区间上连续函数的性质，我们已经知道，对于闭区间$[a,b]$上的连续函数 $f(x)$ 一定存在着最大值和最小值. 显然，函数在闭区间$[a,b]$上的最大值和最小值只能在区间$(a,b)$内的极值点和区间端点处达到.

因此可得，求解**闭区间上连续函数的最值的步骤如下**：

（1）求出 $f(x)$ 的全部驻点和导数不存在的点；

（2）求出驻点、导数不存在的点及区间端点处的各函数值；

（3）比较以上各函数值，其中最大（小）的就是函数的最大（小）值.

**例 2.27** 求函数 $f(x)=2x^3+3x^2-12x$ 在$[-3,4]$上的最大值和最小值.

**解** 因为 $f(x)=2x^3+3x^2-12x$ 在$[-3,4]$上连续，所以在该区间上存在着最大值和最小值. 又因为 $f'(x)=6x^2+6x-12=6(x+2)(x-1)$，令 $f'(x)=0$，得驻点 $x_1=-2$，$x_2=1$.

由于 $f(-2)=20$，$f(1)=-7$，$f(-3)=9$，$f(4)=128$，比较各值可得函数 $f(x)$ 的最大值为 $f(4)=128$，最小值为 $f(1)=-7$.

**注意下面两种特殊情况**：

（1）在闭区间$[a,b]$上单调增加的函数 $f(x)$，在左端点 $a$ 处取得最小值 $f(a)$，在右端点 $b$ 处取得最大值 $f(b)$；而在闭区间$[a,b]$上单调减少的函数 $f(x)$，在左端点 $a$ 处取得最大值 $f(a)$，在右端点 $b$ 处取得最小值 $f(b)$.

（2）如果函数 $f(x)$ 在一个开区间内可导且有唯一极值点 $x_0$，那么当 $f(x_0)$ 是极大值时，$f(x_0)$ 就是 $f(x)$ 在该区间上的最大值；$f(x_0)$ 是极小值时，$f(x_0)$ 就是 $f(x)$ 在该区间上的最小值.

**例 2.28** 求函数 $y=-x^2+4x-3$ 的最大值.

**解** 此函数定义域是$(-\infty,+\infty)$.由 $y'=-2x+4=-2(x-2)$ 得唯一驻点 $x=2$.

由于当 $x<2$ 时，$y'>0$，当 $x>2$ 时，$y'<0$，因此 $x=2$ 是函数的极大值点. 因为函数在$(-\infty,+\infty)$内只有唯一的一个极值点，所以函数的极大值 $y\big|_{x=2}=1$ 就是函数的最大值.

**例 2.29** 函数 $f(x)=ax^3-6ax^2+b$ 在区间[−1, 2]上的最大值为 3，最小值为−29，又知 $a>0$，求 $a,b$ 的值.

**解** $f'(x)=3ax^2-12ax=3ax(x-4)$. 由 $f'(x)=0$，得 $x=0$、$x=4$（舍去，因为 $x\in[-1,2]$），则

$$\begin{cases} f(0)=b \\ f(-1)=-7a+b \\ f(2)=-16a+b \end{cases} \quad (a>0).$$

所以 $b=3$，$a=2$.

**2．最值的应用**

在实际问题中，①建立目标函数；②求最值. 若断定 $f(x)$ 在某区间 $(a,b)$ 内存在最大值（或最小值），而 $f'(x)=0$ 在 $(a,b)$ 区间内只有一个驻点 $x_0$，则这时该点的函数值可断定为函数取得的相应的最大值（或最小值）$f(x_0)$.

**例 2.30** 有一块宽为 $2a$ 的长方形铁皮，将宽的两个边缘向上折起，做成一个开口水槽，其横截面为矩形，高为 $x$，则高 $x$ 取何值时水槽的流量最大（图 2.12 所示为水槽的横截面）？

**解** 设两边各折起 $x$，则横截面面积为

$$S(x)=2x(a-x) \quad (0<x<a).$$


图 2.12

这样，问题归结为：当 $x$ 为何值时，$S(x)$ 取得最大值.

由于 $S'(x)=2a-4x$，所以令 $S'(x)=0$，得 $S(x)$ 的唯一驻点 $x=\dfrac{a}{2}$.

又因为铁皮两边折得过大或过小，其横截面面积都会变小，因此，该实际问题存在着最大横截面面积.

所以，$S(x)$ 的最大值在 $x=\dfrac{a}{2}$ 处取得，即当 $x=\dfrac{a}{2}$ 时，水槽的流量最大.

**例 2.31** 用钢板做一个容积为 $V$ 的有盖圆柱形桶，则桶底半径和桶高等于多少时，所用钢材最省？

**解** 设桶底半径为 $r$，桶高为 $h$，总表面积为 $S$，则面积为

$$S=2\pi r^2+2\pi rh \quad (r>0).$$

由体积公式 $V=\pi r^2 h$，有

$$h=\frac{V}{\pi r^2},$$

所以

$$S=2\pi r^2+\frac{2V}{r} \quad (r>0).$$

这样问题就归结为求 $r$ 为何值时 $S$ 取得最小值. 为此，求 $S$ 对 $r$ 的导数：

$$S'=4\pi r-\frac{2V}{r^2}=\frac{2(2\pi r^3-V)}{r^2}.$$

令 $S'=0$，得唯一驻点 $r=\sqrt[3]{\dfrac{V}{2\pi}}$.

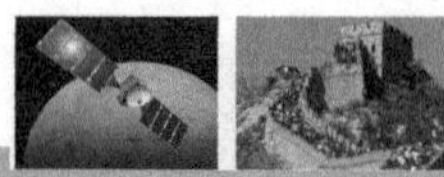

由于驻点唯一，且 $S$ 必有最小值，因此，当 $r=\sqrt[3]{\frac{V}{2\pi}}$，$h=2r$ 时，$S$ 取得最小值，即当桶高等于底面直径时，所用钢材最省.

**例 2.32** 如图 2.13 所示，铁路线上 $AB$ 的距离为 100 km，工厂 $C$ 距 $A$ 处为 20 km，$AC$ 垂直于 $AB$，要在 $AB$ 线上选定一点 $D$ 向工厂修筑一条公路，已知铁路与公路每 km 货运费之比为 3∶5，则 $D$ 选在何处，才能使从 $B$ 到 $C$ 的运费最少？

**解** 设 $AD=x$ km，则

$$DB=100-x,\quad CD=\sqrt{20^2+x^2}.$$

由于铁路每千米货物运费与公路每千米货物运费之比为 3∶5，因此，不妨设铁路上每千米运费为 $3k$，则公路上每千米运费为 $5k$，并设从 $B$ 到 $C$ 点需要的总运费为 $y$，则

$$y=5k\sqrt{20^2+x^2}+3k(100-x)\quad(0\leqslant x\leqslant 100).$$

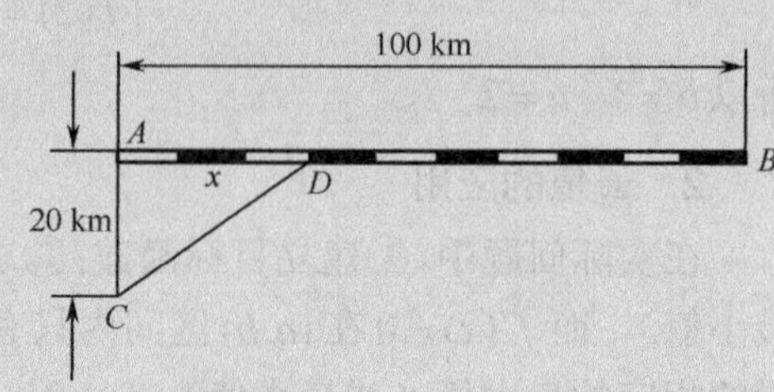

图 2.13

由此可见，$x$ 过大或过小，总运费 $y$ 均不会变小，故有一个合适的 $x$ 使总运费 $y$ 达到最小值. 又因为

$$y'=k\left(\frac{5x}{\sqrt{400+x^2}}-3\right),$$

令 $y'=0$，即 $\frac{5x}{\sqrt{400+x^2}}-3=0$，得 $x=15$ 为函数 $y$ 在其定义域内的唯一驻点，故知 $y$ 在 $x=15$ 处取得最小值，即 $D$ 点应选在距 $A$ 为 15 km 处，运费最少.

## 任务解答 2.3

根据任务 2.3，确定使费用最小的架线方案.

在 $BC$ 线上选定一点 $D$，如图 2.14 所示，设 $CD=x$ km，则 $AD=\sqrt{100^2+x^2}$.再设陆地架线成本与水下架线成本分别为 $k$ 与 $3k$，则总费用可以表示为

$$y=3k\sqrt{100^2+x^2}+k(500-x)\quad(0\leqslant x\leqslant 500).$$

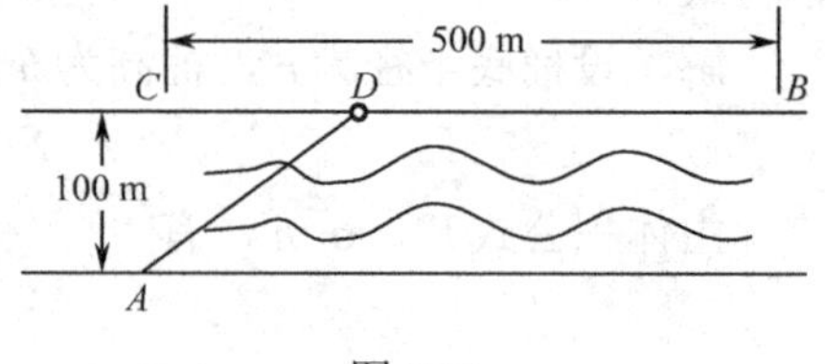

图 2.14

此问题就转化为求 $x$ 为何值时，费用函数 $y$ 能取得最小值. $y$ 关于 $x$ 的一阶导数为

$$y'=k\left(\frac{3x}{\sqrt{10000+x^2}}-1\right).$$

令 $y'=0$ 得 $x=25\sqrt{2}$.

因为 $x=25\sqrt{2}$ 是定义域内的唯一极小值点，从而即为最小值点，故 $CD=25\sqrt{2}$ km 时费用最小.

**思考问题** 一块面积为 216 $m^2$ 的矩形豌豆地用篱笆围起来并且用平行于其一边的另一条篱笆把豌豆地分割成两个相等的部分，则使篱笆总长最小的外矩形的尺寸是多少？要用多少篱笆？

## 基础训练 2.3

1．求下列函数的单调区间.

（1） $y=x^4-2x^2-5$；　　（2） $y=x^3-3x^2+3x-4$；

（3） $y=2x+\dfrac{8}{x}(x>0)$；　　（4） $y=x-\ln(1+x)$ .

2．求下列函数的极值.

（1） $y=x^3-3x^2-9x+9$；　　（2） $y=2x^2-\ln x$ .

3．设函数 $f(x)=x^3+3ax^2+3bx$ 在 $x=1$ 时函数取得极大值，在 $x=2$ 时函数取得极小值，求 $f(x)$ .

4．求下列曲线的凹凸区间与拐点.

（1） $y=x^3-3x^2-9x+9$；　　（2） $y=xe^{-x}$ .

5．已知曲线 $y=x^3+ax^2-9x+4$ 在 $x=1$ 处有拐点，试求系数 $a$，并求出曲线的凹凸区间与拐点.

6．求下列函数在指定区间上的最大值与最小值.

（1） $f(x)=x^4-8x^2+2$，　$x\in[-1,3]$；

（2） $f(x)=1-(x-2)^{\frac{2}{3}}$，　$x\in[0,3]$；

（3） $f(x)=\sqrt{x}\ln x$，　$x\in\left[\dfrac{1}{4},1\right]$；

（4） $f(x)=2x^2-\ln x$，　$x\in\left[\dfrac{1}{3},3\right]$.

7．从长为 12 cm，宽为 8 cm 的矩形纸板的四个角上剪去相同的小正方形，折成一个无盖的盒子，要使盒子的容积最大，剪去的小正方形的边长应为多少？

8．欲以一堵旧墙为边围成一面积 8 m$^2$ 的长方形空地，则它的长和宽应分别为多少时，才能使所用材料的总长度最小？最小长度是多少？

9．欲做一个容积为 300 m$^3$ 的无盖圆柱形蓄水池，已知池底单位造价为周围单位造价的 2 倍，则蓄水池的尺寸应怎样设计才能使总造价最低？

10．甲、乙两村合用一变压器，其位置如图 2.15 所示，则变压器设在输电干线何处时，所需电线最短？

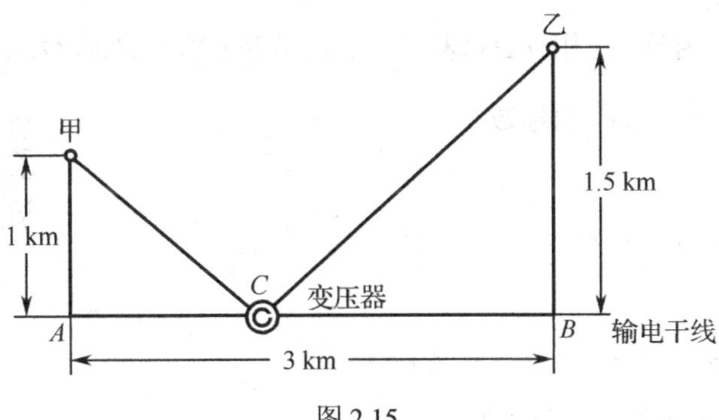


图 2.15

# 数学实验 2 MATLAB 导数的计算与应用

## 1．求导数常用命令

MATLAB 求导数命令 **diff** 调用格式：

diff(f)：求 $f$ 的一阶导数（默认变量）；

diff(f,'t')：以 $t$ 为自变量，求 $f$ 的一阶导数；

diff(f,n)：求 $f$ 的 $n$ 阶导数，$n$ 为正整数（默认变量）；

diff(f,'t',n)：以 $t$ 为自变量，求 $f$ 的 $n$ 阶导数，$n$ 为正整数；

## 2．导数计算举例

1）$y=f(x)$ 的一阶导数

**例 2.33** 求 $y=\dfrac{\sin x}{x}$ 的导数.

扫一扫下载 MATLAB 源程序

**解** 打开 MATLAB 指令窗，输入命令：

```
>> dy_dx=diff(sin(x)/x)
```

运行结果：

```
dy_dx=cos(x)/x-sin(x)/x^2
```

即导数为 $y'=\dfrac{x\cos x-\sin x}{x^2}$.

MATLAB 的函数名允许使用字母、空格、下画线及数字，不允许使用其他字符，在这里用 dy_dx 表示 $y'_x$.

**例 2.34** 求 $y=\ln(\sin x)$ 的导数.

扫一扫下载 MATLAB 源程序

**解** 输入命令：

```
>> dy_dx=diff(log(sin(x)))
```

运行结果：

```
dy_dx=cos(x)/sin(x)
```

即导数为 $y'=\dfrac{\cos x}{\sin x}$.

在 MATLAB 中，函数 $\ln x$ 用 log(x)表示，而函数 $\lg x$ 用 log10(x)表示.

**例 2.35** 求 $y=(x^2+2x)^{20}$ 的导数.

扫一扫下载 MATLAB 源程序

**解** 输入命令：

```
>> dy_dx=diff((x^2+2*x)^20)
```

运行结果：

```
dy_dx=20*(x^2+2*x)^19*(2*x+2)
```

即导数为 $y'=20(x^2+2x)^{19}\cdot(2x+2)$.

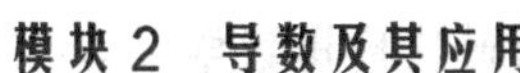



**例 2.36** 求 $y=x^x$ 的导数.

扫一扫下载 MATLAB 源程序

**解** 输入命令：

```
>> dy_dx=diff(x^x)
```

运行结果：

```
dy_dx = x*x^(x - 1) + x^x*log(x)
```

即导数为 $y'=x\cdot x^{x-1}+x^x\ln x$.

利用 MATLAB 命令 diff 一次可以求出若干个函数的导数.

**例 2.37** 求下列函数的导数.

$y_1=\sqrt{x^2-2x+5}$， $y_2=\cos x^2+2\cos 2x$， $y_3=4^{\sin x}$， $y_4=\ln\ln x$.

**解** 输入命令：

```
>> a=diff([sqrt(x^2- 2*x+5), cos(x^2)+2*cos(2*x), 4^(sin(x)), . . .
log(log(x))])
```

运行结果：

扫一扫下载 MATLAB 源程序

```
a =[ (2*x - 2)/(2*(x^2 - 2*x + 5)^(1/2)), - 4*sin(2*x) - 2*x*sin(x^2),
     4^sin(x)*log(4)*cos(x), 1/(x*log(x))]
>> dy1_dx=a(1) ↵
dy1_dx=1/2/(x^2-2*x+5)^(1/2)*(2*x-2)
>> dy2_dx=a(2) ↵
dy2_dx=-2*sin(x^2)*x-4*sin(2*x)
>> dy3_dx=a(3) ↵
dy3_dx=4^sin(x)*cos(x)*log(4)
>> dy4_dx=a(4) ↵
dy4_dx=1/x/log(x)
```

即结果为 $y_1'=\dfrac{2x-2}{2\sqrt{x^2-2x+5}}=\dfrac{x-1}{\sqrt{x^2-2x+5}}$， $y_2'=-2x\sin x^2-4\sin 2x$， $y_3'=4^{\sin x}\cos x\ln 4$，

$y_4'=\dfrac{1}{x\ln x}$.

由本例可以看出，MATLAB 函数是对矩阵或向量进行操作的，$a(i)$表示向量 $\boldsymbol{a}$ 的第 $i$ 个分量.

2）求高阶导数

**例 2.38** 设 $f(x)=x^2\mathrm{e}^{2x}$，求 $f^{(20)}(x)$.

扫一扫下载 MATLAB 源程序

**解** 输入命令：

```
>> diff(x^2*exp(2*x), x, 20)
```

运行结果：

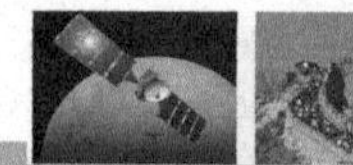

```
ans = 99614720*exp(2*x)+20971520*x*exp(2*x)+1048576*x^2*exp(2*x)
```

即结果为 $f^{(20)}(x)=99\,614\,720\mathrm{e}^{2x}+20\,971\,520x\mathrm{e}^{2x}+1\,048\,576x^2\mathrm{e}^{2x}$ .

### 实验训练 2

1. 用 MATLAB 软件求下列函数的导数.

（1） $y=(\sqrt{x}+1)\left(\dfrac{1}{\sqrt{x}}-1\right)$；　　（2） $y=x\sin x\ln x$；

（3） $y=2\sin^2\dfrac{1}{x^2}$；　　（4） $y=\ln(x+\sqrt{x^2+a^2})$ .

2. 设 $y=\mathrm{e}^x\cos x$，用 MATLAB 软件求 $y^{(4)}$ .

3. 用 MATLAB 软件验证 $y=\mathrm{e}^x\sin x$ 满足关系式 $y''-2y'+2y=0$ .

## 综合训练 2

扫一扫看综合训练 2 参考答案

### 一、填空题

1. 曲线 $y=x^2$ 在点(2, 4)处的切线方程为________.

2. 一块金属的温度 20℃，今将其加热，已知在时刻 $t(s)$ 时温度为 $T=20\mathrm{e}^{0.2t}$（℃）那么这块金属的温度变化率为________；

3. 设函数 $f(x)=x(x-1)(x-2)(x-3)$，则 $f'(2)=$________.

4. 已知函数 $y=\dfrac{\sin x}{\mathrm{e}^x}$，则 $y'=$________，$y'|_{x=0}=$________.

5. 函数 $f(x)=x^2-2x$ 的极小值为________.

6. 函数 $f(x)=x(x-3)^2$ 的极大值点为________.

7. 设点 (1,3) 为曲线 $y=ax^3+bx^2$ 的拐点，则 $a=$________，$b=$________.

### 二、选择题

1. 下列命题中正确的是（　　）.

A. 驻点一定是极值点　　B. 驻点不是极值点

C. 驻点不一定是极值点　　D. 驻点是函数的零点

2. 若函数在区间$(a, b)$内恒有 $f'(x)<0$，$f''(x)>0$，则函数在此区间内是（　　）.

A. 递减，凹的　　B. 递减，凸的

C. 递增，凹的　　D. 递增，凸的

3. 如果 $f'(x_0)=f''(x_0)=0$，则 $f(x)$ 在 $x=x_0$ 处（　　）.

A. 一定有极大值　　B. 一定有极小值

C. 不一定有极值　　D. 一定没有极值

4. 曲线 $y=(x+1)^3-1$ 的拐点是（　　）.

A. (2,0)　　B. (−1, −1)

C. (0, −2)　　D. 不存在

三、解答题

1．给定抛物线 $y=x^2-x+2$，求过点 $(1,2)$ 的切线与法线方程.

2．已知函数 $y=\cos x^2+\mathrm{e}^{2x}$，求一阶导数 $y'$.

3．由下列方程 $\mathrm{e}^x-xy^2+\sin(x+y)=0$ 确定 $y$ 为 $x$ 的函数，求 $\dfrac{\mathrm{d}y}{\mathrm{d}x}$.

4．已知函数 $f(x)=a\sin x+\dfrac{1}{3}\sin 3x$ 在点 $x=\dfrac{\pi}{3}$ 处取得极值，求 $a$ 的值.

5．已知函数 $f(x)=ax^2+2x+c$ 在点 $x=1$ 处取得极大值 2，求 $a,c$ 的值.

6．设曲线 $y=x^3+3ax^2+3bx+c$ 在 $x=-1$ 处取得极值，点 $(0,3)$ 为拐点，求 $a,b,c$ 的值.

7．已知函数 $f(x)=\dfrac{3}{4}x^{\frac{4}{3}}+x$，求函数的驻点与单调区间，并求函数在 $[-8,0]$ 上的最大值与最小值.

8．求函数 $f(x)=x^3-3x^2+3x-4$ 在区间 $[-1,4]$ 上的最大值与最小值.

9．欲做一个底为边长为 $a$ m 的正方形，容积为 108 $\mathrm{m}^3$ 的长方形开口容器，怎样做选用材料最省？

10．某房地产公司有 50 套公寓要出租，当租金定为每月 180 元时，公寓会全部租出去；当租金每月增加 10 元时，就有一套公寓租不出去，而租出去的房子每月需花费 20 元的整修维护费. 则房租定为多少可获得最大收入？

# 模块3

# 一元函数微积分

微积分（calculus）是研究函数的微分、积分及有关概念和应用的数学分支. 微积分学是微分学和积分学的总称. 它是一种数学思想，“无限细分”就是微分，使得函数、速度、加速度和曲线的斜率等均可用一套通用的符号进行讨论；“无限求和”就是积分，为定义和计算面积、体积等提供一套通用的方法. 例如，子弹飞出枪膛的瞬间速度就是微分的概念，子弹每个瞬间所飞行的路程之和就是积分的概念. 本模块将通过铜球镀膜计算、求产品总收入、求碗形曲面的“积”问题三个学习任务介绍微分的概念与近似计算、不定积分的概念与计算、定积分的概念、计算与应用.

## 3.1 函数的微分

扫一扫看函数的微分教学课件

扫一扫下载学习任务书3.1

### 学习任务3.1 铜球镀膜计算

有一批半径为1 cm的球，为了提高球表面的光洁度，要镀上一层厚度为0.01 cm的铜. 已知铜的密度为8.9 g/cm$^3$，试估计一下每个球需用多少克铜（精确到0.01）.

在实际问题中，往往需要研究自变量有一个微小改变量时函数改变量的大小，并且对于一个较复杂的函数，要精确计算是非常困难的，因而计算函数改变量的近似值就显得特别重要，并且在实际应用中往往只需要了解近似值，这就可以用微分的思想来解决.

### 3.1.1 微分的概念

#### 1. 函数的微分

对于函数 $y=f(x)$，当自变量 $x$ 在点 $x_0$ 有改变量 $\Delta x$ 时，因变量 $y$ 的改变量是

$$\Delta y=f(x_0+\Delta x)-f(x_0).$$

在实际应用中，有些问题要计算当$|\Delta x|$很微小时 $\Delta y$ 的值. 一般而言，当函数 $y=f(x)$ 较复杂时，$\Delta y$ 也是 $\Delta x$ 的一个较复杂的函数，计算 $\Delta y$ 往往较困难. 这里将要给出一个近似计算 $\Delta y$ 的方法，并要达到两个要求：一是计算简便；二是近似程度好，即精度高.

先看一个具体问题.

一块正方形金属薄片（图 3.1），当受冷热影响时，其边长由 $x_0$ 变到 $x_0+\Delta x$，问此薄片的面积改变了多少？

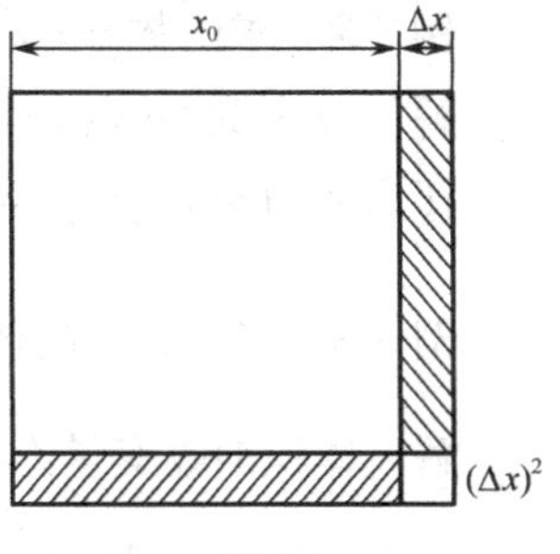

图 3.1

设正方形的面积为 $A$，面积增加量为 $\Delta A$，则 $A=x^2$，在 $x_0$ 处

$$\Delta A=(x_0+\Delta x)^2-{x_0}^2=2x_0\cdot\Delta x+(\Delta x)^2 .$$

**说明：**

（1）$2x_0\cdot\Delta x$ 是 $\Delta x$ 的线性函数，且为 $\Delta A$ 的主要部分；

（2）$(\Delta x)^2$ 是 $\Delta x$ 的高阶无穷小，当 $|\Delta x|$ 很小时可忽略.

由此可见，当边长 $x_0$ 有一个微小的改变量 $\Delta x$ 时，所引起的正方形面积的改变量 $\Delta A$ 可以近似地用第一部分—— $\Delta x$ 的线性函数 $2x_0\cdot\Delta x$ 来代替，这时所产生的误差比 $\Delta x$ 更微小.

在上述问题中，注意到对函数 $A=x^2$，有 $\dfrac{\mathrm{d}A}{\mathrm{d}x}=\dfrac{\mathrm{d}(x^2)}{\mathrm{d}x}=2x$，$\left.\dfrac{\mathrm{d}A}{\mathrm{d}x}\right|_{x=x_0}=2x_0$，这表明，用来近似代替面积改变量 $\Delta A$ 的 $2x_0\cdot\Delta x$，实际上是函数 $A=x^2$ 在点 $x_0$ 的导数 $2x_0$ 与自变量 $x$ 在点 $x_0$ 的改变量 $\Delta x$ 的乘积.

**例 3.1**　设函数 $y=x^3$ 在点 $x_0$ 处的改变量为 $\Delta x$ 时，求函数的改变量 $\Delta y$.

**解**　$\Delta y=(x_0+\Delta x)^3-x_0^3=3x_0^2\cdot\Delta x+3x_0\cdot(\Delta x)^2+(\Delta x)^3$.

当 $|\Delta x|$ 很小时，$3x_0\cdot(\Delta x)^2+(\Delta x)^3$ 是 $\Delta x$ 的高阶无穷小，所以 $\Delta y\approx 3x_0^2\cdot\Delta x$.

同样地，用来近似代替改变量 $\Delta A$ 的 $3x_0^2\cdot\Delta x$，实际上是函数 $y=x^3$ 在点 $x_0$ 的导数 $3x_0^2$ 与自变量 $x$ 在点 $x_0$ 的改变量 $\Delta x$ 的乘积.

这种近似代替具有一般性. 一般地，设函数 $y=f(x)$ 在点 $x_0$ 可导，即在点 $x_0$ 处极限 $\lim\limits_{\Delta x\to 0}\dfrac{\Delta y}{\Delta x}=f'(x_0)$ 存在，则当 $f'(x_0)\neq 0$，$|\Delta x|$ 很小时，$\Delta y\approx f'(x_0)\cdot\Delta x$.

**【定义 1】**　如果函数 $y=f(x)$ 在点 $x$ 处具有导数 $f'(x)$，则 $f'(x)\,\Delta x$ 称为函数 $y=f(x)$ 在点 $x$ 处的**微分**，记作 $\mathrm{d}y$，即 $\mathrm{d}y=f'(x)\,\Delta x$.

对于函数 $y=x$，$\mathrm{d}y=\mathrm{d}x=1\cdot\Delta x$，即 $\Delta x=\mathrm{d}x$，于是 $y=f(x)$ 的微分一般记作

$$\mathrm{d}y=f'(x)\cdot\mathrm{d}x .$$

**说明：**函数的微分等于函数的导数与自变量微分的乘积.

上式中的 $\mathrm{d}x$ 和 $\mathrm{d}y$ 都有确定的意义：$\mathrm{d}x$ 是自变量 $x$ 的微分，$\mathrm{d}y$ 是因变量 $y$ 的微分. 这样，上式可改写成

$$f'(x)=\frac{\mathrm{d}y}{\mathrm{d}x} .$$

即函数的导数等于函数的微分与自变量的微分之商，因此，导数也称为“微商”.

若函数 $y=f(x)$ 在区间 $I$ 上每一点都可微，则称 $f(x)$ 为在区间 $I$ 上的可微函数. 若 $x_0\in I$，则函数 $y=f(x)$ 在点 $x_0$ 处的微分记作 $\mathrm{d}y|_{x=x_0}$，即 $\mathrm{d}y|_{x=x_0}=f'(x_0)\cdot\mathrm{d}x$.

**说明：**微分与导数虽然有着密切的联系，但它们是有区别的. 导数是函数在一点处的变化率，而微分是函数在一点处由变量增量所引起的函数变化量的主要部分. 导数的值只与 $x$ 有关，而微分的值与 $x$ 和 $\Delta x$ 都有关.

**例 3.2** 求函数 $y=x^2$ 在 $x=1$、$\Delta x=0.1$ 时的改变量及微分.

**解** 改变量 $\Delta y=(x+\Delta x)^2-x^2=1.1^2-1^2=0.21$.

在点 $x=1$ 处，$y'\big|_{x=1}=2x\big|_{x=1}=2$，微分 $dy=y'\Delta x=2\times0.1=0.2$.

**例 3.3** 半径为 $r$ 的球，其体积为 $V=\frac{4}{3}\pi r^3$，当半径增大 $\Delta r$ 时，求体积的改变量及微分.

**解** 体积的改变量为

$$\Delta V=\frac{4}{3}\pi(r+\Delta r)^3-\frac{4}{3}\pi r^3=4\pi r^2\Delta r+4\pi r(\Delta r)^2+\frac{4}{3}\pi(\Delta r)^3.$$

显然，有

$$\Delta V\approx4\pi r^2\Delta r,$$

故体积微分为

$$dV=4\pi r^2\Delta r.$$

**2．微分的几何意义**

如图 3.2 所示，$M_0T$ 是过曲线 $y=f(x)$ 上点 $M_0(x_0,y_0)$ 处的切线. 当曲线上的点横坐标由 $x_0$ 改变到 $x_0+\Delta x$ 时，曲线上相应点的纵坐标的改变量为

$$NM=f(x_0+\Delta x)-f(x_0)=\Delta y.$$

而切线在相应点纵坐标的改变量（由三角形 $M_0NT$）为

$$NT=\tan\alpha\cdot\Delta x=f'(x_0)\cdot\Delta x=dy.$$

因此，函数 $y=f(x)$ 在点 $x_0$ 的微分 dy 的几何意义是：曲线 $y=f(x)$ 在点 $M_0(x_0,y_0)$ 处的切线上点的纵坐标的改变量.

当 $\Delta x\to0$ 时，增量也趋近于 0，且趋近于 0 的速度比 $\Delta x$ 要快.

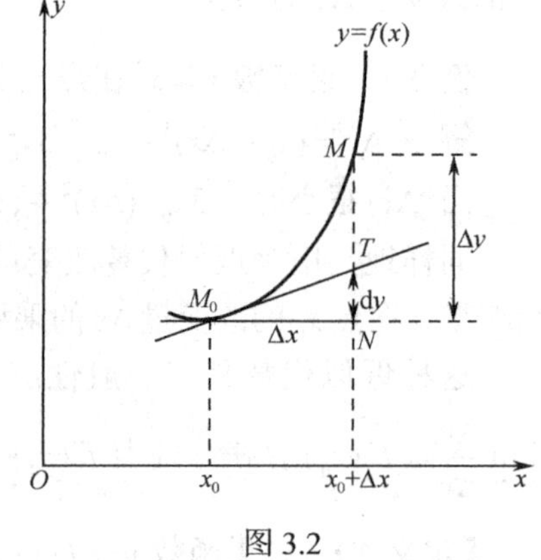


图 3.2

**3．微分的计算**

由微分的定义可知，要求函数的微分，只需求出函数的导数，即如果函数 $y=f(x)$ 的导数 $f'(x)$ 已经算出，那么只要乘以因子 dx（即 $f'(x)dx$），便是函数的微分.

（1）**函数的微分运算公式**：$dy=f'(x)\cdot dx$.

例如，$y=\sin x$，因为 $y'=\cos x$，所以 $dy=f'(x)\cdot dx=\cos x\cdot dx$.

（2）**微分形式的不变性**：当 $y=f(u)$ 时（$u$ 是自变量），$dy=f'(u)du$；而当 $y=f(u)$，$u=\phi(x)$ 时（$u$ 是中间变量），$dy=f'(u)\cdot\phi'(x)dx=f'(u)\cdot du$. 这一性质称为**微分形式的不变性**.

例如：（1）$y=\sin u$（$u$ 是自变量），则 $dy=\cos u\cdot du$.

（2）$y=\sin2x$（$u=2x$，$u$ 为中间变量），则

$$dy=f'(x)\cdot dx=2\cos2xdx=\cos2xd(2x)=\cos u\cdot du.$$

**例 3.4** 求下列函数的微分.

（1）$y=x^3-2x^2+\sin x$；　　（2）$y=\ln\cos x$.

**解** （1）因为 $y'=3x^2-4x+\cos x$，所以 $dy=(3x^2-4x+\cos x)dx$.

（2）因为 $y'=\frac{1}{\cos x}\cdot(-\sin x)=-\frac{\sin x}{\cos x}=-\tan x$，所以 $\mathrm{d}y=-\tan x\mathrm{d}x$.

**例 3.5** 在下列等式的括号中填入适当的函数，使等式成立.

（1）$\mathrm{d}(\quad)=x\mathrm{d}x$；（2）$\mathrm{d}(\quad)=\sin\omega x\mathrm{d}x$；（3）$\mathrm{d}(\quad)=\mathrm{e}^{2x}\mathrm{d}x$.

**解** （1）因为 $\left(\frac{x^2}{2}+C\right)'=x$，所以 $\mathrm{d}\left(\frac{x^2}{2}+C\right)=x\mathrm{d}x$.（$C$ 为任意常数）

（2）因为 $\left(-\frac{1}{\omega}\cos\omega x+C\right)'=\sin\omega x$，所以 $\mathrm{d}\left(-\frac{1}{\omega}\cos\omega x+C\right)=\sin\omega x\mathrm{d}x$.

（3）因为 $\left(\frac{1}{2}\mathrm{e}^{2x}+C\right)'=\mathrm{e}^{2x}$，所以 $\mathrm{d}\left(\frac{1}{2}\mathrm{e}^{2x}+C\right)=\mathrm{e}^{2x}\mathrm{d}x$.

### 3.1.2 微分在近似计算中的应用

前面已经讲过，对函数 $y=f(x)$，在点 $x_0$ 处，当 $|\Delta x|$ 很小时，可以用微分 $\mathrm{d}y$ 近似代替改变量 $\Delta y$. 由于 $\Delta y\approx \mathrm{d}y$，所以，我们可得到下列近似公式.

**（1）求函数增量近似值的公式：** $\Delta y\approx f'(x_0)\Delta x$；

**（2）求函数近似值的公式：** $f(x_0+\Delta x)\approx f(x_0)+f'(x_0)\cdot\Delta x$；

**（3）特别地，** 当 $x_0=0$，$|x|$ 很小时，有 $f(x)\approx f(0)+f'(0)\cdot x\quad(\Delta x=x-x_0)$；

**（4）当 $|x|$ 很小时，常用的近似公式有：**

$(1+x)^\alpha\approx 1+\alpha x$（$\alpha$ 为任意实数）；

$\sin x\approx x$;（$x$ 的单位为弧度）；　　$\tan x\approx x$（$x$ 的单位为弧度）；

$\mathrm{e}^x\approx 1+x$；　　$\ln(1+x)\approx x$.

**例 3.6** 半径为 10 cm 的金属圆片加热后，半径增加了 0.05 cm，则金属片的面积约增大了多少？

**解** 设金属片的面积为 $A$，金属片的半径为 $r$. 则 $A=\pi r^2$. 当 $r=10$，$\Delta r=0.05$ 时，有

$$\Delta A\approx A'\Delta r\big|_{r=10,\Delta r=0.05}=2\pi\cdot r\cdot\Delta r\big|_{r=10,\Delta r=0.05}=2\pi\times10\times0.05\approx3.14.$$

**例 3.7** 求下列各式的近似值.

（1）$\sin44^\circ$；　　（2）$\sqrt{80}$.

**解** （1）设 $f(x)=\sin x$，则 $f'(x)=\cos x$. 由

$$f(x_0+\Delta x)\approx f(x_0)+f'(x_0)\cdot\Delta x,$$

得

$$\sin(x+\Delta x)\approx\sin x+\cos x\cdot\Delta x.$$

令 $x=45^\circ=\frac{\pi}{4}$，$\Delta x=-1^\circ=-\frac{\pi}{180}$，则

$$\sin44^\circ\approx\sin45^\circ+\cos45^\circ\cdot\left(-\frac{\pi}{180}\right)=\frac{\sqrt2}{2}-\frac{\sqrt2}{2}\cdot\frac{\pi}{180}\approx0.695.$$

（2）直接用公式 $(1+x)^\alpha\approx1+\alpha x$ 进行计算，得

$$\sqrt{80}=\sqrt{81-1}=\sqrt{81\left(1-\frac{1}{81}\right)}=9\sqrt{1+\left(-\frac{1}{81}\right)}$$

$$=9\times\left[1+\left(-\frac{1}{81}\right)\right]^{\frac{1}{2}}\approx 9\times\left(1-\frac{1}{2}\times\frac{1}{81}\right)\approx 8.944.$$

## 任务解答 3.1

根据任务 3.1 估计每个球镀膜需用多少克的铜. 先求出镀层的体积，再求相应的质量.

因为镀层的体积等于两个球体体积之差，所以它就是当半径 $r$ 从 $r_0$ 增加到 $r_0+\Delta r$ 时，球体体积 $V=\frac{4}{3}\pi r^3$ 的增量.

因为 $V'|_{r=r_0}=4\pi r^2|_{r=r_0}=4\pi r_0{}^2$，所以

$$\Delta V\approx 4\pi r_0^2\cdot\Delta r.$$

将 $r_0=1$，$\Delta r=0.01$ 带入上式，得

$$\Delta V\approx 4\times 3.14\times 1^2\times 0.01\approx 0.13\ (\text{cm}^3).$$

于是镀每个球需用的铜约为 $0.13\times 8.9\approx 1.16$（g）.

思考问题　设钟摆的周期是 1 s，在冬季摆长至多缩短 0.01 cm，则此钟每天至多快几秒？

## 基础训练 3.1

1．一个正方形的边长为 8 cm，如果每边长增加：（1）1 cm；（2）0.1 cm. 则面积分别增加了多少？分别求出面积（即函数）的微分.

2．求下列函数的微分.

（1）$y=4\sin 3x$；　（2）$y=4\sin^2 3x$；　（3）$y=\mathrm{e}^{\sin x}$；

（4）$y=\cos\sqrt{x}$；　（5）$y=\sin x+\cos x$；　（6）$y=\frac{x}{\sqrt{x^2+1}}$.

3．选取适当函数填入括号内，使下列等式成立.

（1）$a\mathrm{d}x=\mathrm{d}(\quad)$；　（2）$\mathrm{e}^x\mathrm{d}x=\mathrm{d}(\quad)$；

（3）$\sin x\mathrm{d}x=\mathrm{d}(\quad)$；　（4）$\frac{1}{x^2}\mathrm{d}x=\mathrm{d}(\quad)$；

（5）$\frac{1}{\sqrt{x}}\mathrm{d}x=\mathrm{d}(\quad)$；　（6）$\frac{1}{x}\mathrm{d}x=\mathrm{d}(\quad)$；

（7）$\frac{1}{\sqrt{1-x^2}}\mathrm{d}x=\mathrm{d}(\quad)$；　（8）$\sec^2 x\mathrm{d}x=\mathrm{d}(\quad)$.

4．计算 $\sqrt{1.05}$ 的近似值.

5．一平面圆形环，其内半径为 10 m，环宽为 0.2 m，求此圆环面积的精确值与近似值.

## 3.2　不定积分

### 学习任务 3.2　求产品总收入

设某厂生产某种商品的边际收入为 $R'(Q)=300-3Q$，其中 $Q$ 为该商品的产量，如果该产品可在市场上全部售出，求总收入函数.

在经济学中，通常用“边际”这个概念来描述一个变量 $y$ 关于另一个变量 $x$ 的变化情况. 边际收入是指增加或者减少一个单位的销售量所引起的销售收入总额的变动数. 显然，边际收入是收入函数的瞬时变化率，也就是导数. 设收入函数 $R=R(Q)$，则 $R'(Q)$ 就是边际收入. 本任务已知 $R'(Q)$ 求 $R(Q)$，就是不定积分所研究的问题.

### 3.2.1　不定积分的概念

#### 1. 原函数与不定积分的概念

在许多实际问题中，需要我们解决微分法的逆运算，即已知某函数的导数或微分求原来的函数.

例如，$\mathrm{d}(\quad)=\cos x\mathrm{d}x$ 就是已知函数的微分求原来函数的问题.

一般地，如果已知 $F'(x)=f(x)$，如何求 $F(x)$？为此引入下述定义.

**【定义 1】** 设函数 $f(x)$ 是定义在某区间上的已知函数，如果存在一个函数 $F(x)$，使得对于该区间上的每一个值都满足

$$F'(x)=f(x)\quad 或\quad \mathrm{d}F(x)=f(x)\mathrm{d}x,$$

则称函数 $F(x)$ 是已知函数 $f(x)$ 在该区间上的一个**原函数**.

例如，对任意 $x\in\mathbf{R}$，$(\sin x)'=\cos x$，因此 $\sin x$ 是 $\cos x$ 在 $\mathbf{R}$ 内的一个原函数.

另外，由于 $(\sin x+C)'=\cos x$（$C$ 为任意常数），所以 $\sin x+C$ 也是 $\cos x$ 的原函数；$C$ 每取定一个实数，就得到 $\cos x$ 的一个原函数，从而 $\cos x$ 有无穷多个原函数. 由此可见，若函数 $f(x)$ 存在原函数，则它的原函数就不是唯一的. 因此，原函数有如下特性：

若函数 $F(x)$ 是函数 $f(x)$ 的一个原函数，则

（1）对任意的常数 $C$，函数族 $F(x)+C$ 也是函数 $f(x)$ 的原函数；

（2）函数 $f(x)$ 的任意两个原函数之间仅相差一个常数.

上述事实表明，若一个函数有原函数存在，则它必有无穷多个原函数；若函数 $F(x)$ 是其中的一个，则这无穷多个原函数都可写成 $F(x)+C$ 的形式. 由此，若要把已知函数的所有原函数求出来，只需求出其中的任意一个，由它分别加上各个不同的常数便得到所有的原函数.

我们把函数 $f(x)$ 的全部原函数 $F(x)+C$ 称为函数 $f(x)$ 的不定积分.

**【定义 2】** 如果 $F(x)$ 是函数 $f(x)$ 在某区间上的一个原函数，则 $F(x)+C$（$C$ 为任意常数）称为 $f(x)$ 在该区间上的**不定积分**，记为 $\int f(x)\mathrm{d}x$，即

$$\int f(x)\mathrm{d}x=F(x)+C.$$

其中，符号 $\int$ 称为**积分号**；$f(x)$ 称为**被积函数**；$f(x)\mathrm{d}x$ 称为**被积表达式**；$x$ 称为**积分变量**；$C$ 称为**积分常数**. 由不定积分的定义可知：

（1）函数 $f(x)$ 的不定积分就是它的全体原函数 $F(x)+C$；

（2）求函数 $f(x)$ 的不定积分，只要求得 $f(x)$ 的一个原函数 $F(x)$，再加上任意常数 $C$ 即可；

（3）不定积分的结果只与被积函数有关，而与积分变量的表示无关，即

$$\int f(x)\mathrm{d}x=\int f(t)\mathrm{d}t .$$

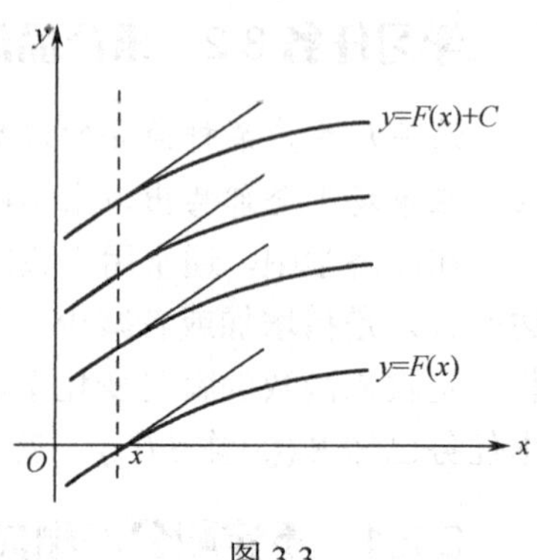

图 3.3

函数 $f(x)$ 的原函数 $F(x)$ 的图像称为 $f(x)$ 的积分曲线. 如图 3.3 所示，不定积分表示的不是一个函数，而是一族函数. 从几何上看，它们代表一族曲线，称为函数 $f(x)$ 的积分曲线族，其中任何一条积分曲线都可以由另一条积分曲线沿 $y$ 轴方向上下平移而得到. 因此，这个积分曲线族里的所有曲线在横坐标 $x$ 相同点处的切线相互平行，即它们有相同的斜率，这就是不定积分的**几何意义**.

**例 3.8** 求下列不定积分.

（1）$\int 2x\mathrm{d}x$； （2）$\int \mathrm{e}^x\mathrm{d}x$； （3）$\int \frac{1}{x}\mathrm{d}x$.

**解** （1）因为 $(x^2)'=2x$，即 $x^2$ 是 $2x$ 的一个原函数，所以 $\int 2x\mathrm{d}x=x^2+C$.

（2）因为 $(\mathrm{e}^x)'=\mathrm{e}^x$，即 $\mathrm{e}^x$ 是 $\mathrm{e}^x$ 的一个原函数，所以 $\int \mathrm{e}^x\mathrm{d}x=\mathrm{e}^x+C$.

（3）当 $x>0$ 时，因为 $(\ln x)'=\frac{1}{x}$，所以 $\int \frac{1}{x}\mathrm{d}x=\ln x+C$；

当 $x<0$ 时，因为 $[\ln(-x)]'=\frac{1}{x}$，所以 $\int \frac{1}{x}\mathrm{d}x=\ln(-x)+C$，即 $\int \frac{1}{x}\mathrm{d}x=\ln|x|+C$.

通常，把求不定积分的方法称为**积分法**.

**例 3.9** 已知某曲线上任一点 $M(x,y)$ 处的切线的斜率为 $3x^2$，且曲线经过点(0,1)，求该曲线的方程.

**解** 设所求曲线的方程为 $y=f(x)$，则曲线上任一点处切线的斜率为

$$K=y'=f'(x)=3x^2.$$

根据不定积分的定义，可知 $y=\int 3x^2\mathrm{d}x=x^3+C$. 又因为曲线经过点(0,1)，从而有 $1=0^3+C$，即 $C$=1，于是所求曲线的方程为 $y=x^3+1$.

**2．不定积分的性质**

**【性质 1】** 求不定积分与求导数（或微分）互为逆运算.

（1）$\left[\int f(x)\mathrm{d}x\right]'=f(x)$ 或 $\mathrm{d}\left[\int f(x)\mathrm{d}x\right]=f(x)\mathrm{d}x$.

此式表明，若先求积分后求导数（或微分），则两者的作用相互抵消.

（2）$\int F'(x)\mathrm{d}x=F(x)+C$ 或 $\int \mathrm{d}[F(x)]=F(x)+C$.

此式表明，若先求导数（或微分）后求积分，则两者的作用相互抵消后还相差一个常数.

需要注意的是，一个函数先进行微分运算，再进行积分运算，得到的不是一个函数，而是一族函数，所以必须加上一个任意常数 $C$.

**【性质 2】** 被积函数中不为零的常数因子可以提到积分符号前面，即

$$\int kf(x)\mathrm{d}x = k\int f(x)\mathrm{d}x \quad（k \text{ 为常数，} k \neq 0）.$$

**【性质 3】** 两个函数代数和的不定积分等于它们不定积分的代数和，即

$$\int [f(x) \pm g(x)]\mathrm{d}x = \int f(x)\mathrm{d}x \pm \int g(x)\mathrm{d}x .$$

例如，$\int (2x + \cos x)\mathrm{d}x = \int 2x\mathrm{d}x + \int \cos x\mathrm{d}x = x^2 + \sin x + C$.

性质 3 可以推广到求有限多个函数的代数和的不定积分，即

$$\int [f_1(x) \pm f_2(x) \pm \cdots \pm f_n(x)]\mathrm{d}x = \int f_1(x)\mathrm{d}x \pm \int f_2(x)\mathrm{d}x \pm \cdots \pm \int f_n(x)\mathrm{d}x .$$

**3. 不定积分的基本积分公式**

由于积分运算是微分运算的逆运算，所以由基本导数公式可以直接得到基本积分公式. 为了便于记忆，对照列表如下：

| **导数公式：** | **积分公式：** |
|---|---|
| （1）$(x)' = 1$. | （1）$\int \mathrm{d}x = x + C$. |
| （2）$\left(\dfrac{x^{\alpha+1}}{\alpha+1}\right)' = x^{\alpha}$. | （2）$\int x^{\alpha}\mathrm{d}x = \dfrac{1}{\alpha+1}x^{\alpha+1} + C\ (\alpha \neq -1)$. |
| （3）$(\ln x)' = \dfrac{1}{x}$. | （3）$\int \dfrac{1}{x}\mathrm{d}x = \ln\lvert x\rvert + C$. |
| （4）$\left(\dfrac{a^x}{\ln a}\right)' = a^x$. | （4）$\int a^x\mathrm{d}x = \dfrac{1}{\ln a}a^x + C$. |
| （5）$(\mathrm{e}^x)' = \mathrm{e}^x$. | （5）$\int \mathrm{e}^x\mathrm{d}x = \mathrm{e}^x + C$. |
| （6）$(\sin x)' = \cos x$. | （6）$\int \cos x\mathrm{d}x = \sin x + C$. |
| （7）$(\cos x)' = -\sin x$. | （7）$\int \sin x\mathrm{d}x = -\cos x + C$. |
| （8）$(\tan x)' = \sec^2 x$. | （8）$\int \sec^2 x\mathrm{d}x = \tan x + C$. |
| （9）$(\cot x)' = -\csc^2 x$. | （9）$\int \csc^2 x\mathrm{d}x = -\cot x + C$. |
| （10）$(\sec x)' = \sec x\tan x$. | （10）$\int \sec x\tan x\mathrm{d}x = \sec x + C$. |
| （11）$(\csc x)' = -\csc x\cot x$. | （11）$\int \csc x\cot \mathrm{d}x = -\csc x + C$. |
| （12）$(\arcsin x)' = \dfrac{1}{\sqrt{1-x^2}}$. | （12）$\int \dfrac{1}{\sqrt{1-x^2}}\mathrm{d}x = \arcsin x + C$. |
| （13）$(\arctan x)' = \dfrac{1}{1+x^2}$. | （13）$\int \dfrac{1}{1+x^2}\mathrm{d}x = \arctan x + C$. |

以上各函数的基本积分公式是求不定积分的基础，必须熟记，并会用公式和性质求一些简单的不定积分.

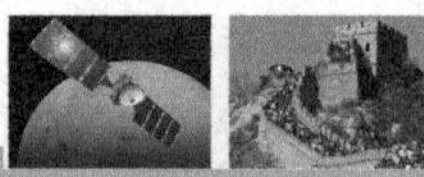

**例 3.10** 求下列不定积分.

（1）$\int(2x^3-1+\sin x)\mathrm{d}x$；（2）$\int\left(\cos x-2^x+\frac{1}{\cos^2 x}+\frac{1}{\sqrt{x}}\right)\mathrm{d}x$；

（3）$\int\frac{x^3-3x^2+2x+4}{x^2}\mathrm{d}x$；（4）$\int\frac{x^2}{1+x^2}\mathrm{d}x$；

（5）$\int\tan^2 x\mathrm{d}x$；（6）$\int\frac{\cos 2x}{\cos x-\sin x}\mathrm{d}x$.

**解** （1）$\int(2x^3-1+\sin x)\mathrm{d}x$

$$=2\int x^3\mathrm{d}x-\int\mathrm{d}x+\int\sin x\mathrm{d}x=2\cdot\frac{1}{4}x^4-x-\cos x+C=\frac{1}{2}x^4-x-\cos x+C.$$

其中每一项的积分都有一个任意常数，由于任意常数之和仍为任意常数，所以只需在最后写一个任意常数 $C$.

（2）$\int\left(\cos x-2^x+\frac{1}{\cos^2 x}+\frac{1}{\sqrt{x}}\right)\mathrm{d}x$

$$=\int\cos x\mathrm{d}x-\int 2^x\mathrm{d}x+\int\sec^2 x\mathrm{d}x+\int x^{-\frac{1}{2}}\mathrm{d}x=\sin x-\frac{2^x}{\ln 2}+\tan x+2\sqrt{x}+C.$$

（3）$\int\frac{x^3-3x^2+2x+4}{x^2}\mathrm{d}x=\int\left(x-3+\frac{2}{x}+\frac{4}{x^2}\right)\mathrm{d}x$

$$=\int x\mathrm{d}x-3\int\mathrm{d}x+2\int\frac{1}{x}\mathrm{d}x+4\int\frac{1}{x^2}\mathrm{d}x=\frac{1}{2}x^2-3x+2\ln|x|-\frac{4}{x}+C.$$

（4）$\int\frac{x^2}{1+x^2}\mathrm{d}x=\int\frac{(1+x^2)-1}{1+x^2}\mathrm{d}x=\int\left(1-\frac{1}{1+x^2}\right)\mathrm{d}x=\int\mathrm{d}x-\int\frac{1}{1+x^2}\mathrm{d}x=x-\arctan x+C$.

（5）$\int\tan^2 x\mathrm{d}x=\int(\sec^2 x-1)\mathrm{d}x=\int\sec^2 x\mathrm{d}x-\int\mathrm{d}x=\tan x-x+C$.

（6）$\int\frac{\cos 2x}{\cos x-\sin x}\mathrm{d}x=\int\frac{\cos^2 x-\sin^2 x}{\cos x-\sin x}\mathrm{d}x=\int\frac{(\cos x+\sin x)(\cos x-\sin x)}{\cos x-\sin x}\mathrm{d}x$

$$=\int(\cos x+\sin x)\mathrm{d}x=\int\cos x\mathrm{d}x+\int\sin x\mathrm{d}x=\sin x-\cos x+C.$$

若在积分基本公式中没有所求类型的积分公式，可以先把被积函数做恒等变形，再求积分.

## 3.2.2 不定积分的计算

利用不定积分的性质及基本积分公式，只能计算很有限的简单的不定积分，对于更多的比较复杂的不定积分，还需要建立一些基本的积分法，换元法就是其中之一.

### 1. 第一类换元积分法（凑微分法）

第一类换元积分法是与微分学中复合函数求导法则（或微分形式不变性）相对应的积分方法，是求复合函数的不定积分的基本方法. 先看下面的例子.

**例 3.11** 求 $\int\cos 3x\mathrm{d}x$.

**解** 由于被积函数是一个复合函数，所以不能直接用公式和性质求不定积分. 考虑到被积函数中有复合函数 $\cos 3x$，于是令 $3x=u$，两边求微分得 $\mathrm{d}u=\mathrm{d}(3x)=3\mathrm{d}x$，因此

$$\int\cos 3x\mathrm{d}x=\frac{1}{3}\int\cos(3x)3\mathrm{d}x\xlongequal[3\mathrm{d}x=\mathrm{d}u]{3x=u}\frac{1}{3}\int\cos u\mathrm{d}u=\frac{1}{3}\sin u+C\xlongequal{\text{回代}u=3x}\frac{1}{3}\sin 3x+C.$$

↑ cos$u$ ↑ d$u$

经过这样变换把原有的不定积分$\int\cos 3x\mathrm{d}x$化为一个新形式的不定积分$\int\cos u\mathrm{d}u$，从而求出积分. 但是这一结果是否就是原不定积分$\int\cos 3x\mathrm{d}x$的积分结果呢？我们可以用求导的方法加以验证.

因为$\left(\frac{1}{3}\sin 3x+C\right)'=\cos 3x$，而$\cos 3x$是被积函数，所以说明用上面的方法求解是正确的.

这种方法具有一般性. 它的特点是引入新的积分变量 $u$，从而把原积分转化为以 $u$ 为新积分变量的不定积分，再利用基本积分公式求解. 事实上，若不定积分的被积表达式能写成

$$f[\varphi(x)]\varphi'(x)\mathrm{d}x=f[\varphi(x)]\mathrm{d}[\varphi(x)]$$

的形式，则令$\varphi(x)=u$，当积分$\int f(u)\mathrm{d}u=F(u)+C$容易求得时，就可按下述方法计算积分：

$$\int f[\varphi(x)]\varphi'(x)\mathrm{d}x\xlongequal{\text{凑微分}}\int f[\varphi(x)]\mathrm{d}[\varphi(x)]\xlongequal{\text{令}\varphi(x)=u}\int f(u)\mathrm{d}u\xlongequal{\text{公式}}F(u)+C\xlongequal{\text{回代}u=\varphi(x)}F[\varphi(x)]+C.$$

这种积分方法称为**第一类换元积分法**. 上述例 4 中的$\int\cos 3x\mathrm{d}x$正是根据这种方法计算出来的.

**例 3.12** 求$\int\mathrm{e}^{5x}\mathrm{d}x$.

**解** $\int\mathrm{e}^{5x}\mathrm{d}x\xlongequal{\text{凑微分}}\frac{1}{5}\int\mathrm{e}^{5x}\mathrm{d}(5x)\xlongequal{\text{令}u=5x}\frac{1}{5}\int\mathrm{e}^{u}\mathrm{d}u\xlongequal{\text{公式}}\frac{1}{5}\mathrm{e}^{u}+C\xlongequal{\text{回代}}\frac{1}{5}\mathrm{e}^{5x}+C$.

第一类换元积分法的关键是将$\varphi'(x)$与$\mathrm{d}x$凑成微分$\mathrm{d}[\varphi(x)]$的形式，所以又被称为**凑微分法**. 至于如何凑微分，没有一般规律可循，这是一种技巧，必须应在熟记基本积分公式的基础上，通过练习，积累经验，才能逐步掌握这一重要的积分方法. 下面是一些凑微分常用的算式：

$$\mathrm{d}x=\frac{1}{a}\mathrm{d}(ax+b);\qquad x\mathrm{d}x=\frac{1}{2}\mathrm{d}(x^2);$$

$$\frac{1}{x}\mathrm{d}x=\mathrm{d}(\ln|x|);\qquad \frac{1}{\sqrt{x}}\mathrm{d}x=2\mathrm{d}(\sqrt{x});$$

$$\mathrm{e}^x\mathrm{d}x=\mathrm{d}(\mathrm{e}^x);\qquad \cos x\mathrm{d}x=\mathrm{d}(\sin x);$$

$$\sin x\mathrm{d}x=-\mathrm{d}(\cos x);\qquad \sec^2 x\mathrm{d}x=\mathrm{d}(\tan x);$$

$$\frac{1}{\sqrt{1-x^2}}\mathrm{d}x=\mathrm{d}(\arcsin x);\qquad \frac{1}{1+x^2}\mathrm{d}x=\mathrm{d}(\arctan x).$$

当运算比较熟练后，设变量$\varphi(x)=u$及回代过程可以省略不写，直接凑成积分公式的形状，求出结果.

**例 3.13** 求下列不定积分.

（1）$\int(3x-1)^5\mathrm{d}x$； （2）$\int x\mathrm{e}^{x^2}\mathrm{d}x$； （3）$\int\frac{\cos\sqrt{x}}{\sqrt{x}}\mathrm{d}x$；

（4）$\int\frac{\ln x}{x}\mathrm{d}x$；　　（5）$\int\frac{\arctan x}{1+x^2}\mathrm{d}x$；　　（6）$\int\frac{2x-3}{x^2-3x+8}\mathrm{d}x$.

**解**　（1）$\int(3x-1)^5\mathrm{d}x=\frac{1}{3}\int(3x-1)^5\mathrm{d}(3x-1)=\frac{1}{3}\cdot\frac{1}{6}(3x-1)^6+C=\frac{1}{18}(3x-1)^6+C$.

（2）$\int x\mathrm{e}^{x^2}\mathrm{d}x=\frac{1}{2}\int\mathrm{e}^{x^2}\mathrm{d}(x^2)=\frac{1}{2}\mathrm{e}^{x^2}+C$.

（3）$\int\frac{\cos\sqrt{x}}{\sqrt{x}}\mathrm{d}x=2\int\cos\sqrt{x}\,\mathrm{d}(\sqrt{x})=2\sin\sqrt{x}+C$.

（4）$\int\frac{\ln x}{x}\mathrm{d}x=\int\ln x\mathrm{d}(\ln x)=\frac{1}{2}\ln^2x+C$.

（5）$\int\frac{\arctan x}{1+x^2}\mathrm{d}x=\int\arctan x\cdot\frac{1}{1+x^2}\mathrm{d}x=\int\arctan x\mathrm{d}(\arctan x)=\frac{1}{2}(\arctan x)^2+C.$

（6）$\int\frac{2x-3}{x^2-3x+8}\mathrm{d}x=\int\frac{1}{x^2-3x+8}\mathrm{d}(x^2-3x+8)=\ln|x^2-3x+8|+C$.

**例 3.14**　求$\int\cos^2x\mathrm{d}x$.

**解**　$\int\cos^2x\mathrm{d}x=\int\frac{1+\cos2x}{2}\mathrm{d}x=\frac{1}{2}\int\mathrm{d}x+\frac{1}{4}\int\cos2x\mathrm{d}(2x)=\frac{1}{2}x+\frac{1}{4}\sin2x+C$.

**2．第二类换元积分法**

第一类换元积分法是先凑微分，再用新变量 $u$ 替换 $\varphi(x)$，即令 $u=\varphi(x)$ 进行换元. 但是有些积分是不容易凑成微分的，需要做相反的代换，即选取 $x=\varphi(t)$，这时变量 $x$ 是新变量 $t$ 的函数，这种代换积分法称为**第二类换元积分法**.

第二类换元积分法的一般表达式如下：

$$\int f(x)\mathrm{d}x\xlongequal{令x=\varphi(t)}\int f[\varphi(t)]\mathrm{d}[\varphi(t)]=\int f[\varphi(t)]\varphi'(t)\mathrm{d}t=F(t)+C\xlongequal{回代t=\varphi^{-1}(x)}F[\varphi^{-1}(x)]+C.$$

其中，$x=\varphi^{-1}(t)$ 严格单调且可导.

1）无理代换

**例 3.15**　求$\int\frac{1}{1+\sqrt{x}}\mathrm{d}x$.

**解**　为了去掉根号，可令 $x=t^2(t>0)$，则 $\mathrm{d}x=2t\mathrm{d}t$，于是

$$\int\frac{1}{1+\sqrt{x}}\mathrm{d}x\xlongequal{x=t^2}\int\frac{2t}{1+t}\mathrm{d}t=2\int\frac{t+1-1}{1+t}\mathrm{d}t=2\left[\int\mathrm{d}t-\int\frac{1}{1+t}\mathrm{d}t\right]$$

$$=2[t-\ln(t+1)]+C\xlongequal{回代t=\sqrt{x}}2[\sqrt{x}-\ln(\sqrt{x}+1)]+C.$$

第二类换元积分法与第一类换元积分法的基本思想相反，第一类换元积分法是用新变量 $u$ 替换 $\varphi(x)$，第二类换元积分法是用一个新变量 $t$ 的函数 $\varphi(t)$ 替换 $x$.

**例 3.16**　求$\int\frac{1}{\sqrt{x}(1+\sqrt[3]{x})}\mathrm{d}x$.

**解**　为了去掉根号，可令 $x=t^6$，则 $\mathrm{d}x=6t^5\mathrm{d}t$，于是

$$\int\frac{1}{\sqrt{x}(1+\sqrt[3]{x})}\mathrm{d}x \xlongequal{x=t^6} \int\frac{6t^5}{t^3(1+t^2)}\mathrm{d}t=6\int\frac{t^2}{1+t^2}\mathrm{d}t=6\int\left(1-\frac{1}{1+t^2}\right)\mathrm{d}t$$

$$=6(t-\arctan t)+C \xlongequal{t=\sqrt[6]{x}} 6(\sqrt[6]{x}-\arctan\sqrt[6]{x})+C.$$

2）三角代换

一般地，当被积函数中含有 $\sqrt{a^2\pm x^2}$ 或 $\sqrt{x^2-a^2}$ 时，可做如下变换：

（1）当被积函数含有 $\sqrt{a^2-x^2}$ 时，可做代换 $x=a\sin t$，回代 $t$，如图 3.4 所示；

（2）当被积函数含有 $\sqrt{a^2+x^2}$ 时，可做代换 $x=a\tan t$，回代 $t$，如图 3.5 所示；

（3）当被积函数含有 $\sqrt{x^2-a^2}$ 时，可做代换 $x=a\sec t$，回代 $t$，如图 3.6 所示.

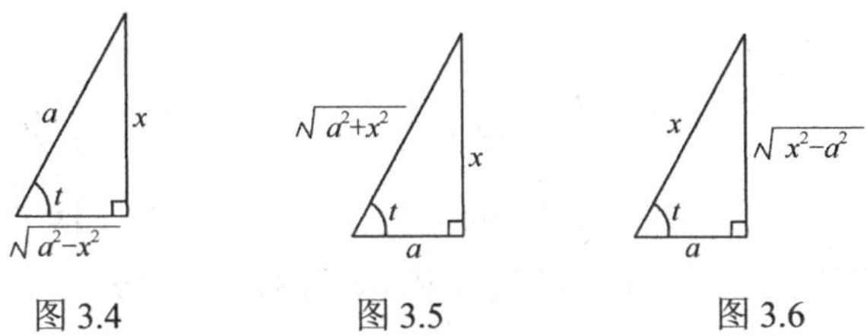


图 3.4　　图 3.5　　图 3.6

**例 3.17**　求下列不定积分.

（1）$\int\frac{1}{\sqrt{a^2-x^2}}\mathrm{d}x$；　（2）$\int\frac{1}{(\sqrt{a^2+x^2})^3}\mathrm{d}x$；　（3）$\int\frac{1}{x^2\cdot\sqrt{x^2-a^2}}\mathrm{d}x$.

**解**　（1）令 $x=a\sin t$，则 $\sqrt{a^2-x^2}=a\cos t$，$\mathrm{d}x=a\cos t\mathrm{d}t$，于是

$$\int\frac{1}{\sqrt{a^2-x^2}}\mathrm{d}x=\int\frac{a\cos t}{a\cos t}\mathrm{d}t=\int\mathrm{d}t=t+C=\arcsin\frac{x}{a}+C.$$

（2）令 $x=a\tan t$，则 $\sqrt{a^2+x^2}=a\sec t$，$\mathrm{d}x=a\sec^2 t\mathrm{d}t$，于是

$$\int\frac{1}{(\sqrt{x^2+a^2})^3}\mathrm{d}x=\int\frac{a\sec^2 t}{a^3\sec^3 t}\mathrm{d}t=\frac{1}{a^2}\int\frac{1}{\sec t}\mathrm{d}t=\frac{1}{a^2}\int\cos t\mathrm{d}t$$

$$=\frac{1}{a^2}\sin t+C=\frac{1}{a^2}\cdot\frac{x}{\sqrt{a^2+x^2}}+C.$$

（3）令 $x=a\sec t$，则 $\sqrt{x^2-a^2}=a\tan t$，$\mathrm{d}x=a\sec t\tan t\mathrm{d}t$，

$$\int\frac{1}{x^2\cdot\sqrt{x^2-a^2}}\mathrm{d}x=\int\frac{a\sec t\tan t}{a^2\sec^2 t\cdot a\tan t}\mathrm{d}t=\frac{1}{a^2}\int\frac{1}{\sec t}\mathrm{d}t$$

$$=\frac{1}{a^2}\int\cos t\mathrm{d}t=\frac{1}{a^2}\sin t+C=\frac{1}{a^2}\cdot\frac{\sqrt{x^2-a^2}}{x}+C.$$

上述这三种变换称为**三角代换**，在具体应用时，还需根据被积函数的具体情况，尽可能选取简捷的代换.

### 3．不定积分的分部积分法

分部积分法是基本积分法之一，它是由两个函数乘积的微分运算推得的一种求积分的基本方法，这种方法常用于被积函数是两种不同类型函数的积分的情形.

设函数 $u=u(x)$ 及 $v=v(x)$ 具有连续导数，则根据乘积的微分法则，有

$$d(uv) = udv + vdu .$$

移项，得

$$udv = d(uv) - vdu .$$

两边求不定积分，得

$$\int udv = uv - \int vdu .$$

上式称为**分部积分式**，利用上式求不定积分的方法称为**分部积分法**.

运用分部积分法的关键是选择 $u$ 和 $dv$，一般原则如下：

（1）使 $v$ 更容易求出；

（2）新积分 $\int vdu$ 要比原积分 $\int udv$ 容易求出.

**例 3.18** 求下列不定积分.

（1）$\int x\cos x dx$；（2）$\int xe^x dx$；（3）$\int x\ln x dx$；

（4）$\int x\cdot \arctan x dx$；（5）$\int \arcsin x dx$；（6）$\int e^x\cos x dx$.

**解** （1）先把被积表达式 $x\cos x dx$ 分解成 $u$ 和 $dv$ 两部分，令 $u = x$，$dv = \cos x dx = d(\sin x)$，则由分部积分公式，有

$$\int x\cos x dx = \int x d(\sin x) = x\sin x - \int \sin x dx = x\sin x + \cos x + C .$$

当分部积分法运用熟练后，选择 $u$ 和 $dv$ 的步骤可以省略不写.

（2）$\int xe^x dx = \int x d(e^x) = xe^x - \int e^x dx = xe^x - e^x + C$.

（3）
$$\int x\ln x dx = \int \ln x d\left(\frac{1}{2}x^2\right) = \frac{1}{2}x^2\ln x - \int \frac{1}{2}x^2 d(\ln x) = \frac{1}{2}x^2\ln x - \frac{1}{2}\int x^2 \cdot \frac{1}{x}dx$$
$$= \frac{1}{2}x^2\ln x - \frac{1}{2}\int x dx = \frac{1}{2}x^2\ln x - \frac{1}{4}x^2 + C .$$

（4）
$$\int x\cdot \arctan x dx = \int \arctan x d\left(\frac{1}{2}x^2\right) = \frac{1}{2}x^2\arctan x - \frac{1}{2}\int x^2 d(\arctan x)$$
$$= \frac{1}{2}x^2\arctan x - \frac{1}{2}\int \frac{x^2}{1+x^2}dx = \frac{1}{2}x^2\arctan x - \frac{1}{2}\int \frac{1+x^2-1}{1+x^2}dx$$
$$= \frac{1}{2}x^2\arctan x - \frac{1}{2}\int \left(1 - \frac{1}{1+x^2}\right)dx = \frac{1}{2}(x^2\arctan x - x + \arctan x) + C .$$

（5）
$$\int \arcsin x dx = x\arcsin x - \int x d(\arcsin x) = x\arcsin x - \int \frac{x}{\sqrt{1-x^2}}dx$$
$$= x\arcsin x + \frac{1}{2}\int \frac{1}{\sqrt{1-x^2}}d(1-x^2) = x\arcsin x + \sqrt{1-x^2} + C .$$

（6）
$$\int e^x\cos x dx = \int \cos x d(e^x) = e^x\cos x - \int e^x d(\cos x)$$
$$= e^x\cos x + \int e^x\sin x dx = e^x\cos x + \int \sin x d(e^x)$$
$$= e^x\cos x + e^x\sin x - \int e^x d(\sin x) = e^x(\cos x + \sin x) - \int e^x\cos x dx .$$

移项，得

$$2\int e^x \cos x dx = e^x(\cos x + \sin x) + C_1,$$

因此，

$$\int e^x \cos x dx = \frac{1}{2}e^x(\cos x + \sin x) + C.$$

**注意**：两次分部积分后，出现了循环现象，又回到原来的不定积分，两者系数不同，可通过移项整理得到积分结果，这种方法在分部积分中是常用的技巧.

分部积分常见类型及 $u$ 和 $dv$ 的选取归纳小结如下：

（1）$\int x^n e^x dx$，$\int x^n \sin\beta x dx$，$\int x^n \cos\beta x dx$，可设 $u = x^n$；

（2）$\int x^n \arcsin x dx$，$\int x^n \arctan x dx$，$\int x^n \ln x dx$，可设 $u = \arcsin x$ 、$\arctan x$ 、$\ln x$；

（3）$\int e^{ax} \sin\beta x dx$，$\int e^{ax} \cos\beta x dx$，可设 $u = \sin\beta x$；$u = \cos\beta x$.

在上述情况中，$x^n$ 换为多项式时仍然成立.

### 4．有理函数积分举例

由两个多项式的商所表示的函数称为有理函数，其具体形式为

$$\frac{P(x)}{Q(x)} = \frac{a_0x^n + a_1x^{n-1} + \cdots + a_{n-1}x + a_n}{b_0x^m + b_1x^{m-1} + \cdots + b_{m-1}x + b_m}$$

其中，$m$ 和 $n$ 都是非负整数；$a_0, a_1, a_2, \cdots, a_n$ 及 $b_0, b_1, b_2, \cdots, b_m$ 都是实数，并且 $a_0 \neq 0$，$b_0 \neq 0$. 当 $n < m$ 时，称这个有理函数为**真分式**；而当 $n > m$ 时，称这个有理函数为**假分式**. 假分式总可以化成一个多项式与一个真分式之和的形式. 例如，

$$\frac{x^3 + x + 1}{x^2 + 1} = \frac{x(x^2 + 1) + 1}{x^2 + 1} = x + \frac{1}{x^2 + 1}.$$

求真分式的不定积分时，如果分母可以因式分解，则先因式分解，然后化成部分分式的和再积分. 如果分母不能因式分解，则应另想别的方法.

**例 3.19**　求下列不定积分.

（1）$\int \frac{x+3}{x^2 - 5x + 6} dx$；　　（2）$\int \frac{x-2}{x^3 + x^2 - 2x} dx$.

**解**　（1）$\int \frac{x+3}{x^2 - 5x + 6} dx = \int \frac{x+3}{(x-2)(x-3)} dx = \int \left(\frac{6}{x-3} - \frac{5}{x-2}\right) dx$

$$= \int \frac{6}{x-3} dx - \int \frac{5}{x-2} dx = 6\ln|x-3| - 5\ln|x-2| + C.$$

**提示**：$\frac{x+3}{x^2 - 5x + 6} = \frac{x+3}{(x-3)(x-2)} = \frac{A}{x-3} + \frac{B}{x-2}$

$$= \frac{A(x-2) + B(x-3)}{(x-3)(x-2)} = \frac{(A+B)x + (-2A - 3B)}{(x-3)(x-2)}.$$

由 $A + B = 1$ 和 $-2A - 3B = 3$ 解得 $A = 6$，$B = -5$.

（2）$\int \frac{x-2}{x^3 + x^2 - 2x} dx = \int \frac{x-2}{x(x+2)(x-1)} dx = \int \left(\frac{1}{x} - \frac{2}{x+2} - \frac{1}{x-1}\right) dx$

$$=\int\frac{1}{x}\mathrm{d}x-\int\frac{2}{x+2}\mathrm{d}x-\int\frac{1}{x-1}\mathrm{d}x=\ln|x|-2\ln|x+2|-\ln|x-1|+C.$$

提示：
$$\frac{x-2}{x^3+x^2-2x}=\frac{x-2}{x(x+2)(x-1)}=\frac{A}{x}+\frac{B}{x+2}+\frac{C}{x-1}$$
$$=\frac{A(x+2)(x-1)+Bx(x-1)+Cx(x+2)}{x(x+2)(x-1)}$$
$$=\frac{(A+B+C)x^2+(A+B+2C)x-2A}{x(x+2)(x-1)};$$

由 $A+B+C=0$，$A+B+2C=1$ 和 $-2A=-2$ 解得 $A=1$，$B=-2$，$C=1$.

## 任务解答 3.2

根据任务 3.2，求产品在市场上全部售出的总收入函数.

因为 $R'(Q)=300-3Q$，两边积分得

$$R(Q)=\int R'(Q)\mathrm{d}Q=\int(300-3Q)\mathrm{d}Q=300Q-\frac{3}{2}Q^2+C.$$

又因为当 $Q=0$ 时，总收入 $R(0)=0$，从而 $C=0$.

所以总收入函数为 $R(Q)=300Q-\frac{3}{2}Q^2$.

**思考问题** 生产某产品的固定成本为 50，边际成本和边际收益分别为 $C'(Q)=Q^2-14Q+111$，$R'(Q)=100-2Q$，试确定厂商的最大利润.

## 基础训练 3.2

1．填空题.

（1）若 $f(x)$ 的一个原函数为 $x^3-\mathrm{e}^x$，则 $\int f(x)\mathrm{d}x=$________；

（2）若 $f(x)$ 的一个原函数为 $x^5$，则 $f(x)=$________；

（3）若 $\int f(x)\mathrm{d}x=3^x+\cos x+C$，则 $f(x)=$________；

（4）若 $f(x)$ 的一个原函数为 $\sin x$，则 $\int f'(x)\mathrm{d}x=$________；

（5）若 $f(x)$ 的一个原函数为 $\sin x$，则 $\left[\int f(x)\mathrm{d}x\right]'=$________.

2．在括号内填入适当的常数，使等式成立.

（1）$\mathrm{d}x=(\quad)\mathrm{d}(5\pi-7)$；（2）$x\mathrm{d}x=(\quad)\mathrm{d}(1-2x^2)$；

（3）$x^2\mathrm{d}x=(\quad)\mathrm{d}(2x^3-3)$；（4）$\mathrm{e}^{3x}\mathrm{d}x=(\quad)\mathrm{d}(\mathrm{e}^{3x})$；

（5）$\mathrm{e}^{-\frac{x}{2}}\mathrm{d}x=(\quad)\mathrm{d}(\mathrm{e}^{-\frac{x}{2}}+3)$；（6）$\frac{1}{x^2}\mathrm{d}x=(\quad)\mathrm{d}\left(\frac{1}{x}\right)$；

（7）$\sin\frac{2}{3}x\mathrm{d}x=(\quad)\mathrm{d}\left(\cos\frac{2}{3}x\right)$；（8）$\frac{1}{x}\mathrm{d}x=(\quad)\mathrm{d}(5\ln|x|)$；

（9）$\frac{\mathrm{d}x}{\sqrt{1-4x^2}}=(\quad)\mathrm{d}(\arcsin 2x)$；（10）$\frac{\mathrm{d}x}{1+9x^2}=(\quad)\mathrm{d}(\arctan 3x)$.

3．求下列不定积分.

（1）$\int x^6 dx$；　（2）$\int 6^x dx$；

（3）$\int (e^x+1)dx$；　（4）$\int \left(\frac{1}{x}+3^x+\frac{1}{\cos^2 x}-e^x\right)dx$；

（5）$\int \frac{3x^3-2x^2+x+1}{x^3}dx$；　（6）$\int \left(\frac{x+2}{x}\right)^2 dx$；

（7）$\int \frac{x-4}{\sqrt{x}+2}dx$；　（8）$\int \frac{x^4}{1+x^2}dx$.

4．求下列不定积分.

（1）$\int \cos 5x dx$；　（2）$\int \sin\frac{t}{3}dt$；

（3）$\int (2x-1)^{12}dx$；　（4）$\int e^{3-4x}dx$；

（5）$\int x\sin(3x^2)dx$；　（6）$\int \frac{2x-1}{\sqrt{1-x^2}}dx$；

（7）$\int x^2\cdot a^{x^3}dx$；　（8）$\int \frac{dx}{x\ln^3 x}$；

（9）$\int e^{\sin x}\cos x dx$；　（10）$\int e^{-\frac{1}{x}}\frac{dx}{x^2}$.

（11）$\int \frac{\sqrt{x}}{1+\sqrt{x}}dx$；　（12）$\int \frac{1}{1+\sqrt[3]{1+x}}dx$；

（13）$\int \frac{1}{\sqrt{x}+\sqrt[4]{x}}dx$；　（14）$\int \frac{1}{\sqrt{1+e^x}}dx$（提示：令 $\sqrt{1+e^x}=t$）.

5．求下列不定积分.

（1）$\int x\sin x dx$；　（2）$\int xe^{2x}dx$；

（3）$\int x\arctan x dx$；　（4）$\int x\cos 2x dx$；

（5）$\int \ln x dx$；　（6）$\int \ln(1+x^2)dx$；

（7）$\int \arccos x dx$；　（8）$\int e^{3x}\cos 2x dx$.

6．求下列不定积分.

（1）$\int \frac{x^3}{x+1}dx$；　（2）$\int \frac{x+1}{(x-1)(x-2)}dx$；

（3）$\int \frac{2x+3}{x^3+3x-10}dx$；　（4）$\int \frac{1}{x(x^2+1)}dx$.

7．已知函数 $f(x)$ 的导数为 $3x^2+1$，且当 $x=1$ 时，$y=3$，求 $f(x)$.

8．已知某曲线上任意一点切线的斜率等于 $x$，且曲线经过点 $M(0,1)$，求曲线的方程.

9．已知某函数的导数是 $\sin x+\cos x$，又知当 $x=\frac{\pi}{2}$ 时，函数值为 2，求此函数.

10．一物体以速度 $v=3t^2+4t$（$m/s^2$）做直线运动，当 $t$=2 s 时，物体经过的路程 $s$=16 m，试求此物体的运动规律.

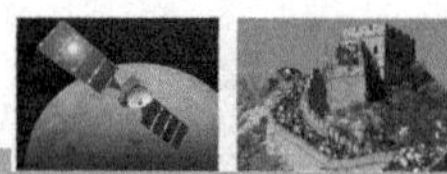

## 3.3 定积分

### 学习任务 3.3 求碗形曲面的“积”问题

如果夹在直线 $y=0$ 与 $y=5$ 之间的 $y=\dfrac{x^2}{2}$ 的图像绕轴 $y$ 旋转一周，则所产生一个碗形曲面，（1）求这个碗形曲面的截面面积；（2）求这个碗的体积.

在生产实际和科学技术中，经常需要计算平面图形的面积. 对于多边形及圆的面积，我们已经知道了它们的计算方法，但是仍不会计算由任意连续曲线所围成的平面图形的面积. 定积分就是主要研究这类平面图形的计算问题，同时它还可以计算旋转体的体积.

### 3.3.1 定积分的概念

#### 1. 定积分的定义

**例 3.20** 求曲边梯形的面积.

先讨论这类平面图形中最基本的一种图形——曲边梯形.

如图 3.7 所示，在直角坐标系中，由连续曲线 $y=f(x)(f(x)\geqslant 0)$ 与三条直线 $x=a$、$x=b$、$y=0$ 所围成的平面图形 $M_1MNN_1$ 称为**曲边梯形**. 其中在 $x$ 轴上的线段 $M_1N_1$ 称为**曲边梯形的底边**，曲线段 $MN$ 称为**曲边梯形的曲边**.

完全由曲线围成的平面图形的面积，在适当选择坐标系后，往往可以化为两个曲边梯形面积的差. 例如，在图 3.8 中由曲线 $MDNC$ 所围成的面积 $A_{MDNC}$ 可以化为曲边梯形面积 $A_{MM_1N_1NC}$ 和曲边梯形面积 $A_{MM_1N_1ND}$ 的差，即

$$A_{MDNC}=A_{MM_1N_1NC}-A_{MM_1N_1ND}.$$

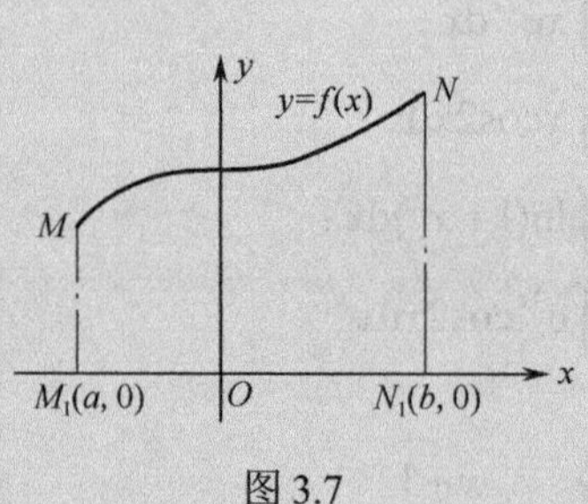

图 3.7

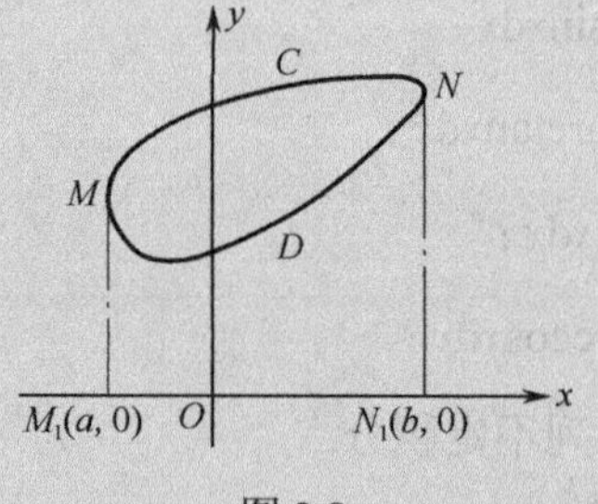

图 3.8

由此可见，只要能求出曲边梯形的面积，计算曲线所围成的平面图形的面积就迎刃而解了.

设 $y=f(x)$ 在 $[a,b]$ 上连续，且 $f(x)\geqslant 0$，求以曲线 $y=f(x)$ 为曲边，底为 $[a,b]$ 的曲边梯形的面积 $A$.

我们知道，矩形的高是不变的，并且有**矩形面积=底×高**，而曲边梯形的顶部是一条曲线，其高 $f(x)$ 是变化的，它的面积不能直接用矩形面积公式来计算，但是，如果我们用一组垂直于 $x$ 轴的直线把整个曲边梯形分成许多小曲边梯形（图 3.9），那么，对于每一个小曲边梯形来说，由于底边很窄，$f(x)$ 又是连续变化的，故高度变化必很小. 所以，可以用这个小曲边梯形的底边作为底，以它底边上任一点所对应的函数值作为高的小矩形面积来近似表达这个小

曲边梯形的面积，再把所有这些小矩形的面积加起来，就可以得到曲边梯形面积 $A$ 的近似值. 由图 3.9 可知，分割越细密，所有小矩形面积之和就越接近曲边梯形的面积 $A$. 当分割无限细密时，所有小矩形面积之和的极限值就是曲边梯形面积 $A$ 的精确值.

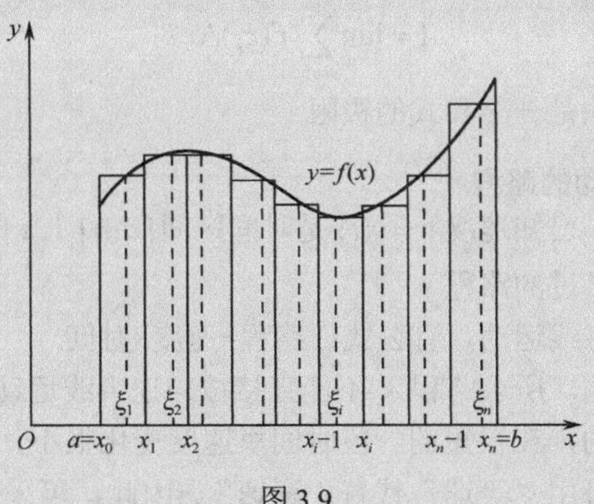


图 3.9

根据上面的分析，曲边梯形面积可按以下步骤来计算：

1）分割

任取分点

$$a = x_0 < x_1 < x_2 < \cdots < x_{i-1} < x_i < \cdots < x_{n-1} < x_n = b；$$

把曲边梯形的底 $[a,b]$ 分成 $n$ 个小区间：

$$[x_0,x_1],\ [x_1,x_2],\ \cdots,\ [x_{i-1},x_i],\ [x_{n-1},x_n];$$

小区间 $[x_{i-1},x_i]$ 的长度记为

$$\Delta x_i = x_i - x_{i-1} \quad (i = 1,2,\cdots,n).$$

过每个分点作垂直于 $x$ 轴的直线，把整个曲边梯形分成 $n$ 个小曲边梯形，其中第 $i$ 个小曲边梯形的面积记为 $\Delta A_i\ (i = 1,2,\cdots,n)$.

2）取近似——“以直代曲”

在第 $i$ 个小曲边梯形中，以底 $[x_{i-1},x_i]$ 上任意一点 $\xi_i\ (x_{i-1} \leqslant \xi_i \leqslant x_i)$ 所对应的函数值 $f(\xi_i)$ 来近似代替变化的 $f(x)$，用相应的底为 $\Delta x_i$、高为 $f(\xi_i)$ 的小矩形面积来近似代替这个小曲边梯形的面积，即

$$\Delta A_i \approx f(\xi_i)\,\Delta x_i \quad (i = 1, 2,\cdots, n).$$

3）求和

将 $n$ 个小矩形的面积相加，得到的“阶梯形面积”就是原曲边梯形面积 $A$ 的近似值，即

$$A \approx f(\xi_1)\Delta x_1 + f(\xi_2)\Delta x_2 + \cdots + f(\xi_i)\Delta x_i + \cdots + f(\xi_n)\Delta x_n = \sum_{i=1}^{n} f(\xi_i)\Delta x_i.$$

4）取极限

由图 3.9 可以看出，分割越细，阶梯形面积（即 $\sum\limits_{i=1}^{n} f(\xi_i)\Delta x_i$ ）就越接近曲边梯形的面积 $A$.

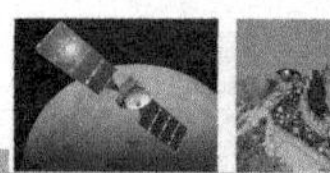

当最大小区间的长度趋向于零时，和式$\sum_{i=1}^{n} f(\xi_i)\Delta x_i$的极限就是$A$，记$\lambda = \max\{\Delta x_1, \Delta x_2, \cdots, \Delta x_n\}$，则上述条件可表示为当$\lambda \to 0$时，有

$$A = \lim_{\lambda \to 0} \sum_{i-1}^{n} f(\xi_i)\Delta x_i .$$

可见，曲边梯形的面积是一个和式的极限.

**例 3.21　变速直线运动的路程**

设一物体沿直线运动，已知速度$v = v(t)$是时间区间$[a,b]$上$t$的连续函数，且$v(t) \geqslant 0$，求此物体在这段时间内所经过的路程$s$.

我们知道，对于匀速直线运动，有公式：路程=速度×时间.

现在速度是变量，因此，所求路程$s$不能直接按匀速直线运动的路程公式计算. 然而物体运动的速度是连续变化的，在很短的一段时间里速度变化很小，可以近似地看作等速. 所以，在时间间隔很短时，可用“等速”代替“变速”. 因此，可采用与求曲边梯形面积相仿的四个步骤来计算路程$s$.

1）分割

任取分点

$$a = t_0 < t_1 < t_2 < \cdots < t_{i-1} < t_i < \cdots < t_{n-1} < t_n = b$$

把时间区间$[a,b]$分成$n$个小区间，第$i$个小区间$[t_{i-1}, t_i]$的长度记为

$$\Delta t_i = t_i - t_{i-1} \quad (i = 1, 2, \cdots, n),$$

物体在第$i$段时间$[t_{i-1}, t_i]$内所走的路程为$\Delta s_i$ ($i = 1, 2, \cdots, n$).

2）取近似——“以不变代变”

在小区间$[t_{i-1}, t_i]$上，用其中任一时刻$\xi_i$的速度$v(\xi_i)$ $(t_{i-1} \leqslant \xi_i \leqslant t_i)$来近似代替变化的$v(t)$，从而得到$\Delta s_i$的近似值：

$$\Delta s_i \approx v(\xi_i)\Delta t_i \quad (i = 1, 2, \cdots, n)$$

3）求和

把$n$段时间上的路程相加，得和式$\sum_{i=1}^{n} v(\xi_i)\Delta t_i$，它就是时间区间$[a,b]$上的路程$s$的近似值，即

$$s \approx \sum_{i=1}^{n} v(\xi_i)\Delta t_i .$$

4）取极限

当最大的小区间长度趋于零，即$\lambda = \max\{\Delta t_1, \Delta t_2, \cdots, \Delta t_n\} \to 0$时，和式$\sum_{i=1}^{n} v(\xi_i)\Delta t_i$的极限就是路程$s$的精确值，即

$$s = \lim_{\lambda \to 0} \sum_{i=1}^{n} v(\xi_i)\Delta t_i .$$

可见，变速直线运动的路程也是一个和式的极限.

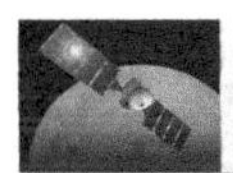

上述两个例子的实际意义虽然不同，但是解决问题的方法完全相同，都是采用分割、取近似值、求和、取极限四个步骤，并且最终将所求的量归结为具有相同结构的数学模式——和式的极限. 事实上，很多实际问题的解决都采取这种方法，并且都归结为这种结构和式的极限. 现抛开问题的实际内容，只从数量关系的共性上加以概括和抽象，便可得到定积分概念.

**【定义 1】** 设函数 $f(x)$在区间$[a,b]$上有定义且有界，用分点

$$a = x_0 < x_1 < x_2 < \cdots < x_{i-1} < x_i < \cdots < x_{n-1} < x_n = b$$

把区间$[a,b]$任意分割成 $n$ 个小区间 $[x_{i-1}, x_i]$，其长度 $\Delta x_i = x_i - x_{i-1}$ ( $i = 1,2,\cdots,n$ )，并记 $\lambda = \max\{\Delta x_1, \Delta x_2, \cdots, \Delta x_n\}$，在每个小区间 $[x_{i-1}, x_i]$ 上任取一点$\xi_i$，做乘积的和式$\sum\limits_{i=1}^{n} f(\xi_i)\Delta x_i$ . 若和式的极限$\lim\limits_{\lambda \to 0}\sum\limits_{i=1}^{n} f(\xi_i)\Delta x_i$ 存在，且此极限与区间$[a,b]$的分法及点$\xi_i$ 的取法无关，则称函数 $f(x)$在$[a,b]$上是可积的，并称此极限值为函数 $f(x)$在$[a,b]$上的**定积分**，记作$\int_a^b f(x)\mathrm{d}x$，即

$$\int_a^b f(x)\mathrm{d}x = \lim_{\lambda \to 0}\sum_{i=1}^{n} f(\xi_i)\Delta x_i .$$

其中，$f(x)$称为**被积函数**；$f(x)\mathrm{d}x$ 称为被积表达式；$x$ 称为**积分变量**；$a$ 称为**积分下限**；$b$ 称为**积分上限**；$[a,b]$称为**积分区间**.

由定积分的定义，前面两个实例可分别写成定积分的如下形式：

由曲线 $y = f(x)$ ( $f(x) \geqslant 0$ )、直线 $x = a$ 与 $x = b$ 及 $x$ 轴所围成的曲边梯形的面积为 $A = \int_a^b f(x)\mathrm{d}x$ .

以速度 $v = v(t)$ ($v(t) \geqslant 0$) 做变速直线运动的物体，从时刻 $a$ 到时刻 $b$ 所通过的路程为 $s = \int_a^b v(t)\mathrm{d}t$ .

**说明：**

（1）定积分$\int_a^b f(x)\mathrm{d}x$ 是一个数值，它只与积分区间$[a,b]$和被积函数 $f(x)$有关. 而与区间$[a,b]$的分法和$\xi_i$ 的取法及积分变量的记号无关，故若$\int_a^b f(x)\mathrm{d}x$ 存在，则有

$$\int_a^b f(x)\mathrm{d}x = \int_a^b f(t)\mathrm{d}t = \int_a^b f(u)\mathrm{d}u .$$

（2）在定积分定义中假设了 $a < b$，为了计算方便，规定

$$\int_a^b f(x)\mathrm{d}x = -\int_b^a f(x)\mathrm{d}x，\quad \int_a^a f(x)\mathrm{d}x = 0，$$

即定积分上、下限的大小不受限制，而在颠倒积分上、下限时，必须改变定积分的符号.

（3）当函数 $f(x)$在区间$[a,b]$上的定积分存在时，则称 $f(x)$在$[a,b]$上是可积的. 函数 $f(x)$在$[a,b]$上可积的充分条件是：函数 $f(x)$在$[a,b]$上连续或只有有限个间断点. 由于初等函数在其定义区间内是连续的，故初等函数在其定义域内的闭区间上可积.

**2. 定积分的几何意义**

如果函数 $f(x)$在$[a,b]$上连续且 $f(x) \geqslant 0$，则图像位于 $x$ 轴上方，那么定积分就表示以

$y=f(x)$为曲边的曲边梯形的面积，即$A=\int_a^b f(x)\mathrm{d}x$.

如果函数$f(x)$在$[a,b]$上连续且$f(x)\leqslant 0$，那么图像位于$x$轴下方，由于定积分

$$\int_a^b f(x)\mathrm{d}x=\lim_{\lambda\to 0}\sum_{i=1}^{n}f(\xi_i)\Delta x_i,$$

右端和式中的每一项$f(\xi_i)\Delta x_i$都是负值（因为$\Delta x_i>0$），其绝对值$|f(\xi_i)\Delta x_i|$表示小矩形的面积，因此，定积分$\int_a^b f(x)\mathrm{d}x$也是一个负数，这时它等于曲边梯形面积的相反数，如图 3.10 所示，即$\int_a^b f(x)\mathrm{d}x=-A$　或　$A=-\int_a^b f(x)\mathrm{d}x$.

如果$f(x)$在$[a,b]$上连续，且有时为正、有时为负，则定积分$\int_a^b f(x)\mathrm{d}x$就等于曲线$y=f(x)$、直线$x=a$与$x=b$及$x$轴所围成的几个曲边梯形的面积的代数和，如图 3.11 所示，即

$$\int_a^b f(x)\mathrm{d}x=A_1-A_2+A_3.$$

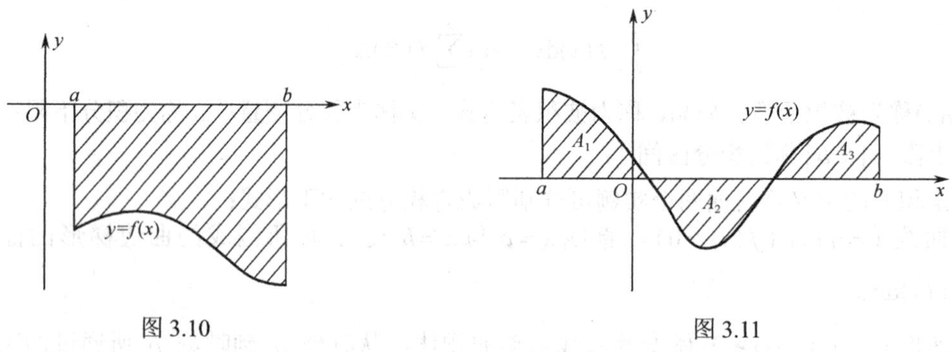


图 3.10　　　　图 3.11

由此可见，在一般情况下定积分$\int_a^b f(x)\mathrm{d}x$的几何意义为：由曲线$y=f(x)$、直线$x=a$与$x=b$及$x$轴所围成的各个曲边梯形的面积的代数和. 在$x$轴上方的面积取正号，在$x$轴下方的面积取负号.

**例 3.22**　利用定积分表示图 3.12 中各图阴影部分的面积.

**解**　（1）在区间$[0,a]$上，$y=x^2\geqslant 0$，故$A=\int_0^a x^2\mathrm{d}x$.

（2）在区间$[-\pi,0]$上，$y=\sin x\leqslant 0$，故$A=-\int_{-\pi}^0 \sin x\mathrm{d}x$.

（3）将所求面积分为$A_1$和$A_2$两部分. 在区间$[-1,0]$上，$y=x^3\leqslant 0$，故$A_1=-\int_{-1}^0 x^3\mathrm{d}x$；在区间$[0,2]$上，$y=x^3\geqslant 0$，故$A_2=\int_0^2 x^3\mathrm{d}x$. 于是$A=A_1+A_2=-\int_{-1}^0 x^3\mathrm{d}x+\int_0^2 x^3\mathrm{d}x$.

（4）以$[a,b]$为底、曲线$y=f(x)$为曲边的曲边梯形的面积为$A_1=\int_a^b f(x)\mathrm{d}x$；以$[a,b]$为底、曲线$y=g(x)$为曲边的曲边梯形面积为$A_2=\int_a^b g(x)\mathrm{d}x$. 于是，所求图形的面积为$A=A_1-A_2=\int_a^b f(x)\mathrm{d}x-\int_a^b g(x)\mathrm{d}x$.

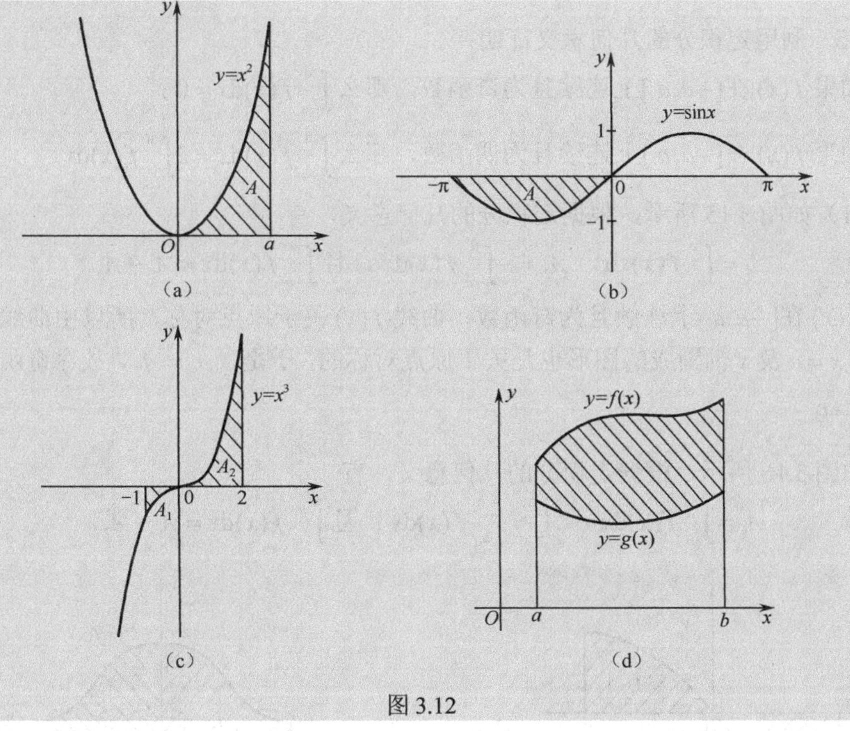


图 3.12

**例 3.23**　利用定积分的几何意义计算$\int_0^2(1+2x)\mathrm{d}x$.

**解**　如图 3.13 所示，由定积分的几何意义可知，定积分$\int_0^2(1+2x)\mathrm{d}x$的值等于由曲线$y=1+2x$、$x=0$、$x=2$及$x$轴所围梯形的面积，即

$$\int_0^2(1+2x)\mathrm{d}x=6.$$

**例 3.24**　利用定积分的几何意义计算$\int_0^1\sqrt{1-x^2}\mathrm{d}x$.

**解**　如图 3.14 所示，由定积分的几何意义可知，定积分$\int_0^1\sqrt{1-x^2}\mathrm{d}x$的值等于由曲线$y=\sqrt{1-x^2}$、$x=0$、$x=1$及$x$轴所围曲边梯形的面积，即 1/4 圆的面积，即

$$\int_0^1\sqrt{1-x^2}\mathrm{d}x=\frac{\pi}{4}.$$

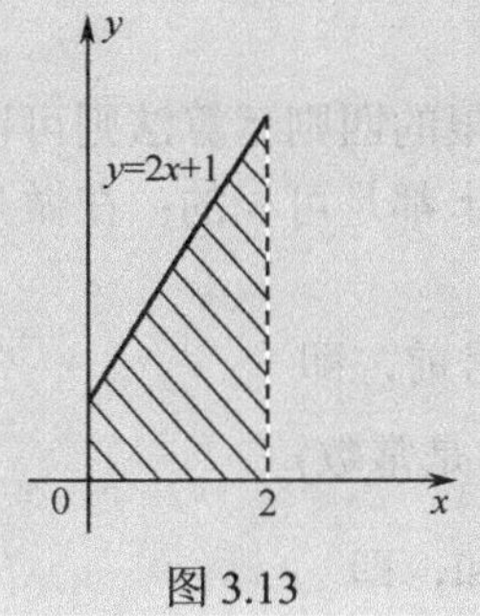


图 3.13

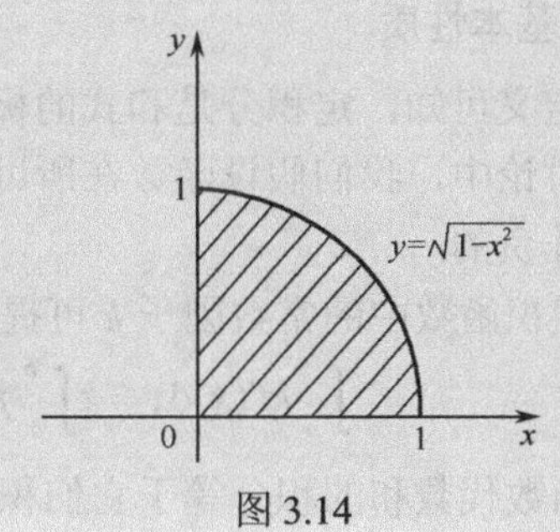


图 3.14

**例 3.25** 利用定积分的几何意义证明：

（1）如果 $f(x)$ 在 $[-a,a]$ 上连续且为奇函数，那么 $\int_{-a}^{a} f(x)\mathrm{d}x = 0$；

（2）如果 $f(x)$ 在 $[-a,a]$ 上连续且为偶函数，那么 $\int_{-a}^{a} f(x)\mathrm{d}x = 2\int_{0}^{a} f(x)\mathrm{d}x$.

**解** （1）如图 3.15 所示，根据定积分的几何意义，有

$$A_1 = \int_{0}^{a} f(x)\,\mathrm{d}x，\ A_2 = -\int_{-a}^{0} f(x)\mathrm{d}x，且 \int_{-a}^{a} f(x)\mathrm{d}x = A_1 - A_2 .$$

因为 $f(x)$ 在 $[-a,a]$ 上连续且为奇函数，曲线 $f(x)$ 关于原点对称，所以由曲线 $f(x)$ 和直线 $x=-a$、$x=a$ 及 $x$ 轴围成的图形也是关于原点对称的，于是，$A_1 = A_2$，故对奇函数 $f(x)$ 有 $\int_{-a}^{a} f(x)\mathrm{d}x = 0$.

（2）如图 3.16 所示，根据定积分的几何意义，有

$$A_1 = \int_{0}^{a} f(x)\mathrm{d}x，\ A_2 = \int_{-a}^{0} f(x)\mathrm{d}x；且 \int_{-a}^{a} f(x)\mathrm{d}x = A_1 + A_2 .$$

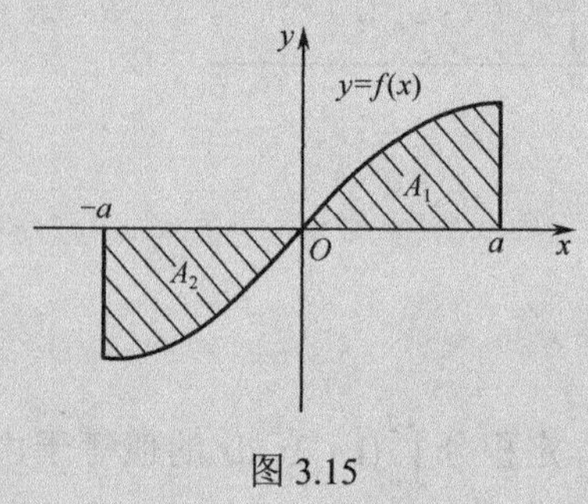


图 3.15

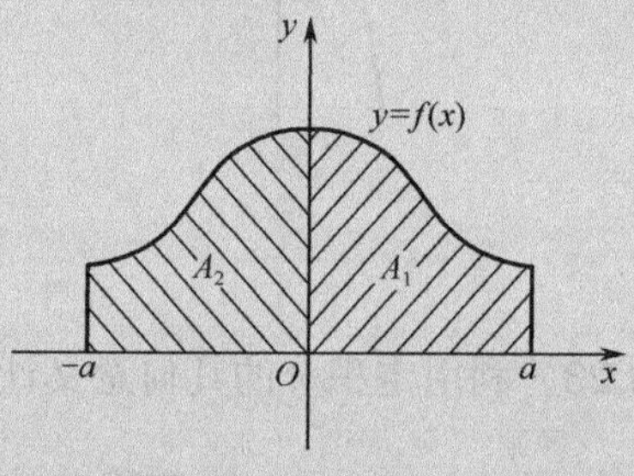

图 3.16

因为 $f(x)$ 在 $[-a,a]$ 上连续且为偶函数，曲线 $f(x)$ 关于 $y$ 轴对称，所以由曲线 $f(x)$ 和直线 $x=-a$、$x=a$ 及 $x$ 轴围成的图形也是关于 $y$ 轴对称的，于是，$A_1 = A_2 = \int_{0}^{a} f(x)\mathrm{d}x$，故对偶函数 $f(x)$，有 $\int_{-a}^{a} f(x)\mathrm{d}x = 2A_1 = 2\int_{0}^{a} f(x)\mathrm{d}x$.

例 3.25 的结论可用来简化计算偶函数、奇函数在对称于原点或 $y$ 轴的区间上的定积分.

在今后的计算中，例 3.25 的结论可作为公式使用. 例如，

$$\int_{-\frac{\pi}{2}}^{\frac{\pi}{2}} \sin^3 x\mathrm{d}x = 0,\quad \int_{-2}^{2} x^2\mathrm{d}x = 2\int_{0}^{2} x^2\mathrm{d}x .$$

### 3．定积分的基本性质

由定积分的定义可知，定积分是和式的极限，由极限的四则运算法则可以推出一些基本性质，在下面的讨论中，我们假设函数在所讨论的区间上都是可积的；在做几何说明时，又假设所给函数是非负的.

**【性质 1】** 被积函数中的常数因子 $k$ 可提到积分符号前，即

$$\int_{a}^{b} kf(x)\mathrm{d}x = k\int_{a}^{b} f(x)\mathrm{d}x \quad (k 是常数).$$

**【性质 2】** 函数代数和的积分等于它们积分的代数和，即

$$\int_a^b [f(x) \pm g(x)]\mathrm{d}x = \int_a^b f(x)\mathrm{d}x \pm \int_a^b g(x)\mathrm{d}x.$$

此性质可以推广到任意有限个函数代数和的形式（性质 1、2 称为定积分的线性）.

**【性质 3】** 被积函数为常数 $k$ 时，其积分等于 $k$ 乘以积分区间的长度，即

$$\int_a^b k\mathrm{d}x = k(b-a) \quad (k\text{ 是常数}).$$

特别地，有 $\int_a^b \mathrm{d}x = b-a$.

**【性质 4】（定积分关于积分区间的可加性）** 设 $c$ 为区间 $[a,b]$ 内（或外）的一点，则有

$$\int_a^b f(x)\mathrm{d}x = \int_a^c f(x)\mathrm{d}x + \int_c^b f(x)\mathrm{d}x.$$

此性质从几何意义上看非常明显.

（1）当 $a<c<b$ 时，由定积分的几何意义（图 3.17）可知：曲边梯形 $aABb$ 的面积=$aACc$ 的面积+$cCBb$ 的面积，即 $\int_a^b f(x)\mathrm{d}x = \int_a^c f(x)\mathrm{d}x + \int_c^b f(x)\mathrm{d}x$.

（2）当 $a<b<c$ 时，由前一种情况，应有 $\int_a^c f(x)\mathrm{d}x = \int_a^b f(x)\mathrm{d}x + \int_b^c f(x)\mathrm{d}x$. 移项，有 $\int_a^b f(x)\mathrm{d}x = \int_a^c f(x)\mathrm{d}x - \int_b^c f(x)\mathrm{d}x$，对等式右端的第二个积分，交换上、下限，有 $\int_a^b f(x)\mathrm{d}x = \int_a^c f(x)\mathrm{d}x + \int_c^b f(x)\mathrm{d}x$.

其他情形可类似推出.

**例 3.26**　设 $f(x)=\begin{cases}\sqrt{4-x^2}, & -2\leqslant x\leqslant 0\\ 3, & 0<x\leqslant 3\end{cases}$，求 $\int_{-2}^{3} f(x)\mathrm{d}x$.

**解**　函数 $f(x)$ 在区间 $[-2,3]$ 上的定积分的几何意义如图 3.18 所示，由定积分对积分区间的可加性，再根据定积分的几何意义，有

$$\int_{-2}^{3} f(x)\mathrm{d}x = \int_{-2}^{0} f(x)\mathrm{d}x + \int_{0}^{3} f(x)\mathrm{d}x = \int_{-2}^{0}\sqrt{4-x^2}\,\mathrm{d}x + \int_0^3 3\mathrm{d}x.$$

$$=\frac{1}{4}\text{圆面积+正方形的面积}=\frac{\pi\cdot 2^2}{4}+3\times 3=\pi+9.$$

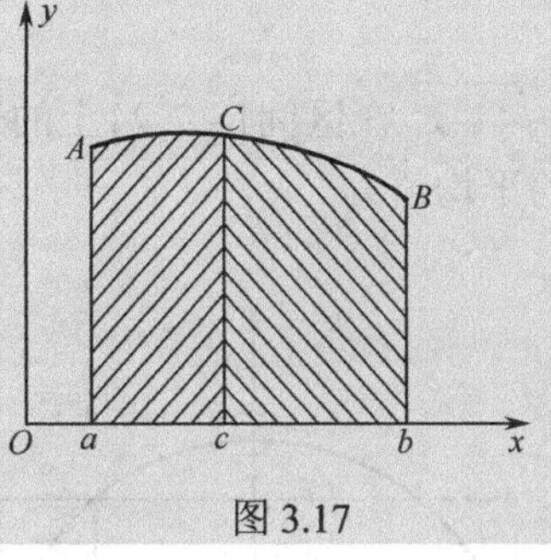


图 3.17

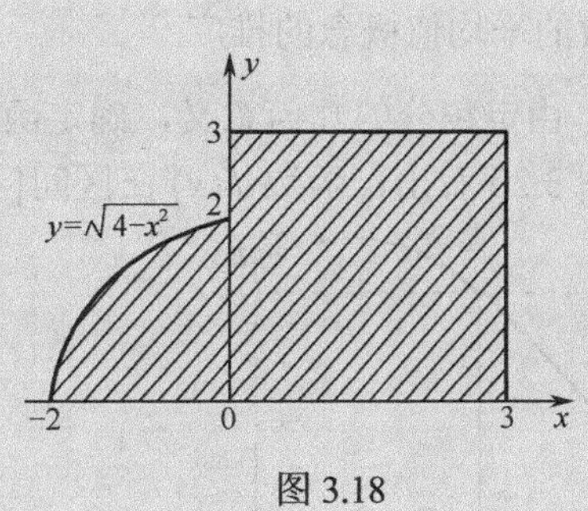


图 3.18

**【性质 5】（保序性）** 在区间 $[a,b]$ 上，若 $f(x)\leqslant g(x)$，则 $\int_a^b f(x)\mathrm{d}x \leqslant \int_a^b g(x)\mathrm{d}x$.

**例 3.27**　比较下列各对积分值的大小.

（1）$\int_0^1 \sqrt{x}\mathrm{d}x$ 与 $\int_0^1 x^2\mathrm{d}x$；（2）$\int_1^2 \ln x\mathrm{d}x$ 与 $\int_1^2 \ln^2 x\mathrm{d}x$.

**解**　（1）因为 $x\in[0,1]$ 时，$\sqrt{x}\geqslant x^2$，所以由性质 5，得 $\int_0^1 \sqrt{x}\mathrm{d}x \geqslant \int_0^1 x^2\mathrm{d}x$.

（2）因为在 $[1,2]$ 上，$0\leqslant \ln x<1$，所以 $\ln x \geqslant \ln^2 x$，则由性质 5，得

$$\int_1^2 \ln x\mathrm{d}x \geqslant \int_1^2 \ln^2 x\mathrm{d}x.$$

**【性质 6】（可估性）** 设 $M$ 和 $m$ 分别是 $f(x)$ 在区间 $[a,b]$ 上的最大值与最小值，则

$$m(b-a)\leqslant \int_a^b f(x)\mathrm{d}x \leqslant M(b-a).$$

**例 3.28**　估计定积分 $\int_1^4 (x^2+1)\mathrm{d}x$ 的值.

**解**　由于被积函数 $f(x)=x^2+1$ 在积分区间 $[1,4]$ 上是单调增加的，于是有最小值 $m=f(1)=2$，最大值 $M=f(4)=4^2+1=17$，由性质 6 可知

$$2\times(4-1)\leqslant \int_1^4 (x^2+1)\mathrm{d}x \leqslant 17\times(4-1),$$

即

$$6\leqslant \int_1^4 (x^2+1)\mathrm{d}x \leqslant 51.$$

**【性质 7】（定积分中值定理）** 若函数 $f(x)$ 在闭区间 $[a,b]$ 上连续，则在 $[a,b]$ 上至少存在一点 $\xi$，使得 $\int_a^b f(x)\mathrm{d}x = f(\xi)(b-a)$.

该定理的几何意义：以区间 $[a,b]$ 为底，$f(\xi)$ 为高的矩形 $aCDb$ 的面积等于同底的曲边梯形 $aABb$ 的面积（见图 3.19）. 这样，可以把 $f(\xi)$ 看作是曲边梯形的平均高度.

上式可以改写为

$$f(\xi)=\frac{1}{b-a}\int_a^b f(x)\mathrm{d}x.$$

通常，称 $f(\xi)$ 为函数 $f(x)$ 在闭区间 $[a,b]$ 上的积分平均值，简称为函数 $f(x)$ 在区间 $[a,b]$ 上的平均值，记为 $\overline{y}$，则有

$$\overline{y}=\frac{1}{b-a}\int_a^b f(x)\mathrm{d}x.$$

它是有限个数的平均值概念的推广.

**例 3.29**　由定积分的几何意义，确定函数 $f(x)=\sqrt{4-x^2}$ 在区间 $[-2,2]$ 上的平均值.

**解**　由图 3.20 看出，函数 $f(x)$ 在区间 $[-2,2]$ 上的平均值为

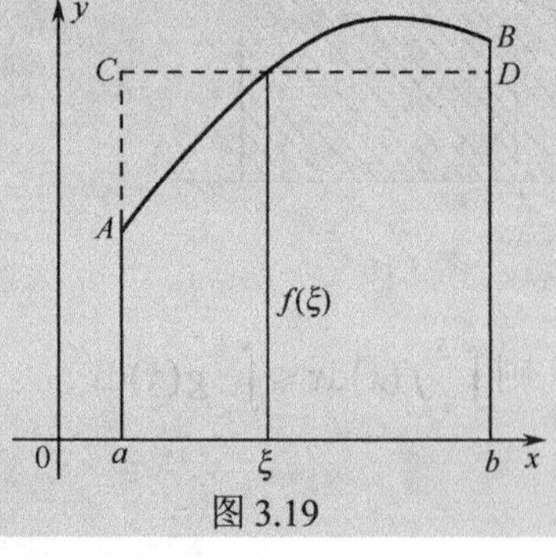

图 3.19

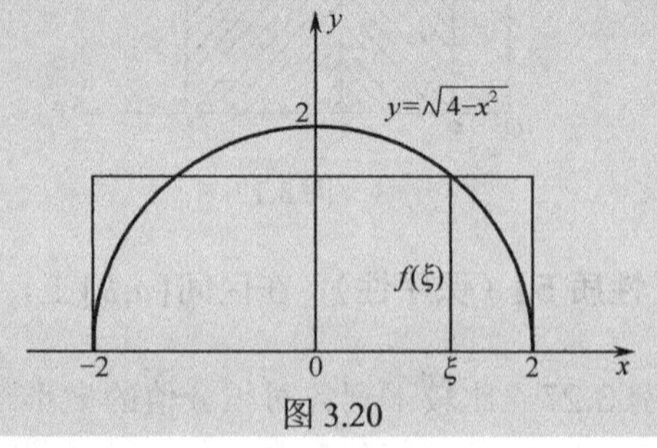

图 3.20

$$\overline{y}=\frac{1}{2-(-2)}\int_{-2}^{2}\sqrt{4-x^2}\,\mathrm{d}x=\frac{1}{4}\cdot\frac{\pi\cdot 2^2}{2}=\frac{\pi}{2}.$$

### 3.3.2　定积分的基本计算

由定积分的定义可以看出，根据定义计算定积分一般来说是十分复杂的，因此本节先学习原函数存在定理，在微分和积分之间建立关系，再通过讨论定积分与原函数的关系，推导出求定积分的基本计算方法.

#### 1．变上限定积分函数

**【定义 2】** 设 $f(x)$ 在 $[a,b]$ 上连续，$x\in[a,b]$，则 $f(x)$ 在 $[a,x]$ 上可导，即定积分 $\int_a^x f(x)\mathrm{d}x$ 存在，由于定积分的值与积分变量无关，为避免混淆，把积分变量换成 $t$，即得 $\int_a^x f(t)\mathrm{d}t$．若固定积分下限 $a$，则对任意一个 $x\in[a,b]$，定积分 $\int_a^x f(t)\mathrm{d}t$ 都有唯一的值与 $x$ 对应，所以 $\int_a^x f(t)\mathrm{d}t$ 是上限变量 $x$ 的函数，称它为**变上限定积分函数**，记作 $\Phi(x)=\int_a^x f(t)\mathrm{d}t$．

对于变上限积分函数 $\int_a^x f(t)\mathrm{d}t$ 在给定的情况下可以求其导数.

**【定理 1】（原函数存在定理）** 如果函数 $f(x)$ 在 $[a,b]$ 上连续，则变上限积分 $\Phi(x)=\int_a^x (t)\mathrm{d}t$（$a\leqslant x\leqslant b$）在 $(a,b)$ 内可导，且其导数为 $\Phi'(x)=\frac{\mathrm{d}}{\mathrm{d}x}\int_a^x f(t)\mathrm{d}t=f(x)$，即 $\Phi(x)$ 是被积函数的一个原函数.

这个定理肯定了连续函数的原函数是存在的，通常称为原函数存在定理；同时，该定理也初步揭示了积分学中的定积分与原函数之间的联系，在微分和积分之间建立了关系，我们又把它称为微积分第一基本定理，它是下面要将讨论的牛顿-莱布尼茨公式的基础.

**例 3.30**　求下列函数的导数.

（1）$\Phi(x)=\int_0^x\cos(2t+1)\mathrm{d}t$；　　（2）$\Phi(x)=\int_x^0 \mathrm{e}^t\cos 3t\mathrm{d}t$．

**解**　（1）$\Phi'(x)=\cos(2x+1)$；

（2）$\Phi(x)=-\int_0^x \mathrm{e}^t\cos 3t\mathrm{d}t$，$\Phi'(x)=-\mathrm{e}^x\cos 3x$．

#### 2．微积分基本定理——牛顿-莱布尼茨公式

物体以速度 $v(t)$ 做变速直线运动，在时间间隔 $[a,b]$ 内通过的路程为

$$s(t)=\int_a^b v(t)\mathrm{d}t=s(b)-s(a).$$

其中，$s(t)$ 为物体在时刻 $t$ 的位置函数，$s'(t)=v(t)$，即 $s(t)$ 是 $v(t)$ 的一个原函数. 本节把这一结果推广到一般情形，得到微积分学的基本公式，即**牛顿-莱布尼茨公式**.

**【定理 2】（微积分基本定理）**　设函数 $f(x)$ 在区间 $[a,b]$ 上连续，且 $F(x)$ 是 $f(x)$ 的一个原函数，则

$$\int_a^b f(x)\mathrm{d}x=F(b)-F(a).$$

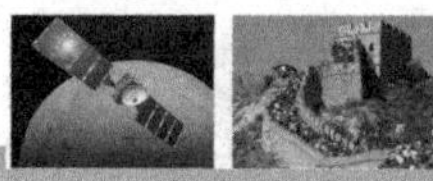

上述等式揭示了定积分与被积函数的原函数之间的内在联系，因此它被称为**微积分基本公式**，又称为**牛顿-莱布尼茨公式**，该公式把定积分的计算问题转化成了求不定积分的问题，从而给定积分提供了一个有效而简便的计算方法.

为了书写方便，$F(b)-F(a)$也可以用记号$[F(x)]_a^b$或$F(x)\big|_a^b$来表示.

**例 3.31** 求下列定积分的值.

（1）$\int_0^1 x^2\mathrm{d}x$；（2）$\int_{-2}^{-1}\frac{1}{x}\mathrm{d}x$；（3）$\int_0^1\frac{x^2}{1+x^2}\mathrm{d}x$.

**解** （1）因为$\int x^2\mathrm{d}x=\frac{1}{3}x^3+C$，所以由牛顿-莱布尼茨公式，得

$$\int_0^1 x^2\mathrm{d}x=\left(\frac{1}{3}x^3\right)\bigg|_0^1=\frac{1}{3}\times1^3-\frac{1}{3}\times0^3=\frac{1}{3}.$$

（2）$\int_{-2}^{-1}\frac{1}{x}\mathrm{d}x=(\ln|x|)\big|_{-2}^{-1}=\ln|-1|-\ln|-2|=-\ln2$.

（3）$\int_0^1\frac{x^2}{1+x^2}\mathrm{d}x=\int_0^1\frac{x^2+1-1}{1+x^2}\mathrm{d}x=\int_0^1\mathrm{d}x-\int_0^1\frac{1}{1+x^2}\mathrm{d}x$

$$=x\big|_0^1-\arctan x\big|_0^1=1-\frac{\pi}{4}.$$

**例 3.32** 设$f(x)=\begin{cases}x-1, & -1\leqslant x\leqslant1\\ \dfrac{1}{x}, & 1\leqslant x\leqslant2\end{cases}$，求$\int_{-1}^2 f(x)\mathrm{d}x$.

**解** 函数$f(x)$在区间$[-1,2]$上是分段连续的，于是

$$\int_{-1}^2 f(x)\mathrm{d}x=\int_{-1}^1(x-1)\mathrm{d}x+\int_1^2\frac{1}{x}\mathrm{d}x=\left(\frac{x^2}{2}-x\right)\bigg|_{-1}^1+(\ln|x|)\big|_1^2=\ln2-2.$$

**例 3.33** 求由曲线$y=\sin x$和$x$轴在区间$[0,\pi]$上所围成图形的面积.

**解** 由于当$0\leqslant x\leqslant\pi$时，有$y=\sin x\geqslant0$，因此

$$A=\int_0^\pi\sin x\mathrm{d}x=(-\cos x)\big|_0^\pi=-\cos\pi+\cos0=2.$$

**3．定积分的换元积分法与分部积分法**

牛顿-莱布尼兹公式为我们提供了求定积分简便而有效的方法，但是，有些定积分中被积函数的原函数无法像上一节那样直接用基本积分公式来计算，如$\int_0^{\frac{\sqrt{\pi}}{2}}2x\cos(x^2)\mathrm{d}x$，$\int_1^{\mathrm{e}}\ln x\mathrm{d}x$等.

因此，需要讨论定积分计算的一些常用方法，本节所提出的两种积分法是以牛顿-莱布尼茨公式为基础，进一步简化定积分计算的方法.

1）定积分的换元积分法

**【定理 3】** 若函数$f(x)$在区间$[a,b]$上连续，函数$x=\varphi(t)$在区间$[\alpha,\beta]$上单调且有连续而不为零的导数$\varphi'(t)$，又$\varphi(\alpha)=a$，$\varphi(\beta)=b$，则

$$\int_a^b f(x)\mathrm{d}x=\int_\alpha^\beta f[\varphi(t)]\cdot\varphi'(t)\mathrm{d}t.$$

这就是定积分的**换元积分公式**.

上述公式与不定积分的换元公式很类似，所不同的是用不定积分的换元法时，最后需要将变量还原，而用定积分换元法时，需要将积分限做相应的改变.

**例 3.34**　求下列定积分的值.

（1）$\int_0^3 \frac{x}{\sqrt{1+x}}\mathrm{d}x$；　　（2）$\int_0^{\frac{\pi}{2}} \sin^2 x\cos x\mathrm{d}x$.

**解**　（1）**解法一**　先求不定积分 $\int \frac{x}{\sqrt{1+x}}\mathrm{d}x$，令 $\sqrt{1+x}=t$，则 $x=t^2-1$，$\mathrm{d}x=2t\mathrm{d}t$，于是

$$\int \frac{x}{\sqrt{1+x}}\mathrm{d}x=\int \frac{t^2-1}{t}\cdot 2t\mathrm{d}t=2\int (t^2-1)\mathrm{d}t=\frac{2}{3}t^3-2t+C=\frac{2}{3}(\sqrt{1+x})^3-2\sqrt{1+x}+C,$$

所以

$$\int_0^3 \frac{x}{\sqrt{1+x}}\mathrm{d}x=\left[\frac{2}{3}(\sqrt{1+x})^3-2\sqrt{1+x}\right]\Bigg|_0^3=\frac{8}{3}.$$

**解法二**　令 $\sqrt{1+x}=t$，则 $x=t^2-1$，$\mathrm{d}x=2t\mathrm{d}t$，且当 $x=0$ 时，$t=1$，$x=3$ 时，$t=2$，于是

$$\int_0^3 \frac{x}{\sqrt{1+x}}\mathrm{d}x=\int_1^2 \frac{t^2-1}{t}\cdot 2t\mathrm{d}t=2\int_1^2 (t^2-1)\mathrm{d}t=\left(\frac{2}{3}t^3-2t\right)\Bigg|_1^2=\frac{8}{3}.$$

（2）设 $\sin x=t$，则 $\cos x\mathrm{d}x=\mathrm{d}t$；且 $x=0$ 时，$t=0$，$x=\frac{\pi}{2}$ 时，$t=1$，于是

$$\int_0^{\frac{\pi}{2}} \sin^2 x\cos x\mathrm{d}x=\int_0^1 t^2\mathrm{d}t=\left(\frac{1}{3}t^3\right)\Bigg|_0^1=\frac{1}{3}.$$

这个积分中被积函数的原函数也可采用不引入新变量的凑微分法来求得，即

$$\int_0^{\frac{\pi}{2}} \sin^2 x\cos x\mathrm{d}x=\int_0^{\frac{\pi}{2}} \sin^2 x\mathrm{d}(\sin x)=\left(\frac{1}{3}\sin^3 x\right)\Bigg|_0^{\frac{\pi}{2}}=\frac{1}{3}.$$

可以看出，此时由于没有进行变量代换，所以积分的上、下限不必更改，这种方法有时会使得计算更为简便.

2）定积分的分部积分法

不定积分有分部积分法，相应地，定积分也有类似的分部积分法.

若函数 $u=u(x)$，$v=v(x)$ 在区间 $[a,b]$ 上具有连续的导数，则有

$$\int_a^b u\mathrm{d}v=(uv)\Big|_a^b-\int_a^b v\mathrm{d}u.$$

这就是定积分的**分部积分公式**.

它的作用在于把左边不易计算的积分 $\int_a^b u\mathrm{d}v$ 转化为求右边容易计算的积分 $\int_a^b v\mathrm{d}u$；显然，分部积分公式起到了化难为易的作用.

**例 3.35**　求下列定积分的值.

（1）$\int_0^1 x\mathrm{e}^x\mathrm{d}x$；　　（2）$\int_0^{\frac{1}{2}} \arcsin x\mathrm{d}x$.

解 （1） $\int_0^1 xe^x dx = \int_0^1 xd(e^x) = (xe^x)\Big|_0^1 - \int_0^1 e^x dx = e - (e^x)\Big|_0^1 = 1$.

（2） $\int_0^{\frac{1}{2}} \arcsin x dx = [x\arcsin x]_0^{\frac{1}{2}} - \int_0^{\frac{1}{2}} xd(\arcsin x)$

$$= \frac{1}{2}\arcsin\frac{1}{2} - \int_0^{\frac{1}{2}} x\cdot\frac{1}{\sqrt{1-x^2}}dx = \frac{\pi}{12} + \frac{1}{2}\int_0^{\frac{1}{2}}\frac{1}{\sqrt{1-x^2}}d(1-x^2)$$

$$= \frac{\pi}{12} + \frac{1}{2}\cdot(2\sqrt{1-x^2})\Big|_0^{\frac{1}{2}} = \frac{\pi}{12} + \frac{\sqrt{3}}{2} - 1.$$

### 3.3.3 定积分的应用

本节主要介绍把一个量表示成定积分的简单方法——微元法，然后再分别用微元法讨论把平面图形的面积和旋转体的体积表示成定积分的方法.

#### 1．平面不规则图形面积的计算

如图 3.21 所示，设平面图形是由曲线 $y = f(x)$ 与 $y = g(x)$ 和直线 $x = a$与$x = b$ $(a < b)$ 所围成的，并且在区间 $[a, b]$ 上有 $g(x) \leqslant f(x)$.

取 $x$ 为积分变量，其变化区间为 $[a,b]$，在 $[a,b]$ 上任取一小区间 $[x, x+dx]$，相应区间 $[x, x+dx]$ 上的窄条面积近似于高为 $[f(x)-g(x)]$、底为 $dx$ 的矩形面积，从而得到面积微元 $dA = [f(x)-g(x)]dx$.

以面积微元为被积表达式，在 $[a, b]$ 上做定积分，得所求面积 $A = \int_a^b [f(x) - g(x)]dx$.

同理，如果平面图形是由曲线 $x = \varphi(y)$，$x = \psi(y)$ 和直线 $y = c$，$y = d$ $(c < d)$ 围成的，且在 $[c,d]$ 上 $\psi(y) \leqslant \varphi(y)$，如图 3.22 所示，那么此平面图形的面积为

$$A = \int_c^d [\varphi(y) - \psi(y)]dy.$$

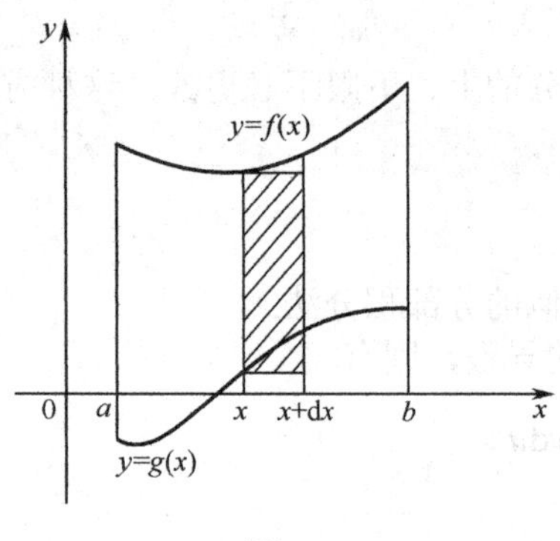


图 3.21

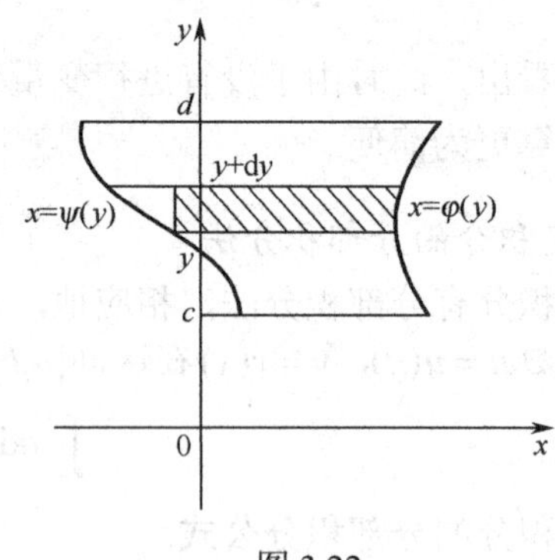


图 3.22

**例 3.36** 求由抛物线 $y = x^2$ 与直线 $y = x + 2$ 所围成的平面图形的面积.

**解** 为了具体定出图形所在的范围，先求这两条曲线的交点，为此解方程组 $\begin{cases} y = x + 2 \\ y = x^2 \end{cases}$，得出交点为(−1,1)及(2,4)，取 $x$ 为积分变量，则图形在直线 $x = -1$ 与 $x = 2$ 之间，所以

$$A=\int_{-1}^{2}[(x+2)-x^2]\mathrm{d}x=\left(\frac{1}{2}x^2+2x-\frac{1}{3}x^3\right)\Bigg|_{-1}^{2}=\frac{9}{2}.$$

**例 3.37**　求由两条抛物线 $y=x^2$ 和 $y^2=x$ 所围成的图形的面积.

**解**　如图 3.23 所示，为了具体定出图形所在的范围，先求这两条曲线的交点，为此解方程组 $\begin{cases} y^2=x \\ y=x^2 \end{cases}$，得出交点为(0,0)及(1,1)，取 $x$ 为积分变量，则图形在直线 $x$=0 与 $x$=1 之间，所以

$$A=\int_{0}^{1}(\sqrt{x}-x^2)\mathrm{d}x=\left(\frac{2}{3}x^{\frac{3}{2}}-\frac{1}{3}x^3\right)\Bigg|_{0}^{1}=\frac{1}{3}.$$

**例 3.38**　求由抛物线 $y^2=2x$ 与直线 $y=x-4$ 所围成的图形的面积.

**解**　如图 3.24 所示，为了具体定出图形所在的具体范围，先求这两条曲线的交点，为此解方程组 $\begin{cases} y^2=2x \\ y=x-4 \end{cases}$，得出交点为(2,−2)和(8,4)，取 $y$ 为积分变量，则图形在直线 $y=-2$ 与 $y=4$ 之间，所以

$$A=\int_{-2}^{4}\left(y+4-\frac{1}{2}y^2\right)\mathrm{d}y=\left(\frac{y^2}{2}+4y-\frac{y^3}{6}\right)\Bigg|_{-2}^{4}=18.$$

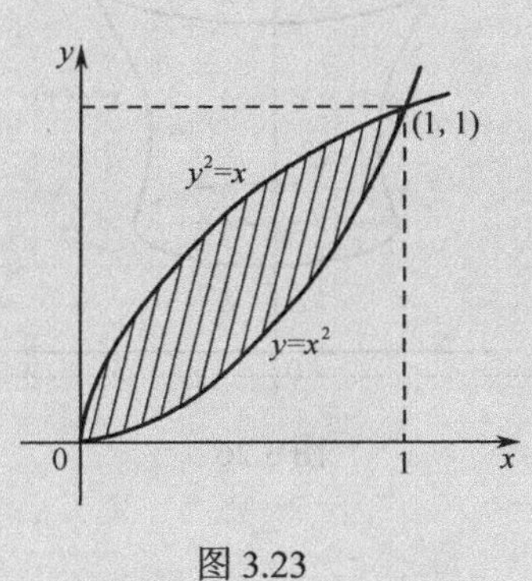

图 3.23

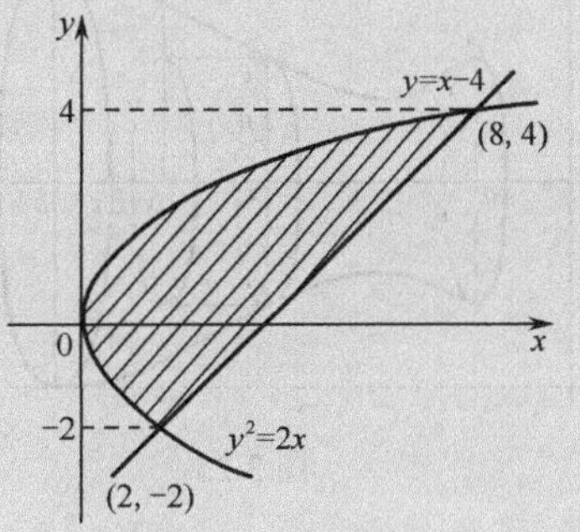

图 3.24

注意此题若选 $x$ 作为积分变量，必须过点(2,−2)作直线 $x=2$ 将图形分成两部分，可得

$$A=\int_{0}^{2}[\sqrt{2}x-(-\sqrt{2}x)]\mathrm{d}x+\int_{2}^{8}[\sqrt{2}x-(x-4)]\mathrm{d}x=\frac{16}{3}+\frac{38}{3}=18.$$

显然，这样的计算量比较大，因此要注意积分变量的恰当选择. 一般积分变量的选择要视图形的具体情况而定.

由以上两例可知，利用微元法求平面图形面积的一般步骤通常如下：

（1）作出草图；

（2）联立方程组，求出曲线的交点；

（3）确定积分变量的选择（$x$ 或 $y$），同时确定积分变量的变化范围；

（4）写出面积的微元表达式；

（5）计算定积分的值.

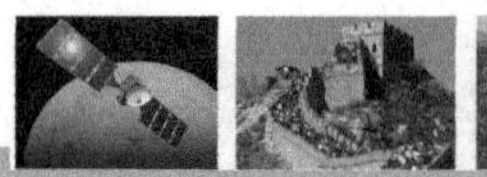

2．旋转体体积的计算

**旋转体**是由某平面内的一个图形绕该平面内的一条定直线旋转一周而成的立体，这条定直线称为旋转体的轴. 工厂中车床加工出来的工件很多都是旋转体，如圆柱体、圆锥体等.

设一旋转体是由连续曲线 $y=f(x)$、直线 $x=a$ 与 $x=b$ 及 $x$ 轴所围成的曲边梯形绕 $x$ 轴旋转一周而成的，如图 3.25 所示. 它的主要特点是，用垂直于曲边梯形底边的平面截旋转体，所得的截面都是圆. 现在我们用定积分来计算它的体积.

取 $x$ 为积分变量，积分区间为 $[a,b]$. 在 $[a,b]$ 内任取一小区间 $[x,x+\mathrm{d}x]$，与它对应的薄片体积近似于以 $y=f(x)$ 为半径，以 $\mathrm{d}x$ 为高的薄片圆柱的体积，从而得到体积微元

$$\mathrm{d}V=\pi y^2\mathrm{d}x=\pi[f(x)]^2\mathrm{d}x.$$

以体积微元为被积表达式，在 $[a,b]$ 上做定积分得所求体积为

$$V=\pi\int_a^b[f(x)]^2\mathrm{d}x.$$

同理，由连续曲线 $x=\varphi(y)$、直线 $y=c$ 与 $y=d$ 及 $y$ 轴围成的曲边梯形绕 $y$ 轴旋转而成的旋转体（见图 3.26）的体积为

$$V=\pi\int_c^d[\varphi(y)]^2\mathrm{d}y.$$

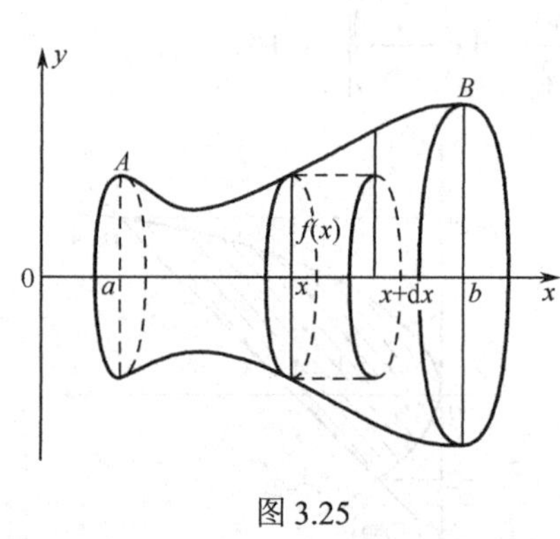

图 3.25

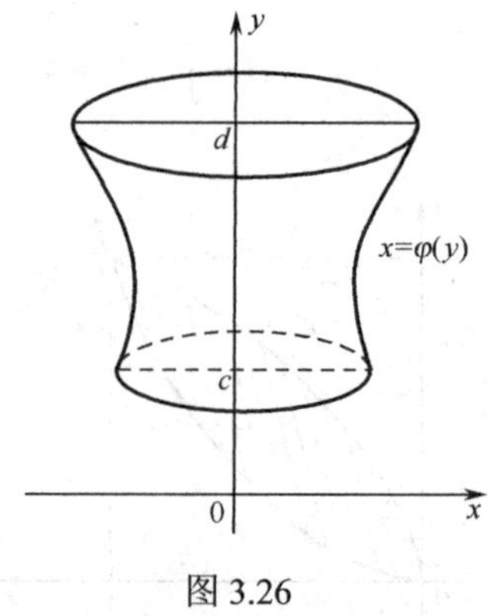

图 3.26

**例 3.39** 求椭圆 $\dfrac{x^2}{a^2}+\dfrac{y^2}{b^2}=1$ 绕 $y$ 轴旋转而成的旋转椭球体的体积.

**解** 旋转椭球体可看作由右半椭圆 $x=\dfrac{a}{b}\sqrt{b^2-y^2}$ 及 $y$ 轴围成的图形绕 $y$ 轴旋转而成的，如图 3.27 所示. 由公式可得

$$V=\int_{-b}^{b}\pi\left(\frac{a}{b}\sqrt{b^2-y^2}\right)^2\mathrm{d}y=2\pi\frac{a^2}{b^2}\int_0^b(b^2-y^2)\mathrm{d}y=2\pi\frac{a^2}{b^2}\left[b^2y-\frac{1}{3}y^3\right]_0^b=\frac{4}{3}\pi a^2b.$$

当 $a=b$ 时，便得到半径为 $a$ 的球体的体积 $V=\dfrac{4}{3}\pi a^3$.

**例 3.40** 求由曲线 $x^2+y^2=2$ 与 $y=x^2$ 所围成的图形（见图 3.28）中的阴影部分绕 $x$ 轴旋转而成的旋转体的体积.

**解** 如图 3.28 所示，解方程组$\begin{cases}x^2+y^2=2\\ y=x^2\end{cases}$，得出交点为(1,1)及(−1,1)，该旋转体的体积$V$可以看作以$x$轴上的区间[−1,1]为底边，分别以底边上的圆弧$y_1=\sqrt{2-x^2}$、抛物线弧$y_2=x^2$为曲边的两个曲边梯形绕$x$轴旋转而成的两个旋转体的体积的差，即

$$V=V_1-V_2=\pi\int_{-1}^{1}y_1^2\mathrm{d}x-\pi\int_{-1}^{1}y_2^2\mathrm{d}x=\pi\int_{-1}^{1}(2-x^2)\mathrm{d}x-\pi\int_{-1}^{1}x^4\mathrm{d}x=\frac{44}{15}\pi.$$

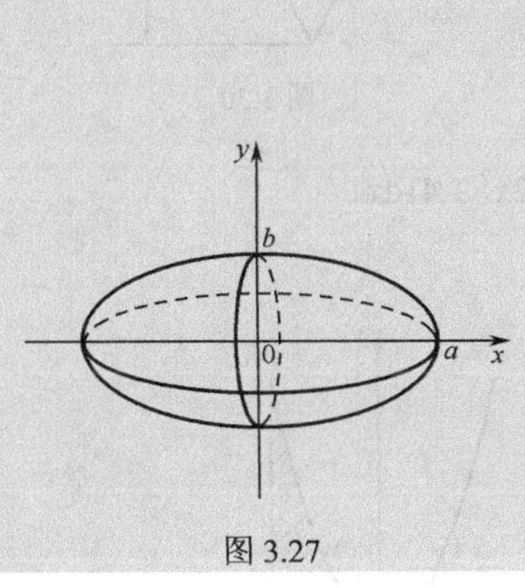

图 3.27

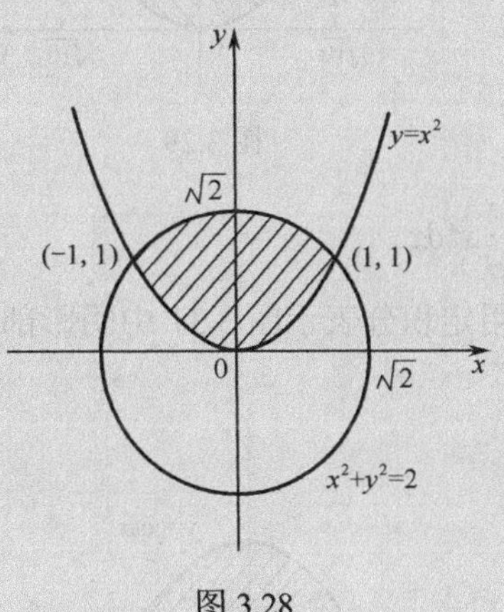

图 3.28

## 任务解答 3.3

根据任务 3.3，求图像绕轴$y$旋转一周所产生的碗形曲面的截面面积和体积. 碗形曲面的截面如图 3.29 所示.

（1）碗的截面面积为

$$\begin{aligned}A&=2\times5\times\sqrt{10}-2\int_0^{\sqrt{10}}\frac{x^2}{2}\mathrm{d}x\\&=10\sqrt{10}-\frac{x^3}{3}\Big|_0^{\sqrt{10}}\\&=10\sqrt{10}-\frac{10}{3}\sqrt{10}\\&=\frac{20}{3}\sqrt{10}.\end{aligned}$$

（2）碗的体积为

$$V=\pi\int_0^5 2y\mathrm{d}y=\pi y^2\Big|_0^5=25\pi.$$

**思考问题** 常见的冰激凌形状，其下方是一个圆锥，上方是由一段抛物线弧绕其对称轴旋转一周所成的形状，尺寸如图 3.30 所示，试求其体积.

## 基础训练 3.3

1．已知$\int_0^2 x^2\mathrm{d}x=\frac{8}{3}$，$\int_{-1}^0 x^2\mathrm{d}x=\frac{1}{3}$，计算下列定积分：

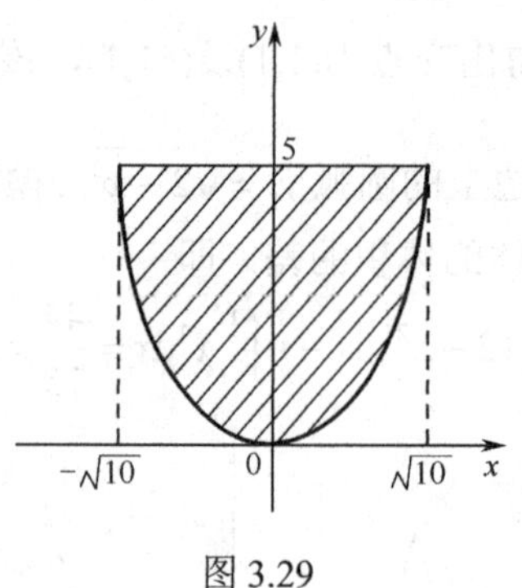

图 3.29

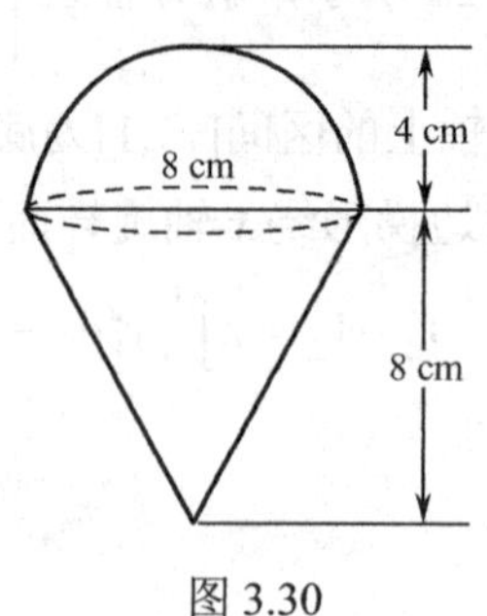

图 3.30

（1）$\int_{-1}^{2} x^2 \mathrm{d}x$；（2）$\int_{-1}^{2} (2x^2+4)\mathrm{d}x$.

2．利用定积分表示图 3.31 中阴影部分的面积：

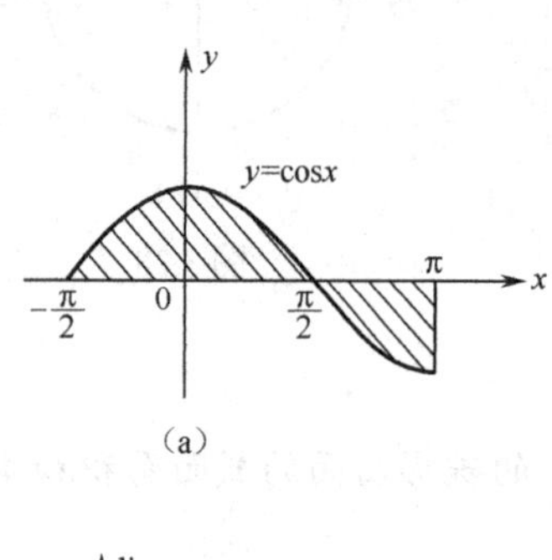

（a）

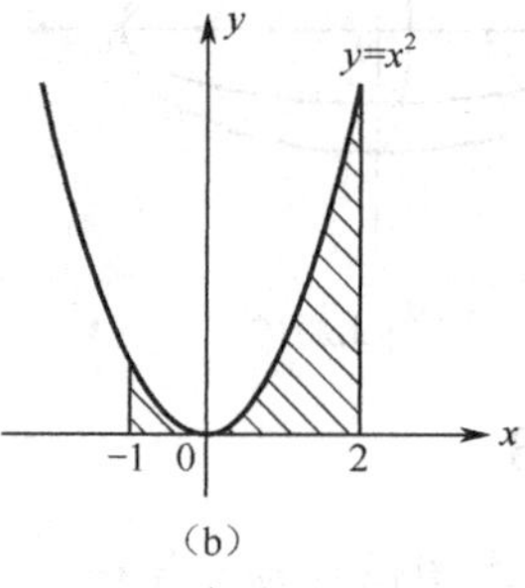

（b）

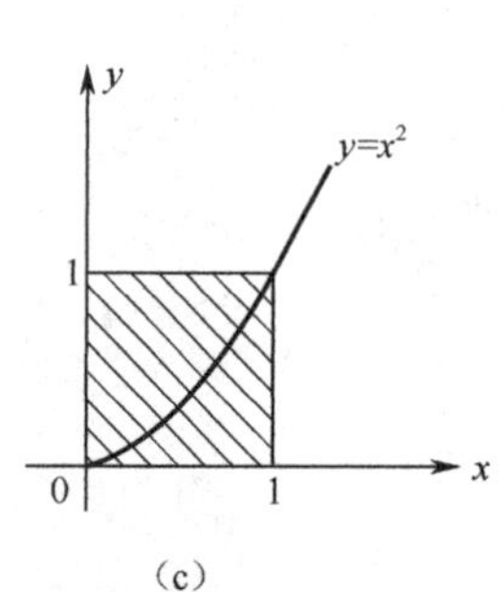

（c）

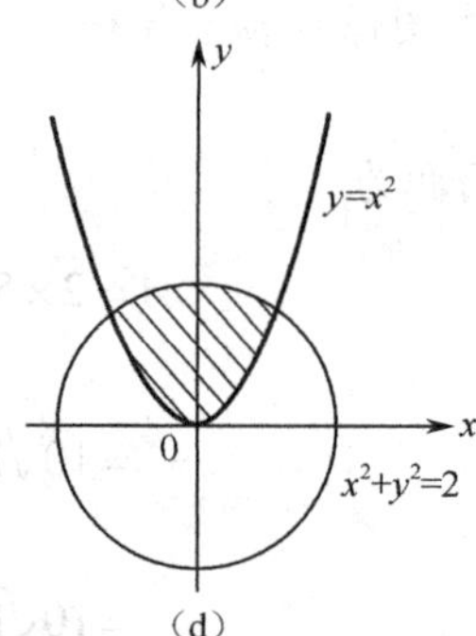

（d）

图 3.31

3．设物体以速度 $v=2t+1$ 做直线运动，用定积分表示时间 $t$ 从 0 到 3 该物体所经过的路程 $s$.

4．计算下列定积分.

（1）$\int_{1}^{3} x^2 \mathrm{d}x$；（2）$\int_{-\mathrm{e}}^{-2} \frac{1}{x}\mathrm{d}x$；

（3）$\int_{1}^{3} \frac{1}{\sqrt{x}}\mathrm{d}x$；（4）$\int_{1}^{2} \left(x+\frac{1}{x}\right)^2 \mathrm{d}x$；

（5）$\int_{-1}^{0} \frac{3x^4+3x^2+1}{x^2+1}\mathrm{d}x$；（6）$\int_{0}^{\frac{\pi}{4}} \sin 2x \mathrm{d}x$；

（7）$\int_{0}^{\frac{\sqrt{\pi}}{2}} x\cos x^2 \mathrm{d}x$；（8）$\int_{0}^{1} \frac{x^2}{1+x^6}\mathrm{d}x$；

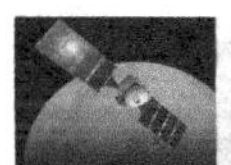

（9）$\int_1^{e^3}\frac{dx}{x\sqrt{1+\ln x}}$；　　　　（10）$\int_0^1 te^t dt$.

5．设 $f(x)=\begin{cases}x-1, & x\leqslant 2\\ x^2-3, & x>2\end{cases}$，求 $\int_1^3 f(x)dx$.

6．求由下列曲线所围成的平面图形的面积.

（1）$y=1-x^2$ 与直线 $y=0$；

（2）$y=x^3$ 与直线 $y=x$；

（3）$y=\frac{1}{x}$ 及直线 $y=x$，$y=0$，$x=2$；

（4）$y=e^x$、$y=e^{-x}$ 与直线 $x=1$；

（5）$y^2=2x$ 与直线 $x-y=4$；

（6）$y=\ln x$ 及直线 $y=\ln 2$、$y=\ln 7$ 与 $x=0$.

7．求由下列曲线所围成的图形绕指定轴旋转所得旋转体的体积.

（1）$2x-y+4=0$、$x=0$ 及 $y=0$，绕 $x$ 轴；

（2）$y=x^2-4$ 与 $y=0$，绕 $x$ 轴；

（3）$\frac{x^2}{a^2}+\frac{y^2}{b^2}=1$，绕 $x$ 轴；

（4）$y^2=x$ 与 $x^2=y$，绕 $y$ 轴.

8．有一口锅，其形状可视为抛物线 $y=ax^2$ 绕 $y$ 轴旋转而成，已知深为 0.5 m，锅口直径为 1 m，求锅的容积.

9．某地在上午 9 点以后的温度可用函数 $T(t)=50+14\sin\frac{\pi}{12}t$ 表示，其中 $t$ 的单位是小时，求从上午 9 点到晚上 9 点这段时间内该地的平均温度.

## 数学实验 3　MATLAB 积分的计算与应用

### 1．求积分常用命令

MATLAB 求积分命令 int 调用格式如下：

（1）int(f)：求函数表达式 $f$ 的不定积分 $\int f(x)dx$；

（2）int(f,t)：求函数表达式 $f$ 关于变量 $t$ 的不定积分 $\int f(t)dt$；

（3）int(f,a,b)：求函数表达式 $f$ 在区间 $[a,b]$ 上的定积分 $\int_a^b f(x)dx$；

（4）int(f,t,a,b)：求函数表达式 $f$ 在区间 $[a,b]$ 上的关于变量 $t$ 的定积分 $\int_a^b f(t)dt$.

### 2．积分计算举例

**例 3.41**　计算 $\int\left(x^5+x^3-\frac{\sqrt{x}}{4}\right)dx$.

扫一扫下载 MATLAB 源程序

**解**　输入命令：

```
>> clear
>> y=sym ('x^5+x^3-sqrt(x)/4')
>> int(y)
>> pretty(ans)
```

运行结果：

```
ans = x^4/4 - x^(3/2)/6 + x^6/6
4    3/2    6
x    x      x
-- - ---- + --
4    6      6
```

这里用到的一个函数：pretty( )，其功能是使它作用的表达式更符合数学上的书写习惯. 即结果为

$$\int\left(x^5+x^3-\frac{\sqrt{x}}{4}\right)\mathrm{d}x=\frac{x^4}{4}-\frac{x^{3/2}}{6}+\frac{x^6}{6}.$$

**例 3.42** 计算定积分 $\int_0^0\frac{xe^x}{(1+x)^2}\mathrm{d}x$.

扫一扫下载 MATLAB 源程序

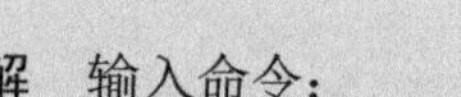

**解** 输入命令：

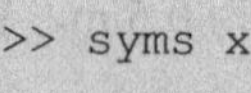

```
>> syms x
>> y=(x*exp(x))/(1+x)^2
>> int(y,0,1)
```

运行结果：

```
ans = exp(1)/2 - 1
```

即结果为 $\int_0^0\frac{xe^x}{(1+x)^2}\mathrm{d}x=\frac{\mathrm{e}}{2}-1$.

**例 3.43** 计算 $\int_0^2|x-1|\mathrm{d}x$.

扫一扫下载 MATLAB 源程序

**解** 输入命令：

```
>> syms x
>> int(abs(x-1),0,2)
```

运行结果：

```
ans =1.
```

即结果为 $\int_0^2|x-1|\mathrm{d}x=1$.

## 实验训练 3

1．计算下列不定积分.

（1）$\int\frac{\mathrm{d}x}{x^2-a^2}$；　　（2）$\int\frac{\mathrm{d}x}{\sqrt{x^2+5}}$；　　（3）$\int\frac{x+1}{x^2+x+1}\mathrm{d}x$.

2．计算下列定积分：

（1）$\int_0^{\frac{\pi}{2}}\sin x\cos x\mathrm{d}x$；　　（2）$\int_1^{\mathrm{e}}\sin(\ln x)\mathrm{d}x$；　　（3）$\int_{-1}^{1}\frac{x^3\sin^2 x}{x^4+2x^2+1}\mathrm{d}x$.

3．求$\int_1^t\frac{1+\ln x}{(x\ln x)^2}\mathrm{d}x$并用 diff 对结果求导.

4．求由曲线$y=x^2-1$和直线$y=x+5$所围成的图形面积.

## 综合训练 3

扫一扫看综合训练 3 参考答案

### 一、填空题

1．设函数$y=f(\mathrm{e}^{-x})$，且$f(x)$可导，则$\mathrm{d}y=$________.

2．函数$y=x^3-x$，在$x=2$，$\Delta x=0.01$时的微分$\mathrm{d}y\big|_{\substack{x=2\\ \Delta x=0.01}}=$________.

3．若$F'(x)=f(x)$，则________是________的原函数.

4．设$f(x)=a$（$a$为任意常数），则$\int f(x)\mathrm{d}x=$________.

5．函数$f(x)$的________称为$f(x)$的不定积分.

6．若$\int f(x)\mathrm{d}x=3\mathrm{e}^{2x}+C$，则$f(x)=$________.

7．设$\mathrm{e}^{-x}$是$f(x)$的一个原函数，则$\int f(x)\mathrm{d}x=$________.

8．$\int 0\mathrm{d}x=$________；　　$\int\mathrm{d}x=$________.

9．$\left(\int\mathrm{e}^{x^2}\mathrm{d}x\right)'=$________；　　$\mathrm{d}\left(\int\frac{\sin x}{x}\mathrm{d}x\right)=$________.

10．定积分$\int_{-3}^{3}\sin t\mathrm{d}t$中积分上限是________，积分下限是________，积分区间是________.

11．$\int_a^b 0\mathrm{d}x=$________；　　$\int_0^1\mathrm{d}x=$________.

12．$\left(\int_0^1\frac{\mathrm{d}x}{\sqrt{1+x^4}}\right)'=$________；　　$\mathrm{d}\left(\int_0^{\sqrt{\frac{\pi}{2}}}\sin x^2\mathrm{d}x\right)=$________.

13．$\int_{-a}^{a}x[f(x)+f(-x)]\mathrm{d}x=$________.

14．若$\int_0^2 kx(1+x^2)^{-2}\mathrm{d}x=32$，则$k=$________.

15．由曲线$y=x^2+1$与直线 $x$=1，$x$=3 及 $x$ 轴围成的曲边梯形的面积用定积分表示为________.

### 二、选择题

1．若$F'(x)=f(x)$，则$\int\mathrm{d}F(x)$等于（　　）.

A．$f(x)$　　B．$F(x)$　　C．$f(x)+C$　　D．$F(x)+C$

2．设$f(x)$的一个原函数为$\ln x$，则$f'(x)$等于（　　）．

A．$\dfrac{1}{x}$　　B．$-\dfrac{1}{x^2}$　　C．$x\ln x$　　D．$e^x$

3．设函数$f(x)$的导数是$a^x$，则$f(x)$的全体原函数是（　　）．

A．$\dfrac{a^x}{\ln a}+C$　　B．$\dfrac{a^x}{\ln^2 a}+C$　　C．$\dfrac{a^x}{\ln^2 a}+C_1x+C_2$　　D．$a^x\ln^2 a+C_1x+C_2$

4．设$f'(\sin x)=\cos^2 x$，则$f(x)$等于（　　）．

A．$\sin x-\dfrac{1}{3}\sin^3 x+C$　　B．$\sin^2 x-\dfrac{1}{3}\sin^6 x+C$

C．$x-\dfrac{1}{3}x^3+C$　　D．$x^2-\dfrac{1}{3}x^6+C$

5．设$f(x)$为可导函数，则下列各式中正确的是（　　）．

A．$\left[\int f'(x)\mathrm{d}x\right]=f(x)$　　B．$\int f'(x)\mathrm{d}x=f(x)+C$

C．$\left[\int f(x)\mathrm{d}x\right]'=f(x)$　　D．$\left[\int f(x)\mathrm{d}x\right]'=f(x)$

6．若$\int f(x)\mathrm{d}x=2\sin\dfrac{x}{2}+C$，则$f(x)$等于（　　）．

A．$\cos\dfrac{x}{2}+C$　　B．$\cos\dfrac{x}{2}$　　C．$2\cos\dfrac{x}{2}+C$　　D．$2\sin\dfrac{x}{2}$

7．设$f(x)$在区间$[a,b]$上连续，则定积分$\int_a^b f(x)\mathrm{d}x$的结果是（　　）．

A．函数　　B．常量

C．不定值　　D．表示面积的数量值是正数

8．下列等式中错误的是（　　）．

A．$\int_a^b f(x)\mathrm{d}x+\int_b^a f(x)\mathrm{d}x=0$　　B．$\int_a^b f(x)\mathrm{d}x=\int_a^b f(t)\mathrm{d}t$

C．$\int_{-a}^a f(x)\mathrm{d}x=0$　　D．$\int_a^a f(x)\mathrm{d}x=0$

9．曲线$y=\sin x$在$[-\pi,\pi]$上与$x$轴所围成的图形的面积是（　　）．

A．$A=\int_{-\pi}^{\pi}\sin x\,\mathrm{d}x$　　B．$A=\int_0^{\pi}\sin x\mathrm{d}x$

C．$A=\int_{-\pi}^{0}\sin x\,\mathrm{d}x$　　D．$A=2\int_0^{\pi}\sin x\mathrm{d}x$

## 三、计算题

1．求下列不定积分.

（1）$\int\dfrac{x^3-8}{x-2}\mathrm{d}x$；　　（2）$\int\left(\dfrac{1}{x}-2^x+5\cos x\right)\mathrm{d}x$；

（3）$\int\dfrac{\sin\sqrt{x}}{\sqrt{x}}\mathrm{d}x$；　　（4）$\int x^2e^{x^3}\mathrm{d}x$；

（5）$\int\dfrac{2x-5}{x^2-5x+7}\mathrm{d}x$；　　（6）$\int\dfrac{2x+3}{(x^2+3x+10)^2}\mathrm{d}x$；

（7）$\int x\sqrt{2x^2+1}\mathrm{d}x$；（8）$\int \frac{\sin x}{1+\sin x}\mathrm{d}x$.

2．求下列定积分.

（1）$\int_{\mathrm{e}}^{\mathrm{e}^2}\frac{\mathrm{d}x}{x\ln x}$；（2）$\int_{-\pi}^{\pi}x^2\cos x\mathrm{d}x$；

（3）$\int_3^4\frac{x^2+x-6}{x-2}\mathrm{d}x$；（4）$\int_1^3\frac{|2-x|}{x}\mathrm{d}x$；

3．设 $f(x)=\begin{cases}x, & x\leqslant 2\\ 3x^2-1, & x>2\end{cases}$，求 $\int_1^3 f(x)\mathrm{d}x$.

**四、解答题**

1．已知某曲线上每一点的切线斜率 $k=\frac{1}{2}\left(\mathrm{e}^{\frac{x}{a}}-\mathrm{e}^{-\frac{x}{a}}\right)$，又知曲线过点 $M(0,a)$，求此曲线方程.

2．已知某函数的导数具有形式 $\frac{\mathrm{d}y}{\mathrm{d}x}=3x^2+bx+C$，又知当 $x=-1$ 时函数取得极大值 4，而当 $x=1$ 时函数有极小值，求此函数.

3．物体由静止开始做直线运动，在任意时刻 $t$ 的速度为 $v=\sqrt{1+t}$(m/s)，求物体从开始到第 15 s 末所经过的路程.

4．求由曲线 $y=1-x^2$ 和直线 $y=x-1$ 所围成的平面图形的面积.

5．求由曲线 $y=x^2$ 和直线 $y=x+2$ 所围成的平面图形的面积.

6．求由曲线 $y=x^2-1$ 和直线 $y=x+5$ 所围成的平面图形的面积.

7．求由曲线 $y=x^2-2$ 和直线 $y=0$ 所围成的图形绕 $x$ 轴旋转所得的旋转体的体积.

8．求由曲线 $y=x^2$ 和曲线 $y^2=x$ 所围成的图形绕 $x$ 轴旋转所得的旋转体的体积.

# 模块 4 常微分方程初步

在解决实际问题时，许多情况下需要建立实际问题中变量间的函数关系，然后进行有关的计算. 然而，在实际问题中，有时由问题所给的条件不能直接找到函数关系，而只能先列出有关函数及其导数（或微分）的等式. 这样的等式就是微分方程，对微分方程进行研究，求出未知函数，即为解微分方程. 本模块通过计算列车制动的时间和路程、求跳伞运动员的速度与时间关系、求电容充电电压的变化规律、求弹簧物体的运动规律四个学习任务介绍微分方程的一些基本概念，并讨论几种常见又简单的微分方程的解法.

扫一扫看微分方程的基本概念教学课件

扫一扫下载学习任务书 4.1

## 4.1 微分方程基础

### 学习任务 4.1 计算列车制动的时间和路程

*列车在直线轨道上以 20 m/s 的速度行驶，制动时列车获得加速度-0.4 m/s$^2$，问：开始制动后，要经过多少时间才能把列车刹住？在这段时间内列车行驶了多少路程？*

根据二阶导数的物理意义，可以将列车行驶的路程、速度、加速度建立联系，列出相应的等式，其中包含导数形式，这样的等式就是本节内容要学习的微分方程.

### 4.1.1 微分方程的引入

**例 4.1** 一条曲线通过点(0,1)，且在该曲线上任意一点 $P(x,y)$ 处的切线斜率都为 $x^2$，求这条曲线的方程.

**解** 设所求曲线方程为 $y=f(x)$，根据导数的几何意义，它满足关系式

$$\frac{\mathrm{d}y}{\mathrm{d}x}=x^2. \tag{1}$$

根据已知条件，当 $x=0$ 时 $y=1$，这个条件也可以写成

$$y|_{x=0}=1. \tag{2}$$

上述方程（1）中含有未知函数的导数（或微分），称为**微分方程**. 而已知条件 $y|_{x=0}=1$ 称为**初始条件**.

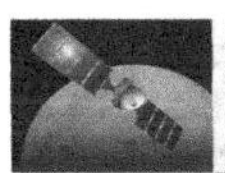  

因为微分方程中含有未知函数的导数，所以解这种方程时通常要用到微分的逆运算——积分.

对方程（1）两端积分，得

$$y=\int x^2\mathrm{d}x\,.$$

即

$$y=\frac{1}{3}x^3+C\,. \tag{3}$$

其中，$C$ 是任意常数. 式（3）是无穷多个函数，我们称它为**微分方程的通解**. 它表示无穷多条曲线.

把初始条件（2）代入式（3），得　$1=\frac{1}{3}0^2+C$.

由此得出 $C=1$，再把 $C=1$ 代入式（3），即得所求的曲线方程为

$$y=\frac{1}{3}x^3+1\,. \tag{4}$$

该函数满足微分方程，且不含有任意常数，我们称它为**微分方程的特解**.

**例 4.2**　列车在直线轨道上以 20 m/s 的速度行驶，制动时获得 $a=-0.4\ \text{m/s}^2$ 的加速度，求制动列车的运动规律.

**解**　设列车在制动后的运动方程为 $s=s(t)$. 根据二阶导数的力学意义，函数 $s=s(t)$ 应满足关系式

$$\frac{\mathrm{d}^2s}{\mathrm{d}t^2}=-0.4\quad(\text{微分方程}). \tag{5}$$

且有

$$v(0)=\left.\frac{\mathrm{d}s}{\mathrm{d}t}\right|_{t=0}=20\,,\qquad s(0)=s\,|_{t=0}=0\quad(\text{初始条件}).$$

对式（5）两端积分一次，得

$$v=\frac{\mathrm{d}s}{\mathrm{d}t}=-0.4t+C_1\,. \tag{6}$$

再次积分，得

$$s=-0.2t^2+C_1t+C_2\quad(\text{通解}). \tag{7}$$

其中，$C_1,C_2$ 分别是任意常数.

将初始条件 $v(0)=\left.\frac{\mathrm{d}s}{\mathrm{d}t}\right|_{t=0}=20$ 及 $s(0)=s\,|_{t=0}=0$ 代入式（6）和式（7），解得 $C_1=20\,,C_2=0$.

把 $C_1,C_2$ 的值代入式（6）和式（7），得

$$v=-0.4t+20\,. \tag{8}$$

$$s=-0.2t^2+20t\quad(\text{特解}). \tag{9}$$

因此，所求运动规律为 $s=-0.2t^2+20t$.

总结以上两个例子：方程 $\frac{\mathrm{d}y}{\mathrm{d}x}=x^2$ 称为**一阶微分方程**，因为它只含有一阶导数而不含有比一阶更高的导数；方程 $\frac{\mathrm{d}^2s}{\mathrm{d}t^2}=-0.4$ 称为**二阶微分方程**，因为它含有未知函数 $S(t)$ 的二阶导数，

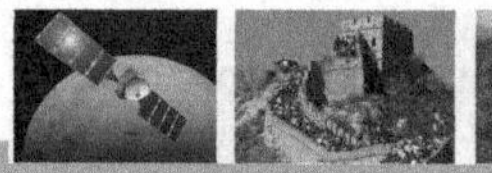

而不含有更高阶的导数（读者可以依此定义 $n$ 阶微分方程）. 因为微分方程里含有未知函数的导数，所以解这种方程通常涉及微分的逆运算，而微分的逆运算过程便会引入任意常数. 一阶微分方程的解通常涉及一次微分的逆运算并包含一个任意常数（如 $y=\frac{1}{3}x^3+C$ 中的 $C$）. 要找出一个特解，意味着首先要知道一个附加情况，即一个初始条件. 解一个二阶微分方程通常要进行两次微分的逆运算，所以会有两个任意常数出现. 同样，要找到其一个特解，通常要有两个初始条件.

### 4.1.2 微分方程的概念和解

#### 1. 微分方程的概念

**【定义 1】** 凡含有自变量、自变量的未知函数及未知函数的导数（或微分）的方程称为**微分方程**.

未知函数是一元函数的微分方程，也称为常微分方程. 本书只介绍常微分方程的有关知识，后面提到的微分方程均指常微分方程.

例如，式（1）和式（5）两个方程都是微分方程. 又如，

$$y'=x^3. \tag{10}$$

$$xy\mathrm{d}x+(1+x^2)\mathrm{d}y=0. \tag{11}$$

$$y''+y'=0. \tag{12}$$

$$y''=x-1. \tag{13}$$

也都是微分方程.

**【定义 2】** 出现在微分方程中未知函数的导数的最高阶数，称为**微分方程的阶**.

例如，方程（1）、方程（10）、方程（11）是一阶微分方程，方程（5）、方程（12）、方程（13）是二阶微分方程.

#### 2. 微分方程的解

**【定义 3】** 如果一个函数 $y=f(x)$ 代入微分方程后，能使方程成为恒等式，这个函数就称为该微分方程的解. 求微分方程的解的过程称为**解微分方程**.

从上述两例中可以看到，微分方程的解有两种形式：一种不含任意常数，一种含有任意常数. 如果微分方程的解中包含有任意常数，并且独立的（即不可合并而使个数减少）任意常数的个数与微分方程的阶数相同，这样的解称为**微分方程的通解**. 不含任意常数的解，称为**微分方程的特解**.

通解中的任意常数的取值通常是由附加条件来确定的，这种附加条件称为微分方程的**初始条件**.

通常，微分方程的初始条件的个数与方程的阶数相同，未知函数 $y=f(x)$ 的一阶微分方程的初始条件是

$$y|_{x=x_0}=y_0.$$

或

$$y(x_0)=y_0.$$

其中，$x_0$、$y_0$ 分别是给定的值. 如果方程是二阶的，则初始条件是

$$y|_{x=x_0}=y_0，\ y'|_{x=x_0}=y_0'.$$

或

$$y(x_0)=y_0，\ y'(x_0)=y_0'.$$

**例 4.3**　验证函数 $y=C_1\mathrm{e}^{-x}+C_2\mathrm{e}^{-4x}$ 是微分方程 $y''+5y'+4y=0$ 的通解，并求满足初始条件 $y|_{x=0}=2$、$y'|_{x=0}=1$ 的特解.

**解**　因为 $y=C_1\mathrm{e}^{-x}+C_2\mathrm{e}^{-4x}$，所以

$$y'=-C_1\mathrm{e}^{-x}-4C_2\mathrm{e}^{-4x}，\qquad y''=C_1\mathrm{e}^{-x}+16C_2\mathrm{e}^{-4x}.$$

将 $y$、$y'$、$y''$ 代入原方程中，有

$$C_1\mathrm{e}^{-x}+16C_2\mathrm{e}^{-4x}-5(C_1\mathrm{e}^{-x}+4C_2\mathrm{e}^{-4x})+4(C_1\mathrm{e}^{-x}+C_2\mathrm{e}^{-4x})\equiv 0.$$

即函数 $y=C_1\mathrm{e}^{-x}+C_2\mathrm{e}^{-4x}$ 满足微分方程 $y''+5y'+4y=0$，又因为这个函数中含有两个独立的任意常数且与方程的阶数相同，所以它是方程 $y''+5y'+4y=0$ 的通解.

将初始条件 $y|_{x=0}=2$、$y'|_{x=0}=1$ 代入 $y$ 及 $y'$，得

$$\begin{cases}C_1+C_2=2\\-C_1-4C_2=1\end{cases}$$

解得　$C_1=3$、$C_2=-1$.

因此，得方程满足初始条件的特解是

$$y=3\mathrm{e}^{-x}-\mathrm{e}^{-4x}.$$

## 任务解答 4.1

根据任务 4.1，求列车刹住后行驶的路程和花费时间.

根据例 4.2 可知

$$v=-0.4t+20，\ s=-0.2t^2+20t.$$

令 $v=0$，得列车从开始制动到完全刹住所需的时间为

$$t=\frac{20}{0.4}=50\,(\mathrm{s}).$$

再代入 $t=50$，得列车在这段时间内所行驶的路程为

$$s=-0.2\times 50^2+20\times 50=500\,(\mathrm{m}).$$

**思考问题**　放射性元素镭的质量和衰变速度与它的现存质量 $M$ 成正比，现已知镭经过 1 600 年后，仅余下原始质量 $M_0$ 的一半，试求镭的质量 $M$ 与时间 $t$ 的函数关系式.

## 基础训练 4.1

1．试写出满足条件“曲线过点(0,−2)，且曲线上每一点 $(x,y)$ 处切线的斜率都比这点的横坐标大 3”的微分方程及初始条件，并求出曲线方程.

2．一物体的运动速度 $v=2\cos t(\mathrm{m/s})$，当 $t=\dfrac{\pi}{4}$ s 时，这物体位于 $s=10$ s 处，试求该物体的运动方程.

3．下列哪些是微分方程？并指出其阶数.

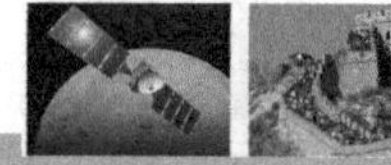

（1）$y''-3y'+2y=0$；（2）$y^2-3y+5=0$；

（3）$dy=(4x-1)dx$；（4）$y''-2yy'+y=x$；

（5）$y=2x+1$；（6）$\frac{d^2y}{dx^2}=4x+\sin x^2$.

4．验证所给函数是否为所给微分方程的解，并说明是通解还是特解.

（1）$y=5x^2$，$xy'=2y$；

（2）$y=C_1e^{3x}+C_2e^{4x}$，$y''-7y'+12y=0$;

（3）$y=3\sin x-4\cos x$，$y''+y=0$.

5．试验证：函数 $y=C_1e^x+C_2e^{-2x}$ 是微分方程 $\frac{d^2y}{dx^2}+\frac{dy}{dx}-2y=0$ 的通解，并求满足初始条件 $y|_{x=0}=1$、$y'|_{x=0}=1$ 的特解.

6．求下列微分方程的通解：

（1）$\frac{dy}{dx}=\frac{1}{x}$;（2）$\frac{d^2y}{dx^2}=\sin x$;

（3）$\frac{d^2y}{dx^2}=e^x$;（4）$\frac{dy}{dx}=x^2+2x$.

## 4.2 可分离变量的微分方程

扫一扫看可分离变量的微分方程教学课件

扫一扫下载学习任务书 4.2

### 学习任务 4.2 求跳伞运动员的速度与时间关系

设跳伞运动员从跳伞塔下落后，所受空气的阻力与速度成正比（比例系数为常数），运动员离塔时（$t$=0）的速度为零，求运动员下落过程中速度与时间的函数关系.

根据跳伞运动员的受力情况可建立微分方程，它是形如 $\frac{dy}{dx}=f(x)\cdot g(y)$ 的微分方程，可以通过分离变量法来求解.

### 4.2.1 可分离变量的微分方程的概念

**【定义 1】** 形如 $\frac{dy}{dx}=f(x)\cdot g(y)$ 的一阶微分方程，称为**可分离变量的微分方程**，其中 $f(x)$、$g(y)$ 分别是变量 $x$、$y$ 的已知连续函数.

对这种方程通过变形，把未知函数 $y$ 及其微分 $dy$ 移到方程的一边，而把自变量 $x$ 及其微分 $dx$ 移到方程的另一边，然后对其积分，求出通解，这种方法称为**分离变量法**.

求解步骤：

（1）分离变量，得 $\frac{dy}{g(y)}=f(x)dx$;

（2）两端积分，得 $\int\frac{dy}{g(y)}=\int f(x)dx$;

（3）求出积分，得通解 $G(y)=F(x)+C$.

其中，$G(y)$、$F(x)$ 分别是 $\frac{1}{g(y)}$ 和 $f(x)$ 的原函数.

**例 4.4**　求微分方程 $\frac{dy}{dx}=3x^2y$ 的通解.

**解**　分离变量，得

$$\frac{dy}{y}=3x^2dx.$$

两端积分，得

$$\int\frac{dy}{y}=\int 3x^2dx.$$

求积分，得

$$\ln|y|=x^3+C_1.$$

所以

$$y=\pm e^{x^3+C_1}=\pm e^{C_1}\cdot e^{x^3}.$$

用 $C$ 代替 $\pm e^{C_1}$，即得通解

$$y=Ce^{x^3}.$$

不难看出，当 $C=0$ 时，$y=0$ 仍是原方程的解.

因此，微分方程的通解为 $y=Ce^{x^3}$ ($C$为任意常数).

**例 4.5**　求微分方程 $\frac{dy}{dx}=-\frac{x}{y}$ 的通解，并求满足初始条件 $y|_{x=0}=1$ 的特解.

**解**　分离变量，得

$$ydy=-xdx.$$

两端积分，得

$$\int ydy=-\int xdx.$$

求积分，得

$$\frac{1}{2}y^2=-\frac{1}{2}x^2+C_1.$$

化简得通解

$$x^2+y^2=C \quad (C=2C_1).$$

把初始条件 $y|_{x=0}=1$ 代入上式，求得 $C=1$，于是所求特解为

$$x^2+y^2=1.$$

**例 4.6**　求微分方程 $e^y(1+x^2)dy-2x(1+e^y)dx=0$ 的通解.

**解**　分离变量，得

$$\frac{e^y}{1+e^y}dy=\frac{2x}{1+x^2}dx.$$

两端积分，得

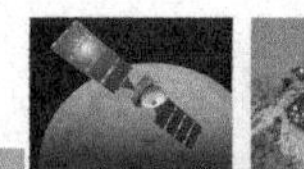

$$\int \frac{e^y}{1+e^y} dy = \int \frac{2x}{1+x^2} dx.$$

求积分，得

$$\ln(1+e^y) = \ln(1+x^2) + C_1.$$

化简得通解为

$$1+e^y = C(1+x^2) \quad (C = e^{C_1})$$

或

$$y = \ln[C(1+x^2)-1].$$

**例 4.7** 求微分方程 $(x^2-1)y' + 2xy^2 = 0$ 满足初始条件 $y|_{x=0}=1$ 的特解.

**解** 方程变形为

$$(x^2-1)\frac{dy}{dx} = -2xy^2.$$

分离变量，得

$$-\frac{1}{y^2}dy = \frac{2x}{x^2-1}dx.$$

两端积分，得

$$\int -\frac{1}{y^2}dy = \int \frac{2x}{x^2-1}dx.$$

求积分，得

$$\frac{1}{y} = \ln|x^2-1| + C.$$

把初始条件 $y|_{x=0}=1$ 代入上式，求得 $C=1$，于是所求特解为

$$y = \frac{1}{\ln|x^2-1|+1}.$$

**例 4.8** 已知物体在空气中冷却的速率与该物体及空气两者的温度成正比. 设有一个温度为 100 ℃的物体置于 20 ℃的恒温室中冷却，经过 20 min，物体的温度降为 60 ℃. 求物体的变化规律.

**解** 设物体的温度 $T$ 与时间 $t$ 的函数关系为 $T=T(t)$，则物体冷却的速率为 $\frac{dT}{dt}$. 注意到 $T(t)$ 是单调减少的，即 $\frac{dT}{dt}<0$，于是由题意得方程

$$\frac{dT}{dt} = -k(T-20) \quad (k>0).$$

初始条件为

$$T|_{t=0} = 100.$$

分离变量，得

$$\frac{dT}{T-20} = -k dt.$$

两端积分，得

$$\ln(T-20)=-kt+C_1.$$

化简整理，得通解为

$$T=Ce^{-kt}+20.$$

把初始条件 $v|_{t=0}=100$ 代入通解，解得 $C=80$，于是所求特解为

$$T=80e^{-kt}+20.$$

其中，$k$ 为比例系数，可用问题所给的另一个条件 $T|_{t=20}=60$ 来确定，即由

$$60=80e^{-kt}+20.$$

解得

$$k=\frac{1}{20}\ln 2\approx 0.0347.$$

因此，物体温度的变化规律为

$$T=80e^{-0.0347t}+20.$$

利用微分方程解决实际问题的一般步骤如下：

（1）根据题设条件，利用已知的公式或定律，建立相应的微分方程，确定初始条件；

（2）分辨所建立的微分方程的类型，运用相应的解法求出其通解；

（3）利用初始条件，确定通解中的任意常数，求得满足初始条件的特解；

（4）根据某些实际问题的需要，利用所求得的特解来解释问题的实际意义.

### 4.2.2　齐次方程的形式和解法

有些方程，它们形式上虽然不是变量可分离方程，但是经过变量变换之后，就能化成变量可分离方程，本节介绍两类可化为变量可分离的方程.

#### 1. 齐次方程的形式

如果一阶显式方程

$$\frac{dy}{dx}=f(x,y),$$

其右端函数 $f(x,y)$ 可以改写为 $\frac{y}{x}$ 的函数 $g\left(\frac{y}{x}\right)$，则称这个显式方程为一阶齐次微分方程.

例如，方程

$$\frac{dy}{dx}=\frac{x+y}{x-y},\quad \frac{dy}{dx}=\frac{x^2+y^2\sin\frac{y}{x}}{x^2-y^2\cos\frac{y}{x}},$$

$$(x^2+y^2)dx+xydy=0,\quad \frac{dy}{dx}=\ln x-\ln y.$$

可以分别改写成

$$\frac{dy}{dx}=\frac{1+\frac{y}{x}}{1-\frac{y}{x}},\quad \frac{dy}{dx}=\frac{1+\frac{y^2}{x^2}\sin\frac{y}{x}}{1-\frac{y^2}{x^2}\cos\frac{y}{x}},$$

$$\frac{dy}{dx}=-\frac{y}{x}-\left(\frac{y}{x}\right)^{-1}，\quad \frac{dy}{dx}=-\ln\frac{y}{x}.$$

所以它们都是一阶齐次方程. 因此，一阶齐次微分方程可以写为

$$\frac{dy}{dx}=g\left(\frac{y}{x}\right). \tag{1}$$

**2. 齐次方程的解法**

方程（1）的特点是它的右端是一个以$\frac{y}{x}$为变元的函数，经过如下的变量变换，它能化为变量可分离方程.

令$u=\frac{y}{x}$，则有$\frac{dy}{dx}=u+x\frac{du}{dx}$，代入方程（1）得

$$\frac{du}{dx}=\frac{g(u)-u}{x}. \tag{2}$$

方程（2）是一个可变量分离方程，当$g(u)-u\neq 0$时，分离变量并积分，得到

$$\int\frac{du}{g(u)-u}=\int\frac{dx}{x}+\ln|C_1|=\ln|x|+\ln|C_1|=\ln|C_1x| \tag{3}$$

或

$$C_1x=e^{\int\frac{du}{g(u)-u}},$$

即

$$x=Ce^{\varphi(u)}.$$

其中$\varphi(u)=\int\frac{du}{g(u)-u}$，$C=\frac{1}{C_1}$.

代入$u=\frac{y}{x}$，得到原方程（1）的通解

$$x=Ce^{\varphi\left(\frac{y}{x}\right)}.$$

若存在常数$u_0$，使$g(u_0)-u_0\neq 0$，则$u=u_0$是（2）的解. 由$u=\frac{y}{x}$得，$y=u_0x$是原方程（1）的解.

**例 4.9** 求解方程$\frac{dy}{dx}=\frac{y}{x}+\frac{x}{2y}$.

**解** 令$u=\frac{y}{x}$，则

$$y=ux，\quad \frac{dy}{dx}=u+x\frac{du}{dx}.$$

原方程变为

$$u+x\frac{du}{dx}=u+\frac{1}{2u},$$

即

$$x\frac{du}{dx}=\frac{1}{2u}.$$

分离变量，得

$$2u du=\frac{1}{x}dx.$$

两端同时积分，得

$$u^2=\ln|x|+C.$$

代入$u=\frac{y}{x}$，便可得到原方程的通解为

$$y^2=x^2(\ln|x|+C)\quad (C\text{为任意常数}).$$

**例 4.10**　求解方程$x^2\frac{dy}{dx}=xy-y^2$.

**解**　将方程化成$\frac{dy}{dx}=\frac{y}{x}-\left(\frac{y}{x}\right)^2$.

令$u=\frac{y}{x}$，则$y=ux$，代入方程得

$$u+x\frac{du}{dx}=u-u^2.$$

即

$$x\frac{du}{dx}=-u^2.$$

易看出，$u=0$为这个方程的一个解，从而$y=0$为原方程的一个解.

当$u\neq0$时，分离变量，得

$$-\frac{du}{u^2}=\frac{dx}{x}.$$

两端积分后得

$$\frac{1}{u}=\ln|x|+C.$$

代入$u=\frac{y}{x}$，便可得到原方程的通解为

$$y=\frac{x}{\ln|x|+C}\quad (C\text{为任意常数}).$$

## 任务解答 4.2

根据任务 4.2，求运动员下落过程中速度与时间的函数关系.

物体在下落的过程中受到两个力的作用（见图 4.1）：一个是重力$P$，大小为$mg$，方向垂直向下；另一个是空气阻力$R$，大小为$kv$（$k$为常数），方向垂直向上，所以有

$$F=mg-kv.$$

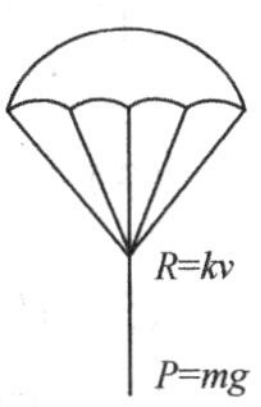

图 4.1

根据牛顿第二定律

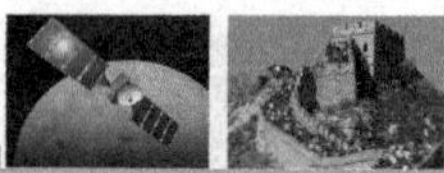

$$F = ma.$$

其中，$a=\dfrac{\mathrm{d}v}{\mathrm{d}t}$ 为加速度，得未知函数 $v(t)$ 应满足的微分方程为

$$m\frac{\mathrm{d}v}{\mathrm{d}t}=mg-kv.$$

分离变量，得

$$\frac{\mathrm{d}v}{mg-kv}=\frac{\mathrm{d}t}{m}.$$

两端积分，得

$$-\frac{1}{k}\ln(mg-kv)=\frac{t}{m}+C_1.$$

化简整理，得通解为

$$v=C\mathrm{e}^{-\frac{k}{m}t}+\frac{mg}{k}.$$

把初始条件 $v|_{t=0}=0$ 代入通解，解得 $C=-\dfrac{mg}{k}$，故跳伞运动员下落速度为

$$v=\frac{mg}{k}\left(1-\mathrm{e}^{-\frac{k}{m}t}\right).$$

由上述结果可以看出，随着 $t$ 的增大，速度 $v$ 逐渐变大且趋于常数 $\dfrac{mg}{k}$，但不会超过 $\dfrac{mg}{k}$，这说明跳伞后，开始阶段是加速运动，之后逐渐趋于匀速运动. 只要降落伞能打开，且掌握好方向，落地时避开山崖、海面、树木等，一般不会有危险.

**思考问题** （刑事侦查中死亡时间的鉴定）牛顿冷却定律指出：物体在空气中冷却的速度与物体温度和空气温度之差成正比，现将牛顿冷却定律应用于刑事侦查中死亡时间的鉴定. 当一次谋杀发生后，尸体的温度从原来的 37 ℃按照牛顿冷却定律开始下降，如果 2 h 后尸体温度变为 35 ℃，并且假定周围空气的温度保持 20 ℃不变，试求出尸体温度 $H$ 随时间 $t$ 的变化规律. 又如果尸体发现时的温度是 30 ℃，时间是下午 4 点整，那么谋杀是何时发生的？

## 基础训练 4.2

1. 求下列微分方程的通解.

（1）$y'+xy=0$；　（2）$\dfrac{\mathrm{d}y}{\mathrm{d}x}=x\mathrm{e}^{-y}$；

（3）$y'=\dfrac{x^3}{y^3}$；　（4）$\dfrac{\mathrm{d}y}{\mathrm{d}x}=10^{x+y}$；

（5）$(1+y)\mathrm{d}x+(x-1)\mathrm{d}y=0$；　（6）$(1+x^2)\mathrm{d}y+xy\mathrm{d}x=0$；

（7）$y\ln x\mathrm{d}x+x\ln y\mathrm{d}y=0$；　（8）$2x\sin y\mathrm{d}x-(x^2+3)\cos y\mathrm{d}y=0$.

2．求下列微分方程的特解.

（1）$\frac{\mathrm{d}y}{\mathrm{d}x}=\mathrm{e}^{x-y}$，$y|_{x=0}=1$；　（2）$xy'-y=0$，$y|_{x=1}=2$；

（3）$2y'\sqrt{x}=y$，$y|_{x=1}=1$；　（4）$(1+\mathrm{e}^x)yy'=\mathrm{e}^x$，$y|_{x=0}=1$；

（5）$xy'=y\ln y$，$y|_{x=1}=\mathrm{e}$；　（6）$(xy^2+x)\mathrm{d}x+(x^2y+y)\mathrm{d}y=0$，$y|_{x=0}=1$.

3．设有一曲线通过点(5,4)，并且曲线上任意一点处切线的斜率等于$\frac{x}{y}$，求此曲线的方程.

## 4.3　一阶线性微分方程

扫一扫看一阶线性微分方程教学课件

扫一扫下载学习任务书 4.3

### 学习任务 4.3　求电容充电电压的变化规律

如图 4.2 所示的 $RC$ 电路，已知在开关 S 合上前电容 $C$ 上没有电荷，电容 $C$ 两端的电压为零，电源电压为 $E$. 把开关合上，电源对电容 $C$ 充电，电容 $C$ 上的电压 $U_C$ 逐渐升高，用微分方程表示电压随时间 $t$ 变化的规律，并求该微分方程满足初始条件 $U_C|_{t=0}=0$ 的特解.

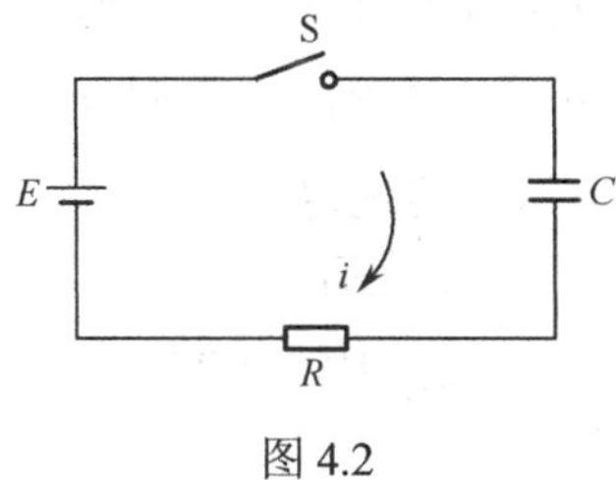


图 4.2

根据回路电压定律及电容的性质可建立微分方程，它是形如 $\frac{\mathrm{d}y}{\mathrm{d}x}+P(x)y=Q(x)$ 的微分方程，即一阶线性微分方程.

### 4.3.1　一阶线性微分方程

一般地，如下微分方程，称为**一阶线性微分方程**

$$\frac{\mathrm{d}y}{\mathrm{d}x}+P(x)y=Q(x). \tag{1}$$

其中，$P(x)$、$Q(x)$ 分别是 $x$ 已知的连续函数.

当 $Q(x)\equiv 0$ 时，方程（1）称为**一阶线性齐次微分方程**；当 $Q(x)\neq 0$ 时，方程（1）称为**一阶线性非齐次微分方程**.

例如，下列一阶微分方程

$$3y'+2y=x^2,\quad y'+\frac{1}{x}y=\frac{\sin x}{x},\quad y'+(\sin x)y=0.$$

其所含的 $y$ 和 $y'$ 都是一次的且不含有 $y'\cdot y$ 项，所以它们都是线性微分方程. 其中，前两个是线性非齐次微分方程，最后一个则是线性齐次微分方程.

又如，下列一阶微分方程

$$y'-y^2=0 \qquad （y^2\text{ 不是 }y\text{ 的一次式}），$$

$yy' + y = x$ （含有 $y' \cdot y$ 项，它不是 $y$ 或 $y'$ 的一次式），

$y' - \sin y = 0$ （$\sin y$ 不是 $y$ 的一次式）.

都不是一阶线性微分方程.

### 4.3.2 一阶线性微分方程的解法

**1．一阶线性齐次微分方程的解法**

一阶线性齐次微分方程 $\frac{\mathrm{d}y}{\mathrm{d}x} + P(x)y = 0$ 是可分离变量的微分方程.

分离变量，得

$$\frac{\mathrm{d}y}{y} = -P(x)\mathrm{d}x.$$

两端积分，得

$$\ln y = -\int P(x)\mathrm{d}x + \ln C. \tag{2}$$

关于式（2）有一点说明，按不定积分的定义，在不定积分的记号内包含了积分常数，在式（2）将不定积分中的积分常数先写了出来，只是为了方便地写出这个齐次方程的求解公式. 因而，用式（2）进行具体运算时，其中的不定积分 $\int P(x)\mathrm{d}x$ 只表示了 $P(x)$ 的一个原函数. 在以下的推导过程中我们也做出这样的规定.

在式（2）中，令 $C_1 = \ln C\ (C \neq 0)$，于是有

$$y = \mathrm{e}^{\left(-\int P(x)\mathrm{d}x + \ln C\right)}.$$

即

$$y = C\mathrm{e}^{-\int P(x)\mathrm{d}x} \quad (C\text{ 是任意常数}). \tag{3}$$

式（3）为一阶线性齐次微分方程的通解.

**2．一阶线性非齐次微分方程的解法**

一阶线性非齐次微分方程可以通过常数变易法求解. 这种方法就是把线性齐次微分方程通解中的任意常数 $C$ 换成 $x$ 的待定函数 $C(x)$，使其满足一阶线性非齐次微分方程，从而求出 $C(x)$.

设 $y = C(x)\mathrm{e}^{-\int P(x)\mathrm{d}x}$ 为线性非齐次微分方程（1）的通解，求出 $y'$ 为

$$y' = \mathrm{e}^{-\int P(x)\mathrm{d}x}C'(x) - C(x)P(x)\mathrm{e}^{-\int P(x)\mathrm{d}x}.$$

将 $y'$ 及 $y$ 代入一阶线性非齐次微分方程 $\frac{\mathrm{d}y}{\mathrm{d}x} + P(x)y = Q(x)$，得

$$\mathrm{e}^{-\int P(x)\mathrm{d}x}C'(x) - C(x)P(x)\mathrm{e}^{-\int P(x)\mathrm{d}x} + P(x)C(x)\mathrm{e}^{-\int P(x)\mathrm{d}x} = Q(x).$$

即

$$C'(x) = Q(x)\mathrm{e}^{\int P(x)\mathrm{d}x}\mathrm{d}x.$$

两端积分，得

$$C(x) = \int Q(x)\mathrm{e}^{\int P(x)\mathrm{d}x}\mathrm{d}x + C.$$

于是，得到

$$y = \mathrm{e}^{-\int P(x)\mathrm{d}x}\left[\int Q(x)\mathrm{e}^{\int P(x)\mathrm{d}x}\mathrm{d}x + C\right]. \tag{4}$$

式（4）为一阶线性非齐次微分方程（1）的通解.

**例 4.11** 求微分方程 $\frac{\mathrm{d}y}{\mathrm{d}x} + 2xy = 2x\mathrm{e}^{-x^2}$ 的通解.

**解法一（公式法）** 所给方程是一阶线性非齐次微分方程，其中 $P(x) = 2x$、$Q(x) = 2x\mathrm{e}^{-x^2}$. 把它们代入式（4），得

$$\begin{aligned} y &= \mathrm{e}^{-\int 2x\mathrm{d}x}\left(\int 2x\mathrm{e}^{-x^2}\mathrm{e}^{\int 2x\mathrm{d}x}\mathrm{d}x + C\right). \\ &= \mathrm{e}^{-x^2}\left[\int 2x\mathrm{e}^{-x^2}\mathrm{e}^{x^2}\mathrm{d}x + C\right] \\ &= \mathrm{e}^{-x^2}\left[\int 2x\mathrm{d}x + C\right] \\ &= \mathrm{e}^{-x^2}(x^2 + C). \end{aligned}$$

**解法二（常数变易法）** 先求对应的齐次方程 $\frac{\mathrm{d}y}{\mathrm{d}x} + 2xy = 0$ 的通解.

分离变量，得

$$\frac{\mathrm{d}y}{y} = -2x\mathrm{d}x.$$

两端积分，得

$$\ln y = -x^2 + \ln C.$$

化简整理，得通解

$$y = C\mathrm{e}^{-x^2}.$$

设原非齐次微分方程的通解为

$$y = C(x)\mathrm{e}^{-x^2}. \tag{5}$$

于是有 $y' = C'(x)\mathrm{e}^{-x^2} - 2x\mathrm{e}^{-x^2}C(x)$，将 $y$ 和 $y'$ 代入原方程中，得

$$C'(x)\mathrm{e}^{-x^2} - 2x\mathrm{e}^{-x^2}C(x) + 2xC(x)\mathrm{e}^{-x^2} = 2x\mathrm{e}^{-x^2}.$$

化简，得

$$C'(x) = 2x.$$

两端积分，得

$$C(x) = x^2 + C.$$

代入式（5），得原方程的通解为

$$y = \mathrm{e}^{-x^2}(x^2 + C).$$

**例 4.12** 求微分方程 $xy' + 2y = x^4$ 满足初始条件 $y|_{x=1} = \frac{1}{6}$ 的特解.

**解** 原方程可改写为

$$y' + \frac{2}{x}y = x^3.$$

这是一阶线性非齐次方程，其中 $P(x) = \frac{2}{x}$，$Q(x) = x^3$.

把它们代入式（3），得

$$y=\mathrm{e}^{-\int\frac{2}{x}\mathrm{d}x}\left(\int x^3\mathrm{e}^{\int\frac{2}{x}\mathrm{d}x}\mathrm{d}x+C\right)$$

$$=\mathrm{e}^{-2\ln x}\left(\int x^3\mathrm{e}^{2\ln x}\mathrm{d}x+C\right)$$

$$=x^{-2}\left(\int x^3\cdot x^2\mathrm{d}x+C\right)$$

$$=x^{-2}\left(\frac{1}{6}x^6+C\right).$$

将初始条件 $y|_{x=1}=\frac{1}{6}$ 代入上式，求得 $C=0$，故所求微分方程的特解为

$$y=\frac{1}{6}x^4.$$

**例 4.13** 求微分方程 $x^2\mathrm{d}y+(y-2xy-2x^2)\mathrm{d}x=0$ 满足初始条件 $y\big|_{x=1}=2+\mathrm{e}$ 的特解.

**解** 将方程两端除以 $x^2\mathrm{d}x$，得

$$\frac{\mathrm{d}y}{\mathrm{d}x}+\frac{1-2x}{x^2}y-2=0$$

或

$$\frac{\mathrm{d}y}{\mathrm{d}x}+\frac{1-2x}{x^2}y=2.$$

这是一阶线性非齐次微分方程，其中 $P(x)=\frac{1-2x}{x^2}$，$Q(x)=2$.

用式（3）求解，由于

$$\int P(x)\mathrm{d}x=\int\frac{1-2x}{x^2}\mathrm{d}x=-\frac{1}{x}-\ln x^2.$$

所以

$$\mathrm{e}^{\int P(x)\mathrm{d}x}=\mathrm{e}^{-\frac{1}{x}-\ln x^2}=\frac{1}{x^2}\mathrm{e}^{-\frac{1}{x}},\quad \mathrm{e}^{-\int P(x)\mathrm{d}x}=\mathrm{e}^{\frac{1}{x}+\ln x^2}=x^2\mathrm{e}^{\frac{1}{x}}.$$

又

$$\int Q(x)\mathrm{e}^{\int P(x)\mathrm{d}x}\mathrm{d}x=\int 2\frac{1}{x^2}\mathrm{e}^{-\frac{1}{x}}\mathrm{d}x=2\mathrm{e}^{-\frac{1}{x}}.$$

于是，原微分方程的通解为

$$y=x^2\mathrm{e}^{\frac{1}{x}}\left(2\mathrm{e}^{-\frac{1}{x}}+c\right)=x^2\left(2+C\mathrm{e}^{\frac{1}{x}}\right).$$

当 $x=1$ 时，$y=2+\mathrm{e}$ 确定任意常数 $C$，把初始条件代入上式得

$$2+\mathrm{e}=2+C\mathrm{e}\quad (C=1).$$

故所求的特解为

$$y=x^2\left(2+\mathrm{e}^{\frac{1}{x}}\right).$$

**例 4.14**　如图 4.3 所示的 $RL$ 电路，它包含电感 $L$，电阻 $R$ 和电源电动势 $E$，如果开始时（$t=0$），电路中没有电流，试建立：当开关 K 合上后，电流 $I$ 应该满足的微分方程. 其中，假设 $R$、$E$、$L$ 分别是常数.

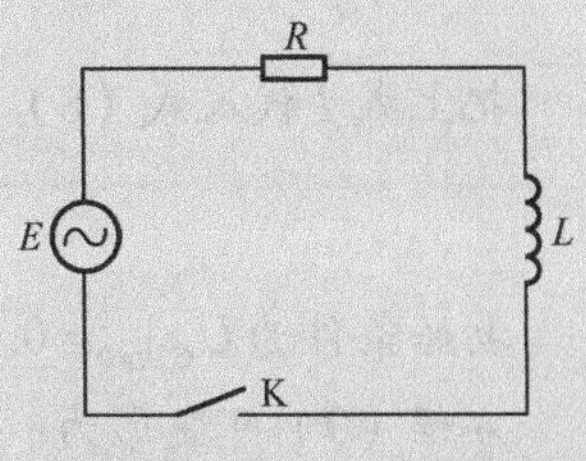

图 4.3

**解**　根据回路电压定律，电感 $L$ 上的电压 $U_L$ 与电阻 $R$ 上的电压 $RI$ 之和等于电源电压 $E$，即

$$U_L+RI=E.$$

电感 $L$ 上的电压 $U_L=L\dfrac{\mathrm{d}I}{\mathrm{d}t}$，代入上式，得到电流 $I$ 所满足的微分方程为

$$L\frac{\mathrm{d}I}{\mathrm{d}t}+RI=E. \tag{6}$$

初始条件为 $I|_{t=0}=0$.

**例 4.15**　在例 4.14 电路中，若电路中电源 $20\sin5t$ V，电阻 $10\,\Omega$，电感 2 H 和初始电流 0 A，求在任何时刻 $t$ 电路中的电流.

**解**　方程（6）可变形为

$$\frac{\mathrm{d}I}{\mathrm{d}t}+\frac{RI}{L}=\frac{E}{L}. \tag{7}$$

将 $E=20\sin5t$、$R=10$、$L=2$ 代入式（7）中，则方程变为

$$\frac{\mathrm{d}I}{\mathrm{d}t}+5I=10\sin5t.$$

此方程是一阶线性非齐次微分方程，其中 $P(t)=5$、$Q(t)=10\sin5t$. 把它们的通解代入式（3），得

$$I=\mathrm{e}^{-\int5\mathrm{d}t}\left[\int10\sin5t\mathrm{e}^{\int5\mathrm{d}t}\mathrm{d}t+C\right]=\mathrm{e}^{-5t}\left[\int10\sin5t\mathrm{e}^{5t}\mathrm{d}t+C\right]$$
$$=\mathrm{e}^{-5t}[\mathrm{e}^{5t}(\sin5t-\cos5t)+C]=\sin5t-\cos5t+C\mathrm{e}^{-5t}.$$

把初始条件 $I|_{t=0}=0$ 代入通解中，解得 $C=1$. 于是，有

$$I=\mathrm{e}^{-5t}+\sin5t-\cos5t=\mathrm{e}^{-5t}+\sin\left(5t-\frac{\pi}{4}\right)$$

这就是电流 $I$ 与时间 $t$ 的关系.

上式第一项称为暂态电流，随着的增大逐渐衰减而趋于零；第二项称为稳态电流，是正弦函数，它的周期和电流电压的周期相同，而相角落后了 $\dfrac{\pi}{4}$.

## 任务解答 4.3

根据任务 4.3，求电容电压 $U_C$ 的微分方程满足初始条件 $U_C|_{t=0}=0$ 的特解.

根据回路电压定律，电容 $C$ 上的电压 $U_C$ 与电阻 $R$ 上的电压 $RI$ 之和等于电源电压 $E$，即

$$U_C+RI=E. \tag{8}$$

当电容充电时，电容上的电量 $Q$ 逐渐增加，按电容性质，$Q$ 与 $U_C$ 有关系式 $Q=CU_C$，于是，有

$$I=\frac{dQ}{dt}=\frac{d(CU_C)}{dt}=C\frac{d(U_C)}{dt}.$$

把上式$I$代入式（8），得到$U_C$所满足的微分方程为

$$RC\frac{dU_C}{dt}+U_C=E. \tag{9}$$

初始条件为$U_C|_{t=0}=0$.

方程（9）可变形为

$$\frac{dU_C}{dt}+\frac{1}{RC}U_C=\frac{E}{RC}.$$

将$P(t)=\frac{1}{RC}$、$Q(t)=\frac{E}{RC}$代入式（3），得

$$\begin{aligned}U_C&=e^{-\int\frac{1}{RC}dt}\left(\int\frac{E}{RC}e^{\int\frac{1}{RC}dt}dt+C\right)\\&=e^{-\frac{t}{RC}}\left(\int\frac{E}{RC}e^{\frac{t}{RC}}dt+C\right)\\&=e^{-\frac{t}{RC}}(Ee^{\frac{t}{RC}}+C)\\&=E+Ce^{-\frac{t}{RC}}\end{aligned}$$

把初始条件$U_C|_{t=0}=0$代入通解中，解得$C=-E$.

于是，有

$$U_C=E\left(1-e^{-\frac{t}{RC}}\right).$$

这就是电容电压$U_C$随时间$t$的变化规律，如图4.4所示.

可以看出，充电时$U_C$随时间$t$的增加而增加，并逐渐接近外加电压$E$.

**思考问题**　如图4.5所示的电路中，先将开关K拨向$A$，使电容充电，当达到稳定状态后，再将开关拨向$B$. 设开关拨向$B$的时间$t=0$，求当$t>0$时，回路中的电流$i(t)$. 已知$E=20\,\text{V}$，$C=0.5\,\text{F}$，$L=1.6\,\text{H}$，$R=4.8\,\Omega$；且$i|_{t=0}=0$，$\left.\frac{di}{dt}\right|_{t=0}=\frac{25}{2}$.

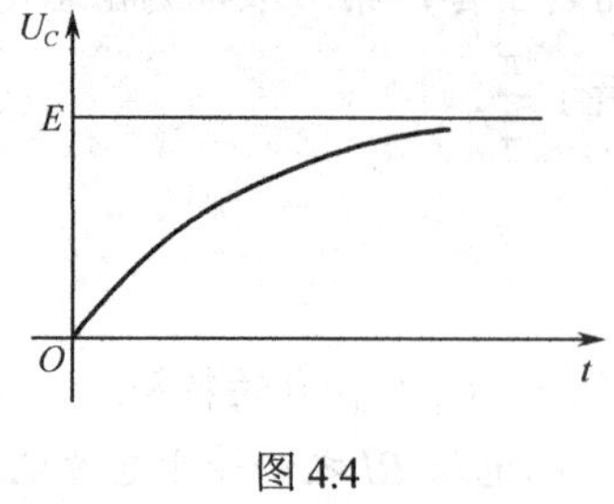


图4.4

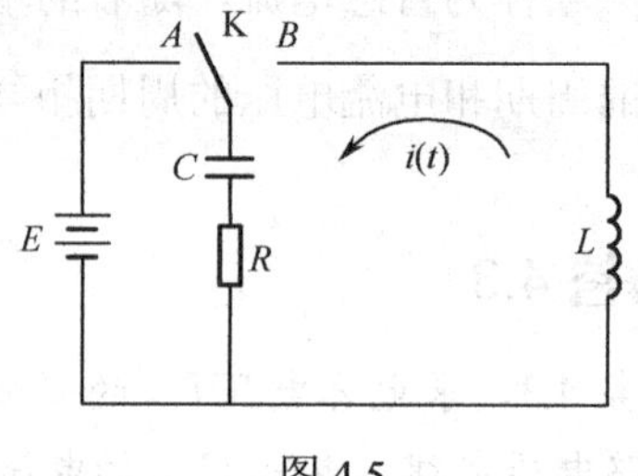


图4.5

## 基础训练4.3

1．求下列微分方程的通解.

（1）$2y'-y=\mathrm{e}^{x}$；　　（2）$y'+2y=\mathrm{e}^{-x}$；

（3）$\dfrac{\mathrm{d}y}{\mathrm{d}x}-2xy=\mathrm{e}^{x^2}\cos x$；　　（4）$y'-3xy=2x$；

（5）$y'=-2xy+4x$；　　（6）$y'+\dfrac{2y}{x}=\dfrac{\mathrm{e}^{-x^2}}{x}$；

（7）$xy'-2y=x^3\cos x$；　　（8）$y'-\dfrac{2y}{x}=x^2\sin 3x$；

（9）$(1+x^2)\mathrm{d}y-2xy\mathrm{d}x=(1+x^2)^2\,\mathrm{d}x$；　　（10）$2y\mathrm{d}x+(y^2-6x)\mathrm{d}y=0$.

2．求下列微分方程满足初始条件的特解.

（1）$x^2+xy'=y,\quad y(1)=0$；

（2）$y'-y=\cos x,\quad y|_{x=0}=0$；

（3）$y'-y\cos x=\cos x,\quad y|_{x=0}=1$；

（4）$y'+\dfrac{y}{x}=\dfrac{\sin x}{x},\quad y|_{x=\pi}=1$.

3．如图 4.6 所示，已知在 $RC$ 电路中，电容 $C$ 上已充有电量，电容两端的电压为 $U_0$，当开关 K 闭合时电容就开始放电. 求开关 K 闭合后电路中电流 $i$ 的变化规律.

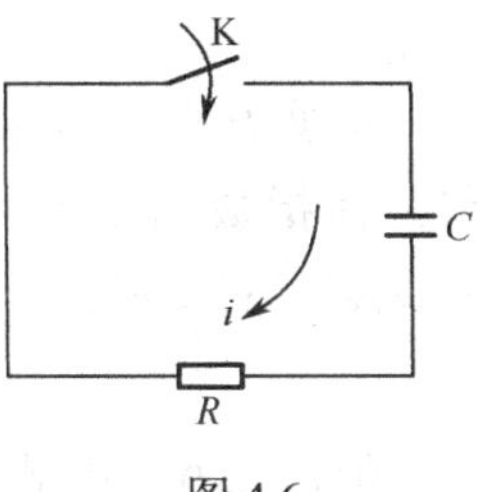

图 4.6

## 4.4　二阶常系数线性齐次微分方程

扫一扫看二阶常系数线性齐次微分方程教学课件

### 学习任务 4.4　求弹簧物体的运动规律

设一质量为 0.025 kg 的物体挂在一个弹簧的下端. 如图 4.7 所示，取 $s$ 轴垂直向下，并取物体的平衡位置 $O$ 为坐标原点. 先将物体用手拉到离平衡位置 0.04 m 处，然后放手，让物体自由振动. 若阻力大小与运动速度的大小成正比，方向相反，$k_1=0.2\ (\mathrm{N\cdot s})/\mathrm{m}$，且弹簧的弹性系数 $k_2=0.625\ \mathrm{N/m}$. 求物体的运动规律.

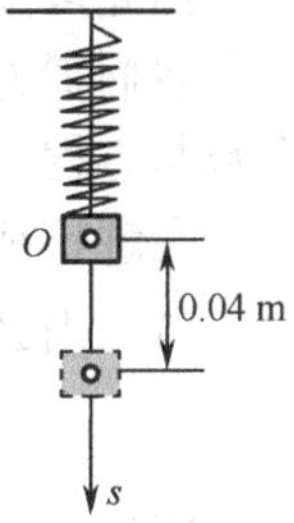

图 4.7

根据物体受力情况可建立物体振动的微分方程，它是形如 $y''+py'+qy=0$ 的微分方程，即二阶常系数线性齐次微分方程.

### 4.4.1　二阶线性齐次微分方程的形式

扫一扫下载学习任务书 4.4

一般，如下方程称为二阶常系数线性齐次微分方程

$$y''+py'+qy=0. \tag{1}$$

其中，$p$、$q$ 分别是已知常数；$y$ 是 $x$ 的未知函数，且 $y''$、$y'$、$y$ 都是一次的.

### 4.4.2　二阶线性齐次微分方程解的结构

**叠加原理**：若函数 $y_1$ 和 $y_2$ 是方程（1）的特解，则

（1）$C_1y_1+C_2y_2$（称为 $y_1$、$y_2$ 的线性组合）也方程的解，其中 $C_1$、$C_2$ 是任意常数；

（2）$\dfrac{y_2}{y_1}\neq k$（非零常数），则 $C_1y_1+C_2y_2$ 是方程的通解.

通常，具有条件 $\dfrac{y_2}{y_1} \neq k$（非零常数）的两个函数 $y_1$与$y_2$ 称为线性无关.

例如，容易验证函数 $y_1 = \cos 2x$ 和 $y_2 = \sin 2x$ 是二阶线性齐次微分方程 $y'' + 4y = 0$ 的两个特解，且 $\dfrac{y_2}{y_1} = \dfrac{\sin 2x}{\cos 2x} = \tan 2x \neq$ 常数，则 $C_1\cos 2x + C_2\sin 2x$（$C_1$、$C_2$是任意常数）是该方程的通解.

### 4.4.3 二阶常系数线性齐次微分方程的解法

由叠加原理可知，方程（1）的通解是由两个线性无关的特解经线性组合而得到的. 因此，求方程（1）的通解，关键是求解方程的两个线性无关的特解 $y_1$、$y_2$. 那么如何求解这两个特解呢？

根据方程（1）的特点，可以看出 $y$、$y'$、$y''$ 必须是同类型函数，才有可能使等式右端为零，而指数函数 $y = \mathrm{e}^{rx}$（$r$为常数）有可能是方程（1）的解. 为此，求出其一、二阶导数 $y' = r\mathrm{e}^{rx}$、$y'' = r^2\mathrm{e}^{rx}$，并把它们代入方程（1），得

$$\mathrm{e}^{rx}(r^2 + pr + q) = 0 .$$

但 $\mathrm{e}^{rx} \neq 0$，因此必有

$$r^2 + pr + q = 0 . \tag{2}$$

这就是说，若 $y = \mathrm{e}^{rx}$ 是方程（1）的解，则 $r$ 必须适合方程（2）.

反之，若 $r$ 是方程（2）的一个根，则有 $\mathrm{e}^{rx}(r^2 + pr + q) = 0$，因此，$\mathrm{e}^{rx}$ 是方程（1）的一个特解.

由此可知，求微分方程（1）的解已转化为求代数方程（2）的根.

我们把方程（2）称为方程（1）的**特征方程**，它是以 $r$ 为未知数的一元二次方程，它的系数与方程（1）的系数相同，它的根 $r_1$、$r_2$ 称为特征根.

在解特征方程（2）时，所得特征根 $r_1$、$r_2$ 可能有三种情况，下面分别进行讨论.

（1）当 $\Delta > 0$ 时，特征根为相异实根，即

$$r_1 \neq r_2 .$$

因为 $y_1 = \mathrm{e}^{r_1x}$、$y_2 = \mathrm{e}^{r_2x}$ 是方程（1）的两个特解，且 $\dfrac{y_1}{y_2} = \dfrac{\mathrm{e}^{r_1x}}{\mathrm{e}^{r_2x}} = \mathrm{e}^{(r_1 - r_2)x}$ 不为常数，且它们是线性无关的，故由叠加原理，得方程（1）的通解为

$$y = C_1\mathrm{e}^{r_1x} + C_2\mathrm{e}^{r_2x} \quad (C_1\text{、}C_2 \text{ 是任意常数}).$$

（2）当 $\Delta = 0$ 时，特征根为重根，即

$$r_1 = r_2 = r .$$

因为 $r_1 = r_2$，因此只得方程（1）的一个特解 $y_1 = \mathrm{e}^{rx}$. 要求通解，就需要再解出一个与 $\mathrm{e}^{rx}$ 线性无关的特解 $y_2$. 可以证明，$y_2 = x\mathrm{e}^{rx}$ 是方程（1）的与 $y_1$ 线性无关的特解，因此，方程（1）的通解为

$$y = C_1y_1 + C_2y_2 = (C_1 + C_2x)\mathrm{e}^{rx} \quad (C_1\text{、}C_2 \text{ 是任意常数}).$$

（3）当 $\Delta < 0$ 时，特征根为共轭复数，即

$$r_1 = \alpha + \mathrm{i}\beta,\ r_2 = \alpha - \mathrm{i}\beta .$$

$y_1 = e^{(\alpha+i\beta)x}$和$y_2 = e^{(\alpha-i\beta)x}$是方程（1）的两个特解，但它们是复数形式，不便于应用. 但可以证明，此时

$$y_1 = e^{\alpha x}\cos\beta x，\ y_2 = e^{\alpha x}\sin\beta x.$$

其为方程（1）的两个线性无关的实数形式的特解，于是由叠加原理得，方程（1）的通解为

$$y = e^{\alpha x}(C_1\cos\beta x + C_2\sin\beta x) \quad (C_1, C_2\text{是任意常数}).$$

归纳以上讨论，得到求二阶常系数线性齐次微分方程$y'' + py' + qy = 0$通解的步骤，具体如下：

（1）写出微分方程的特征方程$r^2 + pr + q = 0$；

（2）求出特征方程的根$r_1$和$r_2$；

（3）根据$r_1$、$r_2$的 3 种不同情况，按表 4.1 写出方程的通解.

表 4.1

| 特征方程<br>$r^2 + pr + q = 0$的根$r_1$、$r_2$ | 微分方程<br>$y'' + py' + qy = 0$的通解 |
|---|---|
| 两个不相等的实根$r_1 \neq r_2$ | $y = C_1 e^{r_1 x} + C_2 e^{r_2 x}$ |
| 两个相等实根$r = r_1 = r_2$ | $y = (C_1 + C_2 x)\, e^{rx}$ |
| 一对共轭复根$r_1 = \alpha + i\beta$，$r_2 = \alpha - i\beta$ | $y = e^{\alpha x}(C_1\cos\beta x + C_2\sin\beta x)$ |

**例 4.16**　求微分方程$y'' + 5y' + 6y = 0$的通解.

**解**　原式为二阶常数系数线性齐次微分方程.

其特征方程为

$$r^2 + 5r + 6 = 0.$$

或

$$(r+2)(r+3) = 0.$$

特征根为

$$r_1 = -3，\ r_2 = -2.$$

所以微分方程的通解为

$$y = C_1 e^{-3x} + C_2 e^{-2x} \quad (C_1\text{、}C_2\text{是任意常数}).$$

**例 4.17**　求微分方程$y'' + 4y' + 4y = 0$满足初始条件$y|_{x=0} = 1$和$y'|_{x=0} = 0$的特解.

**解**　特征方程为

$$r^2 + 4r + 4 = 0.$$

或

$$(r+2)^2 = 0.$$

特征根为

$$r_1 = r_2 = -2.$$

所以微分方程的通解为

$$y = (C_1 + C_2 x)e^{-2x} \quad (C_1\text{、}C_2\text{是任意常数}).$$

为确定满足初始条件的特解，对$y$求导，得

$$y'=(C_2-2C_1-2C_2x)\mathrm{e}^{-2x}.$$

将初始条件 $y|_{x=0}=1$ 和 $y'|_{x=0}=0$ 代入上面两式，得

$$C_1=1，C_2=2.$$

因此，所求得特解为

$$y=(1+2x)\mathrm{e}^{-2x}.$$

**例 4.18**　求微分方程 $y''-4y'+5y=0$ 的通解.

**解**　特征方程为

$$r^2-4r+5=0.$$

特征根为一对共轭复根，即

$$r_1=2+\mathrm{i}，r_2=2-\mathrm{i}.$$

因此微分方程的通解是

$$y=\mathrm{e}^{2x}(C_1\cos x+C_2\sin x)\quad（C_1、C_2 是任意常数）.$$

**例 4.19**　一个质量为 $m$ 的物体挂在一个弹簧的下端. 当物体处于静止状态时，作用在物体上的重力与弹性力大小相等，方向相反. 此时，物体所处的位置就是物体的平衡位置. 如图 4.8 所示，取 $s$ 轴垂直向下，并取物体的平衡位置 $O$ 为坐标原点. 将物体从其平衡位置 $O$ 处往下拉到与点 $O$ 相距 $s_0$ 处的 $A$ 点，然后放开，这时物体就在 $O$ 点附近做上下振动. 求物体的振动规律 $s=s(t)$ 所满足的微分方程.

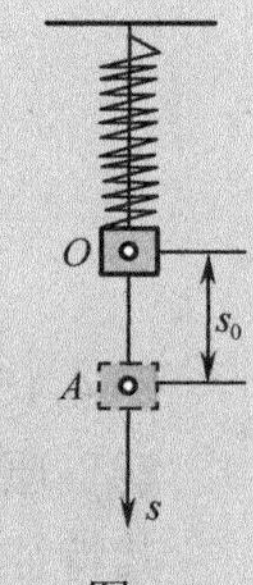

图 4.8

**解**　根据牛顿第二定律，可知物体在运动中所受的力满足

$$F=ma\quad\left(a=\frac{\mathrm{d}^2s}{\mathrm{d}t^2}\right).$$

物体在运动中，受到两个力的作用，一个是弹簧使物体回到平衡位置的弹性恢复力 $f$，另一个是使物体振动逐渐趋向停止的阻尼介质（如空气、油等）的阻力 $R$，即

$$F=f+R.$$

由实验可知，阻力 $R$ 与速度 $v$ 成正比，而阻力的方向与速度相反，设比例系数为 $k_1>0$，其中 $k_1$ 称为阻尼系数，即

$$R=-k_1v=-k_1\frac{\mathrm{d}s}{\mathrm{d}t}.$$

由力学可知，弹性恢复力 $f$ 与位移 $s$ 成正比，二者的方向相反，设比例系数为 $k_2>0$，即

$$f=-k_2s.$$

因此，有以下微分方程

$$m\frac{\mathrm{d}^2s}{\mathrm{d}t^2}=-k_1\frac{\mathrm{d}s}{\mathrm{d}t}-k_2s$$

或

$$\frac{\mathrm{d}^2s}{\mathrm{d}t^2}+\frac{k_1}{m}\frac{\mathrm{d}s}{\mathrm{d}t}+\frac{k_2}{m}s=0.$$

初始条件为 $s|_{t=0}=s_0$、$\left.\frac{\mathrm{d}s}{\mathrm{d}t}\right|_{t=0}=0$.

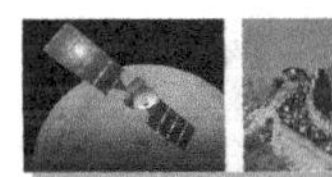

**例 4.20**　例 4.19 中的弹簧，下端挂的物体的质量为 $0.025\ \mathrm{kg}$，先将物体用手拉到离平衡位置 $0.04\ \mathrm{m}$ 处，然后放手，让物体自由振动. 若阻力大小与运动速度的大小成正比，方向相反，阻尼系数 $k_1 = 0.25\ (\mathrm{N\cdot s})/\mathrm{m}$. 且弹簧的弹性系数 $k_2 = 0.625\ \mathrm{N/m}$. 求物体的运动规律.

**解**　将 $m = 0.025$、$k_1 = 0.25$、$k_2 = 0.625$ 代入微分方程 $\frac{\mathrm{d}^2 s}{\mathrm{d}t^2} + \frac{k_1}{m}\frac{\mathrm{d}s}{\mathrm{d}t} + \frac{k_2}{m}s = 0$，得

$$\frac{\mathrm{d}^2 s}{\mathrm{d}t^2} + 10\frac{\mathrm{d}s}{\mathrm{d}t} + 25s = 0 .$$

初始条件为

$$s\big|_{t=0} = 0.04,\quad \left.\frac{\mathrm{d}s}{\mathrm{d}t}\right|_{t=0} = 0.$$

因为特征方程为

$$r^2 + 10r + 25 = 0 .$$

特征根为

$$r_1 = r_2 = -5.$$

所以方程的通解为

$$s = (C_1 + C_2 t)\mathrm{e}^{-5t}.$$

为确定满足初始条件的特解，对 $y$ 求导，得

$$\frac{\mathrm{d}s}{\mathrm{d}t} = (C_2 - 5C_1 - 5C_2 t)\mathrm{e}^{-5t}.$$

将初始条件 $s\big|_{t=0} = 0.04$、$\left.\frac{\mathrm{d}s}{\mathrm{d}t}\right|_{t=0} = 0$ 代入上面两式，得

$$\begin{cases} C_1 = 1 \\ C_2 - 5C_1 = 0 \end{cases}.$$

解得

$$C_1 = 0.04,\ C_2 = 0.2.$$

因此，方程的特解为

$$s = (0.04 + 0.2t)\mathrm{e}^{-5t}\ (\mathrm{m})$$

或

$$s = (4 + 20t)\mathrm{e}^{-5t}\ (\mathrm{cm}).$$

通解的表达式中没有周期函数的因式，因此，这时物体没有振动，而是按指数 $\mathrm{e}^{-5t}$ 做衰减运动，这主要是阻尼系数与原来相比增大了. 进一步还可以看出，只要阻尼系数比 0.25 略小一点，该物体会在平衡位置附近做上下振动. 物体的这种状态的运动称为临界阻尼运动，如图 4.9 所示.

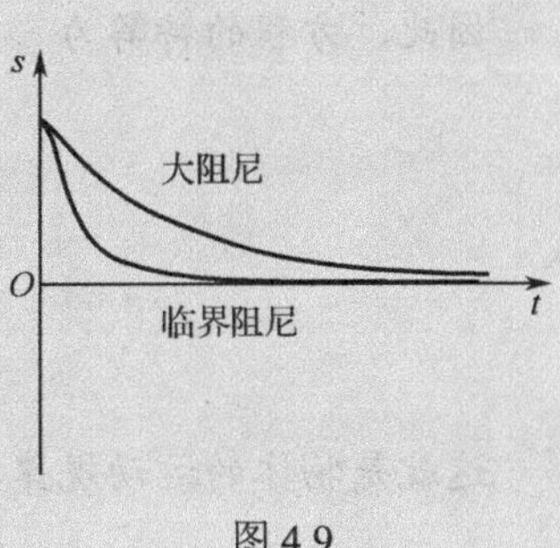

图 4.9

## 任务解答 4.4

根据任务 4.4，求挂在一个弹簧下端的物体做自由振动时的运动规律.
由例 4.19 得微分方程

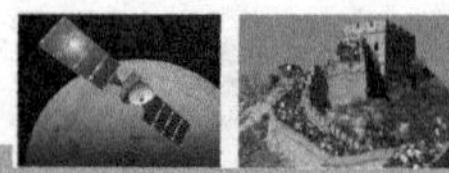

$$\frac{\mathrm{d}^2s}{\mathrm{d}t^2}+\frac{k_1}{m}\frac{\mathrm{d}s}{\mathrm{d}t}+\frac{k_2}{m}s=0.$$

将$m=0.025$、$k_1=0.2$、$k_2=0.625$ 代入上式，得

$$\frac{\mathrm{d}^2s}{\mathrm{d}t^2}+\frac{0.2}{0.025}\frac{\mathrm{d}s}{\mathrm{d}t}+\frac{0.625}{0.025}s=0$$

即

$$\frac{\mathrm{d}^2s}{\mathrm{d}t^2}+8\frac{\mathrm{d}s}{\mathrm{d}t}+25s=0.$$

初始条件为

$$s|_{t=0}=0.04,\quad \left.\frac{\mathrm{d}s}{\mathrm{d}t}\right|_{t=0}=0.$$

因为，特征方程为

$$r^2+8r+25=0.$$

特征根为

$$r=-4\pm 3\mathrm{i}.$$

所以方程的通解为

$$s=\mathrm{e}^{-4t}(C_1\cos 3t+C_2\sin 3t).$$

为确定满足初始条件的特解，对$y$求导，得

$$\frac{\mathrm{d}s}{\mathrm{d}t}=\mathrm{e}^{-4t}[(-4C_1+3C_2)\cos 3t+(-3C_1-4C_2)\sin 3t].$$

将初始条件$s|_{t=0}=0.04$、$\left.\frac{\mathrm{d}s}{\mathrm{d}t}\right|_{t=0}=0$代入上面两式，得

$$\begin{cases}C_1=0.04\\-4C_1+3C_2=0.\end{cases}$$

解得

$$C_1=0.04,\ C_2=\frac{0.16}{3}.$$

因此，方程的特解为

$$s=\mathrm{e}^{-4t}\left(0.04\cos 3t+\frac{0.16}{3}\sin 3t\right)(\mathrm{m})$$

或

$$s=\mathrm{e}^{-4t}\left(4\cos 3t+\frac{16}{3}\sin 3t\right)(\mathrm{cm}).$$

这就是物体的运动规律，它也可以化为

$$s=\frac{20}{3}\mathrm{e}^{-4t}\sin(3t+36.9^\circ)\ (\mathrm{cm}).$$

在上述特解表达式中，$\sin(3t+36.9^\circ)$是以$\frac{2}{3}\pi$为周期的一个周期函数，所以每隔时间$\frac{2}{3}\pi$ s物体的运动就往复一次，即物体在平衡位置两侧做上下振动，它的振幅随$\frac{20}{3}\mathrm{e}^{-4t}$的减小

而减小. 这种振动称为阻尼振动或衰减振动，如图 4.10 所示.

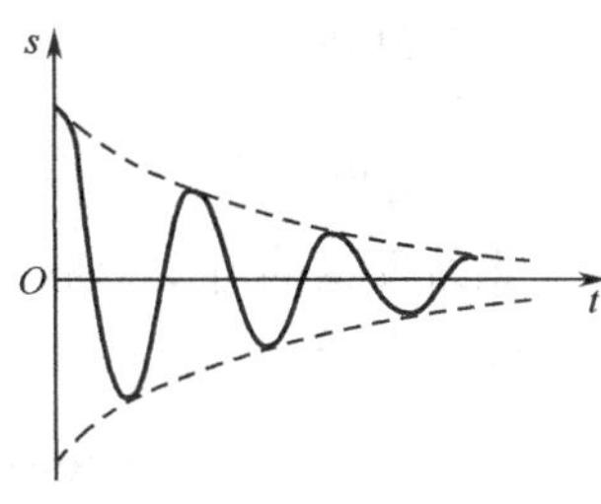

图 4.10

> **思考问题**　一链条挂在一钉子上，启动时一端离钉子 8 m，另一端离钉子 12 m，如不计钉子对链条所产生的摩擦力，求链条滑下来所需的时间.

### 基础训练 4.4

1．求下列微分方程的通解：

（1）$y''+y'-2y=0$；　　（2）$y''-9y=0$；

（3）$\dfrac{\mathrm{d}^2y}{\mathrm{d}x^2}-6\dfrac{\mathrm{d}y}{\mathrm{d}x}+9y=0$；　　（4）$y''+2y'+y=0$；

（5）$y''+6y'+13y=0$；　　（6）$\dfrac{\mathrm{d}^2s}{\mathrm{d}t^2}+s=0$.

2．求下列微分方程满足初始条件的特解：

（1）$y''-3y'-4y=0$，$y(0)=0$，$y'(0)=-5$；

（2）$y''-12y'+36y=0$，$y\big|_{x=0}=1$，$y'\big|_{x=0}=0$；

（3）$\dfrac{\mathrm{d}^2y}{\mathrm{d}x^2}+2\dfrac{\mathrm{d}y}{\mathrm{d}x}+5y=0$，$y\big|_{x=0}=2$，$\dfrac{\mathrm{d}y}{\mathrm{d}x}\bigg|_{x=0}=0$；

（4）$y''-4y'+3y=0$，$y\big|_{x=0}=6$，$y'\big|_{x=0}=10$.

3．一质点运动的加速度 $a=-2v-5s$，以初速度 $v_0=12$ m/s 从原点出发. 试求质点的运动规律.

## 数学实验 4　MATLAB 在常微分方程中的应用

### 1．解微分方程常用命令

MATLAB 求解微分方程（组）dsolve 调用格式如下：

（1）dsolve('微分方程')：给出微分方程的解析解，表示为 $t$ 的函数；

（2）dsolve('微分方程','初始条件')：给出微分方程初值问题的解，表示为 $t$ 的函数；

（3）dsolve('微分方程','变量 x')：给出微分方程的解析解，表示为 $x$ 的函数；

（4）dsolve('微分方程','初始条件','变量 x')：给出微分方程初值问题的解，表示为 $x$ 的函数；

（5）[y1,y2,…]=dsolve('微分方程 1','微分方程 2',…,'初值条件 1','初值条件 2',…,'自变量')：给出微分方程组初值问题的解.

### 2．求解微分方程举例

微分方程在输入时，$y'$应输入 Dy，$y''$应输入 D2y 等，D 应大写.

**例 4.21**　求微分方程 $\dfrac{\mathrm{d}y}{\mathrm{d}x}=3x^2y$ 的通解.

扫一扫下载 MATLAB 源程序

**解**　输入命令：

```
>> dsolve('Dy=3*x^2*y')
```

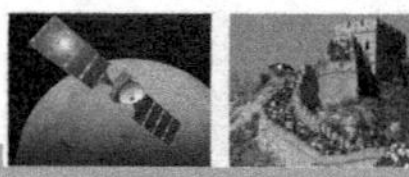

运行结果：

```
ans = C2*exp(3*t*x^2)
```

系统默认的自变量是 $t$，显然系统把 $x$ 当作常数，把 $y$ 当作 $t$ 的函数求解.

输入命令：

```
>> dsolve('Dy=3*x^2*y','x')
```

运行结果：

```
ans = C3*exp(x^3)
```

即通解为

$$y = Ce^{x^3}.$$

**例 4.22** 求微分方程 $\begin{cases} \dfrac{d^2y}{dx^2}+4\dfrac{dy}{dx}+5y=0 \\ y(0)=0, y'(0)=3 \end{cases}$ 的特解.

扫一扫下载 MATLAB 源程序

**解** 输入命令：

```
>> y=dsolve('D2y+4*Dy+5*y=0','y(0)=0,Dy(0)=3','x')
```

运行结果：

```
y = 3*exp(-2*x)*sin(x)
```

即特解为

$$y = 3e^{-2x}\sin x.$$

**例 4.23** 求 $y''+3y'+e^x=0$ 的通解.

扫一扫下载 MATLAB 源程序

**解** 输入命令：

```
>> dsolve('D2y+3*Dy+exp(x)=0','x')
```

运行结果：

```
ans = -1/4*exp(x)+C1+C2*exp(-3*x)
```

即通解为

$$y = -\frac{1}{4}e^x + C_1 + C_2e^{-3x}.$$

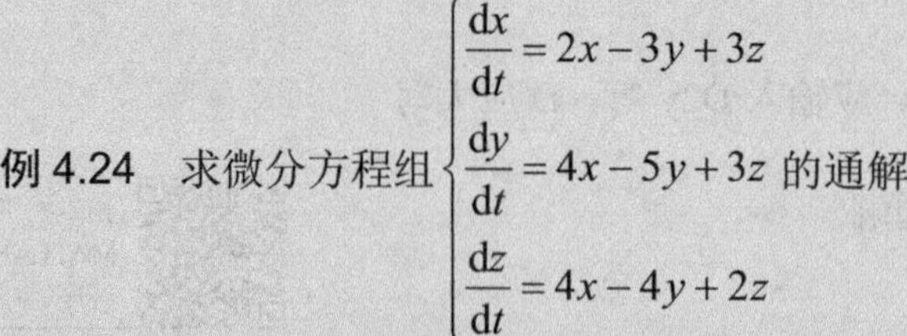

**例 4.24** 求微分方程组 $\begin{cases} \dfrac{dx}{dt}=2x-3y+3z \\ \dfrac{dy}{dt}=4x-5y+3z \\ \dfrac{dz}{dt}=4x-4y+2z \end{cases}$ 的通解.

扫一扫下载 MATLAB 源程序

**解** 输入命令：

```
>>[x,y,z]=dsolve('Dx=2*x-3*y+3*z','Dy=4*x-5*y+3*z','Dz=4*x-4*y+2*z','t')
>> x=simple(x)                    %将 x 化简
>> y=simple(y)
>> z=simple(z)
```

运行结果：

```
x = C39*exp(2*t) + C40*exp(-t)
y = C39*exp(2*t) + C40*exp(-t) + C41*exp(-2*t)
z = C39*exp(2*t) + C41*exp(-2*t)
```

即通解为

$$\begin{cases} x = C_1 e^{2t} + C_2 e^{-t} \\ y = C_1 e^{2t} + C_2 e^{-t} + C_3 e^{-2t} \\ x = C_1 e^{2t} + C_3 e^{-2t} \end{cases}.$$

### 实验训练 4

1．求下列微分方程的通解：

（1）$y' = -\dfrac{x}{y}$；　　（2）$yy'' - y'^2 = 0$；　　（3）$y'' - e^{2y} y' = 0$.

2．求微分方程 $xy' + y - e^x = 0$ 在初始条件 $y|_{x=1} = 2e$ 下的特解.

3．求微分方程 $(x^2 - 1)\dfrac{dy}{dx} + 2xy - \cos x = 0$ 在初始条件 $y|_{x=0} = 1$ 下的特解.

4．求微分方程组 $\begin{cases} \dfrac{dx}{dt} + 5x + y = e^t \\ \dfrac{dy}{dt} - x - 3y = e^{2t} \end{cases}$ 的通解.

## 综合训练 4

扫一扫看综合训练 4 参考答案

### 一、填空题

1．$y' + P(x)y = 0$ 的通解是________.

2．$y' + P(x)y = Q(x)$ 的通解公式是________.

3．如果特征方程的根是 $r_1 = -2 + 3i$、$r_2 = -2 - 3i$，则相应的二阶线性齐次微分方程是________，方程的通解是________.

4．若 $\dfrac{d^3 y}{dx^3} = e^x$，则通解为________.

5．微分方程 $x dy - y dx = 0$ 的通解为________.

6．微分方程 $3x^2 + 5x - 5y' = 0$ 的通解为________.

7．微分方程 $y' - xy = -2x$ 为________微分方程，其通解为 $y =$________.

8. 微分方程 $y'' + 4y' + 4y = 0$ 对应的特征方程为________，该微分方程的通解为________.

9．微分方程$\frac{d^2s}{dt^2}+2a\frac{ds}{dt}+\omega^2 s=0$的特征方程为________.

10．微分方程$x(1+y^2)dx+y(1+x^2)dy=0$的通解为________.

## 二、选择题

1．微分方程$\frac{d^3y}{dx^3}+\left(\frac{dy}{dx}\right)^2-\frac{dy}{dx}+y^5+x=0$的阶数是（　　）.

A．5　　B．4　　C．3　　D．2

2．微分方程$\frac{dy}{dx}=2xy$的通解为（　　）.

A．$y=e^{x^2}+C$　　B．$y=C\ln x$　　C．$y=Ce^{x^2}$　　D．$y=\ln x+C$

3．方程$y''-2y'-3y=0$的通解是（　　）.

A．$y=C_1e^{-x}+C_2xe^{3x}$　　B．$y=C_1e^{-x}+C_2e^{3x}$

C．$y=C_1e^{3x}+C_2xe^{-x}$　　D．$y=e^{-x}(C_1\cos 3x+C_2\sin 3x)$

4．若二阶常系数线性齐次微分方程的通解为$y=C_1e^x+C_2e^{2x}$，则对应的方程为（　　）.

A．$y''-3y'-2y=0$　　B．$y''-5y'+6y=0$

C．$y''-4y'+5y=0$　　D．$y''-3y'+2y=0$

5．已知$y=f(x)$是方程$y'+2xy=xe^{-x^2}$满足初始条件$f(0)=\frac{1}{2}$的特解，则$f(1)$等于（　　）.

A．1　　B．0　　C．e　　D．$e^{-1}$

## 三、解答题

1．求下列微分方程的通解：

（1）$e^y\left(1-\frac{dy}{dx}\right)=1$;　　（2）$y'+y=\cos x$;

（3）$\sin x\cos y-y'\cos x\sin y=0$;　　（4）$xy'-y\ln y=0$;

（5）$y''-10y'+34y=0$;　　（6）$4\frac{d^2x}{dt^2}-20\frac{dx}{dt}+25x=0$.

2．求下列微分方程的特解：

（1）$y'-\frac{xy}{1+x^2}=1+x$，$y\big|_{x=0}=\frac{1}{2}$;

（2）$\frac{d^2s}{dt^2}+2\frac{ds}{dt}+s=0$，$s(0)=4$，$\left.\frac{ds}{dt}\right|_{t=0}=-2$.

# 模块 5 线性代数初步

线性代数是代数学的重要组成部分，它主要是以行列式、矩阵为工具来研究线性方程组、线性空间、线性变换的一门科学.线性代数在数学、物理学和科学技术学科中有重要应用，在计算机广泛应用的今天，计算机图形学、计算机辅助设计、密码学、虚拟现实等技术无不以线性代数为其理论和算法基础的一部分.本模块将通过计算订购机床的总利润、破译军事通信密码、计算商店销售T恤衫的数量三个学习任务介绍行列式与矩阵的概念、矩阵的运算、矩阵的初等变换、逆矩阵，并运用矩阵理论研究线性方程组的求解问题.

## 5.1 行列式与矩阵

扫一扫看行列式与矩阵教学课件

扫一扫下载学习任务书 5.1

### 学习任务 5.1 计算订购机床的总利润

兴兴机械厂生产甲、乙、丙三种规格的机床，其价格和成本详见表 5.1.

表 5.1

| 价格 \ 产品 | 甲 | 乙 | 丙 |
|---|---|---|---|
| 单价/（万元/台） | 7 | 6 | 5 |
| 成本/（万元/台） | 6 | 4.5 | 4 |

1 月份，工厂收到北京、上海与广东三地的订购数量，如表 5.2 所示.

表 5.2

| 机床 \ 城市 | 北京 | 上海 | 广东 |
|---|---|---|---|
| 甲机床/台 | 4 | 5 | 7 |
| 乙机床/台 | 5 | 6 | 8 |
| 丙机床/台 | 3 | 4 | 9 |

请帮兴兴机械厂算一算各地订购三种机床的总价值、总成本、总利润各是多少.

如果将北京、上海与广东三地机床的订购数量用符号

$$\begin{vmatrix} 4 & 5 & 7 \\ 5 & 6 & 8 \\ 3 & 4 & 9 \end{vmatrix}$$

来表示（即行列式），则其能计算出具体的值；如果订购数量简单地写成矩形数表的形式

$$\begin{pmatrix} 4 & 5 & 7 \\ 5 & 6 & 8 \\ 3 & 4 & 9 \end{pmatrix}$$

（即矩阵），则其在每个位置上的数都具有固定的含义，不能随意调换，如其中第二行第二个数 6 表示上海订购乙机床的数量为 6 台.

本节内容旨在让学生学习行列式与矩阵的相关知识.

### 5.1.1　行列式的概念与计算

#### 1．二阶、三阶行列式

用消元法不难求得两个未知数的二元一次方程组（称为二元线性方程组）

$$\begin{cases} a_{11}x_1 + a_{12}x_2 = b_1 \\ a_{21}x_1 + a_{22}x_2 = b_2 \end{cases} \tag{1}$$

的解为

$$x_1 = \frac{b_1a_{22} - b_2a_{12}}{a_{11}a_{22} - a_{21}a_{12}}，\quad x_2 = \frac{a_{11}b_2 - a_{21}b_1}{a_{11}a_{22} - a_{21}a_{12}}.$$

我们发现上述方程组中解的分母都是系数对角线乘积的差；分子是把相应的未知数的系数换成常数项后，对角线乘积的差. 为了便于计算，我们把 $a_{11}a_{22} - a_{21}a_{12}$ 记为 $\begin{vmatrix} a_{11} & a_{12} \\ a_{21} & a_{22} \end{vmatrix}$，$b_1a_{22} - b_2a_{12}$ 记为 $\begin{vmatrix} b_1 & a_{12} \\ b_2 & a_{22} \end{vmatrix}$，$a_{11}b_2 - a_{21}b_1$ 记为 $\begin{vmatrix} a_{11} & b_1 \\ a_{21} & b_2 \end{vmatrix}$.

我们把形如 $\begin{vmatrix} a_{11} & a_{12} \\ a_{21} & a_{22} \end{vmatrix}$ 的式子称为**二阶行列式**，它是由二行二列 $2^2$ 个元素组成的，代表 $a_{11}a_{22} - a_{12}a_{21}$ 这样一个算式，即 $\begin{vmatrix} a_{11} & a_{12} \\ a_{21} & a_{22} \end{vmatrix} = a_{11}a_{22} - a_{12}a_{21}$.

其中，$a_{ij}\,(i=1,2；\ j=1,2)$ 称为**行列式的元素**. 下标 $i$ 是行列式的行指标，表示在第 $i$ 行；下标 $j$ 是行列式的列指标，表示在第 $j$ 列.

如果设 $D = \begin{vmatrix} a_{11} & a_{12} \\ a_{21} & a_{22} \end{vmatrix}$、$D_1 = \begin{vmatrix} b_1 & a_{12} \\ b_2 & a_{22} \end{vmatrix}$、$D_2 = \begin{vmatrix} a_{11} & b_1 \\ a_{21} & b_2 \end{vmatrix}$，则上面方程组（1）的解为 $x_1 = \dfrac{D_1}{D}$、$x_2 = \dfrac{D_2}{D}$.

**例 5.1**　计算二阶行列式 $\begin{vmatrix} 2 & 5 \\ 3 & 1 \end{vmatrix}$ 的值.

**解** $\begin{vmatrix}2 & 5\\3 & 1\end{vmatrix}=2\times1-3\times5=-13$.

仿照二阶行列式，我们把符号 $\begin{vmatrix}a_{11} & a_{12} & a_{13}\\a_{21} & a_{22} & a_{23}\\a_{31} & a_{32} & a_{33}\end{vmatrix}$ 称为**三阶行列式**. 它是由三行三列 $3^2$ 个元素组成的，代表算式 $a_{11}a_{22}a_{33}+a_{12}a_{23}a_{31}+a_{21}a_{32}a_{13}-a_{13}a_{22}a_{31}-a_{12}a_{21}a_{33}-a_{11}a_{32}a_{23}$，即

$$\begin{vmatrix}a_{11} & a_{12} & a_{13}\\a_{21} & a_{22} & a_{23}\\a_{31} & a_{32} & a_{33}\end{vmatrix}=a_{11}a_{22}a_{33}+a_{12}a_{23}a_{31}+a_{21}a_{32}a_{13}-a_{13}a_{22}a_{31}-a_{12}a_{21}a_{33}-a_{11}a_{32}a_{23}.$$

这个式子中实线连接的三个元素的乘积取正号，虚线连接的三个元素的乘积取负号，如图 5.1 所示.

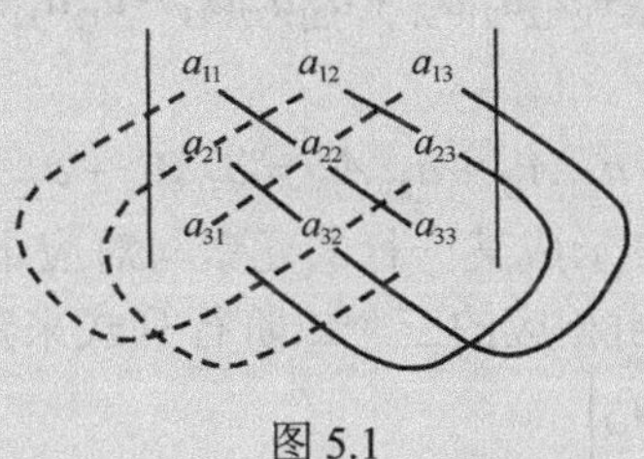


图 5.1

**例 5.2**　计算下列三阶行列式：

（1）$\begin{vmatrix}1 & 2 & 4\\2 & 3 & 1\\4 & 2 & 5\end{vmatrix}$；　　（2）$\begin{vmatrix}1 & 2 & 4\\2 & 4 & 8\\3 & 5 & 9\end{vmatrix}$.

**解**　（1）$\begin{vmatrix}1 & 2 & 4\\2 & 3 & 1\\4 & 2 & 5\end{vmatrix}=1\times3\times5+2\times2\times4+2\times1\times4-4\times3\times4-1\times2\times1-2\times2\times5=-31$；

（2）$\begin{vmatrix}1 & 2 & 4\\2 & 4 & 8\\3 & 5 & 9\end{vmatrix}=1\times4\times9+2\times5\times4+2\times8\times3-4\times4\times3-8\times5\times1-2\times2\times9=0$.

### 2．三阶行列式的代数余子式

在三阶行列式及其展开式中观察到：

$$\begin{aligned}\begin{vmatrix}a_{11} & a_{12} & a_{13}\\a_{21} & a_{22} & a_{23}\\a_{31} & a_{32} & a_{33}\end{vmatrix}&=a_{11}a_{22}a_{33}+a_{12}a_{23}a_{31}+a_{21}a_{32}a_{13}-a_{13}a_{22}a_{31}-a_{12}a_{21}a_{33}-a_{11}a_{32}a_{23}\\&=a_{11}(a_{22}a_{33}-a_{32}a_{23})-a_{12}(a_{21}a_{33}-a_{23}a_{31})+a_{13}(a_{21}a_{32}-a_{22}a_{31})\\&=a_{11}\begin{vmatrix}a_{22} & a_{23}\\a_{32} & a_{33}\end{vmatrix}-a_{12}\begin{vmatrix}a_{21} & a_{23}\\a_{31} & a_{33}\end{vmatrix}+a_{13}\begin{vmatrix}a_{21} & a_{22}\\a_{31} & a_{32}\end{vmatrix}\end{aligned}$$

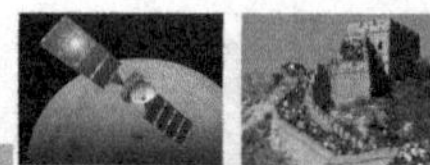

$$= a_{11}(-1)^{1+1}\begin{vmatrix} a_{22} & a_{23} \\ a_{32} & a_{33} \end{vmatrix} + a_{12}(-1)^{1+2}\begin{vmatrix} a_{21} & a_{23} \\ a_{31} & a_{33} \end{vmatrix} + a_{13}(-1)^{1+3}\begin{vmatrix} a_{21} & a_{22} \\ a_{31} & a_{32} \end{vmatrix}$$

$$= a_{11}A_{11} + a_{12}A_{12} + a_{13}A_{13}.$$

我们发现$M_{11} = \begin{vmatrix} a_{22} & a_{23} \\ a_{32} & a_{33} \end{vmatrix}$、$M_{12} = \begin{vmatrix} a_{21} & a_{23} \\ a_{31} & a_{33} \end{vmatrix}$、$M_{13} = \begin{vmatrix} a_{21} & a_{22} \\ a_{31} & a_{32} \end{vmatrix}$，恰好是元素$a_{11}$、$a_{12}$、$a_{13}$分别划掉它们所在的行和列后，余下的元素按原来的次序构成的二阶行列式. 把这些行列式分别定义为元素$a_{11}$、$a_{12}$、$a_{13}$的余子式；而$A_{11} = (-1)^{1+1}\begin{vmatrix} a_{22} & a_{23} \\ a_{32} & a_{33} \end{vmatrix}$、$A_{12} = (-1)^{1+2}\begin{vmatrix} a_{21} & a_{23} \\ a_{31} & a_{33} \end{vmatrix}$、$A_{13} = (-1)^{1+3}\begin{vmatrix} a_{21} & a_{22} \\ a_{31} & a_{32} \end{vmatrix}$，分别称为元素$a_{11}$、$a_{12}$、$a_{13}$的代数余子式. 同理，三阶行列式

$$\begin{vmatrix} a_{11} & a_{12} & a_{13} \\ a_{21} & a_{22} & a_{23} \\ a_{31} & a_{32} & a_{33} \end{vmatrix} = a_{11}a_{22}a_{33} + a_{12}a_{23}a_{31} + a_{21}a_{32}a_{13} - a_{13}a_{22}a_{31} - a_{12}a_{21}a_{33} - a_{11}a_{32}a_{23}$$

$$= a_{21}A_{21} + a_{22}A_{22} + a_{23}A_{23} = a_{31}A_{31} + a_{32}A_{32} + a_{33}A_{33}.$$

因此，一个三阶行列式可以表示成某一行的元素与对应于它们的代数余子式的乘积之和. 也就是说，一个三阶行列式可以由相应的三个二阶行列式来定义，即

$$\begin{vmatrix} a_{11} & a_{12} & a_{13} \\ a_{21} & a_{22} & a_{23} \\ a_{31} & a_{32} & a_{33} \end{vmatrix} = a_{i1}A_{i1} + a_{i2}A_{i2} + a_{i3}A_{i3} \quad (i = 1,2,3)$$

其中，$A_{ij}$ $(i = 1,2,3;\ j = 1,2,3)$是元素$a_{ij}$ $(i = 1,2,3;\ j = 1,2,3)$的代数余子式.

**例 5.3** 求行列式$\begin{vmatrix} 3 & 1 & 3 \\ 0 & 4 & 2 \\ -2 & 3 & -1 \end{vmatrix}$中元素$a_{11}$、$a_{12}$、$a_{13}$的代数余子式，并求出行列式的值.

**解** $A_{11} = (-1)^{1+1}\begin{vmatrix} 4 & 2 \\ 3 & -1 \end{vmatrix} = -10$，$A_{12} = (-1)^{1+2}\begin{vmatrix} 0 & 2 \\ -2 & -1 \end{vmatrix} = -4$，$A_{13} = (-1)^{1+3}\begin{vmatrix} 0 & 4 \\ -2 & 3 \end{vmatrix} = 8$.

将行列式按第一行展开为

$$\begin{vmatrix} 3 & 1 & 3 \\ 0 & 4 & 2 \\ -2 & 3 & -1 \end{vmatrix} = 3\times(-1)^{1+1}\begin{vmatrix} 4 & 2 \\ 3 & -1 \end{vmatrix} + 1\times(-1)^{1+2}\begin{vmatrix} 0 & 2 \\ -2 & -1 \end{vmatrix} + 3\times(-1)^{1+3}\begin{vmatrix} 0 & 4 \\ -2 & 3 \end{vmatrix}$$

$$= -30 - 4 + 24 = -10.$$

### 3．$n$阶行列式

由前面的讨论我们知道，行列式的代数余子式是比原行列式降低一阶的行列式，而三阶行列式的代数余子式的概念完全适用于四阶行列式，所以四阶行列式定义为

$$\begin{vmatrix} a_{11} & a_{12} & a_{13} & a_{14} \\ a_{21} & a_{22} & a_{23} & a_{24} \\ a_{31} & a_{32} & a_{33} & a_{34} \\ a_{41} & a_{42} & a_{43} & a_{44} \end{vmatrix} = a_{i1}A_{i1} + a_{i2}A_{i2} + a_{i3}A_{i3} + a_{i4}A_{i4} \quad (i = 1,2,3,4).$$

以此类推，我们可以用 $n$ 个 $(n-1)$ 阶行列式来定义 $n$ 阶行列式：

设由 $n^2$ 个数构成以下 $n$ 阶行列式，其中 $a_{ij}\,(i,j=1,2,\cdots,n)$ 都是数，记为

$$D=\begin{vmatrix} a_{11} & a_{12} & \cdots & a_{1n} \\ a_{21} & a_{22} & \cdots & a_{2n} \\ \vdots & \vdots & & \vdots \\ a_{n1} & a_{n2} & \cdots & a_{nn} \end{vmatrix}=a_{i1}A_{i1}+a_{i2}A_{i2}+\cdots+a_{in}A_{in}=\sum_{j=1}^{n}a_{ij}A_{ij}\,.$$

其中，$A_{ij}$ 为元素 $a_{ij}\,(i,j=1,2,\cdots,n)$ 的代数余子式.

特别地，行列式

$$\begin{vmatrix} a_{11} & a_{12} & \cdots & a_{1n} \\ 0 & a_{22} & \cdots & a_{2n} \\ \vdots & \vdots & & \vdots \\ 0 & 0 & \cdots & a_{nn} \end{vmatrix}$$

称为上三角行列式，由上述定义容易得到下面的结论：

$$\begin{vmatrix} a_{11} & a_{12} & \cdots & a_{1n} \\ 0 & a_{22} & \cdots & a_{2n} \\ \vdots & \vdots & & \vdots \\ 0 & 0 & \cdots & a_{nn} \end{vmatrix}=a_{11}a_{22}\cdots a_{nn}\,.$$

### 4．行列式的性质

我们将以三阶行列式为例介绍行列式的性质. 必须指出的是，三阶行列式所具有的性质对于 $n$ 阶行列式也成立.

将行列式

$$D=\begin{vmatrix} a_{11} & a_{12} & a_{13} \\ a_{21} & a_{22} & a_{23} \\ a_{31} & a_{32} & a_{33} \end{vmatrix}$$

所有的行与相应的列互换，不改变元素的前后次序，得到一个新的行列式

$$\begin{vmatrix} a_{11} & a_{21} & a_{31} \\ a_{12} & a_{22} & a_{32} \\ a_{13} & a_{23} & a_{33} \end{vmatrix},$$

称此行列式为 $D$ 的**转置行列式**. 记为 $D^{\mathrm{T}}$.

例如，行列式

$$D=\begin{vmatrix} 2 & 1 & 2 \\ -4 & 3 & 1 \\ 2 & 3 & 5 \end{vmatrix}$$

的转置行列式为

$$D^{\mathrm{T}}=\begin{vmatrix} 2 & -4 & 2 \\ 1 & 3 & 3 \\ 2 & 1 & 5 \end{vmatrix}.$$

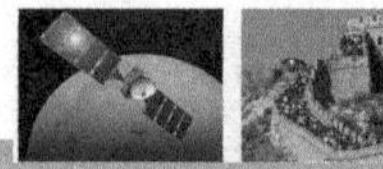

【性质 1】 行列式与其转置行列式的值相等，即 $D=D^{\mathrm{T}}$.

【性质 2】 行列式的任意两行（列）互换，行列式的值仅改变符号.

例如，

$$\begin{vmatrix} a_{11} & a_{12} & a_{13} \\ a_{21} & a_{22} & a_{23} \\ a_{31} & a_{32} & a_{33} \end{vmatrix} = -\begin{vmatrix} a_{11} & a_{12} & a_{13} \\ a_{31} & a_{32} & a_{33} \\ a_{21} & a_{22} & a_{23} \end{vmatrix}.$$

【推论 1】 若行列式的某两行（列）对应元素相同，则行列式的值为零.

【性质 3】 把行列式的某一行（列）的每一个元素都乘以数 $k$，等于以数 $k$ 乘以该行列式.

例如，

$$\begin{vmatrix} a_{11} & a_{12} & a_{13} \\ ka_{21} & ka_{22} & ka_{23} \\ a_{31} & a_{32} & a_{33} \end{vmatrix} = k\begin{vmatrix} a_{11} & a_{12} & a_{13} \\ a_{21} & a_{22} & a_{23} \\ a_{31} & a_{32} & a_{33} \end{vmatrix}.$$

【推论 2】 若行列式某行（列）的所有元素有公因子，则公因子可以提到行列式外面.

【推论 3】 若行列式某行（列）的元素均为零，则行列式的值为零.

【推论 4】 若行列式的某两行（列）的对应元素成比例，则行列式的值为零.

【性质 4】 若行列式某一行（列）的所有元素都是两个数的和，则此行列式等于两个行列式的和，而且这两个行列式除了这一行（列）以外，其余的元素与原来的行列式的对应元素相同.

例如，

$$\begin{vmatrix} a_{11}+a'_{11} & a_{12}+a'_{12} & a_{13}+a'_{13} \\ a_{21} & a_{22} & a_{23} \\ a_{31} & a_{32} & a_{33} \end{vmatrix} = \begin{vmatrix} a_{11} & a_{12} & a_{13} \\ a_{21} & a_{22} & a_{23} \\ a_{31} & a_{32} & a_{33} \end{vmatrix} + \begin{vmatrix} a'_{11} & a'_{12} & a'_{13} \\ a_{21} & a_{22} & a_{23} \\ a_{31} & a_{32} & a_{33} \end{vmatrix}.$$

【性质 5】 以数 $k$ 乘行列式的某一行（列）的所有元素，然后加到另一行（列）的对应元素上去，则行列式的值不变.

例如，

$$\begin{vmatrix} a_{11} & a_{12} & a_{13} \\ a_{21} & a_{22} & a_{23} \\ a_{31} & a_{32} & a_{33} \end{vmatrix} = \begin{vmatrix} a_{11} & a_{12} & a_{13} \\ ka_{11}+a_{21} & ka_{12}+a_{22} & ka_{13}+a_{23} \\ a_{31} & a_{32} & a_{33} \end{vmatrix}.$$

数 $k$ 乘第 $i$ 行（列）加到第 $j$ 行（列）记为 $kr_i+r_j(kc_i+c_j)$，这样上面例子中的变化过程可写成 $kr_1+r_2$.

### 5. 行列式的计算

对于二阶和三阶行列式通常用对角线法求值，对于四阶以上行列式的计算，根据上三角行列式的值的结论，常用行列式的性质先将其变为上三角行列式，然后求其值，也可根据 $n$ 阶行列式的定义采用将其展开降阶的方法求值.

**例 5.4** 求下列行列式的值：

$$\begin{vmatrix} a & b & c \\ a^2 & b^2 & c^2 \\ a^3 & b^3 & c^3 \end{vmatrix}.$$

**解** $\begin{vmatrix} a & b & c \\ a^2 & b^2 & c^2 \\ a^3 & b^3 & c^3 \end{vmatrix} = abc\begin{vmatrix} 1 & 1 & 1 \\ a & b & c \\ a^2 & b^2 & c^2 \end{vmatrix} \xlongequal[(-1)c_1+c_3]{(-1)c_1+c_2} abc\begin{vmatrix} 1 & 0 & 0 \\ a & b-a & c-a \\ a^2 & b^2-a^2 & c^2-a^2 \end{vmatrix}$

$\xlongequal{按r_1展开} abc\begin{vmatrix} b-a & c-a \\ b^2-a^2 & c^2-a^2 \end{vmatrix}$

$= abc(b-a)(c-a)\begin{vmatrix} 1 & 1 \\ b+a & c+a \end{vmatrix} = abc(b-a)(c-a)(c-b)$.

**例 5.5**　计算下列行列式的值：

$$\begin{vmatrix} 3 & 1 & -1 & 0 \\ 5 & 1 & 3 & -1 \\ 2 & 0 & 0 & 1 \\ 0 & -5 & 3 & 1 \end{vmatrix}.$$

**解** $\begin{vmatrix} 3 & 1 & -1 & 0 \\ 5 & 1 & 3 & -1 \\ 2 & 0 & 0 & 1 \\ 0 & -5 & 3 & 1 \end{vmatrix} \xlongequal{(-2)c_4+c_1} \begin{vmatrix} 3 & 1 & -1 & 0 \\ 7 & 1 & 3 & -1 \\ 0 & 0 & 0 & 1 \\ -2 & -5 & 3 & 1 \end{vmatrix} \xlongequal{按r_3展开} (-1)^{3+4}\begin{vmatrix} 3 & 1 & -1 \\ 7 & 1 & 3 \\ -2 & -5 & 3 \end{vmatrix}$

$\xlongequal[3r_1+r_2]{3r_1+r_3} -\begin{vmatrix} 3 & 1 & -1 \\ 16 & 4 & 0 \\ 7 & -2 & 0 \end{vmatrix} \xlongequal{按c_3展开} -(-1)(-1)^{1+3}\begin{vmatrix} 16 & 4 \\ 7 & -2 \end{vmatrix} = -60$.

**例 5.6**　计算下列行列式的值：

$$\begin{vmatrix} 1 & 2 & 3 & 4 \\ 1 & 0 & 1 & 2 \\ 3 & -1 & -1 & 0 \\ 1 & 2 & 0 & -5 \end{vmatrix}.$$

**解** $\begin{vmatrix} 1 & 2 & 3 & 4 \\ 1 & 0 & 1 & 2 \\ 3 & -1 & -1 & 0 \\ 1 & 2 & 0 & -5 \end{vmatrix} \xlongequal[r_4+r_3\times 2]{r_1+r_3\times 2} \begin{vmatrix} 7 & 0 & 1 & 4 \\ 1 & 0 & 1 & 2 \\ 3 & -1 & -1 & 0 \\ 7 & 0 & -2 & -5 \end{vmatrix}$

$\xlongequal{按第二列展开} (-1)\cdot(-1)^{2+3}\begin{vmatrix} 7 & 1 & 4 \\ 1 & 1 & 2 \\ 7 & -2 & -5 \end{vmatrix} = \begin{vmatrix} 7 & 1 & 4 \\ 1 & 1 & 2 \\ 7 & -2 & -5 \end{vmatrix}$

$$\xlongequal[r_3+r_2\times 2]{r_1+r_2\times(-1)}\begin{vmatrix}6 & 0 & 2\\1 & 1 & 2\\9 & 0 & -1\end{vmatrix}\xlongequal{\text{按第二列展开}}1\cdot(-1)^{2+2}\begin{vmatrix}6 & 2\\9 & -1\end{vmatrix}=-6-18=-24.$$

**例 5.7** 计算下列行列式的值：

$$\begin{vmatrix}2 & 3 & 4 & 5\\3 & 4 & 5 & 2\\4 & 5 & 2 & 3\\5 & 2 & 3 & 4\end{vmatrix}.$$

**解**

$$\begin{vmatrix}2 & 3 & 4 & 5\\3 & 4 & 5 & 2\\4 & 5 & 2 & 3\\5 & 2 & 3 & 4\end{vmatrix}\xlongequal{r_1+r_2\times(-1)}\begin{vmatrix}-1 & -1 & -1 & 3\\3 & 4 & 5 & 2\\4 & 5 & 2 & 3\\5 & 2 & 3 & 4\end{vmatrix}\xlongequal[\substack{r_3+r_1\times 4\\ r_4+r_1\times 5}]{r_2+r_1\times 3}\begin{vmatrix}-1 & -1 & -1 & 3\\0 & 1 & 2 & 11\\0 & 1 & -2 & 15\\0 & -3 & -2 & 19\end{vmatrix}$$

$$\xlongequal[r_4+r_2\times 3]{r_3+r_2\times(-1)}\begin{vmatrix}-1 & -1 & -1 & 3\\0 & 1 & 2 & 11\\0 & 0 & -4 & 4\\0 & 0 & 4 & 52\end{vmatrix}\xlongequal{r_4+r_3\times 1}\begin{vmatrix}-1 & -1 & -1 & 3\\0 & 1 & 2 & 11\\0 & 0 & -4 & 4\\0 & 0 & 0 & 56\end{vmatrix}=224.$$

**例 5.8** 计算下列行列式的值：

$$\begin{vmatrix}798 & 4 & -1\\401 & 2 & 3\\202 & 1 & -2\end{vmatrix}.$$

**解**

$$\begin{vmatrix}798 & 4 & -1\\401 & 2 & 3\\202 & 1 & -2\end{vmatrix}=\begin{vmatrix}800 & 4 & -1\\400 & 2 & 3\\200 & 1 & -2\end{vmatrix}+\begin{vmatrix}-2 & 4 & -1\\1 & 2 & 3\\2 & 1 & -2\end{vmatrix}=0+49=49.$$

**例 5.9** 解下列方程：

$$\begin{vmatrix}1 & 1 & 2 & 3\\1 & 2-x^2 & 2 & 3\\2 & 3 & 1 & 5\\2 & 3 & 1 & 9-x^2\end{vmatrix}=0.$$

**解**

$$\begin{vmatrix}1 & 1 & 2 & 3\\1 & 2-x^2 & 2 & 3\\2 & 3 & 1 & 5\\2 & 3 & 1 & 9-x^2\end{vmatrix}\xlongequal[(-2)r_1+r_4]{(-1)r_1+r_2,\ (-2)r_1+r_3}\begin{vmatrix}1 & 1 & 2 & 3\\0 & 1-x^2 & 0 & 0\\0 & 1 & -3 & -1\\0 & 1 & -3 & 3-x^2\end{vmatrix}$$

$$=\begin{vmatrix}1-x^2 & 0 & 0\\1 & -3 & -1\\1 & -3 & 3-x^2\end{vmatrix}=(1-x^2)\begin{vmatrix}-3 & -1\\-3 & 3-x^2\end{vmatrix}=(1-x^2)[-3(3-x^2)-3]$$

$$=(-3)(1-x^2)(4-x^2)$$

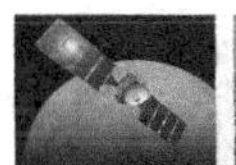  

所以 $(-3)(1-x^2)(4-x^2)=0$，得方程的解为 $x_1=\pm1$、$x_2=\pm2$.

### 5.1.2 矩阵的概念及其运算

#### 1. 矩阵的定义

我们平时常用列表的方式表示一些数据及其关系，如学生成绩、工资表、产品库存表等. 为了处理方便，可将它们按照一定的顺序组成一个矩形表.

**例 5.10** 某化工公司下属三家企业，都生产 A、B、C、D 四种产品，2002 年的库存量如表 5.3 所示.

表 5.3

单位：t

| 产量 库存量 企业 | A | B | C | D |
|---|---|---|---|---|
| 一 | 1 000 | 900 | 1 100 | 500 |
| 二 | 900 | 1 000 | 1 200 | 1 000 |
| 三 | 800 | 400 | 700 | 300 |

此库存量可以简单地写成矩形数表的形式：

$$\begin{pmatrix} 1\,000 & 900 & 1\,100 & 500 \\ 900 & 1\,000 & 1\,200 & 1\,000 \\ 800 & 400 & 700 & 300 \end{pmatrix}.$$

其中，第三行第 2 个数 400 表示第三家企业产品 B 的库存量为 400 t. 显然，上面的数表中每个位置上的数都具有固定的含义，不能随意调换，这种数表在数学上被称为矩阵.

**【定义 1】** 由 $m\times n$ 个实数 $a_{ij}(i=1,2,\cdots,m; j=1,2,\cdots,n)$ 排成的 $m$ 行 $n$ 列的矩形数表称为 $m$ 行 $n$ 列的矩阵，简称 $m\times n$ 矩阵，记作

$$\begin{pmatrix} a_{11} & a_{12} & \cdots & a_{1n} \\ a_{21} & a_{22} & \cdots & a_{2n} \\ \vdots & \vdots & & \vdots \\ a_{m1} & a_{m2} & \cdots & a_{mn} \end{pmatrix}.$$

这 $m\times n$ 个数称为矩阵的元素，其中 $a_{ij}$ 这个元素在矩阵的第 $i$ 行第 $j$ 列（横排为行，纵排为列）.

矩阵通常用大写的英文字母 $\boldsymbol{A},\boldsymbol{B},\boldsymbol{C},\cdots$ 或 $(a_{ij})$ 来表示，有时为了表明矩阵的行列数，也可写成 $\boldsymbol{A}=(a_{ij})_{m\times n}$ 或 $\boldsymbol{A}_{m\times n}=(a_{ij})_{m\times n}$ .

#### 2. 几种特殊矩阵

1）方阵

当 $m=n$ 时，称为 $n$ 阶方阵，记作 $\boldsymbol{A}_{n\times n}$ .

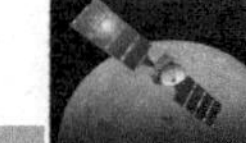

2）行矩阵

当$m=1$时，称为行矩阵，记作$\boldsymbol{A}=(a_{11}\ a_{12}\cdots a_{1n})_{1\times n}$.

3）列矩阵

当$n=1$时，称为列矩阵，记作

$$\boldsymbol{A}=\begin{pmatrix} a_{11} \\ a_{21} \\ \vdots \\ a_{m1} \end{pmatrix}_{m\times 1}.$$

4）零矩阵

所有元素都是零的矩阵称为零矩阵，记作$\boldsymbol{O}_{m\times n}$.

5）对角矩阵

若$n$阶方阵$\boldsymbol{A}=(a_{ij})_{n\times n}$中的元素满足$a_{ij}=0(i\neq j;\ i,j=1,2,\cdots,n)$，则矩阵$\boldsymbol{A}$称为$n$阶对角矩阵，即

$$\boldsymbol{A}=\begin{pmatrix} a_{11} & 0 & 0 & 0 \\ 0 & a_{22} & 0 & 0 \\ \vdots & \vdots & & \vdots \\ 0 & 0 & 0 & a_{nn} \end{pmatrix}.$$

6）单位矩阵

在$n$阶对角矩阵中，当$a_{11}=a_{22}=\cdots=a_{nn}=1$时，称为$n$阶单位矩阵，记作$\boldsymbol{I}$，即

$$\boldsymbol{I}=\begin{pmatrix} 1 & 0 & 0 & 0 \\ 0 & 1 & 0 & 0 \\ \vdots & \vdots & & \vdots \\ 0 & 0 & 0 & 1 \end{pmatrix}.$$

7）上三角矩阵

在$n$阶方阵中，主对角线以下元素全为零的矩阵（当$i>j$时，$a_{ij}=0$；$i,j=1,2,\cdots,n$），称为上三角矩阵，即

$$\begin{pmatrix} a_{11} & a_{12} & \cdots & a_{1n} \\ 0 & a_{22} & \cdots & a_{2n} \\ \vdots & \vdots & & \vdots \\ 0 & 0 & \cdots & a_{nn} \end{pmatrix}.$$

8）下三角矩阵

在$n$阶方阵中，主对角线以上元素全为零的矩阵（当$i<j$时，$a_{ij}=0$；$i,j=1,2,\cdots,n$），称为下三角矩阵，即

$$\begin{pmatrix} a_{11} & 0 & \cdots & 0 \\ a_{21} & a_{22} & \cdots & 0 \\ \vdots & \vdots & & \vdots \\ a_{n1} & a_{n2} & \cdots & a_{nn} \end{pmatrix}$$

9）同型矩阵

行数相同，列数也相同的矩阵称为同型矩阵. 例如，$\boldsymbol{A}_{3\times4}$ 和 $\boldsymbol{B}_{3\times4}$ 即为同型矩阵.

10）相等矩阵

行数相同，列数相同，且对应位置上的元素也相同的矩阵称为相等矩阵，记作 $\boldsymbol{A}=\boldsymbol{B}$.

### 3. 矩阵的加法与减法

**【定义 2】** 两个 $m$ 行 $n$ 列矩阵 $\boldsymbol{A}=(a_{ij})$ 和 $\boldsymbol{B}=(b_{ij})$ 对应位置元素相加（或相减）得到的 $m$ 行 $n$ 列矩阵，称为**矩阵 $\boldsymbol{A}$ 与矩阵 $\boldsymbol{B}$ 的和（或差）**，记为 $\boldsymbol{A}\pm\boldsymbol{B}$.

$$\boldsymbol{A}=\begin{pmatrix} a_{11} & a_{12} & \cdots & a_{1n} \\ a_{21} & a_{22} & \cdots & a_{2n} \\ \vdots & \vdots & & \vdots \\ a_{m1} & a_{m2} & \cdots & a_{mn} \end{pmatrix},\quad \boldsymbol{B}=\begin{pmatrix} b_{11} & b_{12} & \cdots & b_{1n} \\ b_{21} & b_{22} & \cdots & b_{2n} \\ \vdots & \vdots & & \vdots \\ b_{m1} & b_{m2} & \cdots & b_{mn} \end{pmatrix},$$

则

$$\boldsymbol{A}\pm\boldsymbol{B}=\begin{pmatrix} a_{11}\pm b_{11} & a_{12}\pm b_{12} & \cdots & a_{1n}\pm b_{1n} \\ a_{21}\pm b_{21} & a_{22}\pm b_{22} & \cdots & a_{2n}\pm b_{2n} \\ \vdots & \vdots & & \vdots \\ a_{m1}\pm b_{m1} & a_{m2}\pm b_{m2} & \cdots & a_{mn}\pm b_{mn} \end{pmatrix}.$$

简记为

$$\boldsymbol{A}\pm\boldsymbol{B}=(a_{ij})_{m\times n}\pm(b_{ij})_{m\times n}=(a_{ij}\pm b_{ij})_{m\times n}.$$

**例 5.11** 已知 $\boldsymbol{A}=\begin{pmatrix} 3 & 1 & 4 & 7 \\ 6 & -1 & 2 & 8 \end{pmatrix}$、$\boldsymbol{B}=\begin{pmatrix} 1 & 3 & 4 & 2 \\ -2 & 1 & 5 & 6 \end{pmatrix}$，求 $\boldsymbol{A}+\boldsymbol{B}$、$\boldsymbol{A}-\boldsymbol{B}$.

**解** 
$$\boldsymbol{A}+\boldsymbol{B}=\begin{pmatrix} 3 & 1 & 4 & 7 \\ 6 & -1 & 2 & 8 \end{pmatrix}+\begin{pmatrix} 1 & 3 & 4 & 2 \\ -2 & 1 & 5 & 6 \end{pmatrix}$$
$$=\begin{pmatrix} 3+1 & 1+3 & 4+4 & 7+2 \\ 6-2 & -1+1 & 2+5 & 8+6 \end{pmatrix}=\begin{pmatrix} 4 & 4 & 8 & 9 \\ 4 & 0 & 7 & 14 \end{pmatrix};$$
$$\boldsymbol{A}-\boldsymbol{B}=\begin{pmatrix} 3 & 1 & 4 & 7 \\ 6 & -1 & 2 & 8 \end{pmatrix}-\begin{pmatrix} 1 & 3 & 4 & 2 \\ -2 & 1 & 5 & 6 \end{pmatrix}$$
$$=\begin{pmatrix} 3-1 & 1-3 & 4-4 & 7-2 \\ 6+2 & -1-1 & 2-5 & 8-6 \end{pmatrix}=\begin{pmatrix} 2 & -2 & 0 & 5 \\ 8 & -2 & -3 & 2 \end{pmatrix}.$$

**注意：**只有两个矩阵的行数和列数分别都相等时，才能做加（或减）运算.

矩阵加法满足如下运算律：

（1）交换律：$\boldsymbol{A}+\boldsymbol{B}=\boldsymbol{B}+\boldsymbol{A}$；

（2）结合律：$(\boldsymbol{A}+\boldsymbol{B})+\boldsymbol{C}=\boldsymbol{A}+(\boldsymbol{B}+\boldsymbol{C})$.

### 4．数与矩阵的乘法

**【定义 3】** 设 $k$ 为任意实数，以数 $k$ 乘矩阵 $\boldsymbol{A}$ 中的每一个元素所得到的矩阵称为**数 $k$ 与矩阵 $\boldsymbol{A}$ 的积**，记作 $k\cdot\boldsymbol{A}$，即

$$k\cdot\boldsymbol{A}=\begin{pmatrix} ka_{11} & ka_{12} & \cdots & ka_{1n} \\ ka_{21} & ka_{22} & \cdots & ka_{2n} \\ \vdots & \vdots & & \vdots \\ ka_{m1} & ka_{m2} & \cdots & ka_{mn} \end{pmatrix},$$

简记为 $k\cdot\boldsymbol{A}=k(a_{ij})_{m\times n}=(ka_{ij})_{m\times n}$.

数与矩阵乘法满足下面的运算律：

（1）交换律：$k\boldsymbol{A}=\boldsymbol{A}k$；

（2）分配律：$k(\boldsymbol{A}+\boldsymbol{B})=k\boldsymbol{A}+k\boldsymbol{B}$，$(k+h)\boldsymbol{A}=k\boldsymbol{A}+h\boldsymbol{A}$；

（3）结合律：$k(h\boldsymbol{A})=(kh)\boldsymbol{A}$.

其中，$\boldsymbol{A},\boldsymbol{B}$ 都是 $m\times n$ 矩阵；$k,h$ 为任意的实数.

**例 5.12** 已知

$$\boldsymbol{A}=\begin{pmatrix} 3 & 0 & -1 \\ 2 & 1 & 0 \\ 1 & 4 & -2 \end{pmatrix},\quad \boldsymbol{B}=\begin{pmatrix} 1 & -1 & 1 \\ 0 & 1 & -2 \\ 2 & 1 & 2 \end{pmatrix}.$$

求（1）$3\boldsymbol{A}$；（2）$3\boldsymbol{A}+2\boldsymbol{B}$.

**解** （1）$3\boldsymbol{A}=3\begin{pmatrix} 3 & 0 & -1 \\ 2 & 1 & 0 \\ 1 & 4 & -2 \end{pmatrix}=\begin{pmatrix} 9 & 0 & -3 \\ 6 & 3 & 0 \\ 3 & 12 & -6 \end{pmatrix}$；

（2）$3\boldsymbol{A}+2\boldsymbol{B}=3\begin{pmatrix} 3 & 0 & -1 \\ 2 & 1 & 0 \\ 1 & 4 & -2 \end{pmatrix}+2\begin{pmatrix} 1 & -1 & 1 \\ 0 & 1 & -2 \\ 2 & 1 & 2 \end{pmatrix}$

$=\begin{pmatrix} 11 & -2 & -1 \\ 6 & 5 & -4 \\ 7 & 14 & -2 \end{pmatrix}$.

### 5．矩阵的乘法

**【定义 4】** 设矩阵 $\boldsymbol{A}=(a_{ik})_{m\times s}$、矩阵 $\boldsymbol{B}=(b_{kj})_{s\times n}$，那么矩阵 $\boldsymbol{C}=(c_{ij})_{m\times n}$ 称为矩阵 $\boldsymbol{A}=(a_{ik})_{m\times s}$ 与矩阵 $\boldsymbol{B}=(b_{kj})_{s\times n}$ 的**乘积**，其中，

$$c_{ij}=a_{i1}b_{1j}+a_{i2}b_{2j}+\cdots+a_{is}b_{sj}=\sum_{k=1}^{s}a_{ik}b_{kj}\ (i=1,2,\cdots,m;\ j=1,2,\cdots,n).$$

即用矩阵 $\boldsymbol{A}$ 的第 $i$ 行元素依次乘矩阵 $\boldsymbol{B}$ 的第 $j$ 列对应元素，然后相加，记作 $\boldsymbol{C}=\boldsymbol{A}\cdot\boldsymbol{B}$，

如果要计算 $c_{23}$ 这个元素，用矩阵 $\boldsymbol{A}$ 的第二行元素与矩阵 $\boldsymbol{B}$ 的第三列对应元素相乘，然后相加，具体如下：

$$\begin{pmatrix} c_{11} & c_{12} & c_{13} & \cdots & c_{1n} \\ c_{21} & c_{22} & \boxed{c_{23}} & \cdots & c_{2n} \\ \vdots & \vdots & \vdots & & \vdots \\ c_{m1} & c_{m2} & c_{m3} & \cdots & c_{mn} \end{pmatrix} = \begin{pmatrix} a_{11} & a_{12} & a_{13} & \cdots & a_{1s} \\ a_{21} & a_{22} & a_{23} & \cdots & a_{2s} \\ \vdots & \vdots & \vdots & & \vdots \\ a_{m1} & a_{m2} & a_{m3} & \cdots & a_{ms} \end{pmatrix} \begin{pmatrix} b_{11} & b_{12} & b_{13} & \cdots & b_{1n} \\ b_{21} & b_{22} & b_{23} & \cdots & b_{2n} \\ \vdots & \vdots & \vdots & & \vdots \\ b_{s1} & b_{s2} & b_{s3} & \cdots & b_{sn} \end{pmatrix}$$

**注意**：对于两个矩阵 $\boldsymbol{A}$ 和 $\boldsymbol{B}$，只有当矩阵 $\boldsymbol{A}$ 的列数与矩阵 $\boldsymbol{B}$ 的行数相等时才可以相乘，即 $\boldsymbol{AB}$ 才有意义，矩阵 $\boldsymbol{C}$ 的行数等于矩阵 $\boldsymbol{A}$ 的行数，矩阵 $\boldsymbol{C}$ 的列数等于矩阵 $\boldsymbol{B}$ 的列数，即 $\boldsymbol{A}_{m\times s}\cdot\boldsymbol{B}_{s\times n}=\boldsymbol{C}_{m\times n}$.

**例 5.13** 求矩阵 $\boldsymbol{A}=\begin{pmatrix} 4 & 1 \\ 0 & 2 \\ 3 & 0 \end{pmatrix}$ 与 $\boldsymbol{B}=\begin{pmatrix} 3 & -2 \\ 5 & 1 \end{pmatrix}$ 的乘积 $\boldsymbol{AB}$.

**解** $\boldsymbol{AB}=\begin{pmatrix} 4 & 1 \\ 0 & 2 \\ 3 & 0 \end{pmatrix}\begin{pmatrix} 3 & -2 \\ 5 & 1 \end{pmatrix}=\begin{pmatrix} 4\times3+1\times5 & 4\times(-2)+1\times1 \\ 0\times3+2\times5 & 0\times(-2)+2\times1 \\ 3\times3+0\times5 & 3\times(-2)+0\times1 \end{pmatrix}=\begin{pmatrix} 17 & -7 \\ 10 & 2 \\ 9 & -6 \end{pmatrix}$.

**例 5.14** 求矩阵 $\boldsymbol{A}=\begin{pmatrix} a_1 \\ a_2 \\ \vdots \\ a_n \end{pmatrix}$ 与 $\boldsymbol{B}=(b_1 \quad b_2 \quad \cdots \quad b_n)$ 的乘积 $\boldsymbol{AB}$ 及 $\boldsymbol{BA}$.

**解** $\boldsymbol{AB}=\begin{pmatrix} a_1 \\ a_2 \\ \vdots \\ a_n \end{pmatrix}(b_1 \quad b_2 \quad \cdots \quad b_n)=\begin{pmatrix} a_1b_1 & a_1b_2 & \cdots & a_1b_n \\ a_2b_1 & a_2b_2 & \cdots & a_2b_n \\ \vdots & \vdots & & \vdots \\ a_nb_1 & a_nb_2 & \cdots & a_nb_n \end{pmatrix}$;

$\boldsymbol{BA}=(b_1 \quad b_2 \quad \cdots \quad b_n)\begin{pmatrix} a_1 \\ a_2 \\ \vdots \\ a_n \end{pmatrix}=(b_1a_1+b_2a_2+\cdots+b_na_n)$.

**例 5.15** 求矩阵 $\boldsymbol{A}=\begin{pmatrix} 2 & 4 \\ 1 & 2 \end{pmatrix}$ 与 $\boldsymbol{B}=\begin{pmatrix} 2 & -2 \\ -1 & 1 \end{pmatrix}$ 的乘积 $\boldsymbol{AB}$ 及 $\boldsymbol{BA}$.

**解** $\boldsymbol{AB}=\begin{pmatrix} 2 & 4 \\ 1 & 2 \end{pmatrix}\begin{pmatrix} 2 & -2 \\ -1 & 1 \end{pmatrix}=\begin{pmatrix} 0 & 0 \\ 0 & 0 \end{pmatrix}$;

$\boldsymbol{BA}=\begin{pmatrix} 2 & -2 \\ -1 & 1 \end{pmatrix}\begin{pmatrix} 2 & 4 \\ 1 & 2 \end{pmatrix}=\begin{pmatrix} 2 & 4 \\ -1 & -2 \end{pmatrix}$.

由例 5.14 和例 5.15 可知：

（1）$\boldsymbol{AB}\neq\boldsymbol{BA}$，即矩阵乘法不满足交换律；

（2）由 $\boldsymbol{AB}=\boldsymbol{O}$，不能得出 $\boldsymbol{A}=\boldsymbol{O}$ 或 $\boldsymbol{B}=\boldsymbol{O}$.

此外还可以证明：由 $\boldsymbol{AC}=\boldsymbol{BC}$，不能得出 $\boldsymbol{A}=\boldsymbol{B}$. 例如，

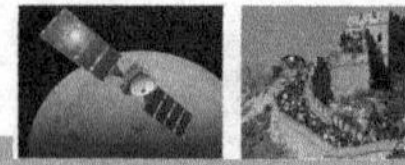

$$\begin{pmatrix} 2 & -2 \\ -1 & 1 \end{pmatrix}\begin{pmatrix} 2 & 4 \\ 1 & 2 \end{pmatrix}=\begin{pmatrix} 1 & 0 \\ 0 & -1 \end{pmatrix}\begin{pmatrix} 2 & 4 \\ 1 & 2 \end{pmatrix}，但\begin{pmatrix} 2 & -2 \\ -1 & 1 \end{pmatrix}\neq\begin{pmatrix} 1 & 0 \\ 0 & -1 \end{pmatrix}.$$

矩阵乘法满足下列运算律：

（1）$(\boldsymbol{AB})\boldsymbol{C}=\boldsymbol{A}(\boldsymbol{BC})$；

（2）$\boldsymbol{A}(\boldsymbol{B}+\boldsymbol{C})=\boldsymbol{AB}+\boldsymbol{AC}$，$(\boldsymbol{B}+\boldsymbol{C})\boldsymbol{A}=\boldsymbol{BA}+\boldsymbol{CA}$；

（3）$k(\boldsymbol{AB})=(k\boldsymbol{A})\boldsymbol{B}=\boldsymbol{A}(k\boldsymbol{B})$（$k$ 为常数）；

（4）$\boldsymbol{IA}=\boldsymbol{AI}=\boldsymbol{A}$（$\boldsymbol{I}$ 为单位矩阵，$\boldsymbol{A}$ 为方阵）.

### 6. 矩阵的转置

**【定义 5】** 把矩阵 $\boldsymbol{A}$ 的行转换成相应的列所得到的矩阵称为矩阵 $\boldsymbol{A}$ 的转置矩阵，记为 $\boldsymbol{A}^{\mathrm{T}}$，即若

$$\boldsymbol{A}=\begin{pmatrix} a_{11} & a_{12} & \cdots & a_{1n} \\ a_{21} & a_{22} & \cdots & a_{2n} \\ \vdots & \vdots & & \vdots \\ a_{m1} & a_{m2} & \cdots & a_{mn} \end{pmatrix},$$

则

$$\boldsymbol{A}^{\mathrm{T}}=\begin{pmatrix} a_{11} & a_{21} & \cdots & a_{m1} \\ a_{12} & a_{22} & \cdots & a_{m2} \\ \vdots & \vdots & & \vdots \\ a_{1n} & a_{2n} & \cdots & a_{mn} \end{pmatrix}.$$

例如，矩阵

$$\boldsymbol{A}=\begin{pmatrix} 1 & 7 & 4 \\ 2 & 5 & 8 \\ 3 & 1 & -1 \\ 0 & 1 & 4 \end{pmatrix}$$

的转置矩阵为

$$\boldsymbol{A}^{\mathrm{T}}=\begin{pmatrix} 1 & 2 & 3 & 0 \\ 7 & 5 & 1 & 1 \\ 4 & 8 & -1 & 4 \end{pmatrix}.$$

转置矩阵有下列性质：

（1）$(\boldsymbol{A}^{\mathrm{T}})^{\mathrm{T}}=\boldsymbol{A}$；

（2）$(\boldsymbol{A}+\boldsymbol{B})^{\mathrm{T}}=\boldsymbol{A}^{\mathrm{T}}+\boldsymbol{B}^{\mathrm{T}}$；

（3）$(\lambda\boldsymbol{A})^{\mathrm{T}}=\lambda\boldsymbol{A}^{\mathrm{T}}$；

（4）$(\boldsymbol{AB})^{\mathrm{T}}=\boldsymbol{B}^{\mathrm{T}}\cdot\boldsymbol{A}^{\mathrm{T}}$.

**例 5.16** 设 $\boldsymbol{A}=\begin{pmatrix} 1 & 2 & 3 \\ -2 & 1 & 2 \end{pmatrix}$、$\boldsymbol{B}=\begin{pmatrix} 1 & 2 & 0 \\ 0 & 1 & 1 \\ 3 & 0 & 1 \end{pmatrix}$，求 $(\boldsymbol{AB})^{\mathrm{T}}$、$\boldsymbol{B}^{\mathrm{T}}\cdot\boldsymbol{A}^{\mathrm{T}}$.

**解**　因为

$$AB=\begin{pmatrix}1&2&3\\-2&1&2\end{pmatrix}\begin{pmatrix}1&2&0\\0&1&1\\3&0&1\end{pmatrix}=\begin{pmatrix}10&4&5\\4&-3&3\end{pmatrix},$$

所以

$$(AB)^{\mathrm{T}}=\begin{pmatrix}10&4\\4&-3\\5&3\end{pmatrix};$$

又因为

$$B^{\mathrm{T}}=\begin{pmatrix}1&0&3\\2&1&0\\0&1&1\end{pmatrix},\ A^{\mathrm{T}}=\begin{pmatrix}1&-2\\2&1\\3&2\end{pmatrix},$$

所以

$$A^{\mathrm{T}}\cdot B^{\mathrm{T}}=\begin{pmatrix}1&0&3\\2&1&0\\0&1&1\end{pmatrix}\begin{pmatrix}1&-2\\2&1\\3&2\end{pmatrix}=\begin{pmatrix}10&4\\4&-3\\5&3\end{pmatrix}.$$

## 任务解答 5.1

根据任务5.1，计算各地向兴兴机械厂订购三种机床的总价值、总成本、总利润. 可先将任务中的两个表格转化为矩阵.

（1）机床的价格与成本矩阵为

$$A=\begin{pmatrix}7&6&5\\6&4.5&4\end{pmatrix};$$

（2）三地订购机床的数量矩阵为

$$B=\begin{pmatrix}4&5&7\\5&6&8\\3&4&9\end{pmatrix}.$$

则北京订购三种机床的数量分别乘以相应的单价 $7\times4+6\times5+5\times3$ 即为北京订购三种机床的总价值……以此类推，利用矩阵的乘法运算，得

$$C=AB=\begin{pmatrix}7&6&5\\6&4.5&4\end{pmatrix}_{2\times3}\begin{pmatrix}4&5&7\\5&6&8\\3&4&9\end{pmatrix}_{3\times3}$$

$$=\begin{pmatrix} 73 & 91 & 142 \\ 58.5 & 73 & 114 \end{pmatrix}\begin{matrix}\text{总价值}\\ \text{总成本}\end{matrix}.$$

北京　上海　广东

由于利润=收益-成本=机床的价值-成本，所以用矩阵 $\boldsymbol{C}$ 的第一行元素减去第二行的相应元素可以得到三地订购机床的总利润，即

$$\boldsymbol{D}=\begin{pmatrix} 73 & 91 & 142 \\ 58.5 & 73 & 114 \\ 14.5 & 18 & 28 \end{pmatrix}\begin{matrix}\text{总价值}\\ \text{总成本}\\ \text{总利润}\end{matrix}$$

北京　上海　广东

**思考问题**　若机床运往北京、上海与广东的运输费各为 200 元/台，300 元/台、120 元/台，则各地订购三种机床的总利润各是多少？

## 基础训练 5.1

1．计算下列二阶、三阶行列式：

（1）$\begin{vmatrix} \sqrt{2}-1 & 1 \\ 1 & \sqrt{2}+1 \end{vmatrix}$；　（2）$\begin{vmatrix} 1 & \log_a b \\ \log_b a & 1 \end{vmatrix}$；　（3）$\begin{vmatrix} 2 & 1 & 3 \\ 3 & 2 & -1 \\ 1 & 4 & 3 \end{vmatrix}$；

（4）$\begin{vmatrix} 3 & -6 & 4 \\ 2 & 3 & 1 \\ -6 & 1 & 5 \end{vmatrix}$；　（5）$\begin{vmatrix} 6 & -3 & 1 \\ 2 & 9 & 7 \\ -5 & 4 & -2 \end{vmatrix}$；　（6）$\begin{vmatrix} 2 & 5 & -6 \\ 4 & 10 & -12 \\ 3 & 1 & 0 \end{vmatrix}$.

2．计算下列行列式：

（1）$\begin{vmatrix} -1 & 2 & -2 & 1 \\ 2 & 3 & 1 & -1 \\ 2 & 0 & 0 & 3 \\ 4 & 1 & 0 & 1 \end{vmatrix}$；　（2）$\begin{vmatrix} 3 & 1 & 302 \\ 3 & -4 & 297 \\ 2 & 2 & 203 \end{vmatrix}$；

（3）$\begin{vmatrix} 0 & 1 & 1 & 1 \\ 1 & 0 & 1 & 1 \\ 1 & 1 & 0 & 1 \\ 1 & 1 & 1 & 0 \end{vmatrix}$；　（4）$\begin{vmatrix} 2 & 1 & 0 & -1 \\ 3 & 2 & -1 & 1 \\ 1 & 0 & 3 & -2 \\ 0 & 1 & 2 & -3 \end{vmatrix}$；

（5）$\begin{vmatrix} 1 & 5 & 5 & 5 & 5 \\ 5 & 2 & 5 & 5 & 5 \\ 5 & 5 & 3 & 5 & 5 \\ 5 & 5 & 5 & 4 & 5 \\ 5 & 5 & 5 & 5 & 5 \end{vmatrix}$；　（6）$\begin{vmatrix} 2 & 1 & 1 & 1 & 1 \\ 1 & 3 & 1 & 1 & 1 \\ 1 & 1 & 4 & 1 & 1 \\ 1 & 1 & 1 & 5 & 1 \\ 1 & 1 & 1 & 1 & 6 \end{vmatrix}$.

3．解下列方程：

（1）$\begin{vmatrix} x-2 & 1 & 0 \\ 1 & x-2 & 1 \\ 0 & 0 & x-2 \end{vmatrix}=0$；　　（2）$\begin{vmatrix} 0 & 1 & x & 1 \\ 1 & 0 & 1 & x \\ x & 1 & 0 & 1 \\ 1 & x & 1 & 0 \end{vmatrix}=0$.

4．写出一个四阶单位矩阵.

5．已知矩阵 $\boldsymbol{A}=\begin{pmatrix} a+2b & 3a-c \\ b-3d & a-b \end{pmatrix}$，如果 $\boldsymbol{A}=\boldsymbol{I}$，求 $a$、$b$、$c$、$d$ 的值.

6．设 $\boldsymbol{A}=\begin{pmatrix} 3 & -2 & 1 \\ 0 & 1 & 4 \end{pmatrix}$、$\boldsymbol{B}=\begin{pmatrix} 4 & 2 & 3 \\ 5 & -3 & 0 \end{pmatrix}$. 求：（1）$\boldsymbol{A}+\boldsymbol{B}$；（2）$\boldsymbol{A}-\boldsymbol{B}$；（3）$2\boldsymbol{A}+3\boldsymbol{B}$.

7．已知 $\begin{pmatrix} 2 & -1 \\ 1 & 5 \\ 2 & -4 \end{pmatrix}+\boldsymbol{X}=\begin{pmatrix} 0 & 2 \\ 0 & 1 \\ -3 & 6 \end{pmatrix}$，求未知矩阵 $\boldsymbol{X}$.

8．设 $\boldsymbol{A}=\begin{pmatrix} 2 & 1 & 2 & 1 \\ 0 & 1 & 0 & -1 \\ -2 & -1 & 1 & 2 \end{pmatrix}$、$\boldsymbol{B}=\begin{pmatrix} 4 & 3 & 2 & 1 \\ -2 & 1 & -2 & 1 \\ 0 & -1 & 0 & -1 \end{pmatrix}$，求满足 $2\boldsymbol{A}-\boldsymbol{X}=\boldsymbol{B}$ 的 $\boldsymbol{X}$.

9．求下列矩阵的乘积：

（1）$\begin{pmatrix} 1 & 3 \\ 2 & 1 \end{pmatrix}\begin{pmatrix} 1 & 0 \\ 2 & 1 \end{pmatrix}$；　　（2）$\begin{pmatrix} 1 \\ 2 \\ 3 \end{pmatrix}(1\quad 0\quad 2)$；

（3）$(1\quad 0\quad 2)\begin{pmatrix} 1 \\ 2 \\ 3 \end{pmatrix}$；　　（4）$\begin{pmatrix} -1 & 1 & 2 \\ 2 & 0 & 1 \\ 4 & 3 & 0 \end{pmatrix}\begin{pmatrix} -1 \\ 2 \\ 5 \end{pmatrix}$；

（5）$\begin{pmatrix} -1 & 0 \\ 0 & -1 \end{pmatrix}\begin{pmatrix} -1 & 3 & 1 & -1 \\ 0 & -2 & 0 & 1 \end{pmatrix}$；　　（6）$\begin{pmatrix} 1 & 2 & 3 \\ 2 & 4 & 6 \\ 3 & 0 & 0 \end{pmatrix}\begin{pmatrix} -1 & -2 & -3 \\ -1 & -2 & -3 \\ 1 & 2 & 3 \end{pmatrix}$.

10．已知关系式 $(a\quad b\quad c\quad d)\begin{pmatrix} 1 & 0 & 2 & 0 \\ 0 & 0 & 1 & 1 \\ 0 & 1 & 0 & 0 \\ 0 & 0 & 1 & 0 \end{pmatrix}=(1\quad 0\quad 6\quad 6)$，求 $a$、$b$、$c$、$d$ 的值.

11．设 $\boldsymbol{A}=\begin{pmatrix} 2 & 1 \\ 3 & 4 \end{pmatrix}$、$\boldsymbol{B}=\begin{pmatrix} -2 & -3 \\ 1 & 2 \end{pmatrix}$，用两种方法求 $(\boldsymbol{AB})^{\mathrm{T}}$.

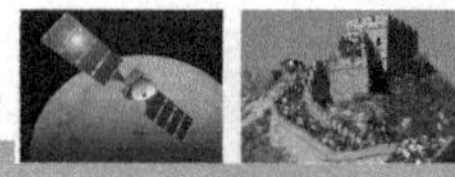

## 5.2 矩阵的初等变换与逆矩阵

扫一扫看矩阵的初等变换与逆矩阵教学课件

### 学习任务 5.2 破译军事通信密码

在军事通信中，常将字母（信号）与数字对应，如表 5.3 所示.

表 5.3

| a | b | c | d | e | f | g | … | x | y | z |
|---|---|---|---|---|---|---|---|---|---|---|
| 1 | 2 | 3 | 4 | 5 | 6 | 7 | … | 24 | 25 | 26 |

例如，are 对应矩阵 $\boldsymbol{B}=(1\quad 18\quad 5)$，但如果按这种方式传播，则很容易被敌方破译.于是，必须采取加密，即用一个约定的加密矩阵 $\boldsymbol{A}$ 乘以原信号 $\boldsymbol{B}$，传输信号为 $\boldsymbol{C}=\boldsymbol{A}\boldsymbol{B}^{\mathrm{T}}$，收到信号的一方再将信号还原（破译）为 $\boldsymbol{B}^{\mathrm{T}}=\boldsymbol{A}^{-1}\boldsymbol{C}$，如果敌方不知道加密矩阵，则很难破译. 设收到的信号为 $\boldsymbol{C}=\begin{pmatrix}21\\27\\31\end{pmatrix}$，且已知加密矩阵为 $\boldsymbol{A}=\begin{pmatrix}-1&0&1\\0&1&1\\1&1&1\end{pmatrix}$，求原信号矩阵 $\boldsymbol{B}$.

根据收到的信号求原信号，需要利用加密矩阵的逆矩阵，怎样求一个矩阵的逆矩阵即是本节要研究的问题.

### 5.2.1 矩阵的初等变换与矩阵的秩

扫一扫下载学习任务书 5.2

#### 1. 矩阵的初等变换

**【定义 1】** 矩阵的下列变换称为矩阵的初等行（列）变换.

（1）矩阵的两行（列）互换位置. 交换第 $i,j$ 两行，记作 $r_i\leftrightarrow r_j$；交换第 $s,t$ 两列，记作 $c_s\leftrightarrow c_t$.

（2）用非零数 $k$ 乘矩阵的某行（列）. $k$ 乘第 $i$ 行，记作 $kr_i$，$k$ 乘第 $s$ 列，记作 $kc_s$.

（3）把矩阵的某一行（列）的 $k$ 倍加到另一行（列）. 第 $i$ 行的 $k$ 倍加到第 $j$ 行，记作 $kr_i+r_j$；第 $s$ 列的 $k$ 倍加到第 $t$ 列，记作 $kc_s+c_t$.

对矩阵施行初等变换的一个重要目的是把矩阵化简，下面介绍一种矩阵化简后的形式及化简方法，这种矩阵的化简在以后的求矩阵的逆、秩及解方程组中有重要的用途.

**【定义 2】** 满足下列两个条件的矩阵称为阶梯形矩阵：

（1）如果矩阵有零行，则零行在矩阵的最下方；

（2）首非零元（即非零行第一个不为零的元素）的列标随着行标的递增而严格增大.

例如，矩阵

$$\boldsymbol{A}=\begin{pmatrix}3&0&1&7&5\\0&1&3&6&3\\0&0&-2&0&4\\0&0&0&0&1\\0&0&0&0&0\end{pmatrix}$$

为阶梯形矩阵.

而矩阵

$$B=\begin{pmatrix}1&2&3&3&7\\0&1&1&6&9\\0&0&0&2&5\\0&0&1&2&4\end{pmatrix}$$

不是阶梯形矩阵.

**【定理 1】** 非零矩阵经初等变换可以化为阶梯形矩阵.

**例 5.17**　利用行初等变换将矩阵

$$A=\begin{pmatrix}2&3&1&0\\0&1&3&-4\\1&2&5&1\end{pmatrix}$$

化为阶梯形矩阵.

**解**

$$A=\begin{pmatrix}2&3&1&0\\0&1&3&-4\\1&2&5&1\end{pmatrix}\xrightarrow{r_1\leftrightarrow r_3}\begin{pmatrix}1&2&5&1\\0&1&3&-4\\2&3&1&0\end{pmatrix}$$

$$\xrightarrow{-2r_1+r_3}\begin{pmatrix}1&2&5&1\\0&1&3&-4\\0&-1&-9&-2\end{pmatrix}\xrightarrow{r_2+r_3}\begin{pmatrix}1&2&5&1\\0&1&3&-4\\0&0&-6&-6\end{pmatrix}.$$

在阶梯矩阵的基础上，我们可以进一步对矩阵进行化简：

$$A=\begin{pmatrix}2&3&1&0\\0&1&3&-4\\1&2&5&1\end{pmatrix}\to\cdots\to\begin{pmatrix}1&2&5&1\\0&1&3&-4\\0&0&-6&-6\end{pmatrix}\xrightarrow{-\frac{1}{6}r_3}\begin{pmatrix}1&2&5&1\\0&1&3&-4\\0&0&1&1\end{pmatrix}$$

$$\xrightarrow[-5r_3+r_1]{-3r_3+r_2}\begin{pmatrix}1&2&0&-4\\0&1&0&-7\\0&0&1&1\end{pmatrix}\xrightarrow{-2r_2+r_1}\begin{pmatrix}1&0&0&10\\0&1&0&-7\\0&0&1&1\end{pmatrix}.$$

最后的矩阵我们称其为最简阶梯形矩阵.

**【定义 3】** 对于阶梯形矩阵,若它还满足：

（1）各非零行的第一个非零元素均为 1；

（2）各非零行的第一个非零元素所在列的其余元素均为零.

则称此矩阵为最简阶梯形矩阵.

### 2. 矩阵的秩

**【定义 4】** 在 $m\times n$ 矩阵 $A$ 中，任取 $k$ 行 $k$ 列，将位于这些行和列交叉处的元素按照原有相对位置构成一个 $k$ 阶行列式，此行列式称为矩阵 $A$ 的一个 $k$ 阶子式.

例如，对矩阵

$$A=\begin{pmatrix}1&3&5&4\\-3&2&0&2\\3&1&-1&7\\1&2&2&-3\end{pmatrix}$$

选取第一、二、四行与一、三、四列构成的三阶子式为$\begin{vmatrix}1&5&4\\-3&0&2\\1&2&-3\end{vmatrix}$.

**【定义 5】** 若一个 $m\times n$ 矩阵 $A$ 至少有一个不等于零的 $r$ 阶子式，而所有高于 $r$ 阶的子式都为零，则称矩阵 $A$ 的秩为 $r$，记为 $r(A)=r$ 或秩$(A)=r$.

由于矩阵 $A$ 的子式的阶数不超过 $A$ 的行数 $m$ 和列数 $n$，故 $r(A)\leqslant\min\{m,n\}$. 如果矩阵 $A$ 是一个 $n$ 阶非奇异方阵，则称 $A$ 为一个满秩矩阵（即 $r(A)=n$）.

例如，求矩阵

$$A=\begin{pmatrix}3&2&1&1\\1&2&-3&2\\4&4&-2&3\end{pmatrix}$$

的秩. 按定义，先找一个不为 0 的子式，易见二阶子式$\begin{vmatrix}3&2\\1&2\end{vmatrix}=4\neq0$，而经过计算知全部（四个）三阶子式均为 0，所以 $r(A)=2$.

按定义求矩阵的秩，要计算较多的行列式的值，一般来说比较麻烦，下面介绍较为简便的方法，即用初等变换求秩的方法. 我们先给出下面的结论.

**【定理 2】** 矩阵经过初等变换后，秩不变.

例如，矩阵

$$A=\begin{pmatrix}-2&4&2&6&-6\\1&-2&-1&0&2\\2&-4&0&2&3\\3&-6&3&3&4\end{pmatrix}$$

经过一系列的行初等变换可以化为阶梯形矩阵

$$B=\begin{pmatrix}1&2&-1&0&2\\0&0&2&2&-1\\0&0&0&-3&1\\0&0&0&0&0\end{pmatrix}.$$

对于此阶梯形矩阵，因为它有三行非零行，可非常明显地看出它至少有一个非零的三阶子式，而所有的四阶子式都为零，因此这个阶梯形矩阵的秩为 3，所以 $r(A)=3$.

由此可知，矩阵的秩等于阶梯形矩阵的阶梯个数（即非零行数）. 一般情况下，我们只用行初等变换对矩阵进行化简.

**例 5.18** 求下列矩阵的秩：

$$A=\begin{pmatrix}1 & 2 & 3 & -1\\3 & 2 & 1 & -1\\1 & -2 & -5 & 1\end{pmatrix}$$

**解**　因为

$$A=\begin{pmatrix}1 & 2 & 3 & -1\\3 & 2 & 1 & -1\\1 & -2 & -5 & 1\end{pmatrix}\xrightarrow[(-1)r_1+r_3]{(-3)r_1+r_2}\begin{pmatrix}1 & 2 & 3 & -1\\0 & -4 & -8 & 2\\0 & -4 & -8 & 2\end{pmatrix}$$

$$\xrightarrow{(-1)r_2+r_3}\begin{pmatrix}1 & 2 & 3 & -1\\0 & -4 & -8 & 2\\0 & 0 & 0 & 0\end{pmatrix};$$

所以$r(A)=2$.

**例 5.19**　求下列矩阵的秩：

$$A=\begin{pmatrix}1 & 5 & -3 & 1\\2 & 1 & 3 & -1\\4 & 5 & 3 & -1\\-1 & 1 & -3 & 1\end{pmatrix}$$

**解**　因为

$$A=\begin{pmatrix}1 & 5 & -3 & 1\\2 & 1 & 3 & -1\\4 & 5 & 3 & -1\\-1 & 1 & -3 & 1\end{pmatrix}\xrightarrow[\substack{r_3+r_1\times(-4)\\r_4+r_1\times 1}]{r_2+r_1\times(-2)}\begin{pmatrix}1 & 5 & -3 & 1\\0 & -9 & 9 & -3\\0 & -15 & 15 & -5\\0 & 6 & -6 & 2\end{pmatrix}$$

$$\xrightarrow{r_2\times\frac{1}{3},\ r_3\times\frac{1}{5},\ r_4\times\frac{1}{2}}\begin{pmatrix}1 & 5 & -3 & 1\\0 & -3 & 3 & -1\\0 & -3 & 3 & -1\\0 & 3 & -3 & 1\end{pmatrix}\xrightarrow[r_3+r_2\times 1]{r_3+r_2\times(-1)}\begin{pmatrix}1 & 5 & -3 & 1\\0 & -3 & 3 & -1\\0 & 0 & 0 & 0\\0 & 0 & 0 & 0\end{pmatrix},$$

所以$r(A)=2$.

### 5.2.2　逆矩阵的概念与求法

#### 1．逆矩阵的定义与性质

在实数的乘法运算中，如果一个数$a\neq 0$，一定存在唯一的一个数 $b$，使得$b=\dfrac{1}{a}$，它们的积是一个单位数 1，即$ab=ba=1$，称 $b$ 为 $a$ 的倒数,记为$b=a^{-1}$，也可以把 $b$ 看作是 $a$ 对乘法运算的逆元.

在矩阵的乘法运算中，对于矩阵 $A$，能否找到矩阵 $C$，使 $AC=CA=I$ 成立呢？

**【定义 6】** 对于 $n$ 阶方阵 $A$，如果存在 $n$ 阶方阵 $C$，使得 $AC=CA=I$，则称 $n$ 阶方阵 $A$ 是可逆的，而称 $C$ 为 $A$ 的逆矩阵，记作 $A^{-1}$，即 $AA^{-1}=A^{-1}A=I$.

显然，单位矩阵满足 $I\cdot I=I$，即 $I$ 是可逆矩阵，$I^{-1}=I$.

我们不加证明地给出下面的定理与性质.

【定理 3】 如果矩阵 $\boldsymbol{A}$ 可逆，则它的逆矩阵唯一.

【性质 1】 若矩阵 $\boldsymbol{A}$ 可逆，则 $(\boldsymbol{A}^{-1})^{-1}=\boldsymbol{A}$.

【性质 2】 若 $\boldsymbol{A}$、$\boldsymbol{B}$ 都是 $n$ 阶可逆矩阵，则 $\boldsymbol{AB}$ 也是可逆矩阵且 $(\boldsymbol{AB})^{-1}=\boldsymbol{B}^{-1}\boldsymbol{A}^{-1}$.

【性质 3】 可逆矩阵 $\boldsymbol{A}$ 的转置矩阵 $\boldsymbol{A}^{\mathrm{T}}$ 是可逆矩阵，且 $(\boldsymbol{A}^{\mathrm{T}})^{-1}=(\boldsymbol{A}^{-1})^{\mathrm{T}}$.

### 2. 伴随矩阵求逆法

【定义 7】 若 $n$ 阶方阵 $\boldsymbol{A}$ 的行列式 $|\boldsymbol{A}|\neq 0$，则称 $\boldsymbol{A}$ 为非奇异矩阵.

【定义 8】 设 $A_{ij}$ 是矩阵

$$\boldsymbol{A}=\begin{pmatrix} a_{11} & a_{12} & \cdots & a_{1n} \\ a_{21} & a_{22} & \cdots & a_{2n} \\ \vdots & \vdots & & \vdots \\ a_{n1} & a_{n2} & \cdots & a_{nn} \end{pmatrix}$$

所对应的行列式 $|\boldsymbol{A}|$ 中元素 $a_{ij}$ 的代数余子式，矩阵

$$\boldsymbol{A}^{*}=\begin{pmatrix} A_{11} & A_{21} & \cdots & A_{n1} \\ A_{12} & A_{22} & \cdots & A_{n2} \\ \vdots & \vdots & & \vdots \\ A_{1n} & A_{2n} & \cdots & A_{nn} \end{pmatrix}$$

称为 $\boldsymbol{A}$ 的伴随矩阵.

不难看出，伴随矩阵是先用代数余子式 $A_{ij}$ 代替 $\boldsymbol{A}$ 中相应的 $a_{ij}$，然后再转置所得到的矩阵，显然

$$\boldsymbol{A}\cdot\boldsymbol{A}^{*}=\begin{pmatrix} a_{11} & a_{12} & \cdots & a_{1n} \\ a_{21} & a_{22} & \cdots & a_{2n} \\ \vdots & \vdots & & \vdots \\ a_{n1} & a_{n2} & \cdots & a_{nn} \end{pmatrix}\begin{pmatrix} A_{11} & A_{21} & \cdots & A_{n1} \\ A_{12} & A_{22} & \cdots & A_{n2} \\ \vdots & \vdots & & \vdots \\ A_{1n} & A_{2n} & \cdots & A_{nn} \end{pmatrix}$$

仍是一个 $n$ 阶方阵，其中第 $i$ 行，第 $j$ 列的元素为 $a_{i1}A_{j1}+a_{i2}A_{j2}+\cdots+a_{in}A_{jn}$.

由 $n$ 阶行列式按一行（列）展开公式可知

$$a_{i1}A_{j1}+a_{i1}A_{j2}+\cdots+a_{in}A_{jn}=\begin{cases} |\boldsymbol{A}|, & i=j \\ 0, & i\neq j \end{cases}.$$

所以

$$\boldsymbol{A}\cdot\boldsymbol{A}^{*}=\begin{pmatrix} |\boldsymbol{A}| & 0 & 0 & 0 \\ & |\boldsymbol{A}| & 0 & 0 \\ \vdots & \vdots & & \vdots \\ 0 & 0 & 0 & |\boldsymbol{A}| \end{pmatrix}=|\boldsymbol{A}|\boldsymbol{I}.$$

同理，有 $\boldsymbol{A}^{*}\boldsymbol{A}=|\boldsymbol{A}|\boldsymbol{I}=\boldsymbol{A}\boldsymbol{A}^{*}$.

【定理 4】 $n$ 阶方阵 $\boldsymbol{A}=(a_{ij})$ 可逆的充分必要条件为 $\boldsymbol{A}$ 是非奇异矩阵，且

$$A^{-1}=\frac{1}{|A|}A^*=\frac{1}{|A|}\begin{pmatrix} A_{11} & A_{21} & \cdots & A_{n1} \\ A_{1n} & A_{22} & \cdots & A_{n1} \\ \vdots & \vdots & & \vdots \\ A_{1n} & A_{2n} & \cdots & A_{nn} \end{pmatrix}.$$

这个定理给出了判断一个矩阵可逆的条件，并给出了求逆矩阵的一种方法.

**例 5.20** 求矩阵 $A=\begin{pmatrix} 1 & 4 \\ 2 & 6 \end{pmatrix}$ 的逆矩阵.

**解** 由于 $|A|=\begin{vmatrix} 1 & 4 \\ 2 & 6 \end{vmatrix}=-2\neq 0$，所以矩阵 $A$ 可逆. 又因为

$$A^*=\begin{pmatrix} A_{11} & A_{21} \\ A_{12} & A_{22} \end{pmatrix}=\begin{pmatrix} 6 & -4 \\ -2 & 1 \end{pmatrix}，|A|=-2，$$

所以

$$A^{-1}=\frac{1}{|A|}A^*=\frac{1}{|A|}\begin{pmatrix} A_{11} & A_{21} \\ A_{12} & A_{22} \end{pmatrix}=\frac{1}{-2}\begin{pmatrix} 6 & -4 \\ -2 & 1 \end{pmatrix}=\begin{pmatrix} -3 & 2 \\ 1 & -\frac{1}{2} \end{pmatrix}.$$

**例 5.21** 求矩阵 $A=\begin{pmatrix} 0 & -1 & 0 \\ 1 & 0 & 1 \\ 1 & 0 & 2 \end{pmatrix}$ 的逆矩阵.

**解** 因为 $\begin{vmatrix} 0 & -1 & 0 \\ 1 & 0 & 1 \\ 1 & 0 & 2 \end{vmatrix}=1\neq 0$，所以 $A$ 是可逆矩阵. 又因为

$$A_{11}=\begin{vmatrix} 0 & 1 \\ 0 & 2 \end{vmatrix}=0，A_{12}=-\begin{vmatrix} 1 & 1 \\ 1 & 2 \end{vmatrix}=-1，A_{13}=\begin{vmatrix} 1 & 0 \\ 1 & 0 \end{vmatrix}=0，$$

$$A_{21}=-\begin{vmatrix} -1 & 0 \\ 0 & 2 \end{vmatrix}=2，A_{22}=\begin{vmatrix} 0 & 0 \\ 1 & 2 \end{vmatrix}=0，A_{23}=-\begin{vmatrix} 0 & -1 \\ 1 & 0 \end{vmatrix}=-1，$$

$$A_{31}=\begin{vmatrix} -1 & 0 \\ 0 & 1 \end{vmatrix}=-1，A_{32}=-\begin{vmatrix} 0 & 0 \\ 1 & 1 \end{vmatrix}=0，A_{33}=\begin{vmatrix} 0 & -1 \\ 1 & 0 \end{vmatrix}=1，$$

所以

$$A^{-1}=\frac{1}{|A|}A^*=\begin{pmatrix} 0 & 2 & -1 \\ -1 & 0 & 0 \\ 0 & -1 & 1 \end{pmatrix}.$$

### 3．初等变换求逆法

利用伴随矩阵求逆矩阵时，需要计算 $n^2$ 个 $n-1$ 阶行列式，当 $n$ 较大时，计算量很大. 下面我们不加证明地给出另一种求逆矩阵的方法——初等变换法.

对于 $n$ 阶可逆方阵 $A$，在 $A$ 右侧加上同阶的单位矩阵 $I$，构成矩阵 $(A|I)$，对于这个 $n\times 2n$ 矩阵施以行初等变换，当子块 $A$ 化为 $I$ 时，子块 $I$ 就化为了 $A^{-1}$，即

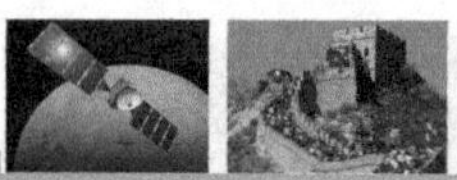

$$(A|I)\xrightarrow{\text{一系列行初等变换}}(I|A^{-1}).$$

**例 5.22** 求矩阵 $A=\begin{pmatrix}2&0&1\\1&-2&-1\\-1&3&2\end{pmatrix}$ 的逆矩阵.

**解** $$(A|I)=\left(\begin{array}{ccc|ccc}2&0&1&1&0&0\\1&-2&-1&0&1&0\\-1&3&2&0&0&1\end{array}\right)\xrightarrow{r_1\leftrightarrow r_2}\left(\begin{array}{ccc|ccc}1&-2&-1&0&1&0\\2&0&1&1&0&0\\-1&3&2&0&0&1\end{array}\right)$$

$$\xrightarrow[r_1+r_3]{-2r_1+r_2}\left(\begin{array}{ccc|ccc}1&-2&-1&0&1&0\\0&4&3&1&-2&0\\0&1&1&0&1&1\end{array}\right)\xrightarrow{r_2\leftrightarrow r_3}\left(\begin{array}{ccc|ccc}1&-2&-1&0&1&0\\0&1&1&0&1&1\\0&4&3&1&-2&0\end{array}\right)$$

$$\xrightarrow{-4r_2+r_3}\left(\begin{array}{ccc|ccc}1&-2&-1&0&1&0\\0&1&1&0&1&1\\0&0&-1&1&-6&-4\end{array}\right)\xrightarrow{-r_3}\left(\begin{array}{ccc|ccc}1&-2&-1&0&1&0\\0&1&1&0&1&1\\0&0&1&-1&6&4\end{array}\right)$$

$$\xrightarrow[r_3+r_1]{-r_3+r_2}\left(\begin{array}{ccc|ccc}1&-2&0&-1&7&4\\0&1&0&1&-5&-3\\0&0&1&-1&6&4\end{array}\right)\xrightarrow{2r_2+r_1}\left(\begin{array}{ccc|ccc}1&0&0&1&-3&-2\\0&1&0&1&-5&-3\\0&0&1&-1&6&4\end{array}\right)$$

$$=(I|A^{-1}),$$

所以

$$A^{-1}=\begin{pmatrix}1&-3&-2\\1&-5&-3\\-1&6&4\end{pmatrix}.$$

**例 5.23** 设矩阵 $A=\begin{pmatrix}-2&-1&6\\4&0&5\\-6&-1&1\end{pmatrix}$，问 $A$ 是否可逆？

**解** $$(A|I)=\left(\begin{array}{ccc|ccc}-2&-1&6&1&0&0\\4&0&5&0&1&0\\-6&-1&1&0&0&1\end{array}\right)\to\left(\begin{array}{ccc|ccc}-2&-1&6&1&0&0\\0&-2&17&2&1&0\\0&2&-17&-3&0&1\end{array}\right)$$

$$\to\left(\begin{array}{ccc|ccc}-2&-1&6&1&0&0\\0&-2&17&2&1&0\\0&0&0&-1&1&1\end{array}\right).$$

因为左边矩阵 $A$ 经过初等行变换出现了零行，所以矩阵 $A$ 不是满秩矩阵，即矩阵 $A$ 不可逆.

总之，当给定了 $n$ 阶矩阵 $A$，不管其是否可逆，均可以通过初等变换法计算，当矩阵 $A$

所在的部分出现了零行时，说明 $n$ 阶矩阵 $\boldsymbol{A}$ 的行列式$|\boldsymbol{A}|=0$，可以判定原来的矩阵 $\boldsymbol{A}$ 是不可逆的，否则矩阵 $\boldsymbol{A}$ 必然是可逆的.

4．用逆矩阵求矩阵方程

逆矩阵一个很重要的应用是解矩阵方程.矩阵方程是未知数为矩阵的方程，对于矩阵方程，当系数矩阵是方阵时，先判断其是否可逆.

（1）$\boldsymbol{AX}=\boldsymbol{B}$.

若 $\boldsymbol{A}$ 可逆，则有矩阵方程的解为 $\boldsymbol{X}=\boldsymbol{A}^{-1}\boldsymbol{B}$.

（2）$\boldsymbol{AX}=\boldsymbol{B}$.

若 $\boldsymbol{A}$ 可逆，则有矩阵方程的解为 $\boldsymbol{X}=\boldsymbol{BA}^{-1}$.

（3）$\boldsymbol{AXB}=\boldsymbol{C}$.

若 $\boldsymbol{A}$、$\boldsymbol{B}$ 均可逆，则有矩阵方程的解为 $\boldsymbol{X}=\boldsymbol{A}^{-1}\boldsymbol{CB}^{-1}$.

**例 5.24**　解矩阵方程 $\boldsymbol{AX}=\boldsymbol{B}$，其中

$$\boldsymbol{A}=\begin{pmatrix}1&-1&2\\2&-3&5\\3&-2&4\end{pmatrix},\quad \boldsymbol{B}=\begin{pmatrix}1&-1\\-2&3\\5&-4\end{pmatrix}.$$

**解**　因为

$$(\boldsymbol{A}|\boldsymbol{I})=\left(\begin{array}{ccc|ccc}1&-1&2&1&0&0\\2&-3&5&0&1&0\\3&-2&4&0&0&1\end{array}\right)\to\left(\begin{array}{ccc|ccc}1&-1&2&1&0&0\\0&-1&1&-2&1&0\\0&1&-2&-3&0&1\end{array}\right)$$

$$\to\left(\begin{array}{ccc|ccc}1&0&1&3&-1&0\\0&-1&1&-2&1&0\\0&0&-1&-5&1&1\end{array}\right)\to\left(\begin{array}{ccc|ccc}1&0&0&-2&0&1\\0&-1&0&-7&2&1\\0&0&-1&-5&1&1\end{array}\right)$$

$$\to\left(\begin{array}{ccc|ccc}1&0&0&-2&0&1\\0&1&0&7&-2&-1\\0&0&1&5&-1&-1\end{array}\right),$$

所以 $\boldsymbol{A}$ 可逆，且

$$\boldsymbol{A}^{-1}=\begin{pmatrix}-2&0&1\\7&-2&-1\\5&-1&-1\end{pmatrix},$$

$$\boldsymbol{X}=\boldsymbol{A}^{-1}\boldsymbol{B}=\begin{pmatrix}-2&0&1\\7&-2&-1\\5&-1&-1\end{pmatrix}\begin{pmatrix}1&-1\\-2&3\\5&-4\end{pmatrix}=\begin{pmatrix}3&-2\\6&-9\\2&-4\end{pmatrix}.$$

## 任务解答 5.2

根据任务 5.2，求军事通信中收到信号 $\boldsymbol{C}=\begin{pmatrix}21\\27\\31\end{pmatrix}$ 的原信号矩阵 $\boldsymbol{B}$.

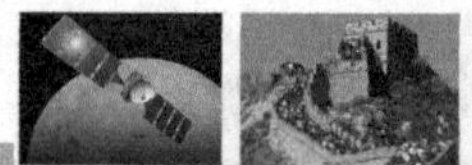

先求加密矩阵 $\boldsymbol{A}$ 的逆矩阵：

$$(\boldsymbol{A}|\boldsymbol{I})=\left(\begin{array}{ccc|ccc}-1&0&1&1&0&0\\0&1&1&0&1&0\\1&1&1&0&0&1\end{array}\right)$$

$$\xrightarrow{r_1+r_3}\left(\begin{array}{ccc|ccc}-1&0&1&1&0&0\\0&1&1&0&1&0\\1&1&2&1&0&1\end{array}\right)\xrightarrow{(-1)r_2+r_3}\left(\begin{array}{ccc|ccc}-1&0&1&1&0&0\\0&1&1&0&1&0\\0&0&1&1&-1&1\end{array}\right)$$

$$\xrightarrow[-r_3+r_2]{-r_3+r_1}\left(\begin{array}{ccc|ccc}-1&0&0&0&1&-1\\0&1&0&-1&2&-1\\0&0&1&1&-1&1\end{array}\right)\xrightarrow{-1}\left(\begin{array}{ccc|ccc}1&0&0&0&-1&1\\0&1&0&-1&2&-1\\0&0&1&1&-1&1\end{array}\right)$$

$$=(\boldsymbol{I}|\boldsymbol{A}),$$

所以

$$\boldsymbol{A}^{-1}=\begin{pmatrix}0&-1&1\\-1&2&-1\\1&-1&1\end{pmatrix},$$

则

$$\boldsymbol{B}^{\mathrm{T}}=\begin{pmatrix}0&-1&1\\-1&2&-1\\1&-1&1\end{pmatrix}\begin{pmatrix}21\\27\\31\end{pmatrix}=\begin{pmatrix}0&-27&+31\\-21&+54&-31\\21&-27&+31\end{pmatrix}=\begin{pmatrix}4\\2\\25\end{pmatrix}.$$

所以 $\boldsymbol{B}=(4\quad 2\quad 25)$，信号为 dby.

思考问题　若加密矩阵仍为 $\boldsymbol{A}$，要传输信息"you"，对方收到的信息是什么？

## 基础训练 5.2

1．用初等行变换化下列矩阵为阶梯形矩阵：

（1）$\boldsymbol{A}=\begin{pmatrix}-2&1&1\\1&-2&1\\1&1&-2\end{pmatrix}$；　（2）$\boldsymbol{A}=\begin{pmatrix}2&2&-1&6\\1&-2&4&3\\5&8&1&18\end{pmatrix}$；

（3）$\boldsymbol{A}=\begin{pmatrix}2&-4&1&3\\0&-1&3&2\\-4&5&7&0\end{pmatrix}$；　（4）$\boldsymbol{A}=\begin{pmatrix}1&3&-1&-2\\2&-1&2&3\\3&2&1&1\\1&-4&3&5\end{pmatrix}$.

2．求下列矩阵的秩：

（1）$\boldsymbol{A}=\begin{pmatrix}6\\5\\4\\3\end{pmatrix}$；　（2）$\boldsymbol{A}=\begin{pmatrix}0&1&0\\1&0&0\end{pmatrix}$；　（3）$\boldsymbol{A}=\begin{pmatrix}1&2&-1\\2&-1&3\\5&5&0\end{pmatrix}$；

（4）$A=\begin{pmatrix}1&2&-3\\-1&-1&1\\2&-3&1\end{pmatrix}$；　（5）$A=\begin{pmatrix}1&3&-1&-1\\3&-1&5&-3\\2&1&2&-2\\-1&2&-3&1\end{pmatrix}$.

3．设矩阵

$$A=\begin{pmatrix}1&1&1&1\\1&0&2&2\\-1&0&a-3&-2\\2&3&1&a\end{pmatrix}.$$

当 $a$ 为何值时，矩阵 $A$ 满秩？当 $a$ 为何值时，$r(A)=2$？

4．求下列矩阵的伴随矩阵：

（1）$\begin{pmatrix}2&1\\1&2\end{pmatrix}$；　（2）$\begin{pmatrix}1&1&2\\-1&2&0\\1&1&3\end{pmatrix}$；　（3）$\begin{pmatrix}2&2&3\\1&-1&0\\-1&2&1\end{pmatrix}$.

5．求下列矩阵的逆矩阵：

（1）$\begin{pmatrix}3&4\\5&7\end{pmatrix}$；　（2）$\begin{pmatrix}5&7\\8&11\end{pmatrix}$；　（3）$\begin{pmatrix}1&2\\4&8\end{pmatrix}$；

（4）$\begin{pmatrix}2&5&7\\6&3&4\\5&-2&-3\end{pmatrix}$；　（5）$\begin{pmatrix}2&7&3\\3&9&4\\1&5&3\end{pmatrix}$；　（6）$\begin{pmatrix}1&-3&2\\-3&0&1\\1&1&-1\end{pmatrix}$.

6．用初等变换求下列矩阵的逆矩阵：

（1）$A=\begin{pmatrix}1&2&3\\2&2&1\\3&4&3\end{pmatrix}$；　（2）$A=\begin{pmatrix}2&2&3\\1&-1&0\\-1&2&1\end{pmatrix}$；　（3）$A=\begin{pmatrix}1&2&3\\2&0&1\\-1&1&0\end{pmatrix}$.

7．求解下列矩阵方程：

（1）$X\begin{pmatrix}3&-2\\5&-4\end{pmatrix}=\begin{pmatrix}-1&2\\-5&6\end{pmatrix}$；　（2）$\begin{pmatrix}3&-1\\5&-2\end{pmatrix}X\begin{pmatrix}5&6\\7&8\end{pmatrix}=\begin{pmatrix}14&16\\9&10\end{pmatrix}$；

（3）$\begin{pmatrix}1&1&-1\\0&2&2\\1&-1&0\end{pmatrix}X=\begin{pmatrix}3&2\\1&0\\-2&1\end{pmatrix}$；　（4）$\begin{pmatrix}1&1&-1\\-2&1&1\\1&1&1\end{pmatrix}X=\begin{pmatrix}2\\3\\6\end{pmatrix}$；

（5）$X\begin{pmatrix}1&1&-1\\2&1&0\\1&-1&1\end{pmatrix}=\begin{pmatrix}1&1&3\\4&3&2\\1&2&5\end{pmatrix}$.

## 5.3 线性方程组的求解方法

扫一扫看线性方程组的求解方法教学课件

### 学习任务 5.3 计算商店销售 T 恤衫的数量

小明百货商店销售三种型号的 T 恤衫：小号、中号、大号. 三种型号 T 恤衫的销售价格分别为 22 元/件、24 元/件、30 元/件. 某日盘点时，小明把三种型号 T 恤衫的销售数量弄混了，但他知道共售出了 12 件 T 恤衫，收入为 320 元，且大号的销售量为小号与中号销售量之和. 问小明当日销售了三种型号的 T 恤衫各多少件.

根据题意，设小号、中号、大号三种型号 T 恤衫的销量分别为 $x_i\,(i=1, 2, 3)$，则可列出线性方程组

$$\begin{cases} x_1+x_2+x_3=12 \\ 22x_1+24x_2+30x_3=320 \\ x_3=x_1+x_2 \end{cases}.$$

扫一扫下载学习任务书 5.3

本节内容就是研究线性方程组的求解方法.

### 5.3.1 克莱姆法则

与二元线性方程组和三元线性方程组的结论相仿，对于 $n$ 个方程的 $n$ 元线性方程组有如下定理.

**【定理 1】**（克莱姆法则）如果线性方程组

$$\begin{cases} a_{11}x_1+a_{12}x_2+\cdots+a_{1n}x_n=b_1 \\ a_{21}x_1+a_{22}x_2+\cdots+a_{2n}x_n=b_2 \\ \cdots\cdots \\ a_{n1}x_1+a_{n2}x_2+\cdots+a_{nn}x_n=b_n \end{cases} \tag{1}$$

的系数行列式为

$$D=\begin{vmatrix} a_{11} & a_{12} & \cdots & a_{1n} \\ a_{21} & a_{22} & \cdots & a_{2n} \\ \vdots & \vdots & & \vdots \\ a_{n1} & a_{n2} & \cdots & a_{nn} \end{vmatrix}\neq 0.$$

则它有唯一解

$$x_1=\frac{D_1}{D},\quad x_2=\frac{D_2}{D},\quad \cdots,\quad x_n=\frac{D_n}{D},$$

即

$$x_j=\frac{D_j}{D}\quad (j=1,2,\cdots,n).$$

其中 $D_j$ 是用(1)中常数列 $b_1, b_2, \cdots, b_n$ 代替 $D$ 中第 $j$ 列元素所得到的行列式，即

$$D_j=\begin{vmatrix} a_{11} & \cdots & a_{1\,j-1} & b_1 & a_{1\,j+1} & \cdots & a_{1n} \\ a_{21} & \cdots & a_{2\,j-1} & b_2 & a_{2\,j+1} & \cdots & a_{2n} \\ \vdots & & \vdots & \vdots & \vdots & & \vdots \\ a_{n1} & \cdots & a_{nj-1} & b_n & a_{nj+1} & \cdots & a_{nn} \end{vmatrix}\quad (j=1,2,\cdots,n).$$

克莱姆法则揭示了线性方程组的解与其系数及常数之间的关系，用克莱姆法则解线性方程组的条件如下：

（1）方程个数与未知数个数相等；

（2）系数行列式不等于零.

如果方程组(1)的常数项全为零，即

$$\begin{cases} a_{11}x_1 + a_{12}x_2 + \cdots + a_{1n}x_n = 0 \\ a_{21}x_1 + a_{22}x_2 + \cdots + a_{2n}x_n = 0 \\ \qquad\cdots\cdots \\ a_{n1}x_1 + a_{n2}x_2 + \cdots + a_{nn}x_n = 0 \end{cases}, \tag{2}$$

则称其为齐次线性方程组.

显然，齐次线性方程组总是有解的，因为 $(0,0,\cdots,0)$ 就是一个解，它称为零解. 对于齐次线性方程组，我们关心的问题是：它除去零解以外还有没有其他解，或者说，它有没有非零解. 对于方程个数与未知数个数相同的齐次线性方程组，应用克莱姆法则可得以下推论.

**推论：**若齐次线性方程组(2)有非零解，则其系数行列式 $D=0$.

可以证明，**齐次线性方程组(2)有非零解的充分必要条件为其系数行列式 $D=0$.**

**例 5.25**　解线性方程组

$$\begin{cases} x_1 - x_2 + x_3 - 2x_4 = 2 \\ 2x_1 - x_3 + 4x_4 = 4 \\ 3x_1 + 2x_2 + x_3 = -1 \\ -x_1 + 2x_2 - x_3 + 2x_4 = -4 \end{cases}.$$

**解**　分别计算行列式 $D$ 及 $D_j\,(j=1,2,3,4)$：

$$D = \begin{vmatrix} 1 & -1 & 1 & -2 \\ 2 & 0 & -1 & 4 \\ 3 & 2 & 1 & 0 \\ -1 & 2 & -1 & 2 \end{vmatrix} = -2 \neq 0,$$

$$D_1 = \begin{vmatrix} 2 & -1 & 1 & -2 \\ 4 & 0 & -1 & 4 \\ -1 & 2 & 1 & 0 \\ -4 & 2 & -1 & 2 \end{vmatrix} = -2,\quad D_2 = \begin{vmatrix} 1 & 2 & 1 & -2 \\ 2 & 4 & -1 & 4 \\ 3 & -1 & 1 & 0 \\ -1 & -4 & -1 & 2 \end{vmatrix} = 4,$$

$$D_3 = \begin{vmatrix} 1 & -1 & 2 & -2 \\ 2 & 0 & 4 & 4 \\ 3 & 2 & -1 & 0 \\ -1 & 2 & -4 & 2 \end{vmatrix} = 0,\quad D_4 = \begin{vmatrix} 1 & -1 & 1 & 2 \\ 2 & 0 & -1 & 4 \\ 3 & 2 & 1 & -1 \\ -1 & 2 & -1 & -4 \end{vmatrix} = -1,$$

所以

$$x_1 = \frac{D_1}{D} = \frac{-2}{-2} = 1,\quad x_2 = \frac{D_2}{D} = \frac{4}{-2} = -2,\quad x_3 = \frac{D_3}{D} = \frac{0}{-2} = 0,\quad x_4 = \frac{D_4}{D} = \frac{-1}{-2} = \frac{1}{2}.$$

**例 5.26**　若齐次线性方程组

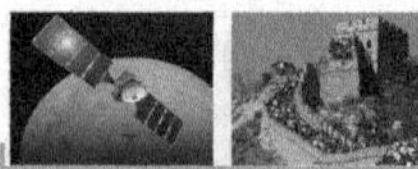

$$\begin{cases} ax_1+4x_2-x_3=0 \\ x_1+3x_2+\ x_3=0 \\ 3x_1+2x_2+3x_3=0 \end{cases}$$

有非零解，求 $a$ 的值.

**解**　由推论知，方程组的系数行列式

$$\begin{vmatrix} a & 4 & -1 \\ 1 & 3 & 1 \\ 3 & 2 & 3 \end{vmatrix}=7(a+1)=0\,,$$

即方程组有非零解时，$a=-1$.

### 5.3.2　矩阵与线性方程组

1．线性方程组的矩阵表示

一般地，$n$ 元线性方程组

$$\begin{cases} a_{11}x_1+a_{12}x_2+\cdots+a_{1n}x_n=b_1 \\ a_{21}x_1+a_{22}x_2+\cdots+a_{2n}x_n=b_2 \\ \quad\cdots\cdots \\ a_{m1}x_1+a_{m2}x_2+\cdots+a_{mn}x_n=b_m \end{cases}$$

可以写成矩阵方程的形式 $\boldsymbol{AX}=\boldsymbol{B}$，其中，

$$\boldsymbol{A}=\begin{pmatrix} a_{11} & a_{12} & \cdots & a_{1n} \\ a_{21} & a_{22} & \cdots & a_{2n} \\ \vdots & \vdots & & \vdots \\ a_{m1} & a_{m2} & \cdots & a_{mn} \end{pmatrix},\quad \boldsymbol{X}=\begin{pmatrix} x_1 \\ x_2 \\ \vdots \\ x_n \end{pmatrix},\quad \boldsymbol{B}=\begin{pmatrix} b_1 \\ b_2 \\ \vdots \\ b_m \end{pmatrix}.$$

称 $\boldsymbol{A}$ 为方程组的**系数矩阵**，$\boldsymbol{X}$ 为**未知数矩阵**，$\boldsymbol{B}$ 为**常数项矩阵**.

而

$$\tilde{\boldsymbol{A}}=\begin{pmatrix} a_{11} & a_{12} & \cdots & a_{1n} & b_1 \\ a_{21} & a_{22} & \cdots & a_{2n} & b_2 \\ \vdots & \vdots & & \vdots & \vdots \\ a_{m1} & a_{m2} & \cdots & a_{mn} & b_n \end{pmatrix}$$

称为方程组的**增广矩阵**.

**2．用逆矩阵解线性方程组**

一个线性方程组中未知数的个数与方程组的个数相等，并且它的系数矩阵是可逆的，则可用逆矩阵求其解.

**例 5.27**　解方程组

$$\begin{cases} x_1+x_2=3 \\ 2x_1+x_2=5 \end{cases}.$$

**解**　方程组的矩阵形式是 $\boldsymbol{AX}=\boldsymbol{B}$，其中 $\boldsymbol{A}=\begin{pmatrix} 1 & 1 \\ 2 & 1 \end{pmatrix}$、$\boldsymbol{X}=\begin{pmatrix} x_1 \\ x_2 \end{pmatrix}$、$\boldsymbol{B}=\begin{pmatrix} 3 \\ 5 \end{pmatrix}$，

即$\begin{pmatrix}1 & 1\\2 & 1\end{pmatrix}\begin{pmatrix}x_1\\x_2\end{pmatrix}=\begin{pmatrix}3\\5\end{pmatrix}$，由于方程组的系数行列式$\begin{vmatrix}1 & 1\\2 & 1\end{vmatrix}\neq 0$，而矩阵$\boldsymbol{A}$的逆矩阵存在，所以对此方程两边都左乘$\boldsymbol{A}^{-1}=\begin{pmatrix}1 & 1\\2 & 1\end{pmatrix}^{-1}$，得$\begin{pmatrix}x_1\\x_2\end{pmatrix}=\begin{pmatrix}1 & 1\\2 & 1\end{pmatrix}^{-1}\begin{pmatrix}3\\5\end{pmatrix}$.由于$\boldsymbol{A}^{-1}=\begin{pmatrix}-1 & 1\\2 & -1\end{pmatrix}$，因此有$\begin{pmatrix}-1 & 1\\2 & -1\end{pmatrix}\begin{pmatrix}3\\5\end{pmatrix}=\begin{pmatrix}2\\1\end{pmatrix}$.

根据矩阵相等的定义，得到原方程组的解为$x_1=2$、$x_2=1$ .

**例 5.28**　解方程组

$$\begin{cases}2x_1+\qquad\quad x_3=1\\ \;x_1-2x_2-\;x_3=2\\ -x_1+3x_2+2x_3=3\end{cases}.$$

**解**　与方程组相对应的矩阵方程为

$$\begin{pmatrix}2 & 0 & 1\\1 & -2 & -1\\-1 & 3 & 2\end{pmatrix}\begin{pmatrix}x_1\\x_2\\x_3\end{pmatrix}=\begin{pmatrix}1\\2\\3\end{pmatrix},$$

由于方程组的系数行列式

$$\begin{vmatrix}2 & 0 & 1\\1 & -2 & -1\\-1 & 3 & 2\end{vmatrix}\neq 0,$$

而矩阵$\boldsymbol{A}$的逆矩阵存在，所以对此方程两边都左乘

$$\boldsymbol{A}^{-1}=\begin{pmatrix}2 & 0 & 1\\1 & -2 & -1\\-1 & 3 & 2\end{pmatrix}^{-1},$$

得

$$\begin{pmatrix}x_1\\x_2\\x_3\end{pmatrix}=\begin{pmatrix}2 & 0 & 1\\1 & -2 & -1\\-1 & 3 & 2\end{pmatrix}^{-1}\begin{pmatrix}1\\2\\3\end{pmatrix},$$

由于系数矩阵

$$\boldsymbol{A}=\begin{pmatrix}2 & 0 & 1\\1 & -2 & -1\\-1 & 3 & 2\end{pmatrix}$$

的逆矩阵为

$$\boldsymbol{A}^{-1}=\begin{pmatrix}1 & -3 & -2\\1 & -5 & -3\\-1 & 6 & 4\end{pmatrix}.$$

解得

$$\begin{pmatrix} x_1 \\ x_2 \\ x_3 \end{pmatrix} = \begin{pmatrix} 1 & -3 & -2 \\ 1 & -5 & -3 \\ -1 & 6 & 4 \end{pmatrix} \begin{pmatrix} 1 \\ 2 \\ 3 \end{pmatrix} = \begin{pmatrix} -11 \\ -18 \\ 23 \end{pmatrix}.$$

根据矩阵相等的定义，得到原方程组的解为 $x_1 = -11$，$x_2 = -18$，$x_3 = 23$.

**例 5.29** 解线性方程组

$$\begin{cases} x_1 + 2x_2 + 3x_3 = 5 \\ 2x_1 + 2x_2 + x_3 = 2 \\ x_1 - 2x_2 - 2x_3 = -1 \end{cases}.$$

**解** 与方程组相对应的矩阵方程为

$$\begin{pmatrix} 1 & 2 & 3 \\ 2 & 2 & 1 \\ 1 & -2 & -2 \end{pmatrix} \begin{pmatrix} x_1 \\ x_2 \\ x_3 \end{pmatrix} = \begin{pmatrix} 5 \\ 2 \\ -1 \end{pmatrix},$$

由于方程组的系数行列式

$$\begin{vmatrix} 1 & 2 & 3 \\ 2 & 2 & 1 \\ 1 & -2 & -2 \end{vmatrix} \neq 0,$$

而矩阵 $\boldsymbol{A}$ 的逆矩阵存在，所以对此方程两边都左乘

$$\boldsymbol{A}^{-1} = \begin{pmatrix} 1 & 2 & 3 \\ 2 & 2 & 1 \\ 1 & -2 & -2 \end{pmatrix}^{-1},$$

得

$$\begin{pmatrix} x_1 \\ x_2 \\ x_3 \end{pmatrix} = \begin{pmatrix} 1 & 2 & 3 \\ 2 & 2 & 1 \\ 1 & -2 & -2 \end{pmatrix}^{-1} \begin{pmatrix} 5 \\ 2 \\ -1 \end{pmatrix},$$

又系数矩阵

$$\boldsymbol{A} = \begin{pmatrix} 1 & 2 & 3 \\ 2 & 2 & 1 \\ 1 & -2 & -2 \end{pmatrix}$$

的逆矩阵为

$$\boldsymbol{A}^{-1} = \begin{pmatrix} \frac{1}{5} & \frac{1}{5} & \frac{2}{5} \\ -\frac{1}{2} & \frac{1}{2} & -\frac{1}{2} \\ \frac{3}{5} & -\frac{2}{5} & \frac{1}{5} \end{pmatrix},$$

解得

$$\begin{pmatrix} x_1 \\ x_2 \\ x_3 \end{pmatrix} = \begin{pmatrix} \frac{1}{5} & \frac{1}{5} & \frac{2}{5} \\ -\frac{1}{2} & \frac{1}{2} & -\frac{1}{2} \\ \frac{3}{5} & -\frac{2}{5} & \frac{1}{5} \end{pmatrix} \begin{pmatrix} 5 \\ 2 \\ -1 \end{pmatrix} = \begin{pmatrix} 1 \\ -1 \\ 2 \end{pmatrix}.$$

根据矩阵相等的定义，得到原方程组的解为 $x_1 = 1$、$x_2 = -1$、$x_3 = 2$.

3．解线性方程组的消元解法

**例 5.30** 解线性方程组

$$\begin{cases} x_1 + 3x_2 + x_3 = 5 & (1) \\ 2x_1 + x_2 + x_3 = 2 & (2) \\ x_1 + x_2 + 5x_3 = -7 & (3) \end{cases}.$$

**解** 将方程组中的式（1）分别乘-2、-1 加到式（2）和式（3）上，消去这两个方程中的 $x_1$，得

$$\begin{cases} x_1 + 3x_2 + x_3 = 5 & (1) \\ -5x_2 - x_3 = -8 & (4) \\ -2x_2 + 4x_3 = -12 & (5) \end{cases}.$$

将式（5）两边除以-2，并与式（4）交换位置，得

$$\begin{cases} x_1 + 3x_2 + x_3 = 5 & (1) \\ x_2 - 2x_3 = 6 & (6) \\ -5x_2 - x_3 = -8 & (4) \end{cases}.$$

再将式（6）的 5 倍加到式（4）上，得

$$\begin{cases} x_1 + 3x_2 + x_3 = 5 & (1) \\ x_2 - 2x_3 = 6 & (6) \\ -11x_3 = 22 & (7) \end{cases}.$$

这个方程组与原方程组同解，这一过程称为消元过程，在此方程组中，由式（7）可得 $x_3 = -2$，将 $x_3 = -2$ 代入式（6）可得 $x_2 = 2$，将 $x_2 = 2$、$x_3 = -2$ 代入式（1）可得 $x_1 = 1$，所以原方程组的解为 $x_1 = 1$、$x_2 = 2$、$x_3 = -2$.

不难看出，上面的求解过程只是对各方程的系数和常数项进行运算，消元的过程可以用矩阵的行初等变换表示：

$$\tilde{A} = \begin{pmatrix} 1 & 3 & 1 & 5 \\ 2 & 1 & 1 & 2 \\ 1 & 1 & 5 & -7 \end{pmatrix} \xrightarrow[-r_1+r_3]{-2r_1+r_2} \begin{pmatrix} 1 & 3 & 1 & 5 \\ 0 & -5 & -1 & -8 \\ 0 & -2 & 4 & -12 \end{pmatrix}$$

$$\xrightarrow[r_2 \leftrightarrow r_3]{r_3 \times \left(-\frac{1}{2}\right)} \begin{pmatrix} 1 & 3 & 1 & 5 \\ 0 & 1 & -2 & 6 \\ 0 & -5 & -1 & -8 \end{pmatrix} \xrightarrow{5r_2+r_3} \begin{pmatrix} 1 & 3 & 1 & 5 \\ 0 & 1 & -2 & 6 \\ 0 & 0 & -11 & 22 \end{pmatrix}.$$

最后的一个阶梯形矩阵对应的方程组为上文中由式（1）、（6）、（7）组成的方程组利用

矩阵的初等行变换还可以继续化这个矩阵为最简阶梯形矩阵：

$$\xrightarrow{-\frac{1}{11}r_3}\begin{pmatrix}1&3&1&5\\0&1&-2&6\\0&0&1&-2\end{pmatrix}\xrightarrow[-r_3+r_1]{2r_3+r_2}\begin{pmatrix}1&3&0&7\\0&1&0&2\\0&0&1&-2\end{pmatrix}\xrightarrow{-3r_2+r_1}\begin{pmatrix}1&0&0&1\\0&1&0&2\\0&0&1&-2\end{pmatrix}.$$

由此可得原方程组的解为 $x_1=1$、$x_2=2$、$x_3=-2$.

**例 5.31** 解方程组

$$\begin{cases}x_1-2x_2+x_3+x_4=1\\x_1-2x_2-x_3+x_4=-1\\x_1-2x_2+5x_3+x_4=5\end{cases}.$$

**解** 用初等行变换将增广矩阵 $\tilde{A}$ 化为阶梯形：

$$\tilde{A}=\begin{pmatrix}1&-2&1&1&1\\1&-2&-1&1&-1\\1&-2&5&1&5\end{pmatrix}\xrightarrow[(-1)r_1+r_3]{(-1)r_1+r_2}\begin{pmatrix}1&-2&1&1&1\\0&0&-2&0&-2\\0&0&4&0&2\end{pmatrix}$$

$$\xrightarrow[\substack{\left(-\frac{1}{2}\right)r_2\\2r_2+r_3}]{\frac{1}{2}r_2+r_1}\begin{pmatrix}1&-2&0&1&0\\0&0&1&0&1\\0&0&0&0&0\end{pmatrix}.$$

写出同解方程（系数为 0 的项省去），得

$$\begin{cases}x_1-2x_2\quad+x_4=0\\x_3\quad=1\end{cases},$$

解得

$$\begin{cases}x_1=2x_2-x_4\\x_3=1\end{cases}.$$

其中，$x_2$、$x_4$ 可取任意值，故称为自由未知量，一般用 $C$ 表示任意常数，则有

$$\begin{cases}x_1=2C_1-C_2\\x_2=C_1\\x_3=1\\x_4=C_2\end{cases}.$$

这个解称为方程组的一般解，其中 $C_1$、$C_2$ 为任意常数，$C_1$、$C_2$ 一经确定为一组具体值，便可得到方程组的一个具体的解，可见，一般解表示了无穷多个解. 注意，**解方程组时，对增广矩阵只能做初等行变换**.

#### 4. 线性方程组有解的判定定理

**【定理 2】** 线性方程组

$$\begin{cases}a_{11}x_1+a_{12}x_2+\cdots+a_{1n}x_n=b_1\\a_{21}x_1+a_{22}x_2+\cdots+a_{2n}x_n=b_2\\\cdots\cdots\\a_{m1}x_1+a_{m2}x_2+\cdots+a_{mn}x_n=b_m\end{cases}$$

有解的充要条件为：系数矩阵的秩与增广矩阵的秩相等，即 $r(A)=r(\tilde{A})$ ；当 $r(A)=r(\tilde{A})=n$ 时，方程组有唯一解；当 $r(A)=r(\tilde{A})<n$ 时，方程组有无穷多解.

**例 5.32**　$a$ 取何值时，方程组

$$\begin{cases} x_1-2x_2+x_3+x_4=1 \\ x_1-x_2-x_3+x_4=-1 \\ x_1-4x_2+5x_3+x_4=a \end{cases}$$

（1）无解；（2）有解. 并求出其一般解.

**解**　将增广矩阵化为阶梯形

$$\tilde{A}=\begin{pmatrix} 1 & -2 & 1 & 1 & 1 \\ 1 & -1 & -1 & 1 & -1 \\ 1 & -4 & 5 & 1 & a \end{pmatrix} \xrightarrow[-r_1+r_3]{-r_1+r_2} \begin{pmatrix} 1 & -2 & 1 & 1 & 1 \\ 0 & 1 & -2 & 0 & -2 \\ 0 & -2 & 4 & 0 & a-1 \end{pmatrix} \xrightarrow[2r_2+r_3]{2r_2+r_1} \begin{pmatrix} 1 & 0 & -3 & 1 & -3 \\ 0 & 1 & -2 & 0 & -2 \\ 0 & 0 & 0 & 0 & a-5 \end{pmatrix}.$$

由这一阶梯形矩阵可见：

（1）当 $a\neq 5$ 时，$r(A)=2\neq r(\tilde{A})=3$，方程组无解.

（2）当 $a=5$ 时，$r(A)=r(\tilde{A})=2<4$（4 为未知数的个数），方程组有无穷多个解.

同解方程组为 $\begin{cases} x_1-3x_3+x_4=-3 \\ x_2-2x_3=-2 \end{cases}$，即 $\begin{cases} x_1=3x_3-x_4-3 \\ x_2=2x_3-2 \end{cases}$ 于是，方程组的一般解为

$$\begin{cases} x_1=3C_1-C_2-3 \\ x_2=2C_1-2 \\ x_3=C_1 \\ x_4=C_2 \end{cases} \quad (C_1、C_2 \text{为任意的常数}).$$

**例 5.33**　$a$ 取何值时，方程组

$$\begin{cases} ax+y+z=1 \\ x+ay+z=a \\ x+y+az=a^2 \end{cases}$$

（1）有唯一解；（2）无穷多解；（3）无解.

**解**　$$\tilde{A}=\begin{pmatrix} a & 1 & 1 & 1 \\ 1 & a & 1 & a \\ 1 & 1 & a & a^2 \end{pmatrix} \xrightarrow{r_1\leftrightarrow r_3} \begin{pmatrix} 1 & 1 & a & a^2 \\ 1 & a & 1 & a \\ a & 1 & 1 & 1 \end{pmatrix}$$

$$\xrightarrow[-ar_1+r_3]{-r_1+r_2} \begin{pmatrix} 1 & 1 & a & a^2 \\ 0 & a-1 & 1-a & a-a^2 \\ 0 & 1-a & 1-a^2 & 1-a^3 \end{pmatrix}$$

$$\xrightarrow{r_2+r_3} \begin{pmatrix} 1 & 1 & a & a^2 \\ 0 & a-1 & 1-a & a-a^2 \\ 0 & 0 & (1-a)(2+a) & (1-a)(1+a)^2 \end{pmatrix}.$$

由此可知：（1）当 $a\neq 1$ 且 $a\neq -2$ 时，$r(A)=r(\tilde{A})=3$，方程组有唯一解.

（2）当 $a=1$ 时，$r(A)=r(\tilde{A})=1<3$，方程组有无穷多解.

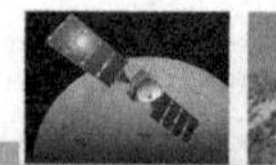

(3) 当 $a=-2$ 时，$\tilde{A}\to\begin{pmatrix}1 & 1 & -2 & 4\\0 & -3 & 3 & -6\\0 & 0 & 0 & 3\end{pmatrix}$.

可见，$r(A)=2\neq r(\tilde{A})=3$，方程组无解.

上面我们对一般线性方程组的解进行了讨论，下面介绍它的特殊情况——齐次线性方程组的解.

$$\begin{cases}a_{11}x_1+a_{12}x_2+\cdots+a_{1n}x_n=0\\a_{21}x_1+a_{22}x_2+\cdots+a_{2n}x_n=0\\\qquad\cdots\cdots\\a_{m1}x_1+a_{m2}x_2+\cdots+a_{mn}x_n=0\end{cases}.$$

因为齐次线性方程组 $r(A)=r(\tilde{A})$，所以它总有解，又因为零解（即 $x_1=x_2=\cdots=x_n=0$）是它的解，如果它只有一个解，就是零解. 为了方便，将无穷多个解称为有非零解，这样对于齐次方程组，定理 2 可改写为以下定理.

**【定理 3】** $n$ 元齐次线性方程组的解有如下情况：

(1) 只有零解的充要条件是 $r(A)=n$；

(2) 当 $r(A)<n$ 时，有非零解.

对于齐次线性方程组，若 $m=n$，由前面的知识我们可以得到下面的结论：

(1) 只有零解的充要条件是 $|A|\neq 0$；

(2) 当 $|A|=0$ 时，方程组有非零解.

**例 5.34** $a$、$b$ 取何值时，方程组

$$\begin{cases}ax_1+x_2+bx_3=0\\x_1+x_2+bx_3=0\\bx_1+x_2+ax_3=0\end{cases}$$

(1) 只有零解；(2) 有非零解.

**解** 根据推论，计算系数行列式

$$|A|=\begin{vmatrix}a & 1 & b\\1 & 1 & b\\b & 1 & a\end{vmatrix}\overset{-r_2+r_1}{=\!=}\begin{vmatrix}a-1 & 0 & 0\\1 & 1 & b\\b & 1 & a\end{vmatrix}=(a-1)(a-b).$$

(1) 当 $a\neq b$, 且$a\neq 1$、$|A|\neq 0$ 时，方程组只有零解.

(2) 有如下三种情况：

① 当 $a=b=1$ 时，$|A|=0$，方程组有非零解；

② 当 $a=b\neq 1$ 时，$|A|=0$，方程组有非零解；

① 当 $a\neq b$、$a=1$ 时，$|A|=0$，方程组有非零解.

## 任务解答 5.3

根据任务 5.3，求小明百货商店当日销售了三种型号的 T 恤衫为多少件.

设小号、中号、大号三种型号 T 恤衫的销量分别为 $x_i(i=1, 2, 3)$，则有

$$\begin{cases} x_1 + x_2 + x_3 = 12 \\ 22x_1 + 24x_2 + 30x_3 = 320 \\ x_3 = x_1 + x_2 \end{cases}.$$

由

$$\begin{pmatrix} 1 & 1 & 1 \\ 22 & 24 & 30 \\ 1 & 1 & -1 \end{pmatrix}\begin{pmatrix} x_1 \\ x_2 \\ x_3 \end{pmatrix} = \begin{pmatrix} 12 \\ 320 \\ 0 \end{pmatrix},$$

得

$$\begin{pmatrix} x_1 \\ x_2 \\ x_3 \end{pmatrix} = \begin{pmatrix} 1 & 1 & 1 \\ 22 & 24 & 30 \\ 1 & 1 & -1 \end{pmatrix}^{-1}\begin{pmatrix} 12 \\ 320 \\ 0 \end{pmatrix}.$$

由于

$$\begin{vmatrix} 1 & 1 & 1 \\ 22 & 24 & 30 \\ 1 & 1 & -1 \end{vmatrix} = -4 \neq 0,$$

且

$$\begin{pmatrix} 1 & 1 & 1 \\ 22 & 24 & 30 \\ 1 & 1 & -1 \end{pmatrix}^{-1} = \begin{pmatrix} \frac{27}{2} & -\frac{1}{2} & -\frac{3}{2} \\ -13 & \frac{1}{2} & 2 \\ \frac{1}{2} & 0 & -\frac{1}{2} \end{pmatrix},$$

因此

$$\begin{pmatrix} x_1 \\ x_2 \\ x_3 \end{pmatrix} = \begin{pmatrix} \frac{27}{2} & -\frac{1}{2} & -\frac{3}{2} \\ -13 & \frac{1}{2} & 2 \\ \frac{1}{2} & 0 & -\frac{1}{2} \end{pmatrix}\begin{pmatrix} 12 \\ 320 \\ 0 \end{pmatrix} = \begin{pmatrix} 2 \\ 4 \\ 6 \end{pmatrix}.$$

所以线性方程组的解为 $x_1=2$、$x_2=4$、$x_3=6$，即小明当日销售了小号、中号、大号三种型号的 T 恤衫分别为 2 件、4 件、6 件.

**思考问题**　若小明的百货商店还销售加大号的 T 恤衫. 小号、中号、大号、加大号 T 恤衫的销售价格分别为 22 元/件、24 元/件、26 元/件、30 元/件. 某日盘点时，小明把四种型号 T 恤衫的销售数量弄混了，但他知道共售出了 13 件 T 恤衫，收入为 320 元，且大号的销售量为小号与加大号销售量之和，大号的销售收入也为小号与加大号销售收入之和. 问小明当日销售了四种型号的 T 恤衫各多少件.

## 基础训练 5.3

1．用克莱姆法则解下列方程组：

（1）$\begin{cases}5x_1-3x_2=13\\3x_1+4x_2=2\end{cases}$；　　（2）$\begin{cases}2x_1-x_2-x_3=4\\3x_1+4x_2-2x_3=11\\3x_1-2x_2+4x_3=11\end{cases}$；

（3）$\begin{cases}2x_1-5x_2+x_3+x_4=1\\x_1+x_2+3x_3-x_4=2\\3x_2+2x_3+2x_4=-2\\2x_1-x_2+4x_3+2x_4=0\end{cases}$.

2．$k$ 为何值时，下列方程组仅有零解：

$$\begin{cases}3x+2y-z=0\\kx+7y-2z=0\\2x-y+3z=0\end{cases}.$$

3．若齐次线性方程组

$$\begin{cases}(\lambda-1)x_1-x_2+x_3=0\\2x_1+(\lambda-4)x_2+2x_3=0\\2x_1-2x_2+\lambda x_3=0\end{cases}$$

有非零解，求$\lambda$的值.

4．解下列线性方程组：

（1）$\begin{cases}x_1+2x_2-x_3=1\\3x_1-2x_2+x_3=0\\x_1-x_2-x_3=2\end{cases}$；　　（2）$\begin{cases}2x_1-x_2+2x_3=0\\3x_1+2x_2-5x_3=1\\x_1+3x_2-2x_3=4\end{cases}$；

（3）$\begin{cases}x_1+x_2-2x_3=-3\\5x_1-2x_2+7x_3=22\\2x_1-5x_2+4x_3=4\end{cases}$；　　（4）$\begin{cases}x_1-2x_2+x_3+x_4=1\\x_1-2x_2+x_3-x_4=-1\\x_1-2x_2+x_3+5x_4=5\end{cases}$；

（5）$\begin{cases}2x_1+x_2+x_3=2\\x_1+3x_2+x_3=5\\x_1+x_2+5x_3=-7\\2x_1+3x_2-3x_3=14\end{cases}$；　　（6）$\begin{cases}x_1-2x_2+3x_3-4x_4-x_5=2\\x_1+x_2-x_3+x_4-2x_5=1\\2x_1-x_2+2x_3-3x_4-3x_5=4\end{cases}$.

5．当 $a$ 取何值时，方程组

$$\begin{cases}x_1+x_2-x_3=1\\2x_1+3x_2+ax_3=3\\x_1+ax_2+3x_3=2\end{cases}$$

无解？有唯一解？有无穷多解？当方程组有无穷多解时，求出其全部解.

6．当 $a$、$b$ 取何值时，方程组

$$\begin{cases} x_1 + 2x_3 = -1 \\ -x_1 + x_2 - 3x_3 = 2 \\ 2x_1 - x_2 + ax_3 = b \end{cases}$$

无解？有唯一解？有无穷多解？

## 数学实验 5　MATLAB 在线性代数中的应用

### 1. 常用命令

1）矩阵的创建

（1）采用直接输入法创建矩阵.

逗号或空格用于分隔某一行的元素，分号用于区分不同的行. 除了分号，在输入矩阵时，按 Enter 键也表示开始新一行. 输入矩阵时，严格要求所有行有相同的列.

其中，$S$ 为级数的通项表达式，$k$ 是通项中的求和变量，$m$ 和 $n$ 分别为求和变量的起点和终点. 如果 $m$、$n$ 缺省，则 $k$ 从 0 变到 $k$–1；如果 $k$ 也缺省，则系统对 $S$ 中的默认变量求和.

（2）利用内部函数创建矩阵.

ones(m,n)：产生一个 $m$ 行 $n$ 列的元素全为 1 的矩阵；

zeros(m,n)：产生一个 $m$ 行 $n$ 列的零矩阵；

eye(m,n)：产生一个 $m$ 行 $n$ 列的单位矩阵；

rand(m,n)：产生 0–1 均匀分布的随机数矩阵；

randn(n)：$n$ 阶随机矩阵，元素服从正态分布；

magic(n)：$n$ 阶魔方矩阵，其每行、每列及两条对角线上的元素之和都相等.

2）矩阵的操作

（1）利用冒号表达式获得子矩阵.

A(:,j)：表示取 $\boldsymbol{A}$ 矩阵的第 $j$ 列全部元素；

A(i,:)：表示 $\boldsymbol{A}$ 矩阵第 $i$ 行的全部元素；

A(i,j)：表示取 $\boldsymbol{A}$ 矩阵第 $i$ 行、第 $j$ 列的元素；

A(i:i+m,:)：表示取 $\boldsymbol{A}$ 矩阵第 $i$～$i$+$m$ 行的全部元素；

A(:,k:k+m)：表示取 $\boldsymbol{A}$ 矩阵第 $k$～$k$+$m$ 列的全部元素；

A(i:i+m,k:k+m)：表示取 $\boldsymbol{A}$ 矩阵第 $i$～$i$+$m$ 行内，并在第 $k$～$k$+$m$ 列中的所有元素.

（2）利用空矩阵删除矩阵的元素.

在 MATLAB 中，定义[]为空矩阵. 给变量 $\boldsymbol{X}$ 赋空矩阵的语句为“X=[]”. 注意，“X=[]”与“clear X”不同，“clear”是将 $\boldsymbol{X}$ 从工作空间中删除，而空矩阵则存在于工作空间中，只是维数为 0.

（3）利用 reshape 函数改变矩阵的形状.

reshape(A,m,n)：返回以矩阵 $\boldsymbol{A}$ 的元素构成的 $m$×$n$ 矩阵 $\boldsymbol{B}$；

reshape(A,[m n])：同上；

reshape(A,size)：由 size 决定变维的大小，元素个数与 $\boldsymbol{A}$ 中元素个数相同.

（4）利用 size 函数查看矩阵的大小.

size(A)：列出矩阵 ***A*** 的行数和列数；

size(A,1)：返回矩阵 ***A*** 的行数；

size(A,2)：返回矩阵 ***A*** 的列数.

3）矩阵的运算

MATLAB 的基本算术运算有+（加）、-（减）、*（乘）、/（右除）、\（左除）、^（乘方）、'（转置）. 运算是在矩阵意义下进行的，单个数据的算术运算只是一种特例.

（1）矩阵加减运算.

假定有两个矩阵 ***A*** 和 ***B***，则可以由 ***A+B*** 和 ***A−B*** 实现矩阵的加减运算. 运算规则：若 ***A*** 和 ***B*** 矩阵的维数相同，则可以执行矩阵的加减运算，***A*** 和 ***B*** 矩阵的相应元素相加减.如果 ***A*** 与 ***B*** 的维数不相同，则 MATLAB 将给出错误信息，提示用户两个矩阵的维数不匹配.

（2）矩阵乘法.

假定有两个矩阵 ***A*** 和 ***B***，若 ***A*** 为 $m\times n$ 矩阵，***B*** 为 $n\times p$ 矩阵，则 ***C=A*B*** 为 $m\times p$ 矩阵.

（3）矩阵除法.

在 MATLAB 中，有两种矩阵除法运算：\和/，分别表示左除和右除.一般情况下，*x=a\b* 是方程 *a*x=b* 的解，而 *x=b/a* 是方程 *x*a=b* 的解.

（4）矩阵的乘方.

一个矩阵的乘方运算可以表示成 ***A***^*x*，要求 ***A*** 为方阵，*x* 为标量.

（5）矩阵的转置.

对实数矩阵进行行、列互换，对复数矩阵进行共轭转置.

（6）点运算.

在 MATLAB 中，有一种特殊的运算，因为其运算符是在有关算术运算符前面加点，所以称为点运算. 点运算符有“.*”“./”“.\”“.^”. 两矩阵进行点运算是指它们的对应元素进行相关运算，要求两矩阵的维数相同.

（7）矩阵的行列式、逆、迹、秩.

det(A)：返回方阵 ***A*** 的行列式的值.

inv(A)：求方阵 ***A*** 的逆矩阵. 若 ***A*** 为奇异矩阵或近似奇异矩阵，将给出警告信息.

trace(A)：返回矩阵 ***A*** 的迹，即 ***A*** 的对角线元素之和.

rank(A)：求矩阵 ***A*** 的秩.

（8）矩阵的特征值与特征向量.

在 MATLAB 中，计算矩阵 ***A*** 的特征值和特征向量的函数是 eig()，常用的调用格式如下：

E=eig(A)：求矩阵 ***A*** 的全部特征值，构成向量 ***E***；

[V,D]=eig(A)：求矩阵 ***A*** 的全部特征值，构成对角阵 ***D***，并求 ***A*** 的特征向量构成 ***V*** 的列向量；

[V,D]=eig(A,'nobalance')：与第 2 种格式类似，但第 2 种格式中先对 ***A*** 做相似变换后求矩阵 ***A*** 的特征值和特征向量，而格式 3 直接求矩阵 ***A*** 的特征值和特征向量.

4）求解线性方程组

左除法 A\B：求解线性方程组 ***AX=B***；

右除法 B/A：求解线性方程组 ***XA=B***.

（1）当 $\boldsymbol{A}$ 为方阵时，“A\B”与“inv(A)*B”基本一致，“B/A”与“B*inv(A) ”基本一致；

（2）当 $\boldsymbol{A}$ 不是方阵时，除法将自动检测.若方程组无解,除法给出最小二乘意义上的近似解，即使向量 $\boldsymbol{AX}-\boldsymbol{B}$ 的长度达到最小；若方程组有无穷多解，除法将给出一个具有最多零元素的特解；若为唯一解，除法将给出解.

在无穷多解情况下可用下面的方法求通解：

rref(A)：$\boldsymbol{A}$ 的最简行阶梯形矩阵；

null(A,'r')：求齐次方程组 $\boldsymbol{AX}=\mathbf{0}$ 的基础解系.

### 2. 矩阵运算举例

**例 5.35**　产生一个 3×4 随机矩阵.

**解**　输入命令：

扫一扫下载 MATLAB 源程序

```
>> R=rand(3,4)
```

运行结果：

```
R =
    0.4387    0.7952    0.4456    0.7547
    0.3816    0.1869    0.6463    0.2760
    0.7655    0.4898    0.7094    0.6797
```

**例 5.36**　产生一个在区间[10, 20]内均匀分布的四阶随机矩阵.

**解**　输入命令：

扫一扫下载 MATLAB 源程序

```
>> a=10;b=20;
>> x=a+(b-a)*rand(4)
```

运行结果：

```
x =
   16.5510   19.5974   17.5127   18.9090
   11.6261   13.4039   12.5510   19.5929
   11.1900   15.8527   15.0596   15.4722
   14.9836   12.2381   16.9908   11.3862
```

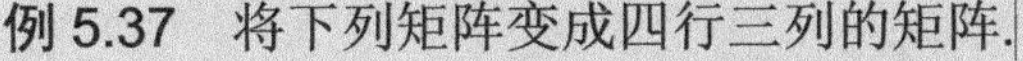

**例 5.37**　将下列矩阵变成四行三列的矩阵.

扫一扫下载 MATLAB 源程序

$$\begin{pmatrix} 1 & 2 & 3 & 4 \\ 5 & 6 & 7 & 8 \\ 9 & 10 & 11 & 12 \end{pmatrix}.$$

**解**　输入命令：

```
>> m=[1 2 3 4; 5 6 7 8; 9 10 11 12]
>> n=reshape(m,4,3)
```

运行结果：

```
n=
      1     6    11
      5    10     4
      9     3     8
      2     7    12
```

**例 5.38** 已知 $\boldsymbol{A}=\begin{pmatrix}3 & 1 & -4 & 6\\5 & -1 & 2 & 8\end{pmatrix}$、$\boldsymbol{B}=\begin{pmatrix}1 & 3 & 4 & 2\\-2 & 1 & 5 & 6\end{pmatrix}$，求 $\boldsymbol{A}+\boldsymbol{B}$、$\boldsymbol{A}-\boldsymbol{B}$.

**解** 输入命令：

```
>> A=[3,1,-4,6;5,-1,2,8];
>> B=[1,3,4,2;-2,1,5,6];
>> M=A+B
>> N=A-B
```

运行结果：

```
M =
      4     4     0     8
      3     0     7    14
N =
      2    -2    -8     4
      7    -2    -3     2
```

**例 5.39** 求矩阵 $\boldsymbol{A}=\begin{pmatrix}4 & 1\\0 & 2\\3 & 0\end{pmatrix}$ 与 $\boldsymbol{B}=\begin{pmatrix}3 & -2\\5 & 1\end{pmatrix}$ 的乘积.

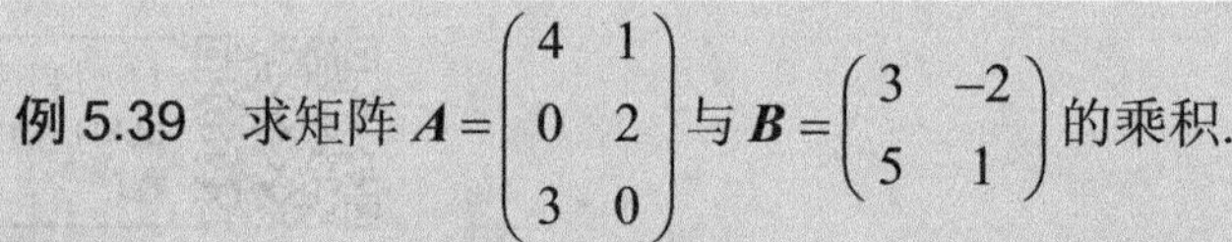

**解** 输入命令：

```
>> A=[4,1;0,2;3,0];
>> B=[3,-2;5,1];
>> C=A*B
```

运行结果：

```
C =
    17    -7
    10     2
     9    -6
```

**例 5.40** 计算 $D=\begin{vmatrix}1 & 2 & 3\\4 & 5 & 6\\7 & 8 & 9\end{vmatrix}$.

**解** 输入命令：

```
>> A=[1 2 3;4 5 6;7 8 9];
>> D=det(A)
```

运行结果：

```
ans = 0
```

即 $D=0$.

**例 5.41** 求

$$A=\begin{pmatrix}1&2&3\\2&2&1\\3&4&3\end{pmatrix}$$

的逆矩阵.

**解** **解法一** 输入命令：

```
>> A=[1  2  3; 2  2  1; 3  4  3];
>> Y=inv(A)或 Y=A^(-1)
```

运行结果：

```
Y =
    1.0000    3.0000   -2.0000
   -1.5000   -3.0000    2.5000
    1.0000    1.0000   -1.0000
```

**解法二** 构造矩阵

$$B=\begin{pmatrix}1&2&3&1&0&0\\2&2&1&0&1&0\\3&4&3&0&0&1\end{pmatrix}$$

进行初等行变换.

输入命令：

```
>> B=[1, 2, 3, 1, 0, 0; 2, 2, 1, 0, 1, 0; 3, 4, 3, 0, 0, 1];
>> C=rref(B)          %化行最简形
>> X=C(:, 4:6)        %取矩阵 C 中的 A^(-1)部分
```

运行结果：

```
C =
    1.0000         0         0    1.0000    3.0000   -2.0000
         0    1.0000         0   -1.5000   -3.0000    2.5000
         0         0    1.0000    1.0000    1.0000   -1.0000
X =
    1.0000    3.0000   -2.0000
   -1.5000   -3.0000    2.5000
    1.0000    1.0000   -1.0000
```

**例 5.42** 求下列方程组的解：

$$\begin{cases}5x_1+6x_2=1\\x_1+5x_2+6x_3=0\\x_2+5x_3+6x_4=0\\x_3+5x_4+6x_5=0\\x_4+5x_5=1\end{cases}.$$

**解　解法一**　输入命令：

```
>> A=[5 6 0 0 0;1 5 6 0 0;0 1 5 6 0;0 0 1 5 6;0 0 0 1 5];
>> B=[1 0 0 0 1]';
>> R_A=rank(A)        %求秩
>> X=A\B              %求解
```

扫一扫下载MATLAB源程序

运行结果：

```
R_A = 5
X =
    2.2662
   -1.7218
    1.0571
   -0.5940
    0.3188
```

这就是方程组的解.

**解法二**　用函数 rref 求解.

输入命令：

扫一扫下载MATLAB源程序

```
>> C=[A,B]       %由系数矩阵和常数列构成增广矩阵C
>> R=rref(C)     %将C化成行最简行
```

运行结果：

```
R =
    1.0000         0         0         0         0    2.2662
         0    1.0000         0         0         0   -1.7218
         0         0    1.0000         0         0    1.0571
         0         0         0    1.0000         0   -0.5940
         0         0         0         0    1.0000    0.3188
```

则 $\boldsymbol{R}$ 的最后一列元素就是所求之解.

**例 5.43**　求下列方程组的一个特解：

$$\begin{cases}x_1+x_2-3x_3-x_4=1\\3x_1-x_2-3x_3+4x_4=4\\x_1+5x_2-9x_3-8x_4=0\end{cases}$$

**解　解法一**　输入命令：

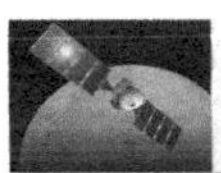

扫一扫下载 MATLAB 源程序

```
>> A=[1 1 -3 -1;3 -1 -3 4;1 5 -9 -8];
>> B=[1 4 0]';
>> X=A\B    %由于系数矩阵不满秩，该解法可能存在误差.
```

运行结果：

```
X =
         0
         0
   -0.5333
    0.6000
```

由此得解向量 $\boldsymbol{X}$=[0 0 −0.5333 0.6000]是一个特解近似值.

**解法二** 用函数 rref 求解比较精确.

输入命令：

扫一扫下载 MATLAB 源程序

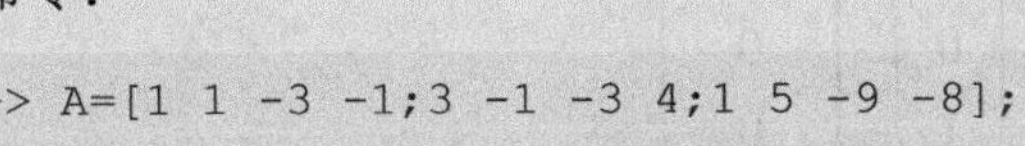

```
>> A=[1 1 -3 -1;3 -1 -3 4;1 5 -9 -8];
>> B=[1  4  0]';
>> C=[A,B];     %构成增广矩阵
>> R=rref(C)
```

运行结果：

```
R =
    1.0000         0   -1.5000    0.7500    1.2500
         0    1.0000   -1.5000   -1.7500   -0.2500
         0         0         0         0         0
```

由此得解向量 $\boldsymbol{X}$=[1.2500 −0.2500 0 0]’是一个特解.

**例 5.44** 求解线性方程组

$$\begin{cases} x_1+3x_2-2x_3+4x_4+x_5=7 \\ 2x_1+6x_2+5x_4+2x_5=5 \\ 4x_1+11x_2+8x_3+5x_5=3 \\ x_1+3x_2+2x_3+x_4+x_5=-2 \end{cases}.$$

**解** 输入命令：

```
>> B=[1 3 -2 4 1 7;2 6 0 5 2 5;4 11 8 0 5 3;1 3 2 1 1 -2]
>> rref(B)
```

运行结果：

扫一扫下载 MATLAB 源程序

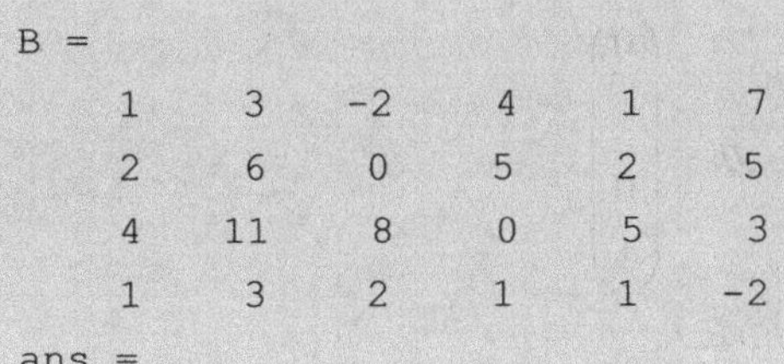

```
B =
     1     3    -2     4     1     7
     2     6     0     5     2     5
     4    11     8     0     5     3
     1     3     2     1     1    -2
ans =
```

```
      1.0000         0         0   -9.5000    4.0000   35.5000
           0    1.0000         0    4.0000   -1.0000  -11.0000
           0         0    1.0000   -0.7500         0   -2.2500
           0         0         0         0         0         0
```

所以原方程组等价于方程组

$$\begin{cases} x_1 - 9.5x_4 + 4x_5 = 35.5 \\ x_2 + 4x_4 - x_5 = -11 \\ x_3 - 0.75x_4 = -2.25 \end{cases}.$$

故方程组的通解为

$$\boldsymbol{X} = c_1 \begin{pmatrix} 9.5 \\ -4 \\ 0.75 \\ 1 \\ 0 \end{pmatrix} + c_2 \begin{pmatrix} -4 \\ 1 \\ 0 \\ 0 \\ 1 \end{pmatrix} + \begin{pmatrix} 35.5 \\ -11 \\ -2.25 \\ 0 \\ 0 \end{pmatrix} \quad (c_1, c_2 \in \mathbf{R}).$$

**例 5.45** 求下列齐次方程组的基础解系及全部解：

$$\begin{cases} x_1 + 2x_2 - x_3 - 2x_4 = 0 \\ 2x_1 - x_2 - x_3 + x_4 = 0 \\ 3x_1 + x_2 - 2x_3 - x_4 = 0 \end{cases}.$$

**解** 该方程组的矩阵表示形式为

$$\begin{pmatrix} 1 & 2 & -1 & -2 \\ 2 & -1 & -1 & 1 \\ 3 & 1 & -2 & -1 \end{pmatrix} \boldsymbol{X} = 0.$$

输入命令：

```
>> A=[1 2 -1 -2;2 -1 -1 1;3 1 -2 -1];
>> null(A,'r')
```

运行结果：

扫一扫下载 MATLAB 源程序

```
ans =
    0.6000         0
    0.2000    1.0000
    1.0000         0
         0    1.0000
```

即两个基础解系分别为

$$\boldsymbol{\eta}_1 = \begin{pmatrix} 0.6 \\ 0.2 \\ 1 \\ 0 \end{pmatrix}, \quad \boldsymbol{\eta}_1 = \begin{pmatrix} 0 \\ 1 \\ 0 \\ 1 \end{pmatrix}.$$

故原方程通解为 $y = k_1\eta_1 + k_2\eta_2$（$k_1$、$k_2$ 为任意常数）.

## 实验训练 5

1．输入矩阵

$$A=\begin{pmatrix}3 & -7 & 8 & 15 & 67\\0 & 5 & 8 & -10 & 11\\5 & -7 & 6 & 18 & 29\end{pmatrix},$$

并提取矩阵 $A$ 的第三列和第二行元素.

2．生成一个 10×12 阶的随机矩阵.

3．用 MATLAB 软件生成以下矩阵：

（1）$A=\begin{pmatrix}1 & 0 & 0\\0 & 1 & 0\\0 & 0 & 1\end{pmatrix}$；　（2）$B=\begin{pmatrix}0 & 0\\0 & 0\end{pmatrix}$；　（3）$C=\begin{pmatrix}1 & 1 & 1 & 1\\1 & 1 & 1 & 1\\1 & 1 & 1 & 1\\1 & 1 & 1 & 1\end{pmatrix}$.

4．计算矩阵$\begin{pmatrix}5 & 3 & 5\\3 & 7 & 4\\7 & 9 & 8\end{pmatrix}$与$\begin{pmatrix}2 & 4 & 2\\6 & 7 & 9\\8 & 3 & 6\end{pmatrix}$的和、差、积.

5．已知

$$a=\begin{pmatrix}1 & 2 & 3\\4 & 5 & 6\\7 & 8 & 9\end{pmatrix},$$

分别计算 $a$ 的数组平方和矩阵平方，并观察其结果.

6．设

$A=\begin{pmatrix}10 & 5 & -1\\0 & 1 & 2\\-6 & 8 & 15\end{pmatrix}$、$B=\begin{pmatrix}1 & 0 & 7\\-5 & 2 & 4\\3 & 12 & -9\end{pmatrix}$. 求 $A'$、$A+B$、$AB$、$A^2$、$A^{-1}B$.

7．给出一个随机的四阶矩阵，至少用三种方法求矩阵的逆.

8．求解线性方程组

$$\begin{cases}x_1+x_2+x_3+x_4+x_5=7\\3x_1+2x_2+x_3+x_4-3x_5=-2\\x_2+2x_3+2x_4+6x_5=23\\5x_1+4x_2+3x_3+3x_4-x_5=12\end{cases}.$$

9．求齐次线性方程组

$$\begin{cases}x_1+2x_2+x_3-x_4=0\\3x_1+6x_2-x_3-3x_4=0\\5x_1+10x_2+x_3-5x_4=0\end{cases}$$

的基础解系和全部解.

10．有三台打印机同时工作，一分钟共打印 8 200 行字. 如果第一台打印机工作 2 min，第二台打印机工作 3 min，共打印 12 200 行字，如果第一台打印机工作 1 min，第二台打印机

工作 2 min，第三台打印机工作 3 min，共可打印 17 600 行字. 则每台打印机每分钟可打印多少行字？

## 综合训练 5

扫一扫看综合训练 5 参考答案

### 一、填空题

1．当 $k=$________时，$\begin{vmatrix} k & 3 & 4 \\ 0 & k & 1 \\ -1 & k & 0 \end{vmatrix}=0$.

2．$\begin{vmatrix} -1 & 1 & 1 \\ 1 & -1 & x \\ 1 & 1 & -1 \end{vmatrix}$是关于 $x$ 的一次多项式，则此多项式中的一次项的系数为________.

3．$\begin{vmatrix} 1 & k & 1 \\ k & 1 & k+1 \\ 1 & k & 0 \end{vmatrix}=0$ 的充分必要条件是________.

4．设$\begin{vmatrix} a_{11} & a_{12} & a_{13} \\ a_{21} & a_{22} & a_{23} \\ a_{31} & a_{32} & a_{33} \end{vmatrix}=d$，则$\begin{vmatrix} 2a_{31} & 2a_{32} & -a_{33} \\ 2a_{21} & 2a_{22} & -a_{23} \\ 2a_{11} & 2a_{12} & -a_{13} \end{vmatrix}=$________.

5．四阶行列式$\begin{vmatrix} 2 & 3 & 14 & -3 \\ 0 & 3 & -5 & 7 \\ 0 & 0 & 1 & 2 \\ 0 & 0 & 0 & 2 \end{vmatrix}=$________；行列式$\begin{vmatrix} 3 & 0 & 4 \\ 0 & 3 & 2 \\ 0 & 5 & -1 \end{vmatrix}=$________.

6．行列式$\begin{vmatrix} a+kc & b+kd \\ c & d \end{vmatrix}=$________.

7．若有等式$\begin{pmatrix} x & -y \\ 3z & 2 \end{pmatrix}+\begin{pmatrix} y & 2x \\ w & z \end{pmatrix}=\begin{pmatrix} 3 & 0 \\ 2 & 4 \end{pmatrix}$，则 $x=$________、$y=$________、$z=$________、$w=$________.

8．已知矩阵 $\boldsymbol{A}=\begin{pmatrix} -1 & 3 & 0 \\ 2 & -1 & 2 \end{pmatrix}$、$\boldsymbol{B}=\begin{pmatrix} 1 & 3 \\ -2 & 0 \\ 5 & -1 \end{pmatrix}$，则积 $\boldsymbol{AB}$ 为________行________列矩阵，且积的第二行第一列元素等于________.

9．矩阵等式 $(\boldsymbol{A}+\boldsymbol{B})(\boldsymbol{A}-\boldsymbol{B})=\boldsymbol{A}^2-\boldsymbol{B}^2$ 成立的条件是________.

10．设$\begin{pmatrix} k & 1 & 1 \\ 3 & 0 & 1 \\ 0 & 2 & -1 \end{pmatrix}\begin{pmatrix} 3 \\ k \\ -3 \end{pmatrix}=\begin{pmatrix} k \\ 6 \\ 5 \end{pmatrix}$，则 $k=$ ________.

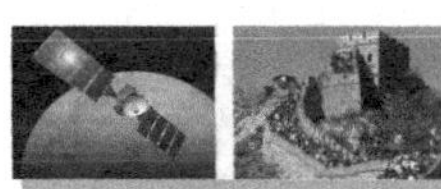

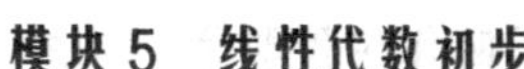


11．设 $A=\begin{pmatrix}1&1&1\\0&1&1\\0&0&1\end{pmatrix}$，则 $A^2=$________.

12．设矩阵 $A=\begin{pmatrix}a&b\\c&d\end{pmatrix}$，则 $A^*=$________.

13．齐次线性方程组 $\begin{cases}(k-1)x_1+kx_2=0\\-2x_1+(k-1)x_2=0\end{cases}$ ($k$ 为实数)，当 $k=$________时，仅有零解.

14．若齐次线性方程组 $\begin{cases}ax_1+4x_2-x_3=0\\x_1+3x_2+x_3=0\\3x_1+2x_2+3x_3=0\end{cases}$ 有非零解，则 $a$ 的值为________.

## 二、选择题

1．设有矩阵 $A_{3\times4}$、$B_{3\times3}$、$C_{4\times3}$、$D_{3\times1}$，则下列运算没有意义的是（　　）.

A．$BAC$　　B．$AC+DD^{T}$　　C．$A^{T}B+2C$　　D．$AC+D^{T}D$

2．设 $A=\begin{pmatrix}1&1\\0&1\end{pmatrix}$，则 $A^2-A+I$ 等于（　　）.

A．$\begin{pmatrix}1&1\\0&1\end{pmatrix}$　　B．$\begin{pmatrix}1&0\\0&1\end{pmatrix}$　　C．$\begin{pmatrix}0&1\\1&0\end{pmatrix}$　　D．$\begin{pmatrix}1&1\\1&1\end{pmatrix}$

3．设 $A$ 是 $n$ 阶矩阵，则$|A|$等于（　　）.

A．$\sum_{j=1}^{n}a_{ij}A_{sj}\quad(i\neq s)$　　B．$\sum_{i=1}^{n}a_{ij}A_{it}\quad(j\neq t)$

C．$\sum_{i=1}^{n}a_{ii}A_{ii}$　　D．$\sum_{j=1}^{n}a_{ij}A_{ij}\quad(i=1,2,3,\cdots,n)$

4．设矩阵 $A_{m\times n}$ 的秩为 $r$，则下述结论正确的是（　　）.

A．$A$ 中有一个 $r$+1 阶子式不等于零　　B．$A$ 的任意一个 $r$ 阶子式都不等于零

C．$A$ 中至少一个 $r$ 阶子式不等于零　　D．$A$ 的任意一个 $r$−1 阶子式都不等于零

## 三、解答题

1．计算下列行列式的值：

（1）$\begin{vmatrix}x-1&x^3\\1&x^2+x+1\end{vmatrix}$；　（2）$\begin{vmatrix}3&1&3\\0&4&2\\-2&3&-1\end{vmatrix}$；　（3）$\begin{vmatrix}1&3&5\\2&1&1\\3&4&2\end{vmatrix}$；

（4）$\begin{vmatrix}6&0&0&5\\1&7&2&-5\\2&0&0&0\\8&3&1&8\end{vmatrix}$；　（5）$\begin{vmatrix}1&2&1&4\\0&-1&2&1\\1&0&1&3\\0&1&3&1\end{vmatrix}$；　（6）$\begin{vmatrix}1&1&1&1\\1&3&1&1\\1&1&3&1\\1&1&1&3\end{vmatrix}$.

2．计算下列行列式的运算结果：

（1）$\begin{pmatrix}1&2&3\\0&-1&4\end{pmatrix}+\begin{pmatrix}2&1&-2\\1&0&4\end{pmatrix}$；　　（2）$\begin{pmatrix}0&3\\-1&2\\2&-1\end{pmatrix}-\begin{pmatrix}2&-2\\3&0\\4&2\end{pmatrix}$.

3．设 $\boldsymbol{A}=\begin{pmatrix}2&2&1&-1\\3&3&0&-2\\0&-3&-1&-2\end{pmatrix}$、$\boldsymbol{B}=\begin{pmatrix}1&0&1&0\\-1&0&-1&-2\\3&2&0&1\end{pmatrix}$，

求：（1）$3\boldsymbol{A}-2\boldsymbol{B}$；（2）$2\boldsymbol{A}+3\boldsymbol{B}$；（3）若 $\boldsymbol{X}$ 满足 $\boldsymbol{A}+\boldsymbol{X}=3\boldsymbol{B}$，求 $\boldsymbol{X}$；（4）$2\boldsymbol{A}^{\mathrm{T}}-\boldsymbol{B}^{\mathrm{T}}$.

4．求下列矩阵的乘积：

（1）$\begin{pmatrix}0&1\\1&0\end{pmatrix}\begin{pmatrix}1&2\\4&3\end{pmatrix}$；　　（2）$(-1\quad 3\quad 2)\begin{pmatrix}3\\0\\4\end{pmatrix}$；　　（3）$\begin{pmatrix}2\\1\\3\end{pmatrix}(-1\quad 2)$；

（4）$\begin{pmatrix}5&-1\\-2&0\\3&2\end{pmatrix}\begin{pmatrix}1&2\\-7&4\end{pmatrix}$；　　（5）$(1\quad 2)\begin{pmatrix}1&3&-1&2\\2&4&0&1\end{pmatrix}$.

5．已知矩阵 $\boldsymbol{A}=\begin{pmatrix}0&1&-1\\1&2&0\end{pmatrix}$、$\boldsymbol{B}=\begin{pmatrix}2&5\\-1&2\\3&-4\end{pmatrix}$、$\boldsymbol{C}=\begin{pmatrix}1&-1\\2&-2\end{pmatrix}$，

求：（1）$\boldsymbol{AB}+2\boldsymbol{C}$；（2）$\boldsymbol{A}^{\mathrm{T}}-2\boldsymbol{B}$；（3）$(\boldsymbol{BC})^{\mathrm{T}}-2\boldsymbol{A}$.

6．求下列矩阵的逆矩阵：

（1）$\boldsymbol{A}=\begin{pmatrix}1&1&2\\-1&2&0\\1&1&3\end{pmatrix}$；　　（2）$\boldsymbol{A}=\begin{pmatrix}1&3&-5&7\\0&1&2&3\\0&0&1&2\\0&0&0&1\end{pmatrix}$；

（3）$\boldsymbol{A}=\begin{pmatrix}1&1&1&1\\1&1&-1&-1\\1&-1&1&-1\\1&-1&-1&1\end{pmatrix}$；　　（4）$\boldsymbol{A}=\begin{pmatrix}3&2&1&1\\1&1&1&1\\0&1&2&3\\5&4&2&5\end{pmatrix}$.

7．解下列方程组：

（1）$\begin{cases}5x_1-3x_2=13\\3x_1+4x_2=2\end{cases}$；　　（2）$\begin{cases}x_1+3x_2+x_3=5\\2x_1+x_2+x_3=2\\x_1+x_2+5x_3=-7\end{cases}$；

（3）$\begin{cases}x_1+x_2+2x_3=-1\\2x_1-x_2+2x_3=-4\\4x_1+x_2+4x_3=-2\end{cases}$；　　（4）$\begin{cases}x_1+x_2+x_3+x_4=5\\x_1+2x_2-x_3+4x_4=-2\\2x_1-3x_2-x_3-5x_4=-2\\3x_1+x_2+2x_3+11x_4=0\end{cases}$.

8．当 $a$、$b$ 满足何条件时，方程组

$$\begin{cases} ax_1 + x_2 + x_3 \\ x_1 + bx_2 + x_3 = 0 \\ x_1 + 2bx_2 + x_3 = 0 \end{cases}$$

有唯一解？有非零解？

9．当 $a$ 为何值时，方程组

$$\begin{cases} (a+2)x_1 + 4x_2 + x_3 = 0 \\ -4x_1 + (a-3)x_2 + 4x_3 = 0 \\ -x_1 + 4x_2 + (a+4)x_3 = 0 \end{cases}$$

有非零解？求出它的解.

# 模块 6

# 概率论初步

自然界中出现的现象，可分为两大类：一类为确定性现象，是指一定条件下必然发生的现象. 例如，我们向上抛起一颗石子，它一定会落下而不会飞走；下雨地必湿. 另一类为随机现象，是指在一定的条件下可能发生也可能不发生的现象. 例如，投掷一枚硬币，可能是正面朝上，也可能是反面朝上；随便走到一个有交通灯的十字路口，可能会遇到红灯，也可能会遇到绿灯或黄灯. 概率论就是一门研究随机现象的数量规律性的数学学科，它是现代数学的重要组成部分. 本模块将通过投掷骰子出现的点数、考生答选择题的概率、射击运动员训练的概率三个学习任务介绍随机事件、条件概率及随机事件的数字特征等概率论的初步知识.

## 6.1 随机事件及其概率

扫一扫看随机事件及其概率教学课件

### 学习任务 6.1 投掷骰子出现的点数

小伟投掷一颗质地均匀的正方形骰子，骰子的六个面分别刻有 1～6 的点数. 请考虑以下问题：

掷一次骰子，在骰子向上的一面上，

扫一扫下载学习任务书 6.1

（1）可能出现哪些点数？

（2）出现的点数大于 0 吗？

（3）出现的点数会是 7 吗？

（4）出现的点数会是 4 吗？

从投掷骰子这个简单的游戏问题到复杂的社会现象都面临着不确定性和随机性. 当人们在一定条件下对它加以观察或进行试验时，观察或试验的结果是多个可能结果中的某一个，而且出现哪个结果“凭机会而定”，这就是本节要学习的随机事件.

### 6.1.1 随机事件的概念及运算

#### 1. 随机事件的概念

把为研究随机现象内在规律性所做的各种科学试验和对某一事物的观测统称为试验.

【定义 1】 具有下列三个特性的试验称为随机试验：

（1）试验可在相同条件下重复进行；

（2）每次试验可能结果不止一个，但能确定所有的可能结果；

（3）每次试验之前无法确定具体是哪种结果出现.

例如，掷骰子、测量零件长度、记录某网站一分钟内的点击数等都是随机试验. 以后我们说的试验都是指随机试验，并将试验的结果称为事件.

【定义 2】 在随机试验中，可能出现也可能不出现的事件，称为随机事件；

随机试验中必然会出现的事件称为必然事件；

随机试验中必然不出现的事件称为不可能事件；

在随机事件中，不能分解为其他事件组合的最简单的随机事件称为基本事件.

在掷骰子的试验中，观察出现的点数，则

“点数小于 7”是必然事件；

“点数不小于 7”是不可能事件；

“1 点”、“2 点”、…、“6 点”都是基本事件；

“奇数点”是由基本事件“1 点”“3 点”“5 点”组成的随机事件，不是基本事件.

以后简称随机事件为事件，必然事件及不可能事件当作一种特殊的随机事件，通常用大写拉丁字母 $A$、$B$、$C$ 等表示随机事件，用 $\Omega$ 表示必然事件，用 $\varnothing$ 表示不可能事件.

### 2. 事件间的关系及运算

在实际问题中，一个随机试验下往往有许多事件，人们经常希望通过对较简单事件的了解去掌握较复杂的事件. 为此，需要研究事件间的关系与事件间的运算.

1）子事件

若事件 $A$ 出现必然导致事件 $B$ 出现，则称**事件 $A$ 是事件 $B$ 的子事件**，或称**事件 $B$ 包含事件 $A$**，记为 $A\subset B$（或 $B\supset A$），如图 6.1 所示.

若两事件 $A$ 与 $B$，$A\supset B$ 且 $B\supset A$，则称事件 $A$ 与事件 $B$ 相等，记作 $A=B$.

从基本事件来说，$A\subset B$ 也就是 $A$ 中的每一个基本事件都属于 $B$.

例如，事件 $A$ 为{灯泡的使用寿命为5年}，事件 $B$ 为{灯泡的使用寿命为6年}，则有 $B\subset A$.

2）和事件

事件 $A$ 与事件 $B$ 至少有一个出现，是一个事件，称为**事件 $A$ 与 $B$ 的和（或并）事件**，记为 $A\cup B$，如图 6.2 所示.

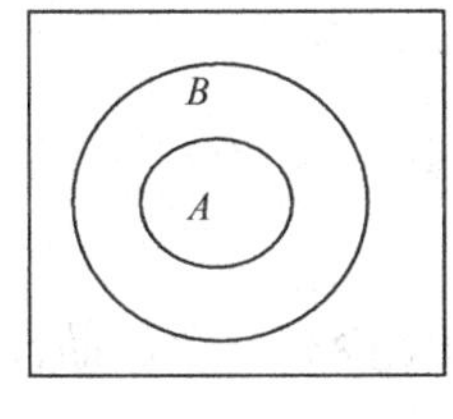

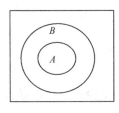

图 6.1

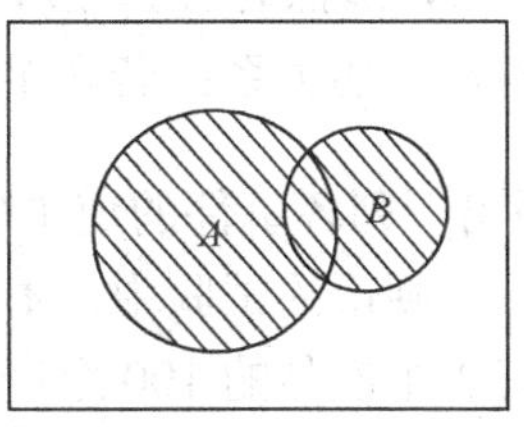


图 6.2

例如，从 5 件产品中任取 3 件，事件 $A_i$={有 $i$ 件次品}$(i=0, 1, 2, 3)$，$B$={至少有两件次

品}，则有 $B=A_2\cup A_3$.

和事件的概念可以推广：事件 $A_1$、$A_2$、…、$A_n$ 至少有一个出现，是一个的事件，称为事件 $A_1$、$A_2$、…、$A_n$ 的和事件，记为 $A_1\cup A_2\cup\cdots\cup A_n$.

一般地，若 $A\subset B$，则 $A\cup B=B$.

3）积事件

事件 $A$ 与事件 $B$ 同时出现，是一个事件，称为**事件 $A$ 与 $B$ 的积（或交）事件**，记为 $A\cap B$（或 $AB$），如图 6.3 所示.

事件 $A_1$、$A_2$、…、$A_n$ 同时出现，是一个事件，称为事件 $A_1$、$A_2$、…、$A_n$ 的积事件，记为 $A_1\cap A_2\cap\cdots\cap A_n$ 或 $A_1A_2\cdots A_n$.

一般地，若 $A\subset B$，则 $AB=A$.

4）差事件

事件 $A$ 出现且事件 $B$ 不出现，是一个事件，称为**事件 $A$ 与 $B$ 的差事件**，记为 $A-B$，如图 6.4 所示.

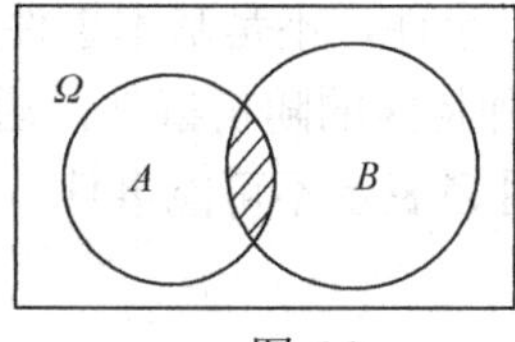

图 6.3

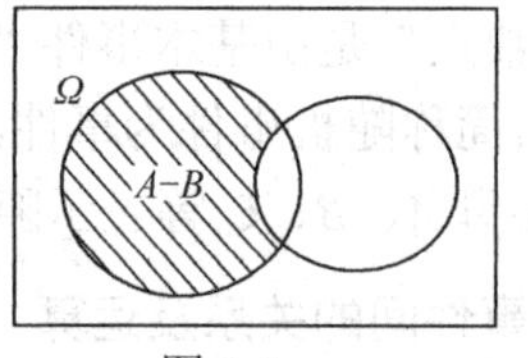

图 6.4

5）互斥事件

若事件 $A$ 与事件 $B$ 不能同时出现，即 $AB=\varnothing$，则称 **$A, B$ 两事件互斥**（或称互不相容）. 这时 $A\cup B$ 可记为 $A+B$，如图 6.5 所示.

对于 $n$ 个事件 $A_1$、$A_2$、…、$A_n$，如果它们两两互斥，即 $A_iA_j=\varnothing\ (i\neq j)$（$i\neq j$），则称这组事件 $A_1$、$A_2$、…、$A_n$ 为两两互斥. 这时 $A_1\cup A_2\cup\cdots\cup A_n$ 可记为 $A_1+A_2+\cdots+A_n$.

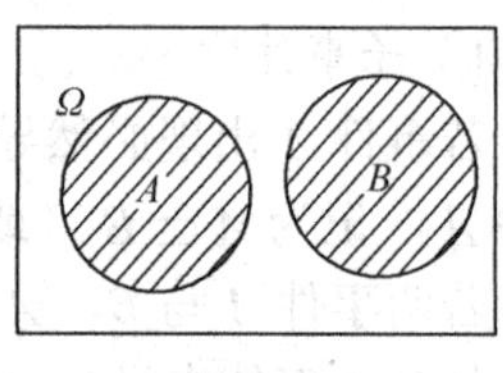

图 6.5

6）互逆事件

如果 $A\cup B=\Omega$ 且 $AB=\varnothing$，则称 **$A$、$B$ 两事件互逆或对立**，并称事件 $A$ 是事件 $B$ 的**逆事件（或对立事件）**，或事件 $B$ 是事件 $A$ 的对立事件. 事件 $A$ 的对立事件记为 $\overline{A}$ .

对任一事件 $A$，显然有 $A\overline{A}=\varnothing$、$A+\overline{A}=\Omega$、$\overline{\overline{A}}=A$.

事件互斥与对立的关系：若两个事件对立，必然互斥；反之不一定.

**例 6.1** 写出下列各事件的逆事件：

（1）在掷一枚硬币的试验中，$A$={出现正面}；

（2）从含有 3 个次品的 100 个产品中抽取 5 个产品，$B$={至少有一个次品}；

（3）甲、乙两队进行乒乓球比赛，$C$ = {甲队获胜}；

（4）甲、乙两队进行足球比赛，$D$ = {甲队获胜}.

**解** （1）因为 $\Omega$ = {正，反}，所以 $\overline{A}=\Omega-A$ = {反}，即 $\overline{A}$ ={出现反面}.

（2）$\overline{C}=\Omega-C$，因为$\Omega=\{e_0,e_1,e_2,e_3\}$，其中$e_i$表示出现$i$个次品（$i=0,1,2,3$）的基本事件，$B=\{e_1,e_2,e_3\}$，所以$\overline{B}=\Omega-B=\{e_0\}$，即$\overline{B}$={全都是正品}.

（3）因为$\Omega$= {甲队获胜，乙队获胜}，所以$\overline{C}=\Omega-C$={乙队获胜}.

（4）因为$\Omega$= {甲队获胜，乙队获胜，平局}，所以

$\overline{D}=\Omega-D$ ={乙队获胜，平局}，即$\overline{D}$={甲队不胜}.

事件间的运算规则：设$A$、$B$、$C$为随机事件，则有

（1）交换律：$A\cup B=B\cup A$，$A\cap B=B\cap A$；

（2）结合律：$(A\cup B)\cup C=A\cup(B\cup C)$，$(A\cap B)\cap C=A\cap(B\cap C)$；

（3）分配律：$(A\cup B)\cap C=(A\cap C)\cup(B\cap C)$，$(A\cap B)\cup C=(A\cup C)\cap(B\cup C)$；

（4）德·摩根法则：$\overline{A\cup B}=\overline{A}\cap\overline{B}$，$\overline{A\cap B}=\overline{A}\cup\overline{B}$.

**例 6.2**　某射手向同一目标射击，连发 3 枪. 设$A_i$表示"第$i$枪击中目标"（$i$=1,2,3）. 试用$A_1$、$A_2$、$A_3$表示以下事件：

（1）只有第一枪击中；

（2）只有一枪击中；

（3）至少有一枪击中；

（4）3 枪都未击中.

**解**　（1）只有第一枪击中，可表示成　$A_1\overline{A}_2\overline{A}_3$.

（2）只有一枪击中，可表示成　$A_1\overline{A}_2\overline{A}_3+\overline{A}_1A_2\overline{A}_3+\overline{A}_1\overline{A}_2A_3$.

（3）至少有一枪击中，可表示成　$A_1\cup A_2\cup A_3$，也可表示成

$A_1\overline{A}_2\overline{A}_3+\overline{A}_1A_2\overline{A}_3+\overline{A}_1\overline{A}_2A_3+A_1A_2\overline{A}_3+A_1\overline{A}_2A_3+\overline{A}_1A_2A_3+A_1A_2A_3$.

（4）3 枪都未击中，可表示成$\overline{A}_1\overline{A}_2\overline{A}_3$，也可表示成　$\overline{A_1\cup A_2\cup A_3}$.

### 6.1.2　随机事件的概率

#### 1．概率的定义

事件$A$在一次试验中是否出现具有偶然性，但在大量重复试验中，它出现的可能性是具有内在规律性的，即它出现的可能性的大小应该是可以度量的. 概率论把度量事件$A$出现的可能性大小的数称为事件$A$的概率，用$P(A)$表示.

**【定义 3】**　设事件$A$在$n$次试验中出现了$m$次,则称比值$\dfrac{m}{n}$为这$n$次试验中事件$A$出现的频率.

人们经过长期的实践发现，虽然一随机事件在一次试验后可能出现也可能不出现，但是在大量重复试验中事件出现的频率却有稳定性. 一般情形下，引入下面概率的定义.

**【定义 4】（概率的统计定义）**　如果随着试验次数$n$的增大，事件$A$发生的频率$\dfrac{m}{n}$在区间[0,1]上的某个数字$p$附近摆动，则定义事件$A$的概率为

$$P(A)=p.$$

**【定义 5】（概率的公理化定义）**　设函数$P(A)$的定义域为所有随机事件的集合，且满足公理：

（1）对任意事件 $A$，有 $0 \leqslant P(A) \leqslant 1$；

（2）$P(\Omega)=1$，$P(\varnothing)=0$；

（3）对于两两互斥的可数多个事件 $A_1$、$A_2$、$\cdots$，有 $P(A_1+A_2+\cdots)=P(A_1)+P(A_2)+\cdots$，则称函数 $P(A)$ 为事件 $A$ 的概率.

**说明**：概率的统计定义直观地描述了事件出现的可能性大小，反映了概率的本质内容，但在具体问题中，按统计定义来求概率是不现实的. 概率的公理化定义使概率论作为一门严谨的数学分支从此得以迅速发展.

**2. 古典概型**

虽然已经建立了概率的统计定义，但要按定义来求事件的概率是十分困难的，因为需要大量的重复试验才可能找出这个稳定数据. 因此，我们还要寻找求事件概率的简便方法. 事实上，在某些特殊类型的问题中，并不需要进行大量重复试验，而是根据所讨论事件的特点直接得出事件的概率.

如果一个随机试验具有下列两个特征：

（1）试验的基本事件总数为有限个；

（2）每个基本事件出现的可能性相同，

这时，称所讨论的问题是古典概型的.

**【定义 6】（概率的古典定义）** 设古典概型中的随机试验共有 $n$ 个基本事件，事件 $A$ 含有 $m$ 个基本事件，则定义事件 $A$ 的概率为

$$P(A)=\frac{A\text{中所含的基本事件数}}{\text{基本事件总数}}=\frac{m}{n}.$$

**说明**：概率的古典定义具有可计算性的优点，但它也有明显的局限性，要求试验下的基本事件有限及出现具有等可能性，否则概率的古典定义就不适用了. 按古典定义等规定的概率都是概率的公理化定义范围内的特殊情形.

**例 6.3** 有三个子女的家庭，假定生男生女是等可能的，则至少有一个男孩的概率是多少？

**解** 设事件 $A$ 为“至少有一个男孩”. 观察三个孩子的性别，所有可能的结果为

男男男，男男女，男女男，女男男，男女女，女女男，女男女，女女女.

事件 $A$ 包含的试验结果为

男男男，男男女，男女男，女男男，男女女，女女男，女男女.

于是，所求概率为 $P(A)=\dfrac{7}{8}$.

**例 6.4** 福利彩票双色球投注号码由 6 个红色球号码和 1 个蓝色球号码组成. 红色球号码从 1～33 中选择 6 个；蓝色球号码从 1～16 中选择 1 个. 求一双色球彩票中头奖（7 个号码相符）的概率和中二等奖（6 个红色球号码相符）的概率.

**解** 设事件 $A$ 为“中头奖”，事件 $B$ 为“中二等奖”，头奖可能号码共有

$\mathrm{C}_{33}^{6}\times 16=\dfrac{33\times 32\times 31\times 30\times 29\times 28}{1\times 2\times 3\times 4\times 5\times 6}\times 16=17\,721\,088$ 种，不论开什么结果头奖只有一个号码，事件 $B$ 包含 15 个号码. 所以，中头奖、中二等奖的概率分别为

$P(A)=\dfrac{1}{17\,721\,088}$　（1 772 万分之一！）；　　$P(B)=\dfrac{15}{17\,721\,088}$　（118 万分之一！）.

小概率的实际不可能性原理：概率很小的事件在一次试验中是几乎不可能发生的.（一般认为不超过 0.05 或不超过 0.01 的概率为小概率.）

根据小概率的实际不可能性原理，可以认为一双色球彩票中头奖是几乎不可能的，中二等奖也是几乎不可能的.

3．概率的性质

【性质 1】　$0 \leqslant P(A) \leqslant 1$，$P(\Omega)=1$，$P(\varnothing)=0$.

【性质 2】　如果 $A_1$、$A_2$、…、$A_n$ 两两互斥，$P(A_1+A_2+\cdots+A_n)=P(A_1)+P(A_2)+\cdots P(A_n)$.

【性质 3】　$P(\overline{A})=1-P(A)$.

【性质 4】　如果 $A \subset B$,则 $P(B-A)=P(B)-P(A)$

【性质 5】　如果 $A$ 与 $B$ 为任意两个事件，则 $P(A \cup B)=P(B)+P(A)-P(AB)$.

性质 5 可推广到多个事件的情形，如设 $A$、$B$、$C$ 为任意 3 个事件，则

$$P(A \cup B \cup C)=P(A)+P(B)+P(C)-P(AB)-P(BC)-P(AC)+P(ABC).$$

**例 6.5**　某班共有 64 名学生，假设每人的生日在一年 365 天中的任一天是等可能的，求全班 64 个人生日各不相同的概率是多少？64 个人中至少有两人生日相同的概率是多少？

**解**　设事件 $A$ 为“64 个人生日各不相同”，事件 $B$ 为“64 个人中至少有 2 人生日相同”，则所求概率为

$$P(A)=\frac{365\times 364\times\cdots\times(365-64+1)}{365^{64}}\approx 0.003.$$

由性质 3，有

$$P(B)=P(\overline{A})=1-P(A)=0.997.$$

**说明**：根据结果可以认为，64 个人生日各不相同几乎是不可能的，这与我们的直观想象是不同的.

**例 6.6**　产品有一、二等品及废品 3 种. 若一、二等品率分别为 0.63 及 0.35，求产品的合格率与废品率.

**解**　设事件 $A$ 为“产品为合格品”，则事件 $\overline{A}$ 为“产品为废品”. $A_1$、$A_2$ 分别为“产品为一、二等品”，显然 $A_1$ 与 $A_2$ 互斥，并且 $A=A_1+A_2$. 由性质 2，有

$$P(A)=P(A_1)+P(A_2)=0.63+0.35=0.98.$$

由性质 3，有

$$P(\overline{A})=1-P(A)=1-0.98=0.02.$$

**例 6.7**　某人外出旅游两天. 据预报，第一天下雨的概率为 0.6，第二天下雨的概率为 0.3，两天都下雨的概率为 0.1，试求：

（1）至少有一天下雨的概率；

（2）两天都不下雨的概率；

（3）至少有一天不下雨的概率.

**解** 设事件 $A$ 为“至少有一天下雨”，$B$ 为“两天都不下雨”，$C$ 为“至少有一天不下雨”，$A_i$ 为“第 $i$ 天下雨”($i$=1,2). 所求概率分别为

（1）$P(A)=P(A_1\cup A_2)=P(A_1)+P(A_2)-P(A_1A_2)=0.6+0.3-0.1=0.8$.

（2）$P(B)=P(\overline{A_1}\,\overline{A_2})=P(\overline{A_1\cup A_2})=1-P(A_1\cup A_2)=1-0.8=0.2$.

（3）$P(C)=P(\overline{A_1}\cup\overline{A_2})=P(\overline{A_1A_2})=1-P(A_1A_2)=1-0.1=0.9$.

## 任务解答 6.1

根据任务 6.1，求掷一次骰子时骰子向上的一面可能出现的点数.

掷一次骰子，可能会出现的点数有 1、2、3、4、5、6（基本事件）.

出现的点数必然大于 0（必然事件）;

出现的点数不可能是 7（不可能事件）;

出现的点数可能会是 4（随机事件）.

**思考问题** 将骰子先后抛掷两次，计算：（1）一共有多少种不同的结果？（2）其中向上的数之和是 5 的结果有多少种？（3）向上的数之和是 5 的概率是多少？（4）出现向上的数之和为 5 的倍数的概率是多少？

## 基础训练 6.1

1．试用事件 $A$、$B$、$C$ 的关系式表示以下事件：

（1）仅 $A$ 发生；

（2）事件 $A$、$B$、$C$ 都发生；

（3）事件 $A$、$B$、$C$ 都不发生；

（4）事件 $A$、$B$、$C$ 中至少发生一个；

（5）事件 $A$、$B$、$C$ 中恰有一个发生；

（6）事件 $A$ 与 $B$ 发生，而 $C$ 不发生；

（7）事件 $A$、$B$、$C$ 中至少发生两个；

（8）事件 $A$ 不发生，而 $B$、$C$ 中至少发生一个.

2．设事件 $A_k$ ={某射手第 $k$ 次射击命中目标}($k$=1, 2, 3)，试用文字说明以下事件：

（1）$A_1\cup A_2\cup A_3$；　　（2）$A_1A_2A_3$；

（3）$\overline{A_3}$；　　（4）$\overline{A_1}\cap\overline{A_2}$ 及 $\overline{A_1\cup A_2}$；

（5）$\overline{A_1}A_2A_3\cup A_1\overline{A_2}A_3\cup A_1A_2\overline{A_3}\cup A_1A_2A_3$.

3．掷一枚骰子，观察落下后出现的点数. 设事件 $A$ = {不超过 3 点}，$B$ = {6 点}，$C$ = {不小于 4 点}，$D$ = {不超过 5 点}，$E$ = {4 点}. 试指出上述事件中哪些有包含关系，哪些有对立关系，哪些是互不相容事件.

4．从自然数 1～10 中任意取一个数，设事件 $A$ = {取到的是偶数}，$B$ = {取到的是奇数}，$C$ = {取到的数小于 5}. 试求：

（1）$A\cup B$；　（2）$A\cap B$；　（3）$\overline{C}$；　（4）$A\cup C$；

（5）$AC$；　（6）$\overline{AC}$；　（7）$\overline{B\cup C}$；　（8）$\overline{BC}$.

5．写出下列事件的逆事件：

$A=${抽到的 3 个产品至少有一个次品}；

$B=${抽到的 3 个产品都是正品}；

$C=${从一副扑克牌（52 张）中任取 3 张，至少有 2 张花色相同}.

6．从 1、2、3、4、5 这 5 个数码中任取 3 个排成三位数，求所得的三位数是奇数的概率.

7．从包含 18 件正品、2 件次品的 20 件产品中任取 3 件，求以下事件的概率：

（1）{恰有 1 件次品}；

（2）{都是正品}.

8．袋中有 5 个红球和 2 个白球，从中任取两个球，第一次取后放回，求：

（1）两次都取得红球的概率，

（2）第一次取得红球，第二次取得白球的概率；

（3）第二次取得红球的概率.

9．设有 5 个房间，分给 5 个人，每人以 1/5 的概率住进每一个房间，试求不出现空房间的概率.

10．盒中有 20 个球，其中 18 个是白的，2 个是红的，如果

（1）不放回地抽 3 次，每次抽 1 球；

（2）有放回地抽 3 次，每次抽 1 球.

求所取得的 3 个球中恰有 2 个白球的概率.

11．将 3 名学生随机编入 4 个班级，求：

（1）3 名学生分别编入不同班级的概率；

（2）有 2 名学生编在同一班级的概率.

12．从 0、1、2、…、9 这 10 个数码中，每次任取 1 个，假定每个数码都以 1/10 的概率被取到，取后放回，接连取 5 次，求下列各事件的概率：

（1）5 个数码都不相同；

（2）不含 0 与 1；

（3）0 恰好出现 2 次.

扫一扫看条件概率与事件独立性教学课件

## 6.2　条件概率与事件独立性

扫一扫下载学习任务书 6.2

### 学习任务 6.2　考生答选择题的概率

某考生回答一道四选一的考题，假设他知道正确答案的概率为 $\frac{1}{2}$，而他不知道正确答案时猜对的概率为 $\frac{1}{4}$，考试结束后发现他答对了，那么他知道正确答案的概率是多少？

在许多问题中，我们常常会在事件 $A$ 已经出现的条件下，求事件 $B$ 出现的概率. 这种有了附加条件的概率称为事件 $A$ 出现下事件 $B$ 的条件概率，记作 $P(B|A)$.

本节内容旨在让学生理解条件概率与事件独立性及其相关的应用.

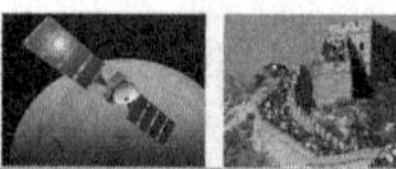

### 6.2.1 条件概率与全概率公式

1．条件概率

**例 6.8** 全年级 100 名学生中，有男生（以事件 $A$ 表示）80 人、女生 20 人；来自北京的（以事件 $B$ 表示）有 20 人，其中男生 12 人、女生 8 人；免修英语的（用事件 $C$ 表示）40 人中有 32 名男生、8 名女生．试写出 $P(A)$、$P(B)$、$P(B|A)$、$P(A|B)$、$P(AB)$、$P(C)$、$P(C|A)$、$P(\overline{A}|\overline{B})$、$P(AC)$．

**解** $P(A)=\dfrac{80}{100}=0.8,\ P(B)=\dfrac{20}{100}=0.2,\ P(B|A)=\dfrac{12}{80}=0.15,$

$P(A|B)=\dfrac{12}{20}=0.6,\ P(AB)=\dfrac{12}{100}=0.12,\ P(C)=\dfrac{40}{100}=0.4,$

$P(C|A)=\dfrac{32}{80}=0.4,\ P(\overline{A}|\overline{B})=\dfrac{12}{80}=0.15,\ P(AC)=\dfrac{32}{100}=0.32.$

观察上述结果发现如下关系：

$$P(B|A)=\frac{P(AB)}{P(A)},\ P(A|B)=\frac{P(AB)}{P(B)},\ P(C|A)=\frac{P(AC)}{P(A)}.$$

对于一般的古典概型问题，上述关系式也成立．事实上，设试验的基本事件总数为 $n$，事件 $B$ 所包含的基本事件数为 $m\ (m>0)$，事件 $AB$ 所包含的基本事件数为 $k$，则

$$P(A|B)=\frac{k}{m}=\frac{\frac{k}{n}}{\frac{m}{n}}=\frac{P(AB)}{P(B)}.$$

这样，就可以使用此关系式给出一般情况下条件概率的定义．

**【定义 1】** 如果 $A$、$B$ 是两个随机事件，且 $P(B)>0$，则称

$$P(A|B)=\frac{P(AB)}{P(B)}$$

为事件 $B$ 发生的条件下事件 $A$ 发生的**条件概率**．

类似地，可以定义在事件 $A$ 发生的条件下事件 $B$ 发生的条件概率．

$$P(B|A)=\frac{P(AB)}{P(A)}\quad (P(A)>0).$$

**例 6.9** 一年中甲地下雨的概率是 20%，乙地下雨的概率是 14%，两地同时下雨的概率是 12%，求：

（1）甲地下雨的条件下，乙地也下雨的概率；

（2）乙地下雨的条件下，甲地也下雨的概率．

**解** 设事件 $A$ 为“甲地下雨”、事件 $B$ 为“乙地下雨”，则有

$$P(A)=\frac{20}{100},\ P(B)=\frac{14}{100},\ P(AB)=\frac{12}{100}.$$

由此得到所求概率分别为

$$P(B|A)=\frac{P(AB)}{P(A)}=\frac{0.12}{0.2}=0.6,\ P(A|B)=\frac{0.12}{0.14}\approx 0.857.$$

从 $P(A|B)=0.857$ 可知，乙地下雨的条件下，甲地有 85.7%的可能性下雨，故从乙地去甲地，逢乙地下雨，最好带雨伞.

### 2．概率的乘法公式

由条件概率计算公式，可直接推出概率的乘法公式：

$$P(AB)=P(A)P(B|A)\quad (P(A)>0).$$

$$P(AB)=P(B)P(A|B)\quad (P(B)>0).$$

即两事件的积事件的概率等于其中一事件的概率与另一事件在前一事件出现下的条件概率的乘积.

乘法公式还可推广到有限多个事件的情形，如对 3 个事件时有

$$P(ABC)=P(A)P(B|A)P(C|AB).$$

**例 6.10**　设 100 件产品中有 5 件次品，从中接连取两次，每次取 1 件，取后不放回，求：

（1）第一次取得次品，第二次取得正品的概率；

（2）两次都取得正品的概率.

**解**　设 $A$={第一次取得正品}，$B$={第二次取得正品}，则 $\overline{A}$={第一次取得次品}.

由题意 $P(A)=\frac{95}{100}$、$P(\overline{A})=\frac{5}{100}$、$P(B|A)=\frac{94}{99}$、$P(B|\overline{A})=\frac{95}{99}$，按乘法公式计算可得所求的概率：

（1）$P(\overline{A}B)=P(\overline{A})P(B|\overline{A})=\frac{5}{100}\times\frac{95}{99}\approx 0.048$.

（2）$P(AB)=P(A)P(B|A)=\frac{95}{100}\times\frac{94}{99}\approx 0.902$.

**例 6.11**　小王忘了朋友家电话号码的最后一位数，故只能随意拨最后一个号，求他拨号不超过 3 次可拨通朋友家电话的概率.

**解**　设事件 $A$ 表示“拨号不超过 3 次可拨通”，事件 $A_i$ 表示“第 $i$ 次拨通”($i$=1,2)，则有 $\overline{A}=\overline{A_1}\,\overline{A_2}\,\overline{A_3}$，即

$$P(\overline{A_1})=\frac{9}{10},P(\overline{A_2}|\overline{A_1})=\frac{8}{9},P(\overline{A_3}|\overline{A_1}\,\overline{A_2})=\frac{7}{8}.$$

由乘法公式，得

$$P(\overline{A})=P(\overline{A_1}\,\overline{A_2}\,\overline{A_3})=P(\overline{A_1})P(\overline{A_2}|\overline{A_1})P(\overline{A_3}|\overline{A_1}\,\overline{A_2})=\frac{9}{10}\times\frac{8}{9}\times\frac{7}{8}=0.7.$$

则所求概率为

$$P(A)=1-P(\overline{A})=1-0.7=0.3.$$

**说明**：对于较复杂事件概率的计算，经常选择适当的符号把已知、所求事件表示出来，再根据概率法则、性质进行计算.

### 3．全概率公式

**例 6.12**　市场上供应的灯泡中，甲厂产品占 70%，乙厂产品占 30%. 甲厂产品的合格率

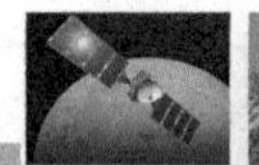

是 95%，乙厂产品的合格率是 80%. 求市场上灯泡的合格率.

**解** 用 $H_1$ 和 $H_2$ 分别表示甲厂和乙厂的产品，$A=\{产品是合格品\}$，由于 $A=A\Omega=A(H_1\cup H_2)=AH_1\cup AH_2$，并且 $AH_1$ 与 $AH_2$ 互不相容，由加法公式和乘法公式得

$$\begin{aligned}P(A)&=P(AH_1\cup AH_2)=P(AH_1)+P(AH_2)\\&=P(H_1)P(A|H_1)+P(H_2)P(A|H_2)\\&=70\%\times95\%+30\%\times80\%\\&=0.905.\end{aligned}$$

例 6.12 告诉我们：一个事件的概率，往往可以分解为一组互不相容的事件的概率的和，然后应用乘法公式来求得. 这种方法具有普遍性.

**【定义 2】** 若事件 $A_1,A_2,\cdots,A_n$ 两两互斥，并且 $A_1+A_2+\cdots+A_n=U$，则称 $A_1,A_2,\cdots,A_n$ 为一个完备事件组.

**【定理 1】（全概率公式）** 若 $A_1,A_2,\cdots,A_n$ 为一个完备事件组，$P(A_i)>0\ (i=1,2,\cdots,n)$，则对任意一个事件 $B$，有

$$P(B)=P(A_1)P(B|A_1)+P(A_2)P(B|A_2)+\cdots+P(A_n)P(B|A_n).$$

**说明：**（1）全概率公式解决的是由 $B$ 的条件概率求 $B$ 的概率问题.

（2）常用的形式为 $P(B)=P(A)P(B|A)+P(\overline{A})P(B|\overline{A})$.

（3）运用全概率公式的关键在于找到一个相关的完备事件组.

**例 6.13** 一个工厂有甲、乙、丙 3 个车间生产同一种产品，每个车间的产量分别占全厂产量的 0.25、0.35、0.40，每个车间产品的一等品率分别为 50%、40%、20%. 从全厂产品中任取一件，求产品为一等品的概率.

**解** 设事件 $B$ 表示产品是次品，$A_1$ 表示甲车间的产品，$A_2$ 表示乙车间的产品，$A_3$ 表示丙车间的产品，

由已知可得

$P(A_1)=0.25$，$P(A_2)=0.35$，$P(A_3)=0.4$. $P(B|A_1)=0.5$，$P(B|A_2)=0.4$，$P(B|A_3)=0.2$.

所以，根据全概率公式得

$$\begin{aligned}P(B)&=P(A_1)P(B|A_1)+P(A_2)P(B|A_2)+P(A_3)P(B|A_3)\\&=0.25\times0.5+0.35\times0.4+0.4\times0.2=0.345.\end{aligned}$$

**例 6.14** 有件事情要通过抓阄来解决，其中 10 个阄中有 4 个难阄，甲乙 2 人参加抓阄，甲先抓、乙后抓，抓过的阄不再放回，分别求甲、乙抓到难阄的概率.

**解** 设事件 $A$ 表示"甲抓到难阄"，$B$ 表示"乙抓到难阄". 事件 $A$、$\overline{A}$ 为一个完备事件组，于是 $P(A)=\dfrac{4}{10}$. 由全概率公式，有

$$P(B)=P(A)P(B|A)+P(\overline{A})P(B|\overline{A})=\frac{4}{10}\times\frac{3}{9}+\frac{6}{10}\times\frac{4}{9}=\frac{4}{10}.$$

由此我们可以看出，抓到难阄的概率与抓阄的先后次序无关. 这正是人们直观上感到抓阄分配"是公平的"的理论解释.

### 4. 贝叶斯公式

利用全概率公式，可通过综合分析一事件发生的不同原因、情况或途径及其可能性来求得该事件发生的概率. 下面给出的贝叶斯公式则考虑与之完全相反的问题，即一事件已经发生，要考虑该事件发生的各种原因、情况或途径的可能性. 例如，有 3 个放有不同数量和颜色的球的箱子，现从任一箱中任意摸出一球，发现是红球，求该球是取自 1 号箱的概率，或问该球取自哪号箱的可能性最大.

**【定理 2】（贝叶斯公式）** 设 $A_1,A_2,\cdots,A_n$ 为一个完备事件组，则对任意一个事件 $B$，$P(B)>0$，有

$$P(A_i\mid B)=\frac{P(A_iB)}{P(B)}=\frac{P(A_i)P(B\mid A_i)}{\sum\limits_j P(A_j)P(B\mid A_j)}\quad (i=1,2,\cdots).$$

**注：** 公式中，$P(A_i)$ 和 $P(A_i\mid B)$ 分别称为原因的**先验概率**和**后验概率**. $P(A_i)(i=1,2,\cdots)$ 是在没有进一步信息（不知道事件 $B$ 是否发生）的情况下诸事件发生的概率. 当获得新的信息（知道 $B$ 发生），人们对诸事件发生的概率 $P(A_i\mid B)$ 有了新的估计. 贝叶斯公式从数量上刻划了这种变化. 特别地，若取 $n=2$，并记 $A_1=A$，则 $A_2=\overline{A}$，于是公式成为

$$P(A\mid B)=\frac{P(AB)}{P(B)}=\frac{P(A)P(B\mid A)}{P(A)P(B\mid A)+P(\overline{A})P(B\mid \overline{A})}.$$

**例 6.15** 某人到外地参加一个会议，他乘火车、轮船、汽车、飞机去的概率分别是 0.3、0.2、0.1、0.4. 如果他乘火车、轮船、汽车去的话，迟到的概率分别是 1/4、1/3、1/12，而乘飞机去的话则不会迟到，问：

（1）他迟到的概率是多大；

（2）此人若迟到，则他怎样去的可能性最大.

**解** 设事件 $A_1$ 表示“乘火车”，$A_2$ 表示“乘轮船”，$A_3$ 表示“乘汽车”，$A_4$ 表示“乘飞机”，$B$ 表示“迟到”. 事件 $A_1$、$A_2$、$A_3$、$A_4$ 为一个完备事件组，而且

$$P(A_1)=0.3, P(A_2)=0.2, P(A_3)=0.1, P(A_4)=0.4.$$

$$P(B\mid A_1)=\frac{1}{4},P(B\mid A_2)=\frac{1}{3},P(B\mid A_3)=\frac{1}{12},P(B\mid A_4)=0.$$

（1）由全概率公式，有

$$\begin{aligned}P(B)&=P(A_1)P(B\mid A_1)+P(A_2)P(B\mid A_2)+P(A_3)P(B\mid A_3)+P(A_4)P(B\mid A_4)\\&=0.3\times\frac{1}{4}+0.2\times\frac{1}{3}+0.1\times\frac{1}{12}+0.4\times 0=\frac{3}{20}.\end{aligned}$$

（2）由贝叶斯公式，有

$$P(A_i\mid B)=\frac{P(A_i)P(B\mid A_i)}{\sum\limits_{j=1}^{4}P(A_j)P(B\mid A_j)}\quad (i=1,2,3,4).$$

由此得到

$$P(A_1\mid B)=\frac{0.3\times\frac{1}{4}}{\frac{3}{20}}=\frac{1}{2},\ P(A_2\mid B)=\frac{0.2\times\frac{1}{3}}{\frac{3}{20}}=\frac{4}{9},P(A_3\mid B)=\frac{0.1\times\frac{1}{12}}{\frac{3}{20}}=\frac{1}{18},P(A_4\mid B)=0,$$

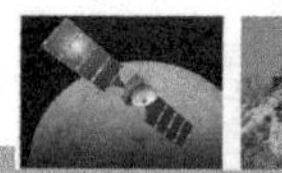

因此可推断此人乘火车去参会的可能性最大.

### 6.2.2 事件的独立性与重复试验

#### 1. 事件的相互独立性

**例 6.16** 在 20 件产品中有两件次品，从中接连抽两个产品，第一个产品抽得后放回，再抽第二个产品，求：

（1）第二次抽到次品的概率；

（2）第一次抽到次品，第二次也抽到次品的概率；

（3）第一次抽到正品，第二次抽到次品的概率.

**解** 设 $A$={第一次抽到正品}，$B$={第二次抽到次品}.

（1）不论第一次抽到的产品是正品还是次品，都要放回，所以第二次抽到次品的概率 $P(B)=\dfrac{2}{10}=\dfrac{1}{10}$.

（2）第一次抽到次品后，第二次也抽到次品的概率为 $P(B|\overline{A})$. 因为第一次抽到次品后仍放回，这时所考察事件 $B|\overline{A}$ 的样本空间数仍为 20，所以

$$P(B|\overline{A})=\frac{2}{20}=\frac{1}{10}.$$

（3）类似地，可求得

$$P(B|A)=\frac{2}{20}=\frac{1}{10},$$

由此可见，$P(B)=P(B|\overline{A})=P(B|A)$.

由例 9 可知，事件 $A$ 发生与否和事件 $B$ 发生的概率无关，对于这样的事件给出如下定义：

**【定义 3】** 如果对于事件 $A$、$B$，有 $P(AB)=P(A)P(B)$，则称事件 $A$、$B$ 相互独立.

**说明：** $P(A)\neq 0$时，$A$、$B$相互独立 $\Leftrightarrow P(B|A)=P(B)$.

$P(B)\neq 0$时，$A$、$B$相互独立 $\Leftrightarrow P(A|B)=P(A)$.

由此看出，两个事件 $A$ 和 $B$ 相互独立，是指事件 $B$ 发生的概率不受事件 $A$ 的影响，同样事件 $A$ 发生的概率也不受事件 $B$ 的影响.

事件的相互独立性可推广到有限多个事件的情形. 例如，对于 $A$、$B$、$C$ 三个事件，有如下定义.

**【定义 4】** 设 $A$、$B$、$C$ 三个事件，如果有

$$P(AB)=P(A)P(B),\quad P(AC)=P(A)P(C),\quad P(BC)=P(B)P(C),$$

则称 $A$、$B$、$C$ 两两相互独立，若还有 $P(ABC)=P(A)P(B)P(C)$，则称 $A$、$B$、$C$ 相互独立.

**【定理 2】** 如果 $A$、$B$ 相互独立，则 $A$ 与 $\overline{B}$、$\overline{A}$ 与 $B$、$\overline{A}$ 与 $\overline{B}$ 都相互独立.

**注：** 如果 $A_1,A_2,\cdots,A_n$ 相互独立，则有

（1）$P(A_1A_2\cdots A_n)=P(A_1)P(A_2)\cdots P(A_n)$.

（2）$P(A_1\cup A_2\cup\cdots\cup A_n)=1-P(\overline{A_1\cup A_2\cup\cdots\cup A_n})=1-P(\overline{A_1})P(\overline{A_2})\cdots P(\overline{A_n})$.

**例 6.17** 甲、乙各自同时向一敌机炮击，已知甲击中敌机的概率为 0.5，乙击中敌机的

概率为 0.6，求敌机被击中的概率.

**解**　设 $A$ 表示事件“甲击中敌机”，$B$ 表示事件“乙击中敌机”，$C$ 表示“敌机被击中”，则 $C=A\cup B$．根据题意，事件 $A$ 与事件 $B$ 相互独立. 因此

$$P(C)=P(A\cup B)=P(A)+P(B)-P(AB)=P(A)+P(B)-P(A)P(B)$$
$$=0.5+0.6-0.5\times0.6=0.8.$$

### 2．重复独立试验及二项概率公式

做几个试验，它们是同一个试验的重复，且它们是相互独立的，即相应于每一个试验的随机事件的概率都不依赖于其他各次的试验结果，称这类试验是重复独立试验.

例如，对一批产品进行抽样检验，每次取一件，有放回地抽取 $n$ 次，就是一个 $n$ 次重复独立试验. 某位篮球运动员进行 $n$ 次投篮，如果每次投篮时的条件都相同，而且每次投中的概率也相同，那么也是一个 $n$ 次重复独立试验.

在 $n$ 次重复独立试验中，事件 $A$ 恰好发生 $k\ (0\leqslant k\leqslant n)$ 次的概率问题称为伯努利概型. 设每个试验中事件 $A$ 出现的概率为 $p$，在 $n$ 次重复独立试验中，事件 $A$ 出现 $k$ 次的概率为

$$P_n(k)=\mathrm{C}_n^k\,p^k(1-p)^{n-k}\quad(k=0,1,2,\cdots,n).$$

上述公式称为二项概率公式.

二项概率公式是应用相当广泛的数学工具，它虽然比较简单，但是可以解决许多实际问题.

**例 6.18**　某人骑车回家需经过 5 个路口，每个路口都设有红绿灯. 红灯亮的概率为 2/5，求：

（1）此人一路上遇到 3 次红灯的概率；

（2）一次也没遇到红灯的概率.

**解**　设 $A$ 表示事件“一路上遇到 3 次红灯”，$B$ 表示事件“一次也没遇到红灯”，则 $n$=5，每次遇到红灯的概率 $p=\dfrac{2}{5}$．由二项概率公式，得

$$P(A)=P_5(3)=\mathrm{C}_5^3\left(\frac{2}{5}\right)^3\left(\frac{3}{5}\right)^2=\frac{144}{625}.$$

$$P(B)=P_5(0)=\mathrm{C}_5^0\left(\frac{2}{5}\right)^0\left(\frac{3}{5}\right)^5=\frac{243}{3125}.$$

**例 6.19**　某彩票每周开奖一次，每次提供十万分之一的中奖机会，且各周开奖是相互独立的. 若你每周买一次彩票，坚持十年（每年 52 周），你从未中奖的可能性是多少？你至少中奖一次的概率是多少?

**解**　设 $A$ 表示事件“从未中奖”,则“至少中奖一次”为 $\overline{A}$．现在 $n=520$，$p=\dfrac{1}{10^5}$ 按二项概率公式，有 $P(A)=P_{520}(0)=\mathrm{C}_{520}^0\left(\dfrac{1}{10^5}\right)^0\left(1-\dfrac{1}{10^5}\right)^{520}\approx0.994\,8.$

$$P(\overline{A})=1-P(A)=1-0.994\,8=0.005\,2.$$

由此看出，至少中奖一次是小概率事件，几乎是不可能的. 若把中奖率改为万分之一，

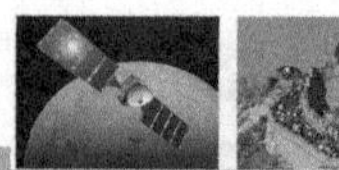

则 $P$(不中奖)≈0.949 3.

**例 6.20** 某商店有 4 名售货员，每名售货员平均在 1 h 内用秤 15 min，则该店配置几台秤合理？

**解** 每名售货员用秤的概率为 1/4，应用二项概率公式可求得同时有超过两个售货员用秤的概率为

$$P_4(3)+P_4(4)=\mathrm{C}_4^3\left(\frac{1}{4}\right)^3\left(\frac{3}{4}\right)+\mathrm{C}_4^4\left(\frac{1}{4}\right)^4=0.05.$$

可见配置两台秤比较合理，它能以 95%的概率保证够用.

**例 6.21** 甲、乙两名棋手进行比赛. 已知甲的实力较强，每盘棋获胜的概率为 0.6. 假定每盘棋的胜负是相互独立的，且不会出现和棋. 在下列两种情形下，试求甲最终获胜的概率：（1）采取三盘比赛制；（2）采取五盘比赛制.

**解** 甲每盘棋获胜的概率 $p=0.6$.

（1）$n=3$，由二项概率公式得所求概率为

$$P_3(2)+P_3(3)=\mathrm{C}_3^2(0.6)^2(0.4)+\mathrm{C}_3^3(0.6)^3(0.4)^0=0.648.$$

（2）$n=5$，由二项概率公式得所求概率为

$$P_5(3)+P_5(4)+P_5(5)=\mathrm{C}_5^3(0.6)^3(0.4)^2+\mathrm{C}_5^4(0.6)^4(0.4)+\mathrm{C}_5^5(0.6)^5(0.4)^0=0.682\,56.$$

类似地，可求得采取九盘比赛制甲胜的概率为 0.734. 这个例子告诉我们采用多盘比赛制对强手有利.

**例 6.22** 某机修车间有 10 台各为 7.5 kW 的机床,各机床的使用是独立的,且每台机床的开动时间只占工作时间的 20%，求车间开动机床使用电量超过 48 kW 的概率.

**解** 设事件 $A$=“某台机床开动”，则 $P(A)=20\%=0.2$、$P(\overline{A})=1-0.2=0.8$，10 台机床为 10 次试验，符合伯努利概型. 用电 48 kW 可同时开动 6 台机床，用电超过 48 kW 指同时开动 7、8、9、10 台机床，其概率为

$$\begin{aligned}P_{10}(k>6)&=P_{10}(7)+P_{10}(8)+P_{10}(9)+P_{10}(10)\\&=\mathrm{C}_{10}^7(0.2)^7(0.8)^3+\mathrm{C}_{10}^8(0.2)^8(0.8)^2+\mathrm{C}_{10}^9(0.2)^9(0.8)+\mathrm{C}_{10}^{10}(0.2)^{10}\\&\approx 0.00086.\end{aligned}$$

即 20 h 约出现 1 min，是概率很小的事件.

## 任务解答 6.2

根据任务 6.2，求某考生知道正确答案的概率是多少.

设 $A$ 表示“考生答对了考题”，$B$ 表示“考生知道正确答案”，则

$$P(B)=1/2, P(A|\overline{B})=1/4, P(\overline{B})=1/2, P(A|B)=1.$$

由贝叶斯公式，有

$$P(B|A)=\frac{P(AB)}{P(A)}=\frac{P(B)P(A|B)}{P(B)P(A|B)+P(\overline{B})P(A|\overline{B})}=\frac{\frac{1}{2}\times 1}{\frac{1}{2}\times 1+\frac{1}{2}\times\frac{1}{4}}=0.8.$$

**思考问题**　一个游戏需要闯三关才算通过，已知一个玩家第一关失败的概率是 0.3，若第一关通过，第二关失败的概率是 0.7，若前两关通过，第三关失败的概率是 0.9，试求该玩家通过游戏的概率.

### 基础训练 6.2

1. 某课程必须通过上机考试和笔试两种考试才能结业. 某考生通过上机考试和笔试的概率均为 0.8，至少通过一种考试的概率为 0.95，该考生该课结业的概率有多大？

2. 某教学班有学生 28 人，其中男生 17 人，女生 11 人，组成 5 人班委会，求班委会中至少有一名女生的概率.

3. 某市有甲、乙、丙三种报纸，订每种报纸的人数分别占全体市民人数的 30%，其中有 10%的人同时定甲、乙两种报纸. 没有人同时订甲、丙或乙、丙报纸. 求从该市任选一人，他至少订有一种报纸的概率.

4. 一个家庭中有两个小孩，已知其中一个是女孩，另一个也是女孩的概率是多少？（假定生男生女是等可能的）

5. 某建筑物按设计要求使用寿命超过 50 年的概率为 0.8，超过 60 年的概率为 0.6，该建筑物经历了 50 年后，它将在 10 年内不倒塌的概率有多大？

6. 两射手彼此独立地向同一目标射击，设甲射中目标的概率为 0.9，乙射中目标的概率为 0.8，目标被击中的概率是多少？

7. 甲、乙、丙 3 部机床独立工作，由一个工人照管，某段时间内它们不需要工人照管的概率分别为 0.9、0.8 及 0.85.求在这段时间内机床需要工人照管的概率以及机床因无人照管而停工的概率.

8. 某人射击 5 次，每次命中的概率为 0.2，求恰好命中一次和至少命中一次的概率.

9. 一种治疗冠心病的新药，临床疗效为 65%，今有 5 位患者服用，求恰有两位见效的概率.

10. 某地区每年出现特大洪水的概率是 0.1，且特大洪水的出现是相互独立的，试求今后 10 年内至少出现两次特大洪水的概率.

11. 某厂每天用水量保持正常的概率为 2/3，求：

（1）4 天内用水量全正常的概率；

（2）4 天内至少有 1 天用水量不正常的概率；

（3）4 天内最多有一天用水量正常的概率.

12. 设某公司有 7 个顾问，每个顾问提供正确意见的概率为 0.6，现为某事可行与否而个别征求各顾问的意见，并按多数人的意见作出决策，试求作出正确决策的概率.

## 6.3　随机变量及其分布

扫一扫看随机变量及其分布教学课件

### 学习任务 6.3　射击运动员训练的概率

一个运动员进行射击训练，每次射击命中靶子的概率为 0.8，在训练中这个运动员一共射击了 10 次. 讨论下列问题:

(1) 这个运动员恰好命中 7 次的概率为多少?

(2) 这个运动员至少命中 9 次的概率为多少?

(3) 这个运动员命中靶子的次数的期望是多少?

在随机现象中，许多情况下的试验结果是用数量表示的. 例如，一次射击命中的环数、抽样检验产品质量时出现的废品个数、测量时的误差等. 有些试验的结果，虽然不表现为数量，但可以采用适当的方法使它们数量化. 比如，抛掷一枚均匀硬币，结果有两种:“正面向上”和“反面向上”，并不表现为数量. 如果将正面向上记为“1”，反面向上记为“0”，则试验的结果就与数量发生了联系. 本节将引入随机变量来表示事件和数量之间的对应关系.

## 6.3.1 离散型随机变量

### 1. 随机变量的概念

由于随机因素的作用，试验的结果有多种可能性. 如果对于试验的每一个可能结果，都对应着一个实数$\xi$，而$\xi$又是随着试验结果不同而变化的一个变量. 一般地，我们将表示随机现象各种结果的变量称为**随机变量**. 随机变量通常用希腊字母$\xi$、$\eta$、$\zeta$或大写字母$X$、$Y$、$Z$表示，例如:

(1) 在一批产品中随机地取 10 件，考虑其中的废品数 $X$，则 $X$ 的所有可能取值为 0, 1, 2, ⋯, 10;

(2) 电话交换台在一段时间内接到的呼叫次数记为$\xi$. 它是一个随机变量$\xi$，可能取值为 0, 1, 2, ⋯;

(3) 在灯泡使用寿命的试验中，引入随机变量$X$，使$a<X<b$，表示灯泡使用寿命在$a$(单位: h) 与$b$(单位: h) 之间. 例如，$1\,000 \leqslant X \leqslant 2\,000$ 表示灯泡寿命在 1 000 h 与 2 000 h 之间，$0<X<4\,000$ 表示灯泡寿命在 4 000 h 以内.

有了随机变量后，对随机现象统计规律性的研究就由对事件与事件概率的研究转化为对随机变量及其规律性的研究. 它的引入，使得人们可以用数学的方法研究试验的全部结果及其相互关系.

研究随机变量，要掌握两点: 一是必须指出随机变量可能取哪些值; 二是它以多大的概率取这些值. 按其取值情况，可以把随机变量分为两类:

(1) 离散型随机变量只可能取有限个或可列个无限值;

(2) 连续型随机变量可以在整个数轴上取值，或至少有一部分取某实数区间的全部值.

### 2. 离散型随机变量的分布列

**【定义 1】** 如果随机变量 $X$ 只取有限个或可列无限个值，而且以确定的概率取这些不同的值，则称 $X$ 为**离散型随机变量**.

要掌握随机变量的变化规律，须先知道它的可取值的范围，但只知道这些还不够. 除此之外，更重要的是了解它取各种可能值的概率的大小.

为直观起见，往往将$X$所有可能取的值$x_1,x_2,\cdots,x_k,\cdots$，以及其相应的概率$P\{X=x_1\}=p_1$，$P\{X=x_2\}=p_2,\cdots,P\{X=x_k\}=p_k,\cdots$，列表如下:

| $X$ | $x_1$ | $x_2$ | … | $x_k$ | … |
|---|---|---|---|---|---|
| $P$ | $p_1$ | $p_2$ | … | $p_k$ | … |

此表称为离散型随机变量 $X$ 的概率分布，简称随机变量 $X$ 的分布列，它清楚而完整地表示了 $X$ 取值的概率分布情况. 分布列也可简写为

$$P\{X=x_k\}=p_k \ (k=1,2,\cdots).$$

分布列具有下列基本性质：

（1）随机变量取任何值时，其概率不会是负数，即

$$p_k>0 \ (k=1,2,\cdots).$$

（2）随机变量取所有可能值时，其概率之和等于 1，即

$$p_1+p_2+\cdots+p_k+\cdots=1.$$

由于事件 $\{X=x_1\},\{X=x_2\},\cdots,\{X=x_k\},\cdots$ 互不相容，而且 $x_1,x_2,\cdots,x_k,\cdots$ 是 $X$ 全部可能取值.

所以

$$P\{X=x_1\}+P\{X=x_2\}+\cdots+P\{X=x_k\}+\cdots=P(\Omega).$$

即

$$p_1+p_2+\cdots+p_k+\cdots=1.$$

反之，若一数列 $\{p_i\}$ 具有以上两条性质，则它必可以作为某随机变量的分布列.

**例 6.23**　设离散型随机变量 $X$ 的概率分布如下，求常数 $C$.

| $X$ | 0 | 1 | 2 |
|---|---|---|---|
| $P$ | 0.2 | $C$ | 0.5 |

**解**　由分布列的性质知：$1=0.2+C+0.5$，解得 $C=0.3$.

**例 6.24**　掷一颗质地均匀的骰子，记随机变量 $X$ 为出现的点数，求 $X$ 的概率分布.

**解**　$X$ 的全部可能取值为 1,2,3,4,5,6，且 $p_k=P\{X=k\}=\dfrac{1}{6}(k=1,2,3,4,5,6)$，则 $X$ 的概率分布为

| $X$ | 1 | 2 | 3 | 4 | 5 | 6 |
|---|---|---|---|---|---|---|
| $P$ | $\frac{1}{6}$ | $\frac{1}{6}$ | $\frac{1}{6}$ | $\frac{1}{6}$ | $\frac{1}{6}$ | $\frac{1}{6}$ |

在求离散型随机变量的分布列时，首先要找出其所有可能的取值，然后求出每个值相应的概率.

**例 6.25**　袋子中有 5 个同样大小的球，编号为 1、2、3、4、5. 从中同时取出 3 个球，记随机变量 $X$ 为取出的球的最大编号，求 $X$ 的概率分布.

**解**　$X$ 的取值为 3、4、5，由古典概型的概率计算方法，得

$P\{X=3\}=\dfrac{1}{C_5^3}=\dfrac{1}{10}$（3 个球的编号为 1、2、3），

$P\{X=4\}=\dfrac{C_3^2}{C_5^3}=\dfrac{3}{10}$（有一个球的标号为 4，从 1、2、3 中任取两个的组合与 4 搭配成 3 个），

$P\{X=5\}=\dfrac{C_4^2}{C_5^3}=\dfrac{6}{10}$（有一个球的标号为 5，另两个球的编号小于 5）.

所以 $X$ 的概率分布为

| $X$ | 3 | 4 | 5 |
|---|---|---|---|
| $P$ | $\frac{1}{10}$ | $\frac{3}{10}$ | $\frac{6}{10}$ |

**例 6.26** 若随机变量 $X$ 的概率分布如下，求：

（1）$P\{X<2\}$；（2）$P\{X\leqslant 2\}$；（3）$P\{X\geqslant 3\}$；（4）$P\{X>4\}$.

| $X$ | 0 | 1 | 2 | 3 | 4 |
|---|---|---|---|---|---|
| $P$ | 0.1 | 0.2 | 0.2 | 0.3 | 0.2 |

**解** （1）$P\{X<2\}=P\{X=0\}+P\{X=1\}=0.1+0.2=0.3$.

（2）$P\{X\leqslant 2\}=P\{X=0\}+P\{X=1\}+P\{X=2\}=0.1+0.2+0.2=0.5$.

（3）$P\{X\geqslant 3\}=P\{X=3\}+P\{X=4\}=0.3+0.2=0.5$.

（4）$P\{X>4\}=0$.

### 3．常见的离散型随机变量的分布

下面介绍 3 种重要的常用离散型随机变量，它们是 0–1 分布、二项分布与泊松分布.

1）0–1 分布

**【定义 2】** 若随机变量 $X$ 只取两个可能值：0 和 1，且 $P\{X=0\}=q$、$P\{X=1\}=p$，其中 $0<p<1$、$q=1-p$，则称 $X$ 服从 0–1 分布或两点分布.

$X$ 的概率分布为

| $X$ | 0 | 1 |
|---|---|---|
| $P$ | $q$ | $p$ |

0–1 分布适用于一次试验仅有两个结果的随机现象，该分布十分简单，且实用性较好. 例如，一次运行中电力超载与否、一次射击命中与否、抽一件产品是合格还是不合格等，其随机变量都服从 0–1 分布.

**例 6.27** 一批产品有 1 000 件，其中有 50 件次品，从中任取 1 件，用 $\{X=0\}$ 表示取到次品，$\{X=1\}$ 表示取到正品，请写出 $X$ 的概率分布.

**解** $P\{X=0\}=\dfrac{50}{1\,000}=0.05$，$P\{X=1\}=\dfrac{950}{1\,000}=0.95$，所以

| $X$ | 0 | 1 |
|---|---|---|
| $P$ | 0.05 | 0.95 |

2）二项分布

**【定义 3】** 若随机变量 $X$ 的可能取值为 $0,1,2,\cdots,n$，而 $X$ 的概率分布为

$$P_k = P\{X=k\} = \mathrm{C}_n^k p^k q^{n-k} (k=0,1,2,\cdots,n).$$

其中 $0<p<1$、$p+q=1$，则称服从参数为 $n$、$p$ 的二项分布，简记为 $X \sim B(n,p)$. 显然，当 $n=1$ 时，$X$ 服从 0–1 分布，即 0–1 分布实际上是二项分布的特例.

二项分布是离散型随机变量的一种重要分布，它的实际背景是伯努利概型. 在此概型中，事件 $A$ 在 $n$ 次独立试验中发生的“次数”这一随机变量服从二项分布.

二项分布是一种常用分布，如一批产品的不合格率为 $p$，检查 $n$ 件产品，$n$ 件产品中不合格品数 $X$ 服从二项分布；调查 $n$ 个人，$n$ 个人中的色盲人数 $Y$ 服从参数为 $n,p$ 的二项分布，其中 $p$ 为色盲率；$n$ 部机器独立运转，每台机器出故障的概率为 $p$，则 $n$ 部机器中出故障的机器数 $Z$ 服从二项分布；在射击问题中，射击 $n$ 次，每次命中率为 $p$，则命中枪数 $X$ 服从二项分布.

**例 6.28** 某特效药的临床有效率为 0.95，今有10人服用，问至少有 8 人治愈的概率是多少？

**解** 设 $X$ 为 10 人中被治愈的人数，则 $X \sim B(10,0.95)$，而所求概率为

$$\begin{aligned}P\{X \geqslant 8\} &= P\{X=8\} + P\{X=9\} + P\{X=10\} \\ &= \mathrm{C}_{10}^8 (0.95)^8 (0.05)^2 + \mathrm{C}_{10}^9 (0.95)^9 (0.05)^1 + \mathrm{C}_{10}^{10} (0.95)^{10} \approx 0.988\,5.\end{aligned}$$

**例 6.29** 设 $X \sim B(2,p)$、$Y \sim B(3,p)$、$P\{X \geqslant 1\} = \dfrac{5}{9}$，试求 $P\{Y \geqslant 1\}$.

**解** 因为 $P\{X \geqslant 1\} = \dfrac{5}{9}$，所以

$$P\{X=0\} = 1 - P\{X \geqslant 1\} = \frac{4}{9},$$

即 $\mathrm{C}_2^0 p^0 (1-p)^2 = \dfrac{4}{9}$，解得 $p = \dfrac{1}{3}$.

因为 $Y \sim B(3,p)$，所以 $Y \sim B\left(3,\dfrac{1}{3}\right)$，可得

$$P\{Y \geqslant 1\} = 1 - P\{Y=0\} = 1 - \mathrm{C}_3^0 p^0 (1-p)^3 = 1 - \left(1-\frac{1}{3}\right)^3 = \frac{19}{27}.$$

**例 6.30** 考卷中有10道单项选择题，每道题中有4个答案，求某人猜中6题以上的概率.

**解** 已知猜中率 $p = \dfrac{1}{4}$，用 $X$ 表示猜中的题数 $X \sim B\left(10,\dfrac{1}{4}\right)$，则

$$\begin{aligned}P\{X \geqslant 6\} &= P\{X=6\} = P\{X=7\} + P\{X=8\} + P\{X=9\} + P\{X=10\} \\ &= \mathrm{C}_{10}^6 \left(\frac{1}{4}\right)^6 \left(\frac{3}{4}\right)^4 + \mathrm{C}_{10}^7 \left(\frac{1}{4}\right)^7 \left(\frac{3}{4}\right)^3 + \mathrm{C}_{10}^8 \left(\frac{1}{4}\right)^8 \left(\frac{3}{4}\right)^2 + \mathrm{C}_{10}^9 \left(\frac{1}{4}\right)^9 \left(\frac{3}{4}\right) + \mathrm{C}_{10}^{10} \left(\frac{1}{4}\right)^{10} \approx 0.02.\end{aligned}$$

在计算涉及二项分布有关事件的概率时，有时计算会很烦琐. 例如，$n=1000$，$p=0.005$ 时,要计算 $\mathrm{C}_{1000}^{10} (0.005)^{10} (0.995)^{990}$ 等就很困难，这就要求寻求近似计算的方法. 下面我们给出一个 $n$ 很大、$p$ 很小时的近似计算公式，这就是著名的二项分布的泊松逼近. 有如下定理.

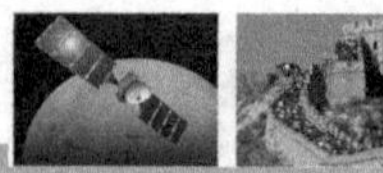

【定理 1】（泊松定理） 设$\lambda>0$是常数，$n$是任意正整数，且$np_n=\lambda$，则对于任意取定的非负整数$k$，有

$$\lim_{n\to\infty}\mathrm{C}_n^k p_n^k(1-p_n)^{n-k}=\frac{\lambda^k}{k!}\mathrm{e}^{-\lambda}.$$

由泊松定理可知，当$n$很大、$p$很小时，有近似公式$\mathrm{C}_n^k p_n^k(1-p_n)^{n-k}\approx\frac{\lambda^k}{k!}\mathrm{e}^{-\lambda}$，其中$\lambda=np$，在实际计算中，当$n\geqslant 20$，$p\leqslant 0.05$时，用上述近似公式效果颇佳.

**例 6.31** 一个工厂中生产的产品中废品率为0.005，任取 1 000 件，计算：

（1）其中至少有两件是废品的概率；

（2）其中不超过5件废品的概率.

**解** 设$X$表示任取得 1 000 件产品中的废品中的废品数，则$X\sim B(1\,000,0.005)$.

利用近似公式近似计算：$\lambda=1000\times0.005=5$.

（1）$P\{X\geqslant 2\}=1-P\{X=0\}-P\{X=1\}=1-\mathrm{C}_{1000}^0(0.995)^{1000}-\mathrm{C}_{1000}^1(0.005)(0.995)^{999}$

$$\approx 1-\mathrm{e}^{-5}-5\mathrm{e}^{-5}=0.959\,6.$$

（2）$P\{X\leqslant 5\}=\sum_{k=0}^{5}P\{X=k\}=\sum_{k=0}^{5}\mathrm{C}_{1000}^k(0.005)^k(0.995)^{1000-k}$

$$\approx\sum_{k=0}^{5}\frac{5^k}{k!}\mathrm{e}^{-5}\approx 0.616\,0.$$

3）泊松分布

【定义 4】 设随机变量$X$的可能取值为$0,1,2,\cdots,n,\cdots$，而$X$的分布律为

$$P_k=P\{X=k\}=\frac{\lambda^k}{k!}\mathrm{e}^{-\lambda}\quad(k=0,1,2,\cdots).$$

其中$\lambda>0$，则称$X$服从参数为$\lambda$的泊松分布，简记为$X\sim p(\lambda)$. 即若$X\sim p(\lambda)$，则有

$$P_k=P\{X=k\}=\frac{\lambda^k}{k!}\mathrm{e}^{-\lambda}\quad(k=0,1,2,\cdots).$$

泊松分布适用于随机试验的次数$n$很大，每次试验事件$A$发生的概率$p$很小的情况. 例如，电话总机某段时间内的呼叫次数、一本书一页中的印刷错误数、某医院在一天内的急诊患者数、一段布匹上的疵点数等随机变量都服从泊松分布.

可以证明泊松分布是二项分布当$n\to\infty$时的“极限分布”，所以当$n$较大，$p$很小，$np<5$时，可以用泊松分布近似代替二项分布，其中$\lambda=np$.

**例 6.32** 设$X$服从泊松分布，且已知$P\{X=1\}=P\{X=2\}$，求$P\{X=4\}$.

**解** 设$X$服从参数为$\lambda$的泊松分布，则$P\{X=1\}=\frac{\lambda}{1!}\mathrm{e}^{-\lambda}$、$P\{X=2\}=\frac{\lambda^2}{2!}\mathrm{e}^{-\lambda}$.

由已知得$\frac{\lambda}{1!}\mathrm{e}^{-\lambda}=\frac{\lambda^2}{2!}\mathrm{e}^{-\lambda}$，解得$\lambda$=2，则$P\{X=4\}=\frac{2^4}{4!}\mathrm{e}^{-2}=\frac{2}{3}\mathrm{e}^{-2}$.

**例 6.33** 一批产品的废品率为$p$=0.015，求任取一箱（有 100 个产品），箱中有一个废品的概率.

**解** 设箱中的废品数量为 $X$，服从二项分布 $X \sim B(n,p)$，其中 $n=100$、$p=0.015$，计算得 $P\{X=1\}=\mathrm{C}_{100}^{1}\times 0.015\times 0.985^{99}\approx 0.33595$.

由于 $np=1.5<5$，所以可用泊松分布计算，取 $\lambda=1.5$，则

$$P\{X=1\}=\frac{1.5^1}{1!}\mathrm{e}^{-1.5}\approx 0.334695.$$

可以看出，两种计算的结果误差不超过 1%.

**例 6.34** 某电话总机每分钟接到的呼叫次数服从参数为 5 的泊松分布，求：

（1）每分钟恰好接到 7 次呼叫的概率；

（2）每分钟接到的呼叫次数大于 4 的概率.

**解** 设每分钟总机接到的呼叫次数为 $X$，则 $X \sim p(5)$.

（1）$P\{X=7\}=\dfrac{5^7}{7!}\mathrm{e}^{-5}\approx 0.10444$.

（2）
$$\begin{aligned}P\{X>4\}&=1-P\{X\leqslant 4\}\\&=1-(P\{X=0\}+P\{X=1\}+P\{X=2\}+P\{X=3\}+P\{X=4\})\\&=1-\left(\frac{5^0}{0!}\mathrm{e}^{-5}+\frac{5^1}{1!}\mathrm{e}^{-5}+\frac{5^2}{2!}\mathrm{e}^{-5}+\frac{5^3}{3!}\mathrm{e}^{-5}+\frac{5^4}{4!}\mathrm{e}^{-5}\right)\approx 0.55952.\end{aligned}$$

### 6.3.2 随机变量的数字特征

随机变量的概率分布完整地描述了随机变量统计规律，但是在实际问题中求得随机变量的概率分布是十分困难的，而且有些问题也并不要求对随机变量的变化情况进行全面的考察，只要知道反映其特征的某些数字就可以了. 最常用的随机变量的数字特征有数学期望与方差.

#### 1. 离散型随机变量的数学期望

**例 6.35** 设某射手进行了 100 次射击，其中有 30 次击中 10 环，40 次击中 9 环，20 次击中 8 环，10 次击中 7 环，那么，该射手击中的平均环数是多少？

**解** 首先把 100 次射击命中环数的情况列出来：

| 命中环数 | 7 | 8 | 9 | 10 |
|---|---|---|---|---|
| 命中次数 | 10 | 20 | 40 | 30 |
| 频率 | 10% | 20% | 40% | 30% |

则该射手击中的平均环数是

$$\frac{10\times 30+9\times 40+8\times 20+7\times 10}{100}=10\times 30\%+9\times 40\%+8\times 20\%+7\times 10\%=8.9.$$

从计算中可以看到，平均环数不是 10、9、8、7 这 4 个数的算术平均数相加，而是由这 4 个数分别乘以各自出现的频率 30%、40%、20%、10%后相加. 也就是说，随机变量的平均取值为随机变量一切可能取值及与之对应的概率乘积之和，即以概率为权数的加权平均值.

**【定义 5】** 若 $X$ 的分布列为 $P\{X=x_k\}=p_k\ (k=1,2,\cdots)$，列表如下：

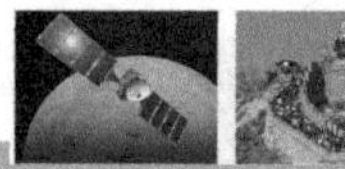

| $X$ | $x_1$ | $x_2$ | … | $x_k$ | … |
|---|---|---|---|---|---|
| $P$ | $p_1$ | $p_2$ | … | $p_k$ | … |

若和式$\sum_{k=1}^{\infty}x_k p_k = x_1p_1 + x_2p_2 + \cdots + x_kp_k + \cdots$的值存在，则称该值为**离散型随机变量 $X$ 的数学期望**，简称**期望**，记为 $EX$，即

$$EX = \sum_{k=1}^{\infty}x_k p_k = x_1p_1 + x_2p_2 + \cdots + x_kp_k + \cdots.$$

对于离散型随机变量 $X$，$EX$ 就是 $X$ 的各个可能值与其对应概率乘积的和. 很明显，$X$ 的期望 $EX$ 体现随机变量 $X$ 取值的平均概念，所以 $EX$ 也称为 $X$ 的**均值**.

**例 6.36** 设随机变量 $X$ 的分布列如下，求 $EX$ .

| $X$ | −1 | 0 | 1 |
|---|---|---|---|
| $P$ | 0.3 | 0.2 | 0.5 |

**解** $EX = (-1)\times 0.3 + 0\times 0.2 + 1\times 0.5 = 0.2$ .

**例 6.37** 甲乙两人进行打靶，所得分数分别记为 $X$，$Y$，它们的分布列分别为

| $X$ | 0 | 1 | 2 |
|---|---|---|---|
| $P$ | 0 | 0.2 | 0.8 |

| $Y$ | 0 | 1 | 2 |
|---|---|---|---|
| $P$ | 0.1 | 0.8 | 0.1 |

试比较他们成绩的好坏.

**解** 分别计算 $X$ 和 $Y$ 的数学期望：

$$EX = 0\times 0 + 1\times 0.2 + 2\times 0.8 = 1.8,$$

$$EY = 0\times 0.1 + 1\times 0.8 + 2\times 0.1 = 1.$$

这意味着，如果进行多次射击，甲所得分数的平均值接近于 1.8 分，而乙所得分数的平均值接近1分，很明显乙的成绩远不如甲.

**例 6.38** 一批钢笔中有一等品、二等品、三等品、等外品及废品 5 种，相应的概率分别为 0.7、0.1、0.1、0.06 及 0.04. 若其价格分别为 6 元、5.4 元、5 元、4 元及 0 元，求产品的平均价格.

**解** 设产品的价格 $X$ 为一随机变量，其概率分布为

| $X$ | 6 | 5.4 | 5 | 4 | 0 |
|---|---|---|---|---|---|
| $P$ | 0.7 | 0.1 | 0.1 | 0.06 | 0.04 |

因此

$$EX = 6\times 0.7 + 5.4\times 0.1 + 5\times 0.1 + 4\times 0.06 + 0\times 0.04 = 5.48 .$$

则通过计算得这批钢笔的平均价格为 5.48 元.

### 2. 离散型随机变量的方差

随机变量的数学期望描述了其取值的平均状况，我们还要知道随机变量在其均值附近是如何变化的，其分散程度如何，最简单直观的方法就是用方差来度量. 粗略地讲，方差反映

了随机变量偏离其中心——期望的平均偏离程度.

**例 6.39**　设甲、乙两射手进行射击比赛，击中靶心 得 2 分，击中靶环得 1 分，脱靶得 0 分. 设在一次射击中，甲、乙两人射击的得分分别为随机变量$\xi$和$\eta$，已知它们的分布列如下，试比较他们射击成绩的好坏.

| $\xi$ | 0 | 1 | 2 |
|---|---|---|---|
| $P$ | 0.2 | 0.1 | 0.7 |

| $\eta$ | 0 | 1 | 2 |
|---|---|---|---|
| $P$ | 0.1 | 0.3 | 0.6 |

由计算可知，$E\xi = E\eta = 1.5$. 但由上述$\xi$和$\eta$的分布列中可看出，$\xi$有 80%集中在平均得分 1.5 附近，$\eta$有 90%集中在平均得分 1.5 附近. 这说明两射手平均得分虽然相同，但乙射手水平比甲射手稳定.

对随机变量的特征进行考察，除了均值之外，还要考察随机变量的可取值和其均值的偏离情况.

**【定义 6】**　设$(X-EX)^2$的期望存在，则称$E(X-EX)^2$为随机变量$X$的方差，记作$DX$，即$DX = E(X-EX)^2$，为$X$的**方差**.

若离散型随机变量$X$的分布列为$P\{X=x_k\}=p_k\ (k=1,2,\cdots)$，则

$$DX=\sum_{k=1}^{\infty}(x_k-EX)^2 p_k=(x_1-EX)^2 p_1+(x_2-EX)^2 p_2+\cdots+(x_k-EX)^2 p_k+\cdots$$

为**离散型随机变量$X$的方差**，方差的算术根$\sqrt{DX}$称为随机变量$X$的**均方差或标准差**，记为$\sigma X=\sqrt{DX}$.

由方差的定义可知，方差是一个非负数. 显然，方差较大，随机变量取值的分散程度较大；方差较小，随机变量取值的分散程度较小.

**例 6.40**　试利用方差比较例 6.39 中甲、乙射手射击成绩的好坏.

**解**　$E\xi = E\eta = 1.5$，

$D\xi=(0-1.5)^2\times 0.2+(1-1.5)^2\times 0.1+(2-1.5)^2\times 0.7=0.65$，

$D\eta=(0-1.5)^2\times 0.1+(1-1.5)^2\times 0.3+(2-1.5)^2\times 0.6=0.45$.

由于$D\xi > D\eta$，因此可以看出乙的射击水平较甲的稳定.

**例 6.41**　射击比赛每人可发 4 弹，规定全部不中得 0 分，中 1 弹得 15 分，中 2 弹得 30 分，中 3 弹得 55 分，4 弹全中得 100 分，某人每次射击的命中率为$\frac{1}{2}$，问他期望可得多少分？得分的均方差是多少？

**解**　设得分为$X$，则按题意$X$的分布列为

| $X$ | 0 | 15 | 30 | 55 | 100 |
|---|---|---|---|---|---|
| $P$ | $C_4^0\left(\frac{1}{2}\right)^0\left(\frac{1}{2}\right)^4$ | $C_4^1\left(\frac{1}{2}\right)^1\left(\frac{1}{2}\right)^3$ | $C_4^2\left(\frac{1}{2}\right)^2\left(\frac{1}{2}\right)^2$ | $C_4^3\left(\frac{1}{2}\right)^3\left(\frac{1}{2}\right)^1$ | $C_4^4\left(\frac{1}{2}\right)^4\left(\frac{1}{2}\right)^0$ |

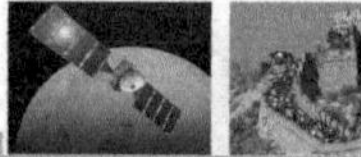

即

| $X$ | 0 | 15 | 30 | 55 | 100 |
|---|---|---|---|---|---|
| $P$ | $\frac{1}{16}$ | $\frac{1}{4}$ | $\frac{3}{8}$ | $\frac{1}{4}$ | $\frac{1}{16}$ |

于是 $EX=0\times\frac{1}{16}+15\times\frac{1}{4}+30\times\frac{3}{8}+55\times\frac{1}{4}+100\times\frac{1}{16}=35$，这就是说，他期望可得 35 分.

$$DX=(0-35)^2\times\frac{1}{16}+(15-35)^2\times\frac{1}{4}+(30-35)^2\times\frac{3}{8}+(55-35)^2\times\frac{1}{4}+(100-35)^2\times\frac{1}{16}$$
$$=550.$$

故 $\sigma X=\sqrt{DX}\approx 23.45$，这就是说，得分的均方差为 23.45 分.

## 6.3.3 几种常用分布的数学期望与方差

### 1．两点分布

随机变量 $X$ 的分布列如下，其中 $0<p<1$，有

$$EX=0\times(1-p)+1\times p=p\ .$$
$$DX=(0-p)^2\cdot(1-p)+(1-p)^2\cdot p=(1-p)\cdot p=pq\ .$$

| $X$ | 0 | 1 |
|---|---|---|
| $p$ | $1-p$ | $p$ |

### 2．二项分布

设 $X\sim B(n,p)$，其分布列为

$$P_k=P\{X=k\}=\mathrm{C}_n^k p^k q^{n-k}\quad(k=0,1,2,\cdots,n),\ 0<p<1,\ p+q=1$$

可以证明 $EX=np$ 、$DX=npq$ .

二项分布的数学期望 $np$ 有着明显的概率意义. 比如掷硬币试验，设出现正面概率 $p=\frac{1}{2}$，若进行 100 次试验，则可以“期望”出现 $100\times\frac{1}{2}=50$ 次正面，这正是期望这一名称的来由.

### 3．泊松分布

设 $X\sim P(\lambda)$ 其分布列为 $P_k=P\{X=k\}=\frac{\lambda^k}{k!}\mathrm{e}^{-\lambda}(k=0,1,2,\cdots)$，可以证明 $EX=\lambda$ 、$DX=\lambda$ .即泊松分布的参数 $\lambda$ 就是相应随机变量的数学期望与方差.

为了使用方便，现将常用的离散型随机变量分布表达式以及数字特征列表如下：

<table>
<tr><th>名　称</th><th colspan="3">分　布　列</th><th>EX</th><th>DX</th></tr>
<tr><td rowspan="2">0–1 分布<br>$X\sim(0,1)$</td><td>$X$</td><td>0</td><td>1</td><td rowspan="2">$p$</td><td rowspan="2">$pq$</td></tr>
<tr><td>$p$</td><td>$1-p$</td><td>$p$</td></tr>
</table>

续表

| 名　称 | 分 布 列 | $EX$ | $DX$ |
|---|---|---|---|
| 二项分布 | $P_k = P\{X = k\} = \mathrm{C}_n^k p^k q^{n-k} (k = 0,1,2,\cdots,n)$ | $np$ | $npq$ |
| $X \sim B(n,p)$ | $0<p<1, p+q=1$ | | |
| 泊松分布 $X \sim P(\lambda)$ | $P_k = P\{X = k\} = \frac{\lambda^k}{k!}\mathrm{e}^{-\lambda} (k = 0,1,2,\cdots,n)$ | $\lambda$ | $\lambda$ |

## 任务解答 6.3

根据任务 6.3，讨论运动员射击训练时的命中概率问题.

由已知可得，每次射击命中的概率为 0.8，则

（1）恰好命中 7 次的概率为

$$P = \mathrm{C}_{10}^7 \times 0.8^7 \times (1-0.8)^3 = \mathrm{C}_{10}^3 \times 0.8^7 \times 0.2^3 = \frac{10\times 9\times 8}{3\times 2\times 1} \times 0.8^7 \times 0.2^3 \approx 0.2013 .$$

（2）至少命中 9 次的概率为

$$P = \mathrm{C}_{10}^9 \times 0.8^9 \times (1-0.8)^1 + \mathrm{C}_{10}^{10} \times 0.8^{10} = \mathrm{C}_{10}^1 \times 0.8^9 \times 0.2^1 + \mathrm{C}_{10}^{10} \times 0.8^{10} \approx 0.3758 .$$

（3）设 $X$ 表示这个运动员 10 次射击中命中的次数，则 $X \sim B(10,0.8)$，则这个运动员命中靶子的次数的期望是 $EX = 10 \times 0.8 = 8$.

**思考问题**　随机变量 $\xi$ 的方差 $D\xi = \frac{9}{20}$. 在某一项有奖销售中，每 10 万张奖券中有 1 个头奖，奖金 10 000 元；2 个二等奖，奖金各 5 000 元；500 个三等奖，奖金各 100 元；10 000 个四等奖，奖金各 5 元. 试求每张奖券奖金的期望值. 如果每张奖券 2 元，销售一张平均获利多少？（假设所有奖券全部售完）

## 基础训练 6.3

1．设某运动员投篮命中的概率为 0.3，求一次投篮命中次数的概率分布.

2．袋中装有 2 个红球、13 个白球，每次从中任取 1 个，取后不放回，连续取 3 次. 设 $X$ 表示取出红球的个数，试写出 $X$ 的概率分布.

3．同时掷甲、乙两颗骰子，设 $X$ 表示两颗骰子点数之和，试求 $X$ 的概率分布.

4．在一大批产品中，有 10%的次品，进行重复抽样检查，共取 5 件样品，设 $X$ 为取得的次品数，求：

（1）$X$ 的概率分布；

（2）恰好抽到两件次品的概率；

（3）至多有两件次品的概率.

5．某类灯泡使用时数在 1 000 h 以上的概率为 0.2，现有 3 个这种类型的灯泡，求：

（1）在使用 1 000 h 后坏了的个数 $X$ 的概率分布；

（2）3 个灯泡中最多只有一个坏了的概率.

6．已知一批零件共 10 个，其中有 3 个不合格. 今任取一个使用，若取到不合格零件，

则丢弃掉，再重新抽取一个，如此下去，试求取到合格零件之前取出的不合格零件个数 $X$ 的分布列.

7．盒内装有外形与功率均相同的 15 个灯泡，其中有 10 个螺丝口、5 个卡口，灯口向下放着. 现需要一个螺丝口灯泡，从盒中任取一个，如果取到卡口灯泡就不再放回，求取到螺丝口灯泡之前已取出的卡口灯泡数的分布.

8．某篮球运动员每次投篮的命中率为 0.8，设 4 次投篮投中的次数为随机变量 $X$，求 $X=3$ 的概率，并判断 $X$ 服从哪种分布.

9．已知随机变量 $X$ 的概率分布为

| $X$ | 0 | 2 | 4 | 6 | 8 |
|---|---|---|---|---|---|
| $P$ | 0.1 | 0.3 | 0.2 | 0.3 | 0.1 |

试求：

（1）$P\{X=4\}$；（2）$P\{X<4\}$；（3）$P\{X\geqslant 4\}$；

（4）$P\{X\geqslant 3\}$；（5）$P\{3<X<7\}$；（6）$P\{2\leqslant X<8\}$.

10．设随机变量 $X$ 的分布列为

| $X$ | $-1$ | $0$ | $\frac{1}{2}$ | $1$ | $2$ |
|---|---|---|---|---|---|
| $P$ | $\frac{1}{3}$ | $\frac{1}{6}$ | $\frac{1}{6}$ | $\frac{1}{12}$ | $\frac{1}{4}$ |

求 $EX$ 和 $DX$.

11．已知 100 件产品中有 10 件次品，求任意取出的 5 件产品中次品数的均值和方差.

12．一批零件中有 9 个合格品与 3 个废品，安装机器时，从这批零件中任取一个，如果取出的废品不再放回，求在取得合格品以前已取出的废品数的数学期望和方差.

13．已知随机变量 $X$ 服从二项分布，$EX=12$，$DX=8$，求 $p$ 和 $n$.

## 数学实验 6　MATLAB 在概率论中的应用

### 1．常用命令

1）离散型随机变量的概率

（1）二项分布的概率.

binopdf(k,n,p)：二项分布中，随机变量 $X$ 等于 $k$ 的概率，即二项分布的概率分布. 其中，$n$ 表示试验总次数；$p$ 表示每次试验事件 $A$ 发生的概率；$k$ 表示事件 $A$ 发生 $k$ 次.

binocdf(k,n,p)：二项分布中，随机变量 $X$ 不大于 $k$ 的概率，即二项分布的累积分布函数. 其中，$n$ 表示试验总次数；$p$ 表示每次试验事件 $A$ 发生的概率；$k$ 表示事件 $A$ 发生 $k$ 次.

（2）泊松分布的概率.

poisspdf(k,lamda)：泊松分布中，随机变量 $X$ 等于 $k$ 的概率，即泊松分布的概率分布. 其中，$k$ 表示事件 $A$ 发生 $k$ 次；lamda 是参数.

poisscdf(k,lamda)：泊松分布中，随机变量 $X$ 不大于 $k$ 的概率，即泊松分布的累积分布函数. 其中，$k$ 表示事件 $A$ 发生 $k$ 次；lamda 是参数.

2）离散型随机变量的数字特征

（1）数学期望.

sum(X)：求和函数.

**说明**：若 $X$ 为向量，则 sum(X)为 $X$ 中各元素之和，返回一个数值；若 $X$ 为矩阵，则 sum(X)为 $X$ 中各列元素之和，返回一个行向量.

mean(X)：求均值函数.

**说明**：若 $X$ 为向量，则 mean(X)为 $X$ 中各元素的算术平均值，返回一个数值；若 $X$ 为矩阵，则 mean(X)为 $X$ 中各列元素的算术平均值，返回一个行向量.

（2）方差.

由 $DX=E(X-EX)^2=E(X^2)-E^2(X)$ 知，求方差的命令为

```
DX=sum(X. ^2*p)-(EX). ^2
```

（3）常见离散型随机变量的期望与方差.

二项分布、泊松分布的期望与方差可用有关统计函数计算，其调用格式如下：

[E,D]=binostat(n,p)：计算二项分布的期望与方差，其中 $E$ 为期望，$D$ 为方差；

[E,D]=poissstat(n,p)：计算泊松分布的期望与方差，其中 $E$ 为期望，$D$ 为方差.

**2．概率应用举例**

**例 6.42**　某机床出次品的概率为 0.01，求生产 100 件产品中：

（1）恰有一件次的概率；

（2）至少有一件次品的概率.

**解**　此问题可看作 100 次重复独立试验，每次试验出次品的概率为 0.01，恰有一件次品的概率，在 MATLAB 窗口输入命令

扫一扫下载 MATLAB 源程序

```
>> p=binopdf(1,100,0.01)
```

运行结果：

```
p = 0.3697
```

求至少有一件次品的概率，输入命令：

```
>> p=1-binopdf(1,100,0.01)
```

运行结果：

```
P = 0.6340
```

**例 6.43**　自 1875 年到 1955 年中的某 63 年间，某城市夏季（5～9 月）共发生暴雨 180 次，试求在一个夏季中发生 $k$ 次（$k=0,1,2,\cdots,8$）暴雨的概率 $P_k$（设每次暴雨以 1 天计算）.

**解**　一年夏天共有天数为 $n$=31+30+31+31+30=153，故可知夏天每天发生暴雨的概率约为 $p=\dfrac{180}{63\times153}$ 很小，$n$=153 较大，可用泊松分布近似.

输入命令：

```
>> p=180/(63*153);
>> n=153;
>> lamda=n*p;
>> k=0:1:8;
>> P_k=poisspdf(k,lamda)
```

运行结果：

```
P_k = 0.0574  0.1641  0.2344  0.2233  0.1595  0.0911  0.0434  0.0177
0.0063
```

即用 $k$ 表示一个夏季中发生的次数，其概率为

| $k$ | 0 | 1 | 2 | 3 | 4 | 5 | 6 | 7 | 8 |
|---|---|---|---|---|---|---|---|---|---|
| $P_k$ | 0.057 4 | 0.164 1 | 0.234 4 | 0.223 3 | 0.159 5 | 0.091 1 | 0.043 4 | 0.017 7 | 0.006 3 |

**例 6.44** 随机抽取 6 个滚珠测得直径（mm）为：14.70、15.21、14.90、14.91、15.32、15.32，试求样本平均值.

**解** 输入命令：

```
>> X=[14.70 15.21 14.90 14.91 15.32 15.32];
>> mean(X);
```

运行结果：

扫一扫下载
MATLAB 源
程序

```
ans = 15.0600
```

或者输入命令：

```
>> X=[14.70 15.21 14.90 14.91 15.32 15.32];
>> p=[1/6 1/6 1/6 1/6 1/6 1/6];
>> sum(X. *p);
```

运行结果：

```
ans = 15.0600
```

**例 6.45** 求二项分布参数 $n$=100、$p$=0.2 的期望与方差.

**解** 输入命令：

```
>> n=100;
>> p=0.2;
>> [E,D]=binostat(n,p)
```

扫一扫下载
MATLAB 源
程序

运行结果：

```
E = 20
D = 16
```

## 实验训练6

1．事件 $A$ 在每次试验中发生的概率是0.4，计算：

（1）在10次试验中 $A$ 恰好发生6次的概率；

（2）在10次试验中 $A$ 至多发生6次的概率.

2．设随机变量 $X$ 服从参数是2的泊松分布，求概率 $P\{X=6\}$.

3．某种商品每件表面上的疵点数 $X$ 服从泊松分布，平均每件上有0.8个疵点. 若规定表面不超过1个疵点的为一等品，价值10元，表面疵点数大于1个不多于4个的为二等品，价值8元，表面疵点数多于4个则为废品，求产品价值的均值.

4．设随机变量 $X$ 的分布列为

| $X$ | −2 | −1 | 0 | 1 | 2 |
| --- | --- | --- | --- | --- | --- |
| $P$ | 0.3 | 0.1 | 0.2 | 0.1 | 0.3 |

求：（1）$D(X)$；（2）$D(X^2-1)$.

## 综合训练6

扫一扫看综合训练6参考答案

### 一、填空题

1．设事件 $A$，$B$ 互不相容，$P(A)=0.3$，$P(B)=0.4$，则 $P(A\cup B)=$________，$P(AB)=$________.

2．设 $A$、$B$ 为两个事件，$P(A)=0.4$，$P(A\cup B)=0.7$，若 $A$、$B$ 互不相容，则 $P(B)=$________，若 $A$、$B$ 相互独立，则 $P(B)=$________.

3．已知 $P(A)=0.5$、$P(B)=0.4$、$P(A\cup B)=0.7$，则 $P(AB)=$________，$P(A|B)=$________.

4．一个学生从3本不同的科技书、4本不同的文艺书、5本不同的外语书中任选一本阅读，则不同的选法有________.

5．用1、2、3、4、5这5个数字，组成无重复数字的三位数，其中奇数有________个.

6．某射手射击所得环数 $X$ 的分布列如下，已知 $X$ 的期望 $EX=8.9$，则 $x=$________，$y=$________.

| $X$ | 7 | 8 | 9 | 10 |
| --- | --- | --- | --- | --- |
| $P$ | $x$ | 0.1 | 0.3 | $y$ |

7．抛掷一个骰子，它落地时向上的数是3的倍数的概率为________.

8．设某种动物由出生起活到20岁以上的概率是0.8，活到25岁以上的概率为0.4，如果有一只20岁的这种动物，则它活到25岁以上的概率为________.

9．4个人独立地猜一谜语，他们每人能够猜出的概率为 $\frac{1}{4}$，则此谜语被猜出的概率为________.

10．一大批产品，次品率为10%，从中任取3件检验，则3件中恰有1件次品的概率为________，至少有一个次品的概率为________.

11．若随机变量$\xi \sim B(n,p)$，则$P(\xi=k)=$________.

12．甲、乙两人进行打靶，所得分数分别为$\xi_1$、$\xi_2$，它们的概率分布分别为

| $\xi_1$ | 0 | 1 | 2 |
|---|---|---|---|
| $P$ | 0 | 0.2 | 0.8 |

| $\xi_2$ | 0 | 1 | 2 |
|---|---|---|---|
| $P$ | 0.1 | 0.3 | 0.6 |

则甲、乙的平均得分分别为$E(\xi_1)=$________、$E(\xi_2)=$________，两人中________的射击水平高一些.

13．盒中有2个白球、3个黑球，从中任取3个，$\xi$表示取到白球的个数，$\eta$表示取到黑球的个数，则$E(\xi)=$________、$D(\xi)=$________、$E(\eta)=$________、$D(\eta)=$________.

## 二、选择题

1．从装有3个红球和2个白球的袋中任取2个球，记$A=\{$取到2个白球$\}$，则$\overline{A}=$（　　）.

A．{取到2个红球}　　B．{至少取到1个白球}

C．{没有取到白球}　　D．{至少取到1个红球}

2．设$P(A)=0.8$、$P(B)=0.7$、$P(A|B)=0.8$，则下列结论正确的是（　　）.

A．事件$A$与$B$互斥　　B．事件$A$与$B$相互独立

C．$B\supset A$　　D．$P(A\cup B)=P(A)+P(B)$

3．某人射击，中靶的概率是$\frac{3}{4}$，如果射击直到中靶为止，射击次数为3的概率是（　　）.

A．$\left(\frac{3}{4}\right)^3$　　B．$\left(\frac{3}{4}\right)^2\frac{1}{4}$　　C．$\left(\frac{1}{4}\right)^2\frac{3}{4}$　　D．$\left(\frac{1}{4}\right)^3$

4．甲、乙两人同时向敌机射击，已知甲击中的概率是0.7，乙击中的概率是0.5，则击中敌机的概率是（　　）.

A．0.75　　B．0.85　　C．0.95　　D．1.2

5．设$\xi$是一个离散型随机变量，则$\xi$的概率分布为（　　）.

A.

| $\xi$ | 0 | 1 | 2 |
|---|---|---|---|
| $P$ | −0.1 | 0.2 | 0.7 |

B.

| $\xi$ | 0 | 1 | 2 |
|---|---|---|---|
| $P$ | 0.6 | 0.3 | 0.2 |

C.

| $\xi$ | 0 | 1 | 2 |
|---|---|---|---|
| $P$ | 0 | 0.2 | 0.6 |

D.

| $\xi$ | 0 | 1 | 2 |
|---|---|---|---|
| $P$ | 0.6 | 0.3 | 0.1 |

6．设随机变量$\xi \sim B(n,p)$，已知$E(\xi)=0.5$、$D(\xi)=0.45$，则$n$、$p$的值是（　　）.

A．$n=5$、$p=0.3$　　B．$n=10$、$p=0.05$

C．$n=1$、$p=0.5$　　D．$n=5$、$p=0.1$

## 三、计算题

1．从8件一等品、7件二等品中任取4件，试求以下事件的概率：

（1）一等品及二等品各两件；

（2）至少有两件二等品.

2．某小组有工人3名，每人每周（7天）轮休1天，求.

（1）3人在不同的3天休息的概率；

（2）3人不都在同一天休息的概率.

3．某居民区订日报的户占30%，订晚报的户占60%，不订报的户占25%，求两种报都订的户所占的比例.

4．一盒子中有4只次品晶体管，6只正品晶体管，随机地抽取一只测试，直到4只次品晶体管都找到为止. 求第4只次品晶体管在第5次测试时被发现的概率.

5．3人独立地去破译一密码，他们每人能译出的概率分别为$\frac{1}{5}$、$\frac{1}{3}$、$\frac{1}{4}$，求密码被破译的概率.

6. 设一仓库中有一批同样规格的产品，已知其中50%由甲厂生产，30%由乙厂生产，20%由丙厂生产，且甲、乙、丙3个厂生产该种产品的次品率分别为0.1、0.05和0.15，现从中任取一件,求取到正品的概率.

7．对300个男人、200个女人进行体检，已知男人患色盲的概率为5%，女人患色盲的概率为0.25%，现任查1人，求此人患色盲的概率.

8．某工厂每天用水量保持正常的概率为2/3，求：

（1）4天内恰有2天正常的概率；

（2）最近4天内用水量至少有3天正常的概率.

9．一个工人看管8部同一类型的机器，在1 h内1部机器需要工人照看的概率为1/3，求下列事件的概率：

（1）1 h内，8部机器中有4部需要工人照看；

（2）1 h内，需要照看的机器不多于6部.

10．已知离散型随机变量$\xi$的分布列为

| $\xi$ | −1 | 0 | 1 | 2 |
|---|---|---|---|---|
| $P$ | 0.1 | 0.4 | 0.3 | 0.2 |

求（1）$E(\xi)$和$D(\xi)$；（2）$P(-1 \leqslant \xi < 1)$.

# 模块 7

# 无穷级数初步

无穷级数是高等数学的一个重要组成部分，中学阶段学过数列的前 $n$ 项和，但是，如果一个数列有无穷多项，那么它能否求和，又怎样求和呢？另外，直接计算一个函数在某一点处的值或近似值是相当困难，甚至是不可能的. 而一个数的已知多项式的值的计算却相对容易得多，用多项式代替函数就可解决近似问题，这些就是无穷级数所要研究的内容. 本模块通过计算小球跳跃的总距离、分析脉冲信号的叠加波两个学习任务介绍级数的概念、级数敛散性判别法及傅里叶级数及其应用.

## 7.1 级数概念与敛散判别

扫一扫看级数概念与敛散判别教学课件

### 学习任务 7.1 计算小球跳跃的总距离

你从高度 $a$ m 处让一个球下落到一个平的表面上，球每次落下距离 $h$ 碰到表面，再跳起距离 $rh$，$r$ 是一个小于 1 的正数，求这个球上下跳跃的总距离. 若 $a = 4$ m，$r = 0.75$，求其值.

在数学和科学中，我们时常把函数写成无穷多项式，例如：

$$\frac{1}{1-x} = 1 + x + x^2 + x^3 + \cdots + x^n + \cdots,\ |x| < 1.$$

把无穷个常数的和作为多项式的值，这个和称为一个无穷级数. 实数的有限和总产生一个实数，实数的无限和却不同，此任务即是求一个无限和的问题，它可以利用几何级数来计算.

本节内容旨在让学生理解级数的概念，学习判别级数敛散性的方法及函数项级数与幂级数.

### 7.1.1 常数项级数的概念与性质

扫一扫下载学习任务书 7.1

#### 1. 常数项级数的基本概念

【定义 1】 给定一个数列：$u_1, u_2, \cdots, u_n \cdots$，则由这个数列构成的表达式 $u_1 + u_2 + u_3 + \cdots + u_n + \cdots$ 称为常数项无穷级数，简称常数项级数，记为 $\sum_{n=1}^{\infty} u_n$，即

$$\sum_{n=1}^{\infty} u_n = u_1 + u_2 + u_3 + \cdots + u_n + \cdots.$$

其中，第 $n$ 项 $u_n$ 称为级数的一般项.

【定义 2】 级数$\sum_{n=1}^{\infty}u_n$的前$n$项和$S_n=\sum_{i=1}^{n}u_i=u_1+u_2+u_3+\cdots+u_n$称为级数$\sum_{n=1}^{\infty}u_n$的部分和.

注 1：由上便得到一个数列$S_1,S_2,\cdots$，$S_n,\cdots$，从形式上不难知道$\sum_{n=1}^{\infty}u_n=\lim_{n\to\infty}S_n$，以前我们学过数列的收敛与发散，进而不难得出级数收敛与发散的概念. 换而言之，有限个数相加为一数，无穷多个数相加是否仍为一个数呢?

【定义 3】当$n\to\infty$时，若部分和数列$\{S_n\}$有极限$S$，即$S=\lim_{n\to\infty}S_n$，就称常数项级数$\sum_{n=1}^{\infty}u_n$收敛，且称$S$为其和，并记为$S=u_1+u_2+\cdots+u_n+\cdots$；若数列$\{S_n\}$没有极限，就称$\sum_{n=1}^{\infty}u_n$发散.

注 2：当级数收敛时，其部分和$S_n$又可看成$S$的近似值. 两者之差$r_n=S-S_n=u_{n+1}+u_{n+2}+\cdots$称为级数$\sum_{n=1}^{\infty}u_n$的余项. 用$S_1$代替$S$所产生的误差就是它的绝对值，即$|r_n|$.

注 3：到目前为止，已了解了级数$\sum_{n=1}^{\infty}u_n$的收敛与发散性（敛散性）是由其部分和数列$\{S_n\}$的敛散性所决定的. 确切地说，两者敛散性是相同的. 为此，可把级数看成数列的一种表现形式，如设$\{S_n\}$为一数列，令$u_1=S_1,u_2=S_2-S_1\cdots u_n=S_n-S_{n-1}$（$n=1,2,\cdots$），则$\sum_{k=1}^{n}u_k=S_n$，这样就由一数列产生一个级数. 可见数列与级数可以相互转化.

**例 7.1** 讨论几何级数（等比级数）：$a+aq+aq^2+\cdots+aq^{n-1}+\cdots$的敛散性. 其中$a\neq0$.

**解** 先考虑其部分和：$S_1=a+aq+aq^2+\cdots+aq^{n-1}$.

利用中学知识，得$S_1=\dfrac{a(1-q^n)}{1-q}$　（$q\neq1$时）.

（1）当$|q|<1$时，由于$\lim_{n\to\infty}S_n=\lim_{n\to\infty}a\dfrac{1-q^n}{1-q}=\dfrac{a}{1-q}$，故几何级数收敛，且收敛于$\dfrac{a}{1-q}$.

（2）当$|q|>1$时，由于$\lim_{n\to\infty}S_n=\lim_{n\to\infty}a\dfrac{1-q^n}{1-q}$不存在，故此时几何级数发散.

（3）当$q=1$时，此时几何级数为$a+a+a+\cdots+a\cdots$，则$S_1=na\to\infty\,(n\to\infty)$此时级数发散.

（4）当$q=-1$时，级数为$a-a+a-a\cdots$，则$S_1=[1-(-1)^{n-1}]a$，$\lim_{n\to\infty}S_n$不存在. 故此时级数发散.

综上所述，几何级数在$|q|<1$时收敛，在$|q|\geqslant1$时发散.

**例 7.2** 证明级数$1+2+3+\cdots+n+\cdots$是发散的.

**证** 此级数的部分和为

$$S_n=1+2+3+\cdots+n=\frac{n(n+1)}{2}.$$

显然，$\lim_{n\to\infty}S_n=\infty$，因此所给级数是发散的.

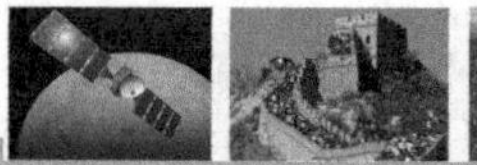

**例 7.3** 证明级数 $\frac{1}{1\times3}+\frac{1}{2\times4}+\frac{1}{3\times5}+\cdots+\frac{1}{n(n+2)}+\cdots$ 收敛.

**证** 首先，由 $\frac{1}{n(n+2)}=\frac{1}{2}\left(\frac{1}{n}-\frac{1}{n+2}\right)$ 得

$$\begin{aligned}S_1&=\frac{1}{1\times3}+\frac{1}{2\times4}+\frac{1}{3\times5}+\cdots+\frac{1}{n(n+2)}\\&=\frac{1}{2}\left(\frac{1}{1}-\frac{1}{3}\right)+\frac{1}{2}\left(\frac{1}{2}-\frac{1}{4}\right)+\frac{1}{2}\left(\frac{1}{3}-\frac{1}{5}\right)+\cdots+\frac{1}{2}\left(\frac{1}{n}-\frac{1}{n+2}\right)\\&=\frac{1}{2}\left[\left(1+\frac{1}{2}+\frac{1}{3}+\cdots+\frac{1}{n}\right)-\left(\frac{1}{3}+\frac{1}{4}+\frac{1}{5}+\cdots+\frac{1}{n+2}\right)\right]\\&=\frac{1}{2}\left(1+\frac{1}{2}-\frac{1}{n+1}-\frac{1}{n+2}\right)\xlongequal{\text{当}n\to\infty\text{时}}\frac{1}{2}\left(1+\frac{1}{2}\right)=\frac{3}{4}.\end{aligned}$$

所以原级数收敛，且收敛于 $\frac{3}{4}$.

**2．数项级数的基本性质**

**【性质 1】** 若级数 $\sum_{n=1}^{\infty}u_n$ 收敛于 $S$，则它的各项都乘以一常数 $k$ 所得的级数 $\sum_{n=1}^{\infty}ku_n$ 收敛于 $kS$，即 $\sum_{n=1}^{\infty}ku_n=k\sum_{n=1}^{\infty}u_n$.

如果 $\sum_{n=1}^{\infty}u_n=S$，则 $\sum_{n=1}^{\infty}ku_n=kS$.

这是因为，设 $\sum_{n=1}^{\infty}u_n$ 与 $\sum_{n=1}^{\infty}ku_n$ 的部分和分别为 $S_n$ 与 $\sigma_n$，则

$$\lim_{n\to\infty}\sigma_n=\lim_{n\to\infty}(ku_1+ku_2+\cdots+ku_n)=k\lim_{n\to\infty}(u_1+u_2+\cdots+u_n)=k\lim_{n\to\infty}S_n=kS.$$

这表明级数 $\sum_{n=1}^{\infty}ku_n$ 收敛，且和为 $kS$.

**【性质 2】** 若级数 $\sum_{n=1}^{\infty}u_n$ 和 $\sum_{n=1}^{\infty}v_n$ 分别收敛于 $S$ 和 $\sigma$，则级数 $\sum_{n=1}^{\infty}(u_n\pm v_n)$ 收敛于 $S\pm\sigma$.

即如果 $\sum_{n=1}^{\infty}u_n=S$、$\sum_{n=1}^{\infty}v_n=\sigma$，则 $\sum_{n=1}^{\infty}(u_n\pm v_n)=S\pm\sigma$.

这是因为，设 $\sum_{n=1}^{\infty}u_n$、$\sum_{n=1}^{\infty}v_n$、$\sum_{n=1}^{\infty}(u_n\pm v_n)$ 的部分和分别为 $S_n$、$\sigma_n$、$\tau_n$，则

$$\begin{aligned}\lim_{n\to\infty}\tau_n&=\lim_{n\to\infty}[(u_1\pm v_1)+(u_2\pm v_2)+\cdots+(u_n\pm v_n)]\\&=\lim_{n\to\infty}[(u_1+u_2+\cdots+u_n)\pm(v_1+v_2+\cdots+v_n)]\\&=\lim_{n\to\infty}(S_n\pm\sigma_n)=S\pm\sigma.\end{aligned}$$

**注 1**：（1）$\sum_{n=1}^{\infty}(u_n\pm v_n)$ 称为级数 $\sum_{n=1}^{\infty}u_n$ 与 $\sum_{n=1}^{\infty}v_n$ 的和与差.

（2）若级数$\sum\limits_{n=1}^{\infty}u_n$和$\sum\limits_{n=1}^{\infty}v_n$之中一个收敛，另一个发散，则$\sum\limits_{n=1}^{\infty}(u_n \pm v_n)$发散.

**【性质 3】** 收敛级数加括号后（不改变各项顺序）所产生的级数仍收敛于原来级数的和.

**注意：**（1）这里所谓加括号，就是在不改变各项的顺序的情况下，将其某$n$项放在一起作为新的项，而产生的级数. 当然，加括号的方法是无穷多种.

（2）若级数在加括号后所得的级数发散，那么原级数发散. 但是，某级数在加括号后所得的级数收敛，则原级数未必收敛. 也就是说，发散的级数加括号后可能产生收敛的级数. 例如，$1-1+1-1+\cdots+1-1+\cdots$是发散的，但$(1-1)+(1-1)+\cdots+(1-1)+\cdots$是收敛的.

**【性质 4】** 在级数前增加或去掉有限项，不改变级数的敛散性. 但在级数收敛时，其和可能改变.

这是因为，设$u_1+u_2+\cdots+u_n+\cdots$的部分和序列为$\{S_n\}$，$u_{k+1}+u_{k+2}+\cdots+u_{k+n}+\cdots$的部分和序列为$\{\sigma_n\}$，则$\sigma_n=S_{k+n}-S_k$，由于$k$为有限数，因此$S_k$为一个有限数，则$\lim\limits_{n\to\infty}\sigma_n$与$\lim\limits_{n\to\infty}S_{k+n}$同敛散.

若原级数收敛，则$\lim\limits_{n\to\infty}S_{k+n}=\lim\limits_{n\to\infty}S_n=S$，$\{\sigma_n\}$收敛，即$u_{k+1}+u_{k+2}+\cdots+u_{k+n}+\cdots$收敛.

若原级数发散，则$\lim\limits_{n\to\infty}S_n$不存在，故$\lim\limits_{n\to\infty}\sigma_n$也不存在，$\{\sigma_n\}$发散，即$u_{k+1}+u_{k+2}+\cdots+u_{k+n}+\cdots$发散.

**【性质 5】（收敛的必要条件）** 收敛的级数的一般项极限为 0，即$\sum\limits_{n=1}^{\infty}u_n$收敛，则$\lim\limits_{n\to\infty}u_n=0$.

这是因为，设$\sum\limits_{n=1}^{\infty}u_n$收敛于$S$，即$\lim\limits_{n\to\infty}S_n=S$.

$\lim\limits_{n\to\infty}u_n=\lim\limits_{n\to\infty}(S_n-S_{n-1})=\lim\limits_{n\to\infty}S_n-\lim\limits_{n\to\infty}S_{n-1}=S-S=0.$

**注意：**（1）若反之，则不一定成立，即$\lim\limits_{n\to\infty}u_n=0$，原级数$\sum\limits_{n=1}^{\infty}u_n$不一定收敛.

例如，调和级数$\sum\limits_{n=1}^{\infty}\frac{1}{n}$发散，但$\lim\limits_{n\to\infty}\frac{1}{n}=0$.

（2）收敛的必要条件常用来证明级数发散，即若$\lim\limits_{n\to\infty}u_n\neq 0$，则原级数$\sum\limits_{n=1}^{\infty}u_n$一定不收敛.

**例 7.4** 证明调和级数：$\sum\limits_{n=1}^{\infty}\frac{1}{n}=1+\frac{1}{2}+\frac{1}{3}+\cdots+\frac{1}{n}+\cdots$是发散的.

**证** 假若级数$\sum\limits_{n=1}^{\infty}\frac{1}{n}$收敛且其和为$S$，$S_n$是它的部分和.

显然有$\lim\limits_{n\to\infty}S_n=S$及$\lim\limits_{n\to\infty}S_{2n}=S$，所以$\lim\limits_{n\to\infty}(S_{2n}-S_n)=0$.

但另一方面：

$$S_{2n}-S_n=\frac{1}{n+1}+\frac{1}{n+2}+\cdots+\frac{1}{n+n}>\frac{1}{n+n}+\frac{1}{n+n}+\cdots+\frac{1}{n+n}=\frac{1}{2}\neq 0.$$

与假设矛盾，说明级数$\sum\limits_{n=1}^{\infty}\frac{1}{n}$必定发散.

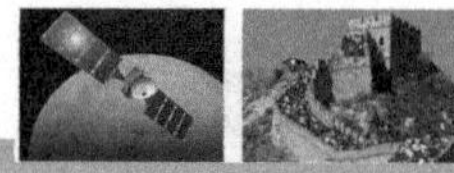

**例 7.5** 判别级数$\sum_{n=1}^{\infty}\left[\left(\frac{1}{3}\right)^n+\frac{1}{(n+1)(n+2)}\right]$的敛散性.

**解** 因级数$\sum_{n=1}^{\infty}\left(\frac{1}{3}\right)^n$与级数$\sum_{n=1}^{\infty}\frac{1}{(n+1)(n+2)}$均收敛，由性质 4 可知

$\sum_{n=1}^{\infty}\left[\left(\frac{1}{3}\right)^n+\frac{1}{(n+1)(n+2)}\right]=\sum_{n=1}^{\infty}\left(\frac{1}{3}\right)^n+\sum_{n=1}^{\infty}\frac{1}{(n+1)(n+2)}$收敛.

### 7.1.2 正项级数的概念与性质

#### 1. 正项级数的基本概念

前面所讲的常数项级数中,各项均可是正数，负数或零. 正项级数是其中一种特殊情况. 如果级数中各项是由正数或零组成的，这就称该级数为正项级数. 同理也有负项级数. 而负项级数每一项都乘以-1 后即变成正项级数，两者有着一些相仿的性质，正项级数在级数中占有很重要的地位. 很多级数的敛散性讨论都会转为正项级数的敛散性.

**【定义 4】** 如果级数$\sum_{n=1}^{\infty}u_n$的每一项都是非负数，即$u_n\geqslant 0\,(n=1,2,3,\cdots)$，则称该级数为正项级数.

#### 2. 正项级数敛散性的判别法

**【定理 1】（有界判别法）** 正项级数$\sum_{n=1}^{\infty}u_n$收敛的充分必要条件：它的部分和数列$\{S_n\}$有界.

**证** 充分性：$\sum_{n=1}^{\infty}u_n$收敛$\Rightarrow\{S_n\}$收敛$\Rightarrow\{S_n\}$有界.

必要性：$\{S_n\}$有界，又$\{S_n\}$是一个单调上升数列$\Rightarrow\lim\limits_{n\to\infty}S_n$存在$\Rightarrow\sum_{n=1}^{\infty}u_n$收敛.

**【定理 2】（比较判别法）** 设$\sum_{n=1}^{\infty}u_n$和$\sum_{n=1}^{\infty}v_n$都是正项级数，且$u_n\leqslant v_n(n=1,2,\cdots)$.

（1）若级数$\sum_{n=1}^{\infty}v_n$收敛，则级数$\sum_{n=1}^{\infty}u_n$收敛；

（2）若级数$\sum_{n=1}^{\infty}u_n$发散，则级数$\sum_{n=1}^{\infty}v_n$发散.

**证** 设$S_n$和$\sigma_n$分别表示$\sum_{n=1}^{\infty}u_n$和$\sum_{n=1}^{\infty}v_n$的部分和，显然由$u_n\leqslant v_n\Rightarrow S_n\leqslant\sigma_n$.

（1）$\sum_{n=1}^{\infty}v_n$收敛$\Rightarrow\sigma_n$有界$\Rightarrow S_n$有界$\Rightarrow\sum_{n=1}^{\infty}u_n$也收敛.

（2）$\sum_{n=1}^{\infty}u_n$发散$\Rightarrow S_n$无界$\Rightarrow\sigma_n$无界$\Rightarrow\sum_{n=1}^{\infty}v_n$也发散.

**例 7.6**　讨论级数$1+\frac{1}{3}+\frac{1}{5}+\cdots+\frac{1}{2n-1}+\cdots$的敛散性.

**解**　由于$u_n=\frac{1}{2n-1}>\frac{1}{2n}$，且级数$\sum_{n=1}^{\infty}\frac{1}{2n}$是发散的，根据比较判别法，级数$\sum_{n=1}^{\infty}\frac{1}{2n-1}$发散.

**例 7.7**　讨论$p$-级数$\sum_{n=1}^{\infty}\frac{1}{n^p}=1+\frac{1}{2^p}+\frac{1}{3^p}+\cdots+\frac{1}{n^p}+\cdots$的敛散性，其中常数$p>0$.

**解**　(1) 当$p\leqslant1$时，因为$\frac{1}{n^p}\geqslant\frac{1}{n}$，而$\sum_{n=1}^{\infty}\frac{1}{n}$发散，所以$\sum_{n=1}^{\infty}\frac{1}{n^p}=1+\frac{1}{2^p}+\frac{1}{3^p}+\cdots+\frac{1}{n^p}+\cdots$发散.

(2) 当$p>1$时，因为$\frac{1}{n^p}>0$，所以部分和数列$\{S_n\}$为单调递增，则部分和：

$$
\begin{aligned}
S_{2^n-1}&=1+\left(\frac{1}{2^p}+\frac{1}{3^p}\right)+\left(\frac{1}{4^p}+\frac{1}{5^p}+\frac{1}{6^p}+\frac{1}{7^p}\right)+\cdots+\left[\frac{1}{(2^{n-1})^p}+\cdots+\frac{1}{(2^n-1)^p}\right]\\
&\leqslant1+\left(\frac{1}{2^p}+\frac{1}{2^p}\right)+\left(\frac{1}{4^p}+\frac{1}{4^p}+\frac{1}{4^p}+\frac{1}{4^p}\right)+\cdots+\left[\frac{1}{(2^{n-1})^p}+\cdots+\frac{1}{(2^{n-1})^p}\right]\\
&=1+\frac{1}{2^{p-1}}+\frac{1}{(2^{p-1})^2}+\cdots+\frac{1}{(2^{p-1})^{n-1}}\leqslant\sum_{n=0}^{\infty}\frac{1}{(2^{p-1})^n}.
\end{aligned}
$$

因为$\sum_{n=0}^{\infty}\frac{1}{(2^{p-1})^n}$收敛，所以$\sum_{n=1}^{\infty}\frac{1}{n^p}$收敛.

综上所述，$p$-级数$\sum_{n=1}^{\infty}\frac{1}{n^p}=1+\frac{1}{2^p}+\frac{1}{3^p}+\cdots+\frac{1}{n^p}+\cdots$，当$p>1$时收敛，当$p\leqslant1$时发散.

**【推论 1】**　设级数$\sum_{n=1}^{\infty}u_n$和级数$\sum_{n=1}^{\infty}v_n$都是正项级数，如果级数$\sum_{n=1}^{\infty}v_n$收敛，且存在自然数$N$，使当$n\geqslant N$时有$u_n\leqslant kv_n(k>0)$成立，则级数$\sum_{n=1}^{\infty}u_n$收敛；如果级数$\sum_{n=1}^{\infty}v_n$发散，且当$n\geqslant N$时有$u_n\leqslant kv_n(k>0)$成立，则级数$\sum_{n=1}^{\infty}u_n$发散.

**【定理 3】（比较判别法的极限形式）**　设$\sum_{n=1}^{\infty}u_n$和$\sum_{n=1}^{\infty}v_n$都是正项级数.

(1) 如果$\lim\limits_{n\to\infty}\frac{u_n}{v_n}=l\ (0\leqslant l<+\infty)$，且级数$\sum_{n=1}^{\infty}v_n$收敛，则级数$\sum_{n=1}^{\infty}u_n$收敛；

(2) 如果$\lim\limits_{n\to\infty}\frac{u_n}{v_n}=l>0$或$\lim\limits_{n\to\infty}\frac{u_n}{v_n}=+\infty$，且级数$\sum_{n=1}^{\infty}v_n$发散，则级数$\sum_{n=1}^{\infty}u_n$发散.

**例 7.8**　证明$\sum_{n=1}^{\infty}\frac{1}{2^n-n}$收敛.

**证**　由$\lim\limits_{n\to\infty}\frac{\frac{1}{2^n-n}}{\frac{1}{2^n}}=\lim\limits_{n\to\infty}\frac{1}{1-\frac{n}{2^n}}=1$，又$\sum_{n=1}^{\infty}\frac{1}{2^n}$收敛，则由定理 3 可知$\sum_{n=1}^{\infty}\frac{1}{2^n-n}$收敛.

**例 7.9** 判别级数$\sum_{n=2}^{\infty}\frac{3}{n^2-n}$的收敛性.

**解** 记$u_n=\frac{3}{n^2-n}$、$v_n=\frac{1}{n^2}$，显然$\sum_{n=2}^{\infty}\frac{3}{n^2-n}$与$\sum_{n=2}^{\infty}\frac{1}{n^2}$都为正项级数.

因为$\lim_{n\to\infty}\frac{u_n}{v_n}=\lim_{n\to\infty}\frac{3n^2}{n^2+1}=3<+\infty$，且$\sum_{n=2}^{\infty}\frac{1}{n^2}$为$p=2$的$p$-级数收敛，所以由定理 3 可知，级数$\sum_{n=2}^{\infty}\frac{3}{n^2-n}$收敛.

**例 7.10** 判别级数$\sum_{n=1}^{\infty}2^n\sin\frac{\alpha}{3^n}\ (0<\alpha<\pi)$的收敛性.

**解** 记$u_n=2^n\sin\frac{\alpha}{3^n}>0\ (n=1,2,\cdots)$、$v_n=\frac{2^n}{3^n}>0$.

当$n\to+\infty$时，$\lim_{n\to\infty}\frac{u_n}{v_n}=\lim_{n\to\infty}\frac{2^n\sin\frac{\alpha}{3^n}}{\frac{2^n}{3^n}}=\alpha<+\infty$，而几何级数$\sum_{n=1}^{\infty}\frac{2^n}{3^n}\left(|q|=\frac{2}{3}<1\right)$收敛，

所以由定理 3 可知，级数$\sum_{n=1}^{\infty}2^n\sin\frac{\alpha}{3^n}\ (0<\alpha<\pi)$收敛.

**例 7.11** 判别级数$\sum_{n=1}^{\infty}\frac{1+n}{1+n^2}$的收敛性.

**解** 记$u_n=\frac{1+n}{1+n^2}>0$、$v_n=\frac{1}{n}>0$.

因为$\lim_{n\to\infty}\frac{u_n}{v_n}=\lim_{n\to\infty}\frac{n+n^2}{1+n^2}=1<+\infty$，且调和级数$\sum_{n=1}^{\infty}\frac{1}{n}$发散，所以由定理 3 可知，级数$\sum_{n=1}^{\infty}\frac{1+n}{1+n^2}$发散.

**【定理 4】（比值判别法或称达朗贝尔判别法）** 有正项级数$\sum_{n=1}^{\infty}u_n$，如果$\lim_{n\to\infty}\frac{u_{n+1}}{u_n}=\rho$，则

（1）当$\rho<1$时，级数收敛；

（2）当$\rho>1$（或为$+\infty$）时，级数发散；

（3）当$\rho=1$时，级数可能收敛，也可能发散.

**例 7.12** 证明级数$1+\frac{1}{1}+\frac{1}{1\times2}+\frac{1}{1\times2\times3}+\cdots+\frac{1}{1\times2\times3\times\cdots\times(n-1)}p$是收敛的.

**解** 因为$\lim_{n\to\infty}\frac{u_{n+1}}{u_n}=\lim_{n\to\infty}\frac{1\times2\times3\times\cdots\times(n-1)}{1\times2\times3\times\cdots\times n}=\lim_{n\to\infty}\frac{1}{n}=0<1$，根据定理 4 可知，所给级数收敛.

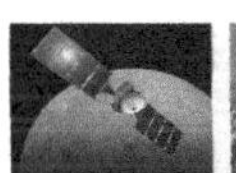  

**例 7.13**　判别级数$\frac{1}{10}+\frac{1\times 2}{10^2}+\frac{1\times 2\times 3}{10^3}+\cdots+\frac{n!}{10^n}+\cdots$的收敛性.

**解**　因为$\lim\limits_{n\to\infty}\frac{u_{n+1}}{u_n}=\lim\limits_{n\to\infty}\frac{(n+1)!}{10^{n+1}}\times\frac{10^n}{n!}=\lim\limits_{n\to\infty}\frac{n+1}{10}=\infty$，根据定理 4 可知，所给级数发散.

**例 7.14**　判别级数$\sum\limits_{n=1}^{\infty}\frac{3^n}{(2n+1)!}$的收敛性.

**解**　因为$u_n=\frac{3^n}{(2n+1)!}$，所以$\lim\limits_{n\to\infty}\frac{u_{n+1}}{u_n}=\lim\limits_{n\to\infty}\frac{\frac{3^{n+1}}{(2n+3)!}}{\frac{3^n}{(2n+1)!}}=\lim\limits_{n\to\infty}\frac{3}{2n+3}=0<1$，

由定理 4 可知，级数$\sum\limits_{n=1}^{\infty}\frac{3^n}{(2n+1)!}$收敛.

**例 7.15**　判别级数$\sum\limits_{n=1}^{\infty}\frac{n^2}{3^n}$的收敛性.

**解**　因为$u_n=\frac{n^2}{3^n}$，所以$\lim\limits_{n\to\infty}\frac{u_{n+1}}{u_n}=\lim\limits_{n\to\infty}\frac{\frac{(n+1)^2}{3^{n+1}}}{\frac{n^2}{3^n}}=\lim\limits_{n\to\infty}\frac{1}{3}\left(1+\frac{1}{n}\right)^2=\frac{1}{3}<1$，

由定理 4 可知，级数$\sum\limits_{n=1}^{\infty}\frac{n^2}{3^n}$收敛.

**【定理 5】（根式判别法或称柯西判别法）**　设$\sum\limits_{n=1}^{\infty}u_n$是正项级数，如果$\lim\limits_{n\to\infty}\sqrt[n]{u_n}=\rho$，则

（1）当$\rho<1$时，级数$\sum\limits_{n=1}^{\infty}u_n$收敛；

（2）当$\rho>1$（或为$+\infty$）时，级数发散；

（3）当$\rho=1$时，级数$\sum\limits_{n=1}^{\infty}u_n$可能收敛，也可能发散.

**例 7.16**　证明级数$1+\frac{1}{2^2}+\frac{1}{3^3}+\cdots+\frac{1}{n^n}+\cdots$是收敛的.

**证**　因为$\lim\limits_{n\to\infty}\sqrt[n]{u_n}=\lim\limits_{n\to\infty}\sqrt[n]{\frac{1}{n^n}}=\lim\limits_{n\to\infty}\frac{1}{n}=0$，根据定理 5 可知，所给级数收敛.

**例 7.17**　判定级数$\sum\limits_{n=1}^{\infty}\frac{2+(-1)^n}{2^n}$的收敛性.

**解**　因为$\lim\limits_{n\to\infty}\sqrt[n]{u_n}=\lim\limits_{n\to\infty}\sqrt[n]{\frac{2+(-1)^n}{2^n}}=\lim\limits_{n\to\infty}\frac{1}{2}\sqrt[n]{2+(-1)^n}=\frac{1}{2}$，根据定理 5 可知，所给级数收敛.

3．交错级数敛散性的判别

【定义 5】 交错级数又称莱布尼兹级数，交错级数具有下列形式：

$$u_1-u_2+u_3-u_4+\cdots \text{或} -u_1+u_2-u_3+u_4-\cdots\text{，其中} u_n\geqslant 0\ (n=1,2,\cdots).$$

【定理 6】（莱布尼兹判别法） 若交错级数$\sum\limits_{n=1}^{\infty}(-1)^{n-1}u_n= u_1-u_2+u_3-u_4+\cdots$满足：

（1）$u_n\geqslant u_{n+1}(n=1,2,3,\cdots)$；

（2）$\lim\limits_{n\to\infty}u_n=0$;

则级数$\sum\limits_{n=1}^{\infty}(-1)^{n-1}u_n$收敛，其和$S\leqslant u_1$，余项$r_n$的绝对值$|r_n|\leqslant u_{n+1}$.

例 7.18 证明交错级数$\sum\limits_{n=1}^{\infty}(-1)^{n+1}\dfrac{1}{n}$收敛.

证 $u_n=\dfrac{1}{n}>\dfrac{1}{n+1}=u_{n+1}$，$\lim\limits_{n\to\infty}u_n=\lim\limits_{n\to\infty}\dfrac{1}{n}=0$.

由定理 6 知，交错级数$\sum\limits_{n=1}^{\infty}(-1)^{n+1}\dfrac{1}{n}$收敛，且其和$S\leqslant 1$.

4．绝对收敛与条件收敛

【定义 6】 设有级数$\sum\limits_{n=1}^{\infty}u_n$，其中$u_n\,(n=1,2,\cdots)$为任意实数，这样的级数称为**任意项级数**.

【定义 7】 设$\sum\limits_{n=1}^{\infty}u_n$为任意项级数，其各项的绝对值组成的级数$\sum\limits_{n=1}^{\infty}|u_n|$收敛，就称$\sum\limits_{n=1}^{\infty}u_n$绝对收敛；若$\sum\limits_{n=1}^{\infty}u_n$收敛，但$\sum\limits_{n=1}^{\infty}|u_n|$不收敛，就称$\sum\limits_{n=1}^{\infty}u_n$为**条件收敛**.

【定理 7】 若任意项级数$\sum\limits_{n=1}^{\infty}u_n$绝对收敛，则$\sum\limits_{n=1}^{\infty}u_n$收敛.

注意：如果级数$\sum\limits_{n=1}^{\infty}|u_n|$发散，不能断定级数$\sum\limits_{n=1}^{\infty}u_n$也发散.

例如，$\sum\limits_{n=1}^{\infty}(-1)^{n-1}\dfrac{1}{n}$收敛，但$\sum\limits_{n=1}^{\infty}\left|(-1)^{n-1}\dfrac{1}{n}\right|=\sum\limits_{n=1}^{\infty}\dfrac{1}{n}$为调和级数是发散的.

例 7.19 判别级数$\sum\limits_{n=1}^{\infty}\dfrac{\sin na}{n^2}$的收敛性.

解 因为$\left|\dfrac{\sin na}{n^2}\right|\leqslant\dfrac{1}{n^2}$，而级数$\sum\limits_{n=1}^{\infty}\dfrac{1}{n^2}$是收敛的，所以级数$\sum\limits_{n=1}^{\infty}\dfrac{\sin na}{n^2}$也收敛，从而级数$\sum\limits_{n=1}^{\infty}\dfrac{\sin na}{n^2}$绝对收敛.

例 7.20 判别级数$\sum\limits_{n=1}^{\infty}\dfrac{1}{2^n}\sin\dfrac{n\pi}{7}$的收敛性.

解　$u_n = \frac{1}{2^n}\sin\frac{n\pi}{7}$.

因为$|u_n| = \frac{1}{2^n}\times|\sin\frac{n\pi}{7}| \leqslant \frac{1}{2^n}(n=1,2,\cdots)$，几何级数$\sum_{n=1}^{\infty}\frac{1}{2^n}\left(|q|=\frac{1}{2}<1\right)$收敛，

所以，由比较判别法可知：$\sum_{n=1}^{\infty}|u_n| = \sum_{n=1}^{\infty}\left|\frac{1}{2^n}\sin\frac{n\pi}{7}\right|$收敛，即原级数绝对收敛.

**例 7.21**　证明$\sum_{n=1}^{\infty}\frac{\alpha^n}{n!} = \alpha + \frac{\alpha^2}{2!} + \cdots \frac{\alpha^n}{n!} + \cdots$对$\forall\alpha\in(-\infty,\infty)$都是绝对收敛的.

**证**　对$\forall\alpha$，$\lim\limits_{n\to\infty}\frac{\frac{|\alpha|^{n+1}}{(n+1)!}}{\frac{|\alpha|^n}{n!}} = \lim\limits_{n\to\infty}\frac{|\alpha|}{n+1} = 0 < 1$.

由比值判别法知，$\sum_{n=1}^{\infty}\frac{|\alpha|^n}{n!}$是收敛的，所以$\sum_{n=1}^{\infty}\frac{\alpha^n}{n!}$对$\forall\alpha\in(-\infty,\infty)$都是绝对收敛的.

**例 7.22**　证明$\sum_{n=1}^{\infty}(-1)^{n-1}\frac{1}{n^p}$在$0<p\leqslant 1$时为条件收敛，而在$p>1$时为绝对收敛.

**证**　首先，我们知道$\sum_{n=1}^{\infty}(-1)^{n-1}\frac{1}{n^p}$为一个莱布尼兹级数，且有当$n\to\infty$时，$\frac{1}{n^p}$单调下降趋于零. 故对$\forall p>0$，原级数$\sum_{n=1}^{\infty}(-1)^{n-1}\frac{1}{n^p}$总是收敛的.

其次，考虑其绝对值级数$\sum_{n=1}^{\infty}\frac{1}{n^p}$，也就是$p$-级数. 由例 7 的结果知，当$0<p\leqslant 1$时发散，$p>1$时收敛.

综上所述，$\sum_{n=1}^{\infty}(-1)^{n-1}\frac{1}{n^p}$在$0<p\leqslant 1$时为条件收敛，而在$p>1$时为绝对收敛.

**绝对收敛级数的几个注释：**

**注 1**：绝对收敛的级数不因为改变其项的位置而改变其和，又称级数的重排. 对于一般的级数则不成立，如$\sum_{n=1}^{\infty}(-1)^{n+1}\frac{1}{n} = \ln 2$，而

$$1 - \frac{1}{2} - \frac{1}{4} + \frac{1}{3} - \frac{1}{6} - \frac{1}{8} + \cdots + \frac{1}{2k-1} - \frac{1}{4k-2} - \frac{1}{4k} + \cdots = \frac{1}{2}\ln 2.$$

**注 2**：对于级数的乘法，规定两个级数按多项式乘法规则形式地做乘法：

$$\left(\sum_{n=1}^{\infty}u_n\right)\left(\sum_{n=1}^{\infty}v_n\right) = \sum_{n=1}^{\infty}\tau_n .$$

其中$\tau_n = u_1 v_n + u_2 v_{n-1} + u_3 v_{n-2} + \cdots + u_n v_1$.

如果两个级数$\sum_{n=1}^{\infty}u_n$与$\sum_{n=1}^{\infty}v_n$都绝对收敛，则两个级数相乘所得到的级数$\sum_{n=1}^{\infty}\tau_n$也绝对收

敛，且当$\sum_{n=1}^{\infty}u_n = A$、$\sum_{n=1}^{\infty}v_n = B$时，$\sum_{n=1}^{\infty}\tau_n = AB$；若两个级数不绝对收敛，则不一定成立.

### 7.1.3 函数项级数与幂级数

#### 1. 函数项级数

前面常数项级数其各项均为一个常数. 若将各项改变为定义在区间 $I$ 上的一个函数，便为函数项级数.

**【定义 8】** 设$u_n(x)$（$n=1,2,\cdots$）是定义在区间$I$上的函数，序列$u_1(x)$, $u_2(x)$, $\cdots$, $u_n(x)$, $\cdots$是一个函数列，对于$I$上某一固定的点，它为一个数列，对另外一点，它又为另外一个数列. 将其各项相加，便得$u_1(x)+u_2(x)+\cdots+u_n(x)+\cdots$，简记为$\sum_{n=1}^{\infty}u_n(x)$，该式称为定义在 $I$ 上的**函数项级数**.

**【定义 9】** 对于$x=x_0\in I$，函数项级数$\sum_{n=1}^{\infty}u_n(x)$即为一个常数项级数：

$$\sum_{n=1}^{\infty}u_n(x_0)=u_1(x_0)+u_2(x_0)+\cdots+u_n(x_0)+\cdots$$

若级数$\sum_{n=1}^{\infty}u_n(x_0)$收敛，则称$x=x_0$是函数项级数$\sum_{n=1}^{\infty}u_n(x)$的一个**收敛点**；若级数$\sum_{n=1}^{\infty}u_n(x_0)$发散，则称$x=x_0$是函数项级数$\sum_{n=1}^{\infty}u_n(x)$的一个**发散点**.

显然，对于$\forall x\in I$，$x$不是收敛点，就是发散点，二者必居其一. 所有收敛点的全体称为函数项级数$\sum_{n=1}^{\infty}u_n(x)$的**收敛域**，所有发散点的全体称为函数项级数$\sum_{n=1}^{\infty}u_n(x)$的**发散域**. 若对于$I$中的每一点$x_0$，级数$\sum_{n=1}^{\infty}u_n(x_0)$均收敛，则称函数项级数$\sum_{n=1}^{\infty}u_n(x)$在$I$上收敛.

对于收敛域中的每一个点$x$，函数项级数$\sum_{n=1}^{\infty}u_n(x)$为一个收敛的常数项级数，且对于不同的点，收敛于不同的数(和). 因此，在收敛域上，函数项级数的和是点$x$的函数，记为$S(x)$，则$\sum_{n=1}^{\infty}u_n(x)=S(x)$，$S(x)$又称为和函数. 若将其部分和函数记为$S_n(x)$，则$\lim_{n\to\infty}S_n(x)=S(x)$. 同理，称$r_n=S(x)-S_n(x)$为$\sum_{n=1}^{\infty}u_n(x)$的余项. $|r_n|$为$S_n(x)$代替$S(x)$时的误差. 显然，也有$\lim_{n\to\infty}r_n(x)=0$（$x$为收敛域中任一点）.

#### 2. 幂级数及其收敛性

幂级数是函数项级数中最简单的一种，它具有下列形式：

$$a_0+a_1x+a_2x^2+\cdots+a_nx^n+\cdots$$

其中$a_0,a_1,a_2,\cdots,a_n,\cdots$称为幂级数的系数. 显然，幂级数在$(-\infty,\infty)$上都有定义.

从幂级数的形式不难看出，任何幂级数在 $x=0$ 处总是收敛的. 而对 $\forall x\neq 0$ 的处，幂级数的敛散性如何呢?先看下列定理.

**【定理 8】（阿贝尔 Abel 定理）** 设幂级数

$$\sum_{n=0}^{\infty}a_nx^n=a_0+a_1x+a_2x^2+\cdots+a_nx^n+\cdots$$

若幂级数 $\sum_{n=0}^{\infty}a_nx^n$ 在 $x=x_0\ (x_0\neq 0)$ 处收敛，则对于满足条件 $|x|<|x_0|$ 的一切 $x$，此幂级数绝对收敛；反之，若它在 $x=x_0$ 处发散，则对一切适合不等式 $|x|>|x_0|$ 的 $x$，此幂级数发散.

**【推论 2】** 如果幂级数 $\sum_{n=0}^{\infty}a_nx^n$ 不是只在 $x=0$ 处收敛，也不是在 $(-\infty,\infty)$ 上每一点都收敛，那么必存在一个唯一的正数 $R$，使得：

（1）当 $|x|<R$ 时，幂级数绝对收敛；

（2）当 $|x|>R$ 时，幂级数发散；

（3）当 $x=R$ 或 $x=-R$ 时，幂级数可能收敛也可能发散.

可由此得幂级数 $\sum_{n=0}^{\infty}a_nx^n$ 的收敛域是一个以原点为中点的区间，称为幂级数的**收敛区间**. 区间的半径为 $R$，故 $R$ 称为**收敛半径**. 而收敛区间可能是开区间，可能是闭区间，也可能是半开半闭区间. 若幂级数 $\sum_{n=0}^{\infty}a_nx^n$ 在 $(-\infty,\infty)$ 上每一点都收敛，就规定 $R=+\infty$；若幂级数 $\sum_{n=0}^{\infty}a_nx^n$ 仅在 $x=0$ 处收敛，就规定 $R=0$. 下面来求 $R$.

**【定理 9】** 设幂级数 $\sum_{n=0}^{\infty}a_nx^n$，其系数当 $n\geqslant N$ 时 $a_n\neq 0$（$N$ 为某一个正整数），且存在极限 $\lim\limits_{n\to\infty}\left|\dfrac{a_{n+1}}{a_n}\right|=\rho$，则

（1）当 $0<\rho<+\infty$ 时，收敛半径 $R=\dfrac{1}{\rho}$；

（2）当 $\rho=0$ 时，收敛半径 $R=+\infty$；

（3）当 $\rho=+\infty$ 时，收敛半径 $R=0$.

**例 7.23** 求幂级数 $\sum_{n=1}^{\infty}\dfrac{1}{n^2}x^n$ 的收敛半径与收敛区间.

**解** 因为 $a_n=\dfrac{1}{n^2}$，所以 $\lim\limits_{n\to\infty}\left|\dfrac{a_{n+1}}{a_n}\right|=\lim\limits_{n\to\infty}\left(\dfrac{n}{n+1}\right)^2=1$，所以收敛半径为 $R=1$.

又当 $|x|=1$ 时，$\sum_{n=1}^{\infty}\left|\dfrac{1}{n^2}x^n\right|=\sum_{n=1}^{\infty}\dfrac{1}{n^2}$ 收敛，所以 $\sum_{n=1}^{\infty}\dfrac{1}{n^2}$ 绝对收敛，所以收敛区间为 $[-1,1]$.

**例 7.24** 求 $\sum_{n=1}^{\infty}n^nx^n$ 的收敛半径及收敛区间.

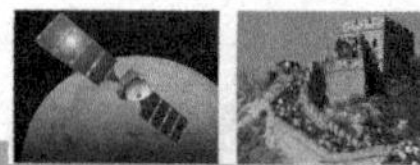

**解** 因为$a_n=n^n$，所以$\lim\limits_{n\to\infty}\left|\dfrac{a_{n+1}}{a_n}\right|=\lim\limits_{n\to\infty}\dfrac{(n+1)^{n+1}}{n^n}=+\infty$，所以收敛半径$R=0$，收敛区间为原点.

**例 7.25** 求$\sum\limits_{n=1}^{\infty}\dfrac{2^n}{n+1}(x-2)^n$的收敛区间.

**解** 令$y=x-2$，所给级数转化为$\sum\limits_{n=1}^{\infty}\dfrac{2^n}{n+1}y^n$，则收敛半径$R=\lim\limits_{n\to\infty}\left|\dfrac{a_n}{a_{n+1}}\right|=\lim\limits_{n\to\infty}\left|\dfrac{n+2}{2(n+1)}\right|=\dfrac{1}{2}$.

当$y=\dfrac{1}{2}$或$-\dfrac{1}{2}$时，级数分别为$\sum\limits_{n=1}^{\infty}\dfrac{2^n}{n+1}\left(\dfrac{1}{2}\right)^n$和$\sum\limits_{n=1}^{\infty}\dfrac{2^n}{n+1}\left(-\dfrac{1}{2}\right)^n$，前者发散，后者收敛. 故$\sum\limits_{n=1}^{\infty}\dfrac{2^n}{n+1}y^n$的收敛域为$-\dfrac{1}{2}\leqslant y<\dfrac{1}{2}$.

又$y=x-2$，所以$-\dfrac{1}{2}\leqslant x-2<\dfrac{1}{2}\Rightarrow\dfrac{3}{2}\leqslant x<\dfrac{5}{2}$. 所以收敛区间为$\dfrac{3}{2}\leqslant x<\dfrac{5}{2}$.

### 3. 幂级数的运算性质

**【定理 10】** 设幂级数$a_0+a_1x+a_2x^2+\cdots+a_nx^n+\cdots$和$b_0+b_1x+b_2x^2+\cdots+b_nx^n+\cdots$的收敛半径分别为$R_a$和$R_b$（均为正数），取$R=\min(R_a,R_b)$，则在区间$(-R,R)$内有：

（1）加法与减法：$\sum\limits_{n=0}^{\infty}(a_n\pm b_n)x^n=\sum\limits_{n=0}^{\infty}a_nx^n\pm\sum\limits_{n=0}^{\infty}b_nx^n$；

（2）乘法：$\left(\sum\limits_{n=0}^{\infty}a_nx^n\right)\left(\sum\limits_{n=o}^{\infty}b_nx^n\right)=\sum\limits_{n=0}^{\infty}(a_0b_n+a_1b_{n-1}+\cdots+a_nb_0)x^n$.

**【定理 11】** 设幂级数$\sum\limits_{n=0}^{\infty}a_nx^n$在$(-R,R)$内的和函数$S(x)$，则

（1）$S(x)$在$(-R,R)$内连续. 若幂级数$\sum\limits_{n=0}^{\infty}a_nx^n$在$x=R$(或$x=-R$)处也收敛，则$S(x)$在$x=R$处左连续（或在$x=-R$处右连续）；

（2）$S(x)$在$(-R,R)$内每一点都是可导的，且有逐项求导公式

$$S'(x)=\left(\sum_{n=0}^{\infty}a_nx^n\right)'=\sum_{n=0}^{\infty}(a_nx^n)'=\sum_{n=1}^{\infty}na_nx^{n-1}$$

求导后的幂级数与原幂级数有相同的收敛半径$R$；

（3）$S(x)$在$(-R,R)$内可以积分，且有逐项积分公式

$$\int_0^x S(x)\mathrm{d}x=\int_0^x\left(\sum_{n=0}^{\infty}a_nx^n\right)\mathrm{d}x=\sum_{n=0}^{\infty}a_n\int_0^x x^n\mathrm{d}x=\sum_{n=0}^{\infty}\frac{a_n}{n+1}x^{n+1}$$

其中$x$是$(-R,R)$内任一点，积分后的幂级数与原级数有相同的收敛半径$R$.

**注意：**（1）若逐项求导或逐项积分后的幂级数在$x=R$或$x=-R$处收敛，则

$$S'(x)=\sum_{n=0}^{\infty}na_nx^{n-1}\text{或}\int_0^x S(x)\mathrm{d}x=\sum_{n=0}^{\infty}\frac{a_n}{n+1}x^{n+1}\text{对}x=R\text{或}x=-R\text{处也成立.}$$

（2）反复应用结论（2）可得：幂级数 $\sum_{n=0}^{\infty} a_n x^n$ 的和函数 $S(x)$ 在收敛区间内具有任意阶导数.

**例 7.26**　求级数 $1-\frac{1}{2}+\frac{1}{3}-\frac{1}{4}+\cdots+(-1)^{n+1}\frac{1}{n}+\cdots$ 之和.

**解**　因为

$$\sum_{n=0}^{\infty} x^n = 1+x+x^2+\cdots+x^n+\cdots=\frac{1}{1-x} \quad (-1<x<1),$$

逐项从 0 到 $x$ 进行积分，得

$$\int_0^x 1\mathrm{d}x+\int_0^x x\mathrm{d}x+\int_0^x x^2\mathrm{d}x+\cdots+\int_0^x x^n\mathrm{d}x+\cdots=\int_0^x \frac{1}{1-x}\mathrm{d}x$$

即

$$x+\frac{x^2}{2}+\frac{x^3}{3}+\cdots+\frac{x^{n+1}}{n+1}+\cdots=-\ln(1-x) \quad (-1<x<1)$$

当 $x=-1$ 时，幂级数为 $-1+\frac{(-1)^2}{2}+\frac{(-1)^3}{3}+\cdots+\frac{(-1)^{n+1}}{n+1}+\cdots$，是收敛的交错级数；

当 $x=1$ 时，幂级数为 $1+\frac{1}{2}+\frac{1}{3}+\cdots+\frac{1}{n+1}+\cdots$，是发散的调和级数.

综上所述，$x+\frac{x^2}{2}+\frac{x^3}{3}+\cdots+\frac{x^{n+1}}{n+1}+\cdots=-\ln(1-x) \quad (-1\leqslant x<1)$

取 $x=-1$，即有 $-1+\frac{(-1)^2}{2}+\frac{(-1)^3}{3}+\cdots+\frac{(-1)^{n+1}}{n+1}+\cdots=-\ln[1-(-1)]$，所以

$$1-\frac{1}{2}+\frac{1}{3}-\frac{1}{4}+\cdots+(-1)^{n+1}\frac{1}{n}+\cdots=\ln 2.$$

**例 7.27**　求幂级数 $\sum_{n=0}^{\infty}\frac{1}{n+1}x^n$ 的和函数.

**解**　因为 $\rho=\lim_{n\to\infty}\frac{|a_{n+1}|}{|a_n|}=\lim_{n\to\infty}\frac{n}{n+1}=1$，所以收敛半径为 $R=\frac{1}{\rho}=1$.

当 $x=1$ 时，原级数变为 $\sum_{n=0}^{\infty}\frac{1}{n+1}x^n$，为发散级数；当 $x=1$ 时，原级数变为 $\sum_{n=0}^{\infty}\frac{(-1)^n}{n+1}x^n$，为收敛级数，则幂级数的收敛域为 $[-1,1)$.

设和函数为 $S(x)$，即 $S(x)=\sum_{n=0}^{\infty}\frac{1}{n+1}x^n$，$x\in[-1,1)$，显然 $S(0)=1$.

对 $xS(x)=\sum_{n=0}^{\infty}\frac{1}{n+1}x^{n+1}$ 的两边求导，得 $[xS(x)]'=\left(\sum_{n=0}^{\infty}\frac{1}{n+1}x^{n+1}\right)'=\sum_{n=0}^{\infty}x^n=\frac{1}{1-x}$.

对上式从 0 到 $x$ 积分，得 $xS(x)=\int_0^x\frac{1}{1-x}\mathrm{d}x=-\ln(1-x)$.

所以，当 $x\neq 0$ 时，有 $S(x)=-\frac{1}{x}\ln(1-x)$.

因此，$S(x)=\begin{cases}-\dfrac{1}{x}\ln(1-x) & x\in[-1,0)\cup(0,1)\\ 1 & x=0\end{cases}$.

## 任务解答 7.1

根据任务 7.1，计算跳跃小球从高度 $a$ 处落到一个平面后直到停止时上下运动的总距离.

图 7.1 是跳跃小球下落的示意图，假定每次弹起的高度以比例系数 $r$ 减少，可以利用几何级数计算一个跳跃球经过的总垂直距离：

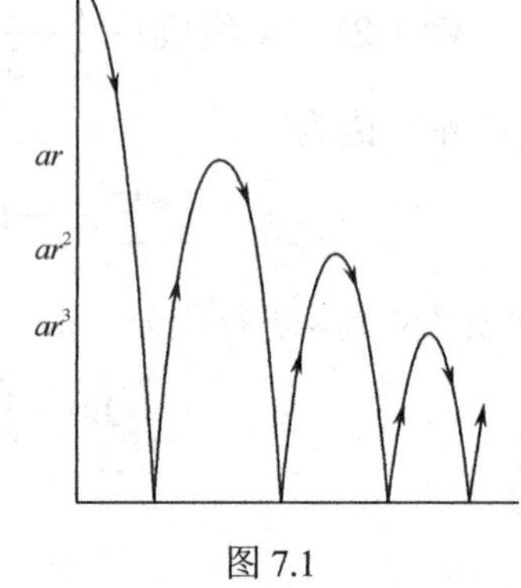

图 7.1

$$s=a+\underbrace{2ar+2ar^2+2ar^3+\cdots}_{这个和是2ar/(1-r)}=a+\frac{2ar}{1-r}=a\frac{1+r}{1-r},$$

若 a = 4 m，r = 0.75，总距离是

$$s=4\times\frac{1+0.75}{1-0.75}=28\text{ m}.$$

**思考问题**　图 7.2 表示半圆序列的头三行及第四行的一部分，第 $n$ 行有 $2^n$ 个半圆，每个半圆的半径是 $\frac{1}{2^n}$，求所有半圆面积之和.

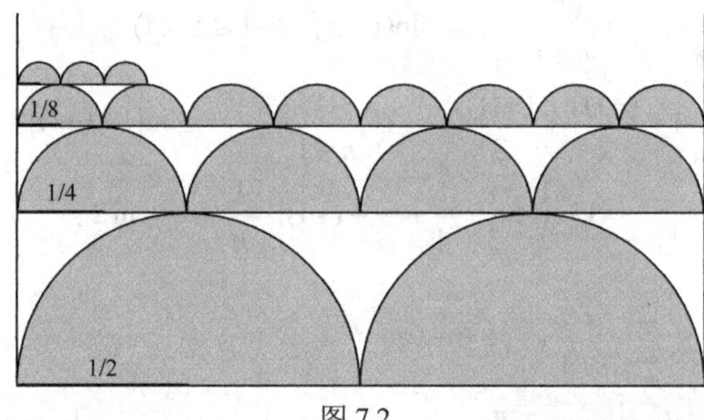

图 7.2

## 基础训练 7.1

1．写出下列级数的前 4 项：

（1）$\sum\limits_{n=1}^{\infty}\frac{(-1)^n+1}{2n}$；　（2）$\sum\limits_{n=1}^{\infty}\frac{2n-1}{2^n}$；　（3）$\sum\limits_{n=1}^{\infty}\left(\cos\frac{n\pi}{4}+\sin\frac{n\pi}{4}\right)$.

2．判断下列级数的敛散性：

（1）$0.001+\sqrt{0.001}+\sqrt[3]{0.001}+\cdots+\sqrt[n]{0.001}+\cdots$；

（2）$\left(\frac{1}{2}+\frac{1}{3}\right)+\left(\frac{1}{4}+\frac{1}{9}\right)+\left(\frac{1}{8}+\frac{1}{27}\right)+\cdots$；

（3）$\sum\limits_{n=1}^{\infty}\frac{(-1)^n\cdot n}{2n+1}$；　（4）$\sum\limits_{n=1}^{\infty}\frac{1}{n(n+3)}$.

3．判断下列级数的敛散性：

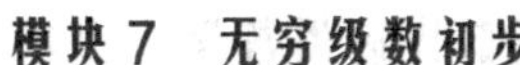


（1）$\sum_{n=1}^{\infty}\frac{1}{n^2+n+4}$；　（2）$\sum_{n=1}^{\infty}\frac{1}{\sqrt{1+n^2}}$；　（3）$\sum_{n=1}^{\infty}\sin\frac{\pi}{2^n}$.

4．讨论下列级数的敛散性：

（1）$\sum_{n=1}^{\infty}\frac{n+2}{2^n}$；　（2）$\sum_{n=1}^{\infty}\frac{n!}{2^n+1}$；　（3）$\sum_{n=1}^{\infty}\frac{n^n}{n!}$；

（4）$\sum_{n=1}^{\infty}n!\left(\frac{2}{n}\right)^n$；　（5）$\sum_{n=1}^{\infty}2^n\sin\frac{\pi}{3^n}$；　（6）$\sum_{n=1}^{\infty}\left(\frac{n}{2n+1}\right)^n$.

5．设 $u_n \leqslant c_n \leqslant v_n (n=1,2,\cdots)$，并且级数 $\sum_{n=1}^{\infty}u_n$ 与 $\sum_{n=1}^{\infty}v_n$ 都收敛，问级数 $\sum_{n=1}^{\infty}c_n$ 是否收敛？

6．判断下列级数的敛散性，并进一步说明是条件收敛还是绝对收敛.

（1）$\sum_{n=1}^{\infty}\frac{\sin na}{(n+1)^2}$；　（2）$\sum_{n=1}^{\infty}(-1)^n\frac{1}{(2n-1)^2}$；　（3）$\sum_{n=1}^{\infty}\frac{(-1)^{n-1}\sin\frac{\pi}{n+1}}{3^{n+1}}$.

7．求下列幂级数的收敛半径：

（1）$\sum_{n=1}^{\infty}(-1)^n\frac{2^n}{\sqrt{n}}x^n$；　（2）$\sum_{n=1}^{\infty}(-nx)^n$；　（3）$\sum_{n=1}^{\infty}\frac{1}{n!}x^n$.

8．求幂级数 $\sum_{n=1}^{\infty}\frac{1}{3^n}x^{2n-1}$ 的收敛域.

9．求幂级数 $\sum_{n=1}^{\infty}10^{2n}(2x-3)^{2n-1}$ 的收敛域.

扫一扫看傅里叶级数及其应用教学课件

## 7.2　傅里叶级数及其应用

扫一扫下载学习任务书 7.2

### 学习任务 7.2　分析脉冲信号的叠加波

已知一脉冲矩形波信号为 $f(x)=\begin{cases}-1, & -\pi\leqslant x<0\\ 1, & 0\leqslant x<\pi\end{cases}$，问它是由哪些正弦波叠加而成的？你能将它展开成傅里叶级数吗？

早在 18 世纪中叶，丹尼尔·伯努利在解决弦振动问题时就提出了这样的见解：任何复杂的振动都可以分解成一系列谐振动之和. 19 世纪初，法国数学家傅里叶发现，任何周期函数都可以用正弦函数和余弦函数构成的无穷级数来表示，傅里叶级数是一种特殊的三角级数. 本节主要学习傅里叶级数及其应用.

### 7.2.1　三角级数与三角函数系的正交性

**【定义 1】** 按某一规律确定的函数序列称为函数系. 函数列

$$\{1,\ \cos x,\ \sin x,\ \cos 2x,\ \sin 2x,\ \cdots,\ \cos nx,\ \sin nx,\ \cdots\}$$

称为**三角函数系**. 其有下面两个重要性质：

（1）周期性：每一个函数都是以 $2\pi$ 为周期的周期函数；

（2）正交性：任意两个不同函数的积在 $[-\pi,\pi]$ 上的积分等于零，任意一个函数的平方在

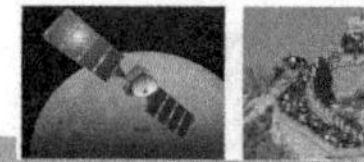

$[-\pi,\pi]$ 上的积分不等于零.

对于一个在 $[-\pi,\pi]$ 可积的函数系 $\{u_n(x)\colon x\in[a,b], n=1,2,\cdots\}$，定义两个函数的内积为 $\langle u_n(x),u_m(x)\rangle=\int_a^b u_n(x)\cdot u_m(x)\,\mathrm{d}x$，

如果 $\langle u_n(x),u_m(x)\rangle=\begin{cases} l\neq 0 & m=n \\ 0 & m\neq n\end{cases}$，则称函数系 $\{u_n(x)\colon x\in[a,b], n=1,2,\cdots\}$ 为正交系.

由于 $\langle 1,\sin nx\rangle=\int_{-\pi}^{\pi}1\cdot\sin nx\mathrm{d}x=\int_{-\pi}^{\pi}1\cdot\cos nx\mathrm{d}x=0$，

$\langle \sin mx,\sin nx\rangle=\int_{-\pi}^{\pi}\sin mx\cdot\sin nx\mathrm{d}x=\begin{cases}\pi & m=n\\ 0 & m\neq n\end{cases}$，

$\langle \cos mx,\cos nx\rangle=\int_{-\pi}^{\pi}\cos mx\cdot\cos nx\mathrm{d}x=\begin{cases}\pi & m=n\\ 0 & m\neq n\end{cases}$，

$\langle \sin mx,\cos nx\rangle=\int_{-\pi}^{\pi}\sin mx\cdot\cos nx\mathrm{d}x=0$，

$\langle 1,1\rangle=\int_{-\pi}^{\pi}1^2\,\mathrm{d}x=2\pi$，

所以三角函数系在 $[-\pi,\pi]$ 上具有正交性，故称为正交系.

利用三角函数系构成的级数

$$\frac{a_0}{2}+\sum_{n=1}^{\infty}(a_n\cos nx+b_n\sin nx)$$

称为三角级数，其中 $a_0,a_1,b_1,\cdots,a_n,b_n,\cdots$ 为常数.

### 7.2.2　以 2π 为周期的函数的傅里叶级数

#### 1．傅里叶系数与傅里叶级数

设 $f(x)$ 是周期为 $2\pi$ 的周期函数，假定它可以表示成三角级数

$$f(x)=\frac{a_0}{2}+\sum_{n=1}^{\infty}(a_n\cos nx+b_n\sin nx) \tag{1}$$

显然我们要寻找计算系数 $a_0,a_n,b_n(n=1,2,3,\cdots)$ 的一个方法，为此进一步假设级数（1）可逐项积分.

1）$a_0$ 的计算

对（1）式从 $-\pi$ 到 $\pi$ 逐项积分：

$$\int_{-\pi}^{\pi}f(x)\mathrm{d}x=\int_{-\pi}^{\pi}\frac{a_0}{2}\mathrm{d}x+\sum_{n=1}^{\infty}\left[a_n\int_{-\pi}^{\pi}\cos nx\mathrm{d}x+b_n\int_{-\pi}^{\pi}\sin nx\mathrm{d}x\right]$$

根据三角函数系的正交性知，等式右端除第一项外，其余各项均为零，所以

$$\int_{-\pi}^{\pi}f(x)\mathrm{d}x=\int_{-\pi}^{\pi}\frac{a_0}{2}\mathrm{d}x=\frac{a_0}{2}\cdot 2\pi,$$

解出 $a_0$ 得

$$a_0=\frac{1}{\pi}\int_{-\pi}^{\pi}f(x)\mathrm{d}x.$$

2）$a_n$ 的计算

用 $\cos mx$ 乘（1）式的两端，再从 $-\pi$ 到 $\pi$ 逐项积分：

$$\int_{-\pi}^{\pi} f(x)\cos mx\mathrm{d}x = \int_{-\pi}^{\pi} \frac{a_0}{2}\cos mx\mathrm{d}x + \sum_{n=1}^{\infty}\left[a_n\int_{-\pi}^{\pi}\cos nx\cos mx\mathrm{d}x + b_n\int_{-\pi}^{\pi}\sin nx\cos mx\mathrm{d}x\right]$$

根据三角函数系的正交性知，等式右端除系数为 $a_n$ 的 $m=n$ 的一项外，其余各项均为零，所以

$$\int_{-\pi}^{\pi} f(x)\cos nx\,\mathrm{d}x = a_n\int_{-\pi}^{\pi}\cos^2 nx\,\mathrm{d}x = a_n\pi$$

解出 $a_n$ 得

$$a_n = \frac{1}{\pi}\int_{-\pi}^{\pi} f(x)\cos nx\,\mathrm{d}x.$$

3）$b_n$ 的计算

用 $\sin mx$ 乘（1）式的两端，再从 $-\pi$ 到 $\pi$ 逐项积分：

$$\int_{-\pi}^{\pi} f(x)\sin mx\mathrm{d}x = \int_{-\pi}^{\pi} \frac{a_0}{2}\sin mx\mathrm{d}x + \sum_{n=1}^{\infty}\left[a_n\int_{-\pi}^{\pi}\cos nx\sin mx\mathrm{d}x + b_n\int_{-\pi}^{\pi}\sin nx\sin mx\mathrm{d}x\right]$$

根据三角函数系的正交性知，等式右端除系数为 $b_n$ 的 $m=n$ 的一项外，其余各项均为零，所以

$$\int_{-\pi}^{\pi} f(x)\sin nx\,\mathrm{d}x = b_n\int_{-\pi}^{\pi}\sin^2 nx\,\mathrm{d}x = b_n\pi$$

解出 $b_n$ 得

$$b_n = \frac{1}{\pi}\int_{-\pi}^{\pi} f(x)\sin nx\,\mathrm{d}x.$$

由这些公式算出的系数 $a_0$、$a_n$、$b_n$ 称为 $f(x)$ 的**傅里叶系数**，以 $a_0$、$a_n$、$b_n(n=1,2,3,\cdots)$ 为系数作出的三角级数 $\frac{a_0}{2}+\sum_{n=1}^{\infty}(a_n\cos nx + b_n\sin nx)$ 称为函数 $f(x)$ 的**傅里叶级数**.

**2．傅里叶级数的收敛性**

一个周期函数 $f(x)$ 必须具备什么样的条件，它的傅里叶级数才能收敛到 $f(x)$？下面的收敛定理给出了这个问题的结论.

**【定理 1】（狄利克雷收敛定理）** 设 $f(x)$ 是周期为 $2\pi$ 的周期函数，且在 $[-\pi,\pi]$ 上按段光滑，则在每一点 $x\in[-\pi,\pi]$，$f(x)$ 的傅里叶级数收敛于 $f(x)$ 在点 $x$ 的左、右极限的算术平均值，即

$$\frac{a_0}{2}+\sum_{n=1}^{\infty}(a_n\cos nx + b_n\sin nx) = \frac{f(x^+)+f(x^-)}{2}$$

其中 $a_0$、$a_n$、$b_n$ 为 $f(x)$ 的傅里叶系数.

**注意：**（1）若 $f(x)$ 的导函数在 $[a,b]$ 上连续，则称 $f(x)$ 在 $[a,b]$ 上光滑；

（2）若 $f(x)$ 在 $[a,b]$ 上至多有有限个左右极限不相等的间断点，且除了有限个点外，其导数存在且连续，则称 $f(x)$ 在 $[a,b]$ 上按段光滑；

（3）$f(x^-)$ 为 $f(x)$ 在 $x$ 处的左极限；$f(x^+)$ 为 $f(x)$ 在 $x$ 处的右极限.

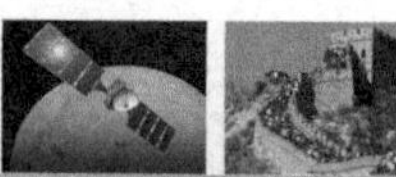

**例 7.28** 振幅为 1，周期为 $2\pi$ 的一种矩形脉冲（图 7.3）在一个周期的表达式为

$$f(x)=\begin{cases}0, & -\pi\leqslant x<0\\ 1, & 0\leqslant x<\pi\end{cases}$$

试将 $f(x)$ 展开为傅里叶级数.

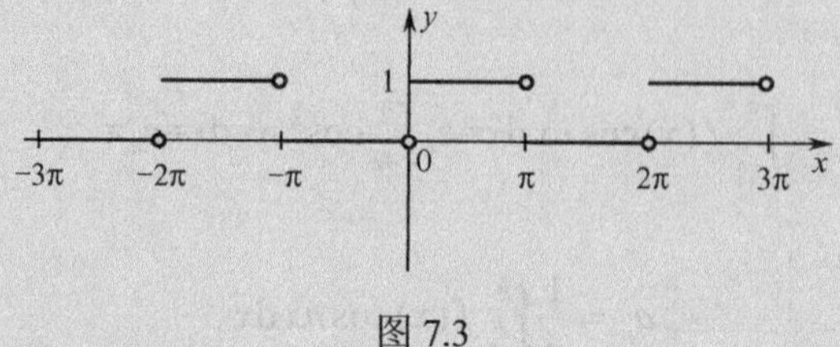


图 7.3

**解** 函数 $f(x)$ 满足收敛定理条件，计算傅里叶系数：

$$a_0=\frac{1}{\pi}\int_{-\pi}^{\pi}f(x)\mathrm{d}x=\frac{1}{\pi}\int_0^{\pi}1\mathrm{d}x=1$$

$$a_n=\frac{1}{\pi}\int_{-\pi}^{\pi}f(x)\cos nx\,\mathrm{d}x=\frac{1}{\pi}\int_0^{\pi}\cos nx\,\mathrm{d}x=\frac{1}{n\pi}[\sin nx]_0^{\pi}=0\,.$$

$$b_n=\frac{1}{\pi}\int_{-\pi}^{\pi}f(x)\sin nx\,\mathrm{d}x=\frac{1}{\pi}\int_0^{\pi}\sin nx\,\mathrm{d}x=\frac{1}{n\pi}[-\cos nx]_0^{\pi}$$

$$=\frac{1}{n\pi}(1-\cos n\pi)=\begin{cases}\dfrac{2}{n\pi}, & n=1,3,5,\cdots\\ 0, & n=2,4,6,\cdots\end{cases}.$$

再由收敛定理，在 $f(x)$ 的连续点，即 $x\neq 0$、$\pm\pi$、$\pm 2\pi$、$\cdots$ 处，$f(x)$ 可展开成傅里叶级数：

$$f(x)=\frac{1}{2}+\frac{2}{\pi}\left(\sin x+\frac{1}{3}\sin 3x+\frac{1}{5}\sin 5x+\cdots\right)\quad(-\infty<x<+\infty,x\neq 0、\pm\pi、\pm 2\pi、\cdots).$$

在 $f(x)$ 的间断点处，如 $x=0$ 处，级数收敛于 $\dfrac{f(0^+)+f(0^-)}{2}$，其中 $f(0^+)=\lim\limits_{x\to 0^+}f(x)=1$，$f(0^-)=\lim\limits_{x\to 0^-}f(x)=0$，故收敛于 $\dfrac{1}{2}$.

**例 7.29** 设 $f(x)$ 是周期为 $2\pi$ 的周期函数（图 7.4），在 $[-\pi,\pi)$ 上的表示式为

$$f(x)=\begin{cases}x, & -\pi\leqslant x<0\\ 0, & 0\leqslant x<\pi\end{cases}.$$

将 $f(x)$ 展开为傅里叶级数.

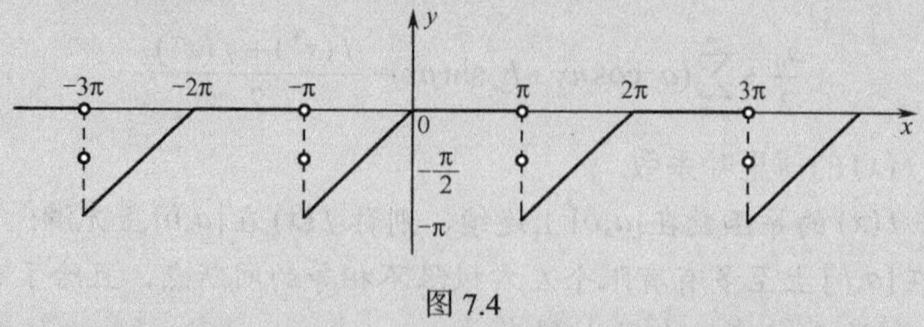


图 7.4

**解** 按公式计算傅里叶系数，即

$$a_0 = \frac{1}{\pi}\int_{-\pi}^{\pi} f(x)\mathrm{d}x = \frac{1}{\pi}\int_{-\pi}^{0} x\mathrm{d}x = -\frac{\pi}{2}.$$

$$a_n = \frac{1}{\pi}\int_{-\pi}^{\pi} f(x)\cos nx\mathrm{d}x = \frac{1}{\pi}\int_{-\pi}^{0} x\cos nx\mathrm{d}x = \frac{1}{\pi}\left[\frac{x\sin nx}{n} + \frac{\cos nx}{n^2}\right]_{-\pi}^{0}$$

$$= \frac{1-\cos n\pi}{n^2\pi} = \begin{cases} \dfrac{2}{n^2\pi}, & n = 1,3,5,\cdots \\ 0, & n = 2,4,6,\cdots \end{cases}.$$

$$b_n = \frac{1}{\pi}\int_{-\pi}^{\pi} f(x)\sin nx\,\mathrm{d}x = \frac{1}{\pi}\int_{-\pi}^{0} x\sin nx\mathrm{d}x = \frac{1}{\pi}\left[-\frac{x\cos nx}{n} + \frac{\sin nx}{n^2}\right]_{-\pi}^{0}$$

$$= -\frac{\cos n\pi}{n} = \frac{(-1)^{n+1}}{n} \quad (n = 1,2,3,\cdots).$$

于是根据收敛定理，在 $f(x)$ 的连续点，即 $x \ne (2k+1)\pi\ (k \in \mathbf{Z})$ 处，$f(x)$ 有傅里叶级数展开式

$$f(x) = -\frac{\pi}{4} + \frac{2}{\pi}(\cos x + \frac{1}{3^2}\cos 3x + \frac{1}{5^2}\cos 5x + \cdots) + (\sin x - \frac{1}{2}\sin 2x + \frac{1}{3}\sin 3x + \cdots)$$

$$(-\infty < x < +\infty, x \ne (2k+1)\pi, k \in \mathbf{Z}).$$

在 $f(x)$ 的间断点 $x = (2k+1)\pi\ (k \in \mathbf{Z})$ 处，级数收敛于 $\dfrac{f(\pi^+) + f(\pi^-)}{2} = \dfrac{-\pi + 0}{2} = -\dfrac{\pi}{2}$.

### 3．定义在[−π,π]上的函数展开为傅里叶级数

如果函数 $y = f(x)$ 不是周期函数，它只在区间 $[-\pi,\pi]$ 上有定义，并且满足收敛定理的条件，那么它能否展开为傅里叶级数呢？为了解决这个问题，只要将 $y = f(x)$ 看作一个以 $2\pi$ 为周期的周期函数 $y = F(x)$ 在 $[-\pi,\pi]$ 上的一个表示式，即当 $-\pi \leqslant x < \pi$ 时，有 $F(x) \equiv f(x)$，按这种方式拓广函数的定义域的过程称为周期延拓.

**【定义 2】** 设 $f(x)$ 在 $[-\pi,\pi]$ 上有定义，函数

$$F(x) = \begin{cases} f(x), & x \in [-\pi,\pi) \\ f(x - 2k\pi), & x \in [2k\pi - \pi, 2k\pi + \pi), k \in \mathbf{Z} \end{cases}$$

称为 $f(x)$ 的**周期延拓**.

如果 $F(x)$ 是函数 $f(x)$ 在 $[-\pi,\pi]$ 上经过周期延拓所成的一个函数，即 $F(x)$ 是一个以 $2\pi$ 为周期的周期函数，那么函数 $F(x)$ 就可以展开为傅里叶级数

$$F(x) = \frac{a_0}{2} + \sum_{n=1}^{\infty}(a_n\cos nx + b_n\sin nx).$$

**例 7.30**　把函数 $f(x) = \begin{cases} -\dfrac{\pi}{4}, & -\pi < x < 0 \\ \dfrac{\pi}{4}, & 0 \leqslant x < \pi \end{cases}$ 展开成傅里叶级数，并由它推出

（1）$\dfrac{\pi}{4} = 1 - \dfrac{1}{3} + \dfrac{1}{5} - \dfrac{1}{7} + \cdots$；

（2）$\dfrac{\pi}{3} = 1 + \dfrac{1}{5} - \dfrac{1}{7} - \dfrac{1}{11} + \dfrac{1}{13} - \dfrac{1}{17} + \cdots$；

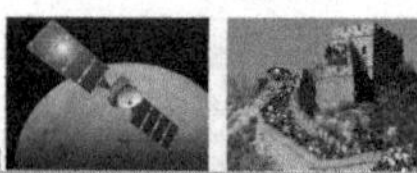

（3）$\frac{\sqrt{3}}{6}\pi=1-\frac{1}{5}+\frac{1}{7}-\frac{1}{11}+\frac{1}{13}-\frac{1}{17}+\cdots$.

**解** 函数 $f(x)$，$x\in(-\pi,\pi)$ 做周期延拓的图像如图 7.5 所示.

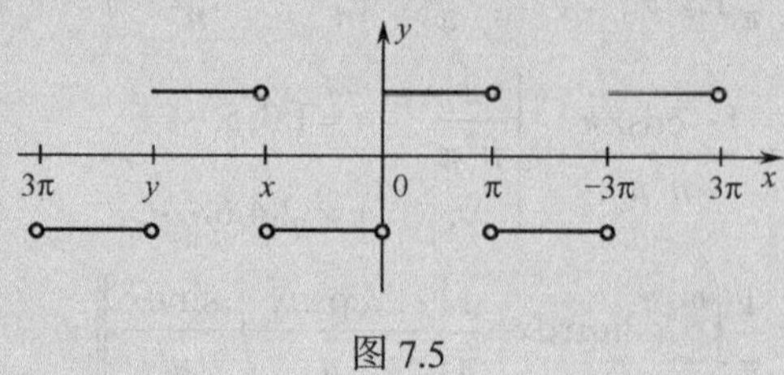


图 7.5

其按段光滑，故可展开为傅里叶级数.

由系数公式得

$$a_0=\frac{1}{\pi}\int_{-\pi}^{\pi}f(x)\mathrm{d}x=\frac{1}{\pi}\int_{-\pi}^{0}\frac{-\pi}{4}\mathrm{d}x+\frac{1}{\pi}\int_{0}^{\pi}\frac{\pi}{4}\mathrm{d}x=0,$$

$$a_n=\frac{1}{\pi}\int_{-\pi}^{0}\frac{-\pi}{4}\cos nx\mathrm{d}x+\frac{1}{\pi}\int_{0}^{\pi}\frac{\pi}{4}\cos nx\mathrm{d}x=0,$$

$$b_n=\frac{1}{\pi}\int_{-\pi}^{0}\frac{-\pi}{4}\sin nx\mathrm{d}x+\frac{1}{\pi}\int_{0}^{\pi}\frac{\pi}{4}\sin nx\,\mathrm{d}x=[1-(-1)^{n+1}]\frac{1}{2n}=\begin{cases}\frac{1}{n}, & n=2k+1\\ 0, & n=2k\end{cases},$$

故 $f(x)=\sum_{n=1}^{\infty}\frac{1}{2n-1}\sin(2n-1)x,\ x\in(-\pi,0)\cup(0,\pi)$ 为所求.

（1）取 $x=\frac{\pi}{2}$，则 $\frac{\pi}{4}=1-\frac{1}{3}+\frac{1}{5}-\frac{1}{7}+\cdots$；

（2）由 $\frac{\pi}{4}=1-\frac{1}{3}+\frac{1}{5}-\frac{1}{7}+\cdots$ 得 $\frac{\pi}{12}=\frac{1}{3}-\frac{1}{9}+\frac{1}{15}-\frac{1}{21}+\cdots$，于是 $\frac{\pi}{3}=\frac{\pi}{4}+\frac{\pi}{12}=1+\frac{1}{5}-\frac{1}{7}-\frac{1}{11}+\frac{1}{13}-\frac{1}{17}+\cdots$；

（3）取 $x=\frac{\pi}{3}$，则 $\frac{\pi}{4}=\frac{\sqrt{3}}{2}\left(1-\frac{1}{5}+\frac{1}{7}-\frac{1}{11}+\frac{1}{13}-\frac{1}{17}+\cdots\right)$，所以 $\frac{\sqrt{3}}{6}\pi=1-\frac{1}{5}+\frac{1}{7}-\frac{1}{11}+\frac{1}{13}-\frac{1}{17}+\cdots$.

### 4．正弦级数、余弦级数

在傅里叶级数展开问题中有的级数只含有余弦项，有的级数只含有正弦项，它与函数的奇偶性有关.

**【定义 3】** 在一个三角级数中，若只含有正弦项，则该级数称为**正弦级数**，若只含有余弦项，则称为**余弦级数**.

**【定理 2】** 对于周期为 $2\pi$ 的奇函数 $f(x)$，其傅里叶级数为正弦级数，它的傅里叶系数为

$$a_0=0;\quad a_n=0;\quad b_n=\frac{2}{\pi}\int_{0}^{\pi}f(x)\sin nx\mathrm{d}x\quad (n=1,2,3,\cdots).$$

对于周期为 $2\pi$ 的偶函数 $f(x)$，其傅里叶级数是余弦级数，它的傅里叶系数为

$$b_n=0;\quad a_0=\frac{2}{\pi}\int_0^{\pi}f(x)\mathrm{d}x;\quad a_n=\frac{2}{\pi}\int_0^{\pi}f(x)\cos nx\mathrm{d}x \quad (n=1,2,3,\cdots).$$

**【定义 4】** 将一个定义在 $[0,\pi]$ 上的函数 $f(x)$ 进行拓展

$$F(x)=\begin{cases}f(x), & 0<x\leqslant\pi\\ 0, & x=0\\ -f(-x), & -\pi<x<0\end{cases}$$

这样构造的函数 $F(x)$ 在 $(-\pi,\pi]$ 上是一个奇函数，按这种方式拓展函数定义域的过程称为**奇延拓**（见图 7.6）. 将 $F(x)$ 在 $(-\pi,\pi]$ 上展开成傅里叶级数，所得级数必是正弦级数.

同理，构造函数

$$F(x)=\begin{cases}f(x), & 0\leqslant x\leqslant\pi\\ f(-x), & -\pi<x<0\end{cases}$$

按这种方式拓展函数定义域的过程称为**偶延拓**（见图 7.7）. 将 $F(x)$ 在 $(-\pi,\pi]$ 上展开成傅里叶级数，所得级数必是余弦级数.

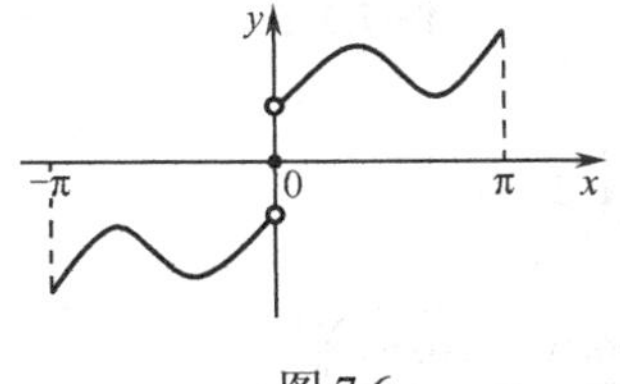


图 7.6

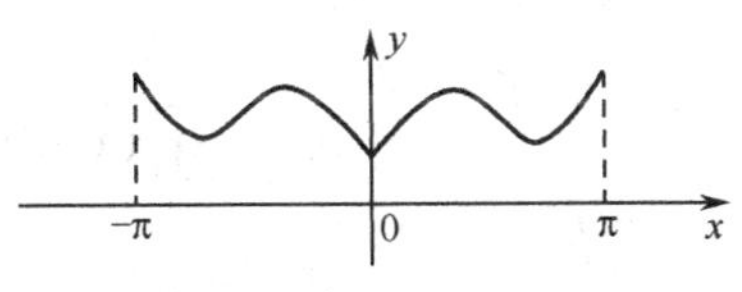


图 7.7

**例 7.31** 设 $f(x)$ 是周期为 $2\pi$ 的周期函数，它在 $(-\pi,\pi]$ 上的表示式为 $f(x)=x$，将 $f(x)$ 展开为傅里叶级数.

**解** 若不计 $x=(2k+1)\pi\ (k\in\mathbf{Z})$，则 $f(x)$ 是周期为 $2\pi$ 的奇函数，所以有

$$a_n=0;$$

$$b_n=\frac{2}{\pi}\int_{-\pi}^{\pi}f(x)\sin nx\,\mathrm{d}x=\frac{2}{\pi}\int_0^{\pi}x\sin nx\,\mathrm{d}x=\frac{2}{\pi}\left(-\frac{x\cos nx}{n}+\frac{\sin nx}{n^2}\right)\Bigg|_0^{\pi}$$

$$=-\frac{2}{n}\cos n\pi=\frac{2}{n}(-1)^{n+1}\quad(n=1,2,3,\cdots).$$

根据收敛定理，可得傅里叶级数展开式为

$$f(x)=2\left(\sin x-\frac{1}{2}\sin 2x+\frac{1}{3}\sin 3x-\cdots+\frac{(-1)^{n+1}}{n}\sin nx+\cdots\right)$$

$$=2\sum_{n=1}^{\infty}\frac{(-1)^{n+1}}{n}\sin nx\quad(-\infty<x<+\infty,\ x\neq(2k+1)\pi,\ k\in\mathbf{Z}).$$

**例 7.32** 将函数 $f(x)=x+1\ (0\leqslant x\leqslant\pi)$ 分别展开成正弦级数和余弦级数.

**解** 先求正弦级数. 为此对 $f(x)$ 进行奇延拓，再做周期延拓（图 7.8），则

$$b_n=\frac{2}{\pi}\int_0^{\pi}f(x)\sin nx\mathrm{d}x=\frac{2}{\pi}\int_0^{\pi}(x+1)\sin nx\mathrm{d}x$$

$$=\frac{2}{\pi}\left(-\frac{(x+1)\cos nx}{n}+\frac{\sin nx}{n^2}\right)\Bigg|_0^{\pi}$$

$$=\frac{2}{n\pi}[1-(\pi+1)\cos n\pi]=\begin{cases}\dfrac{2}{\pi}\cdot\dfrac{\pi+2}{n}, & n=1,3,5,\cdots\\ -\dfrac{2}{n}, & n=2,4,6,\cdots\end{cases}.$$

于是 $x+1=\frac{2}{\pi}[(\pi+2)\sin x-\frac{\pi}{2}\sin 2x+\frac{1}{3}(\pi+2)\sin 3x-\frac{\pi}{4}\sin 4x+\cdots]\quad(0<x<\pi)$.

在端点 $x=0,\pi$ 处，级数的和显然为零，它不表示原来函数 $f(x)$ 的值.

再求余弦级数. 为此对 $f(x)$ 进行偶延拓，再做周期延拓（图 7.9），则

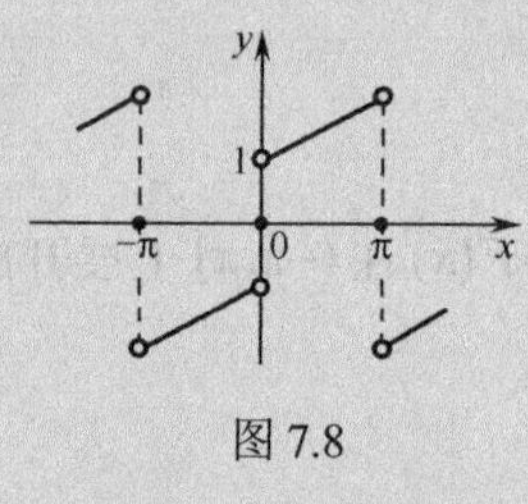

图 7.8

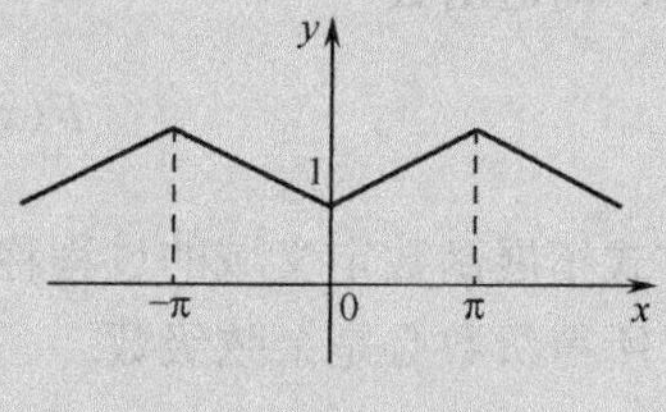

图 7.9

$$a_0=\frac{2}{\pi}\int_0^{\pi}(x+1)\mathrm{d}x=\frac{2}{\pi}\left(\frac{x^2}{2}+x\right)\Bigg|_0^{\pi}=\pi+2,$$

$$a_n=\frac{2}{\pi}\int_0^{\pi}(x+1)\cos nx\mathrm{d}x=\frac{2}{\pi}\left(\frac{(x+1)\sin nx}{n}+\frac{\cos nx}{n^2}\right)\Bigg|_0^{\pi}$$

$$=\frac{2}{n^2\pi}(\cos n\pi-1)=\begin{cases}-\dfrac{4}{n^2\pi}, & n=1,3,5,\cdots\\ 0, & n=2,4,6,\cdots\end{cases}.$$

于是 $x+1=\frac{\pi}{2}+1-\frac{4}{\pi}\left(\cos x+\frac{1}{3^2}\cos 3x+\frac{1}{5^2}\cos 5x+\cdots\right)\quad(0\leqslant x\leqslant\pi)$.

### 7.2.3　以 $2l$ 为周期的函数的傅里叶级数

前面讨论的周期函数都是以 $2\pi$ 为周期的，但在实际问题中所遇到的周期函数，其周期往往不一定是 $2\pi$，下面将讨论周期为 $2l$ 的函数的傅里叶级数.

设以 $2l$ 为周期的函数 $f(x)$ 满足收敛定理的条件. 为了将周期 $2l$ 转换为 $2\pi$，做变量代换 $x=\frac{l}{\pi}t$.

可以看出，当 $x$ 在区间 $[-l,l]$ 上取值时，$t$ 就在 $[-\pi,\pi]$ 上取值，设

$$f(x)=f\left(\frac{l}{\pi}t\right)=\varphi(t),$$

则 $\varphi(t)$ 是以 $2\pi$ 为周期的函数，并且满足收敛定理的条件，将 $\varphi(t)$ 展开为傅里叶级数

$$\varphi(t)=\frac{a_0}{2}+\sum_{n=1}^{\infty}(a_n\cos nt+b_n\sin nt).$$

其中，

$$a_0=\frac{1}{\pi}\int_{-\pi}^{\pi}\varphi(t)\mathrm{d}t,$$

$$a_n=\frac{1}{\pi}\int_{-\pi}^{\pi}\varphi(t)\cos nt\,\mathrm{d}t,$$

$$b_n=\frac{1}{\pi}\int_{-\pi}^{\pi}\varphi(t)\sin nt\,\mathrm{d}t\quad(n=1,2,3,\cdots).$$

在上式中，把变量 $t$ 换回 $x$，并注意到 $f(x)=\varphi(t)$，于是得到 $f(x)$ 的**傅里叶级数展开式**为

$$f(x)=\frac{a_0}{2}+\sum_{n=1}^{\infty}\left(a_n\cos\frac{n\pi x}{l}+b_n\sin\frac{n\pi x}{l}\right).$$

其中，

$$a_0=\frac{1}{l}\int_{-l}^{l}f(x)\mathrm{d}x,$$

$$a_n=\frac{1}{l}\int_{-l}^{l}f(x)\cos\frac{n\pi x}{l}\mathrm{d}x,$$

$$b_n=\frac{1}{l}\int_{-l}^{l}f(x)\sin\frac{n\pi x}{l}\mathrm{d}x\quad(n=1,2,3,\cdots).$$

类似地，如果 $f(x)$ 是奇函数，则它的傅里叶级数是正弦级数，即

$$f(x)=\sum_{n=1}^{\infty}b_n\sin\frac{n\pi x}{l}.$$

其中 $b_n=\frac{2}{l}\int_0^l f(x)\sin\frac{n\pi x}{l}\mathrm{d}x\quad(n=1,2,3,\cdots)$.

如果 $f(x)$ 是偶函数，则它的傅里叶级数是余弦级数，即

$$f(x)=\frac{a_0}{2}+\sum_{n=1}^{\infty}a_n\cos\frac{n\pi x}{l}.$$

其中 $a_0=\frac{2}{l}\int_0^l f(x)\mathrm{d}x$、 $a_n=\frac{1}{l}\int_0^l f(x)\cos\frac{n\pi x}{l}\mathrm{d}x\quad(n=1,2,3,\cdots)$.

**例 7.33**　设 $f(x)$ 是周期为 4 的函数，它在 $[-2,2)$ 上的表示式为 $f(x)=\begin{cases}0, & -2\leqslant x<0\\ A, & 0\leqslant x<2(A\neq 0)\end{cases}$ 将 $f(x)$ 展开为傅里叶级数.

**解**　傅里叶系数为 $a_0=\frac{1}{2}\int_{-2}^{2}f(x)\mathrm{d}x=\frac{1}{2}\int_0^2 A\mathrm{d}x=A$，

$$a_n=\frac{1}{2}\int_{-2}^{2}f(x)\cos\frac{n\pi x}{2}\mathrm{d}x=\frac{1}{2}\int_0^2 A\cos\frac{n\pi x}{2}\mathrm{d}x=\frac{A}{n\pi}\sin\frac{n\pi x}{2}\Big|_0^2=0\quad(n=1,2,3,\cdots),$$

$$b_n=\frac{1}{2}\int_{-2}^{2}f(x)\sin\frac{n\pi x}{2}\mathrm{d}x=\frac{1}{2}\int_0^2 A\sin\frac{n\pi x}{2}\mathrm{d}x=-\frac{A}{n\pi}\cos\frac{n\pi x}{2}\Big|_0^2=\frac{A}{n\pi}(1-\cos n\pi)$$

$$=\begin{cases}\dfrac{2A}{n\pi}, & n=1,3,5,\cdots\\ 0, & n=2,4,6,\cdots\end{cases}.$$

根据收敛定理，得 $f(x)$ 的傅里叶级数为

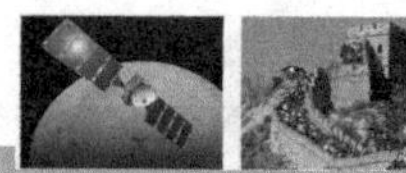

$$f(x)=\frac{A}{2}+\frac{2A}{\pi}\left(\sin\frac{\pi}{2}x+\frac{1}{3}\sin\frac{3\pi}{2}x+\frac{1}{5}\sin\frac{5\pi}{2}x+\cdots\right)\quad(-\infty<x<+\infty,\ x\neq 2k,\ k\in\mathbf{Z})$$

当 $x=2k\ (k\in\mathbf{Z})$ 时，级数收敛于 $\frac{A}{2}$.

如果函数 $y=f(x)$ 只在区间 $[-l,l]$ 上有定义，并且满足收敛定理的条件，可以做周期延拓，将 $y=f(x)$ 看作一个以 $2l$ 为周期的周期函数 $y=F(x)$ 在 $[-l,l]$ 上的一个表示式，即当 $-l\leqslant x<l$ 时，有 $F(x)\equiv f(x)$，那么函数 $F(x)$ 就可展开为傅里叶级数

$$F(x)=\frac{a_0}{2}+\sum_{n=1}^{\infty}\left(a_n\cos\frac{n\pi x}{l}+b_n\sin\frac{n\pi x}{l}\right).$$

**例 7.34** 将函数 $f(x)=x+1(-1\leqslant x\leqslant 1)$ 展开为傅里叶级数.

**解** 函数 $f(x)=x+1$ 在区间 $[-1,1]$ 上满足收敛定理的条件，将函数 $f(x)$ 在区间 $[-1,1)$ 外做周期延拓，成为以 2 为周期的周期函数 $F(x)$，计算傅里叶系数，有

$$a_0=\int_{-1}^{1}f(x)\mathrm{d}x=\int_{-1}^{1}(1+x)\mathrm{d}x=2,$$

$$a_n=\int_{-1}^{1}f(x)\cos n\pi x\,\mathrm{d}x=\int_{-1}^{1}(1+x)\cos n\pi x\mathrm{d}x=0\quad(n=1,2,3,\cdots),$$

$$b_n=\int_{-1}^{1}f(x)\sin n\pi x\mathrm{d}x=2\int_{0}^{1}x\sin n\pi x\mathrm{d}x=-\frac{2}{n\pi}\cos n\pi=(-1)^{n+1}\frac{2}{n\pi}\quad(n=1,2,3,\cdots).$$

于是得到 $f(x)$ 的傅里叶级数为

$$f(x)=1+\frac{2}{\pi}\left(\sin\pi x-\frac{1}{2}\sin 2\pi x+\frac{1}{3}\sin 3\pi x-\cdots+\frac{(-1)^{n+1}}{n}\sin n\pi x+\cdots\right)\quad(-1<x<1).$$

在实际应用中有时也需要把定义在区间 $[0,l]$ 上的函数 $f(x)$ 展开为只含有正弦项的正弦级数或只含有余弦项的余弦级数. 设函数 $f(x)$ 定义在 $[0,l]$ 上，并且满足收敛定理的条件，如果要将 $f(x)$ 展开为正弦级数，可先将函数 $f(x)$ 延拓成为 $[-l,l]$ 上的奇函数 $F(x)$（称为奇延拓），即 $F(x)=\begin{cases}f(x), & 0\leqslant x\leqslant l\\ -f(x), & -l<x<0\end{cases}$；再将 $F(x)$ 展开为傅里叶级数. 因为 $F(x)$ 是奇函数，所以这个级数一定是正弦级数，因为在 $[0,l]$ 上 $f(x)\equiv F(x)$，所以将这个正弦级数限制在 $[0,l]$ 上，就得到了 $f(x)$ 在 $[0,l]$ 上的正弦级数展开式，这时可得到系数计算公式：

$$b_n=\frac{2}{l}\int_{0}^{l}f(x)\sin\frac{n\pi}{l}x\,\mathrm{d}x\quad(n=1,2,3,\cdots),$$

$$a_n=0\quad(n=0,1,2,3,\cdots).$$

类似地，为了将 $[0,l]$ 上的函数 $f(x)$ 展开为余弦级数，设 $f(x)$ 满足收敛定理的条件，将 $f(x)$ 延拓成为 $[-l,l]$ 上的偶函数 $F(x)$（称为偶延拓），即

$$F(x)=\begin{cases}f(x), & 0\leqslant x\leqslant l\\ f(-x), & -l<x<0\end{cases}.$$

然后将 $F(x)$ 展开为三角级数，这样就得到定义在 $[0,l]$ 上的函数 $f(x)$ 的余弦级数，这时系数计算公式为

$$a_0=\frac{2}{l}\int_{0}^{l}f(x)\mathrm{d}x,$$

$$a_n=\frac{2}{l}\int_0^l f(x)\cos\frac{n\pi x}{l}dx \quad (n=1,2,3,\cdots),$$

$$b_n=0.$$

**例 7.35**　将函数 $f(x)=x+1(0\leqslant x\leqslant 1)$ 分别展开成正弦级数和余弦级数.

**解**　先求正弦级数，对函数 $f(x)$ 做奇延拓，计算傅里叶系数：

$$b_n=2\int_0^1 f(x)\sin n\pi x dx=2\int_0^1 (x+1)\sin n\pi x dx=\frac{2}{n\pi}(-2\cos n\pi+1)=\frac{2}{n\pi}(1+(-1)^n\cdot 2)$$

$$=\begin{cases}-\dfrac{2}{n\pi}, & n=1,3,5,\cdots\\ \dfrac{6}{n\pi}, & n=2,4,6,\cdots\end{cases}.$$

根据收敛定理，得到函数 $f(x)$ 的正弦级数为

$$x+1=\frac{2}{\pi}(-\sin\pi x+\frac{3}{2}\sin 2\pi x-\frac{1}{3}\sin 3\pi x+\frac{3}{4}\sin 4\pi x-\cdots) \quad (0<x<1).$$

再求余弦级数，对函数 $f(x)$ 做偶延拓，计算傅里叶系数：

$$a_0=2\int_0^1 (x+1)dx=3,$$

$$a_n=2\int_0^1 (x+1)\cos n\pi x\,dx=\frac{2}{n^2\pi^2}[(-1)^n-1]=\begin{cases}-\dfrac{4}{n^2\pi^2}, & n=1,3,5,\cdots\\ 0, & n=2,4,6,\cdots\end{cases}.$$

根据收敛定理，得到函数 $f(x)$ 的余弦级数为

$$x+1=\frac{3}{2}-\frac{4}{\pi^2}[\cos\pi x+\frac{1}{3^2}\cos 3\pi x+\frac{1}{5^2}\cos 5\pi x+\cdots] \quad (0\leqslant x\leqslant 1).$$

## 任务解答 7.2

根据任务 7.2，将一脉冲矩形波信号 $f(x)$ 展开成傅里叶级数.

函数 $f(x)$ 在 $[-\pi,\pi)$ 上做周期延拓，图像如图 7.10 所示。

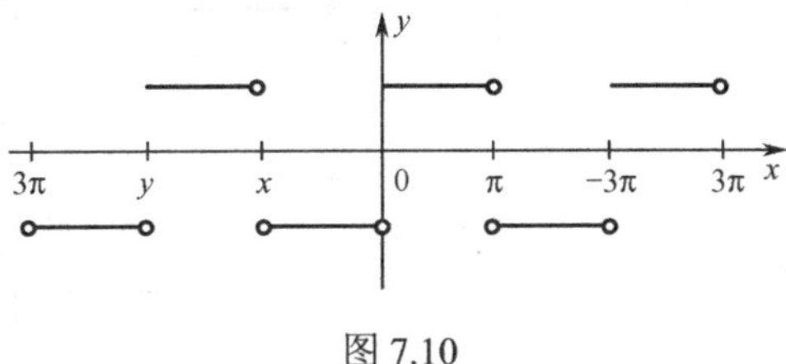


图 7.10

因为 $f(x)$ 是奇函数，所以 $f(x)\cos nx$ 是奇函数、$f(x)\sin nx$ 是偶函数，则按公式计算傅里叶系数：

$$a_0=\frac{1}{\pi}\int_{-\pi}^{\pi} f(x)dx=0,$$

$$a_n=\frac{1}{\pi}\int_{-\pi}^{\pi} f(x)\cos nx dx=0 \quad (n=1,2,3,\cdots),$$

$$b_n=\frac{1}{\pi}\int_{-\pi}^{\pi}f(x)\sin nx\mathrm{d}x=\frac{2}{\pi}\int_0^{\pi}f(x)\sin nx\mathrm{d}x=\frac{2}{\pi}\int_0^{\pi}\sin nx\mathrm{d}x$$

$$=-\frac{2}{n\pi}[\cos n\pi]_0^{\pi}=\frac{2}{n\pi}(1-\cos n\pi)=\frac{2}{n\pi}[1-(-1)^n]=\begin{cases}\frac{4}{n\pi}, & n=1,3,5,\cdots\\ 0, & n=2,4,6,\cdots\end{cases}.$$

于是得到函数 $f(x)$ 的傅里叶级数为

$$f(x)=\frac{4}{\pi}(\sin x+\frac{1}{3}\sin 3x+\frac{1}{5}\sin 5x+\cdots)\quad(-\infty<x<\infty,\ x\neq k\pi,\ k\in\mathbf{Z}).$$

在 $x=k\pi\ (k\in\mathbf{Z})$ 处间断，在间断点 $x=k\pi$ 处收敛于 $\frac{f(\pi^+)+f(\pi^-)}{2}=\frac{-1+1}{2}=0$.

图 7.11（a）是 1 个正弦波 $u=\frac{4}{\pi}\sin t$，图 7.11（b）是 5 个正弦波叠加而成的，即

$$u=\frac{4}{\pi}(\sin t+\frac{1}{3}\sin 3t+\frac{1}{5}\sin 5t+\frac{1}{7}\sin 7t+\frac{1}{9}\sin 9t).$$

图 7.11（c）是 13 个正弦波叠加而成的，即

$$u=\frac{4}{\pi}(\sin t+\frac{1}{3}\sin 3t+\frac{1}{5}\sin 5t+\cdots+\frac{1}{25}\sin 25t).$$

图 7.11（d）是由 26 个正弦波叠加而成的，随着正弦波数量逐渐增长，最终会叠加成一个标准的矩形波.

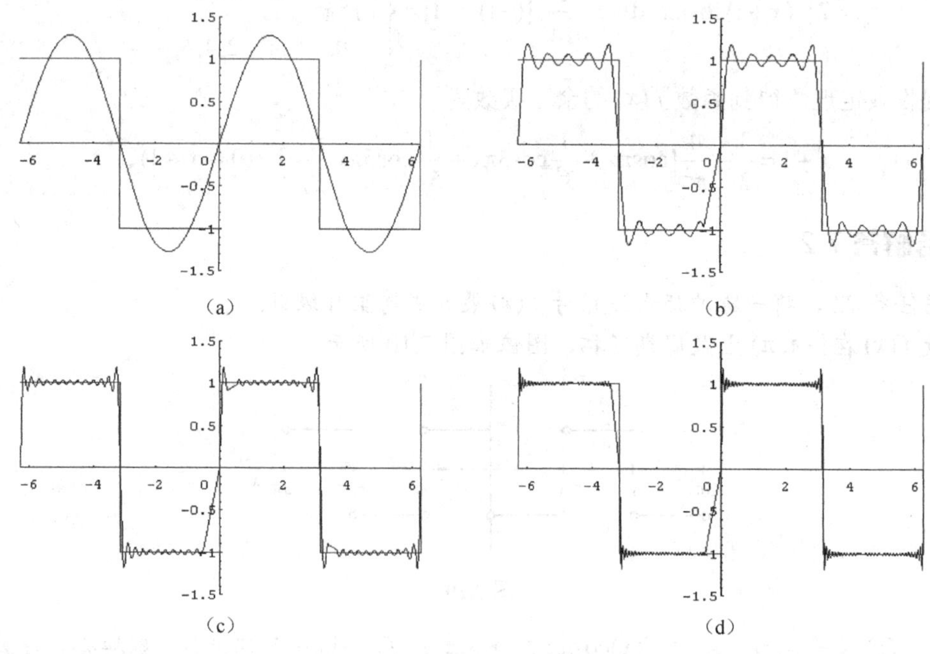


图 7.11

**思考问题**　在电子技术中，半波整流后的波形的函数 $u(t)$ 在一个周期 $\left[-\frac{T}{2},\frac{T}{2}\right]$ 内的表示式为

$$u(t)=\begin{cases}0, & -\dfrac{T}{2}\leqslant T<0\\ E\sin\dfrac{2\pi}{T}t, & 0\leqslant t<\dfrac{T}{2}\end{cases}.$$

将函数 $u(t)$ 展开为傅里叶级数.

### 基础训练 7.2

1．将下列周期为 $2\pi$ 的函数 $f(x)$ 展开为傅里叶级数，$f(x)$ 的表示式为

（1）$f(x)=\begin{cases}0, & -\pi\leqslant x<0\\ x, & 0\leqslant x<\pi\end{cases}$.

（2）$f(x)=\begin{cases}-\dfrac{\pi}{2}, & -\pi\leqslant x<-\dfrac{\pi}{2}\\ x, & -\dfrac{\pi}{2}\leqslant x<\dfrac{\pi}{2}\\ \dfrac{\pi}{2}, & \dfrac{\pi}{2}\leqslant x<\pi\end{cases}$.

2．将函数 $f(x)=\dfrac{\pi-x}{2}(0\leqslant x\leqslant\pi)$ 分别展开成正弦级数和余弦级数.

3．函数 $f(x)=2x^2(0\leqslant x\leqslant\pi)$ 分别展开成正弦级数和余弦级数.

4．将函数 $f(x)=\begin{cases}-\dfrac{x}{2}, & -2\leqslant x<0\\ 1, & 0\leqslant x<2\end{cases}$ 展开成傅里叶级数.

## 数学实验 7　MATLAB 在无穷级数中的应用

### 1．用命令

MATLAB 求级数的和 **symsum** 的调用格式为

```
symsum(S,k,m,n)
```

求 $\sum\limits_{k=m}^{n}S$.

其中，$S$ 为级数的通项表达式；$k$ 是通项中的求和变量，$m$ 和 $n$ 分别为求和变量的起点和终点. 如果 $m$、$n$ 缺省，则 $k$ 从 0 变到 $k$-1，如果 $k$ 也缺省，则系统对 $S$ 中的默认变量求和.

### 2．级数应用举例

**例 7.36**　求 $\sum\limits_{n=1}^{\infty}\dfrac{2n-1}{2^n}$.

扫一扫下载 MATLAB 源程序

**解**　输入命令：

```
>> syms n
```

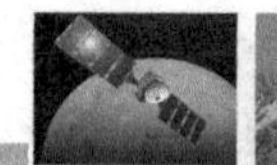

```
>> S=(2*n-1)/2^n;
>> symsum(S,1,inf)
```

运行结果：

```
ans = 3
```

即结果为 $\sum_{n=1}^{\infty}\frac{2n-1}{2^n}=3.$

本例是收敛的情况，如果发散，则求得的和为 inf. 因此，本方法就可以同时用来解决求和问题和收敛性问题.

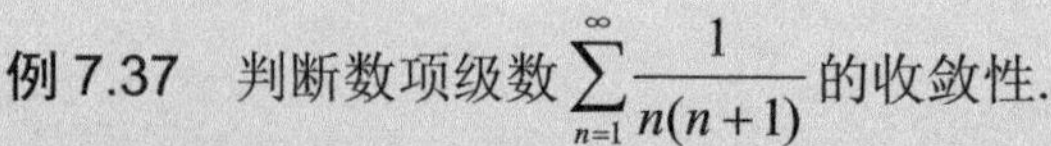

**例 7.37**　判断数项级数 $\sum_{n=1}^{\infty}\frac{1}{n(n+1)}$ 的收敛性.

扫一扫下载 MATLAB 源程序

**解**　输入命令：

```
>> syms n
>> symsum(1/(n*(n+1)),n,1,inf)
```

运行结果：

```
ans = 1
```

求和得 1，说明该级数收敛.

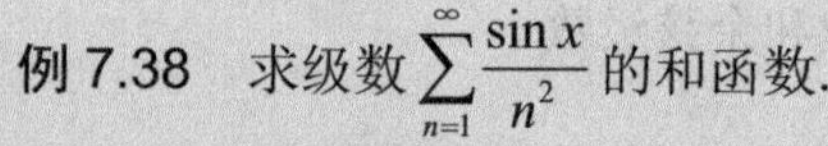

**例 7.38**　求级数 $\sum_{n=1}^{\infty}\frac{\sin x}{n^2}$ 的和函数.

扫一扫下载 MATLAB 源程序

**解**　输入命令：

```
>> syms n x
>> S=sin(x)/n^2;
>> symsum(S,n,1,inf)
```

运行结果：

```
ans = (pi^2*sin(x))/6
```

即结果为 $\sum_{n=1}^{\infty}\frac{\sin x}{n^2}=\frac{\pi^2\sin x}{6}.$

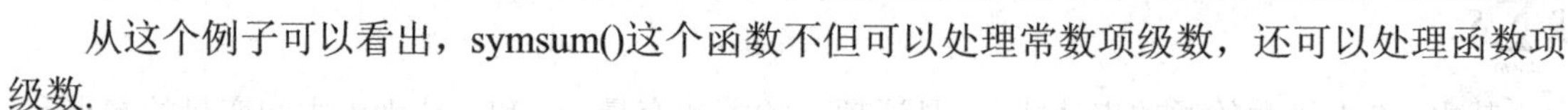

从这个例子可以看出，symsum()这个函数不但可以处理常数项级数，还可以处理函数项级数.

**例 7.39**　判别级数 $\sum_{n=1}^{\infty}\sin\frac{\pi}{n(n+1)}$ 的敛散性.

扫一扫下载 MATLAB 源程序

**解**　输入命令：

```
>> syms n
>> symsum(sin(pi/(n*(n+1))),1,inf)
```

运行结果：

```
ans = (sum(exp(-(pi*i)/(n^2 + n)), n == 1.. Inf)*i)/2 -
```

```
(sum(exp((pi*i)/(n^2 + n)), n == 1.. Inf)*i)/2
```

由执行结果看出仍含有 sum，说明用 MATLAB 不能求出其和，可采用**比较判别法**，取比较级数为 $p$-级数 $\sum_{n=1}^{\infty}\frac{1}{n^2}$，取二者通项比值的极限.

输入命令：

```
>> limit(sin(pi/(n*(n+1)))/(1/n^2),n,inf)
```

运行结果：

```
ans = pi
```

得值为 $\pi$，由所取 $P$-级数收敛，得知所要判别的级数也收敛.

**例 7.40**　判别级数 $\sum_{n=1}^{\infty}n\left(\frac{3}{4}\right)^n$ 的敛散性.

扫一扫下载 MATLAB 源程序

**解**　用**比值判别法**，计算 $\frac{a_{n+1}}{a_n}=\frac{\frac{n+1}{2^n}}{\frac{n}{2^{n-1}}}$ 在 $n\to\infty$ 时的极限.

输入命令：

```
>> syms n
    >> f=((n+1)/2^n)/(n/2^(n-1));
    >> limit(f,n,inf)
```

运行结果：

```
ans = 1/2
```

所得极限值小于 1，由比值判别法知级数收敛. 实际上输入求和命令也可以说明级数收敛.

## 实验训练 7

1．判断下列级数是否收敛，如收敛则求其和：

（1）$\sum_{n=1}^{\infty}\frac{1}{n}$；　（2）$\sum_{n=1}^{\infty}\frac{1}{n^3}$；　（3）$\sum_{n=1}^{\infty}\frac{1}{n(2n+1)}$.

2．求级数 $\sum_{n=1}^{\infty}(-1)^{n-1}\frac{x^n}{n}$ 的和函数.

3．判别级数 $\sum_{n=2}^{\infty}(-1)^n\frac{1}{n\ln n}$ 的敛散性.

## 综合训练 7

扫一扫看综合训练 7 参考答案

### 一、填空题

1．等比级数 $\sum_{n=1}^{\infty}aq^{n-1}=a+aq+aq^2+\cdots+aq^{n-1}+\cdots$，当________时，该级数收敛，其和

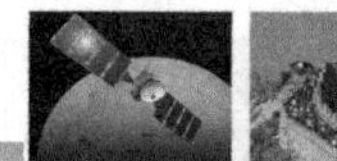

为________；当________时，该级数发散.

2．$P$-级数$\sum_{n=1}^{\infty}\frac{1}{n^p}$，当________时，该级数收敛；当________时，该级数发散.

3．$\sum_{n=1}^{\infty}\frac{1}{\sqrt{n}}$的敛散性是________，$\sum_{n=1}^{\infty}\frac{1}{n\sqrt{n}}$的敛散性是________.

二、选择题

1．下列说法正确的是（　　）.

A．若$\sum_{n=1}^{\infty}u_n$发散，则$\sum_{n=1}^{\infty}\frac{1}{u_n}$收敛

B．若$\sum_{n=1}^{\infty}u_n$、$\sum_{n=1}^{\infty}v_n$都发散，则$\sum_{n=1}^{\infty}(u_n+v_n)$发散

C．若$\sum_{n=1}^{\infty}u_n$收敛，则$\sum_{n=1}^{\infty}\frac{1}{u_n}$收敛

D．若$\sum_{n=1}^{\infty}u_n$、$\sum_{n=1}^{\infty}v_n$都发散，则$\sum_{n=1}^{\infty}(u_nv_n)$发散

2．若$\sum_{n=1}^{\infty}u_n$收敛、$\sum_{n=1}^{\infty}v_n$发散，则对$\sum_{n=1}^{\infty}(u_n \pm v_n)$来说，结论（　　）必成立.

A．级数收敛　　B．级数发散　　C．其敛散性不定　　D．等于$\sum_{n=1}^{\infty}u_n \pm \sum_{n=1}^{\infty}v_n$

3．若级数$\sum_{n=1}^{\infty}u_n$、$\sum_{n=1}^{\infty}v_n$都发散，则（　　）.

A．$\sum_{n=1}^{\infty}(u_n+v_n)$发散　　B．$\sum_{n=1}^{\infty}u_nv_n$发散

C．$\sum_{n=1}^{\infty}(|u_n|+|v_n|)$发散　　D．$\sum_{n=1}^{\infty}(u_n^2+v_n^2)$发散

4．下列级数发散的是（　　）.

A．$\sum_{n=1}^{\infty}\frac{1}{2^n}$　　B．$\sum_{n=1}^{\infty}\left(\frac{1}{n}\right)^2$　　C．$\sum_{n=2}^{\infty}\frac{1}{\sqrt{n-1}}$　　D．$\sum_{n=1}^{\infty}\left(\frac{1}{n^2+n}\right)$

5．设常数$\lambda>0$，而级数$\sum_{n=1}^{\infty}a_n^2$收敛，则级数$\sum_{n=1}^{\infty}(-1)^n\frac{|a_n|}{\sqrt{n^2+\lambda}}$是（　　）.

A．发散　　B．条件收敛　　C．绝对收敛　　D．收敛与$\lambda$有关.

6．级数$\sum_{n=1}^{\infty}(-1)^n\left(1-\cos\frac{\alpha}{n}\right)$（常数$\alpha>0$）是（　　）.

A．发散　　B．条件收敛　　C．绝对收敛　　D．收敛性与$\alpha$有关

7．下列命题中正确的是（　　）.

A．若$u_n<v_n\ (n=1,2,3,\cdots)$，则$\sum_{n=1}^{\infty}u_n \leqslant \sum_{n=1}^{\infty}v_n$

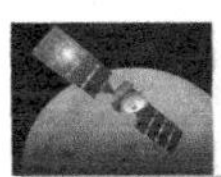

B．若 $u_n < v_n\ (n=1,2,3,\cdots)$，且 $\sum\limits_{n=1}^{\infty} v_n$ 收敛，则 $\sum\limits_{n=1}^{\infty} u_n$ 收敛

C．若 $\lim\limits_{n\to\infty}\frac{u_n}{v_n}=1$，且 $\sum\limits_{n=1}^{\infty} v_n$ 收敛，则 $\sum\limits_{n=1}^{\infty} u_n$ 收敛

D．若 $w_n < u_n < v_n\ (n=1,2,3,\cdots)$，且 $\sum\limits_{n=1}^{\infty} w_n$ 与 $\sum\limits_{n=1}^{\infty} v_n$ 收敛，则 $\sum\limits_{n=1}^{\infty} u_n$ 收敛

8．设正项级数 $\sum\limits_{n=1}^{\infty} u_n$ 收敛，则（　　）．

A．极限 $\lim\limits_{n\to\infty}\frac{u_{n+1}}{u_n}<1$　　　　B．极限 $\lim\limits_{n\to\infty}\frac{u_{n+1}}{u_n}\leqslant 1$

C．若极限 $\lim\limits_{n\to\infty}\frac{u_{n+1}}{u_n}$ 存在，其值小于1

D．若极限 $\lim\limits_{n\to\infty}\frac{u_{n+1}}{u_n}$ 存在，其值小于等于1

**三、解答题**

1．判断级数 $\sum\limits_{n=1}^{\infty}\frac{1}{\sqrt{n^2-2}}$ 的敛散性.

2．判断级数 $\sum\limits_{n=2}^{\infty}\frac{3}{n^2-n}$ 的敛散性.

3．判断级数 $\sum\limits_{n=1}^{\infty}\frac{1}{n\sqrt[n]{n}}$ 的敛散性.

4．判断级数 $\sum\limits_{n=1}^{\infty}(-1)^{n-1}\frac{2+(-1)^n}{n^{\frac{5}{4}}}$ 的敛散性.

5．判断任意项级数 $\frac{1^3}{4}-\frac{2^3}{4^2}+\frac{3^3}{4^3}-\cdots(-1)^{n+1}\frac{n^3}{4^n}+\cdots$ 的敛散性，并指出是否绝对收敛.

6．设周期函数 $f(x)$ 在其一个周期上的表达式为

$$f(x)=\begin{cases}\pi+x, & -\pi\leqslant x<0\\ \pi-x, & 0\leqslant x<\pi\end{cases}.$$

试将其展开成傅里叶级数.

7．将函数 $f(x)=10-x\ (5<x<15)$ 展开成傅里叶级数.

# 反侵权盗版声明



举报电话：（010）88254396；（010）88258888

传　　真：（010）88254397

E-mail：　dbqq@phei.com.cn

通信地址：北京市海淀区万寿路 173 信箱
　　　　　电子工业出版社总编办公室

邮　　编：100036